D1654704

„Der Einzellne ist meistens allein,
und wenn er sich in Gesellschaft befindet,
ist er Gesellschaftler.“
(Ernst Herbeck)

Hansgeorg Ließem

Soziale Wege zur Genesung

Gruppenprogramm zur sozialen Rehabilitation von psychisch Erkrankten

Impressum

Verlag: tredition GmbH, Hamburg

ISDN Paperback 978-3-7439-1716-3
ISDN Hardcover 978-3-7439-1717-0
ISDN e-Book 978-3-7439-1718-7

Bibliografische Information der Deutschen Nationalbibliothek: Die Deutsche Nationalbibliothek verzeichnet diese Publikation in der Deutschen Nationalbibliografie; detaillierte bibliografische Daten sind im Internet über http://dnd.d-nb.de abrufbar.

Übersicht

Einleitung

Darüber scheint fachliche Einigkeit zu bestehen: Die psychische Erkrankung hat viel mit persönlicher Verletzlichkeit zu tun. Weshalb jedoch unangenehme Erfahrungen bei dem einen Menschen tiefe Krisen auslösen, während andere sie locker wegstecken, scheint viele Ursachen zu haben. Jeder hat eine eigene körperliche Konstitution, seine Hirntätigkeit geht unterschiedlich mit Eindrücken um. Jeder hat besondere psychische Stärken und Empfindlichkeiten. Jeder lebt in seiner eigenen sozialen Welt, die ihm Unterstützung gewährt oder versagt.

Psychiater betrachten die Ursachen der psychischen Erkrankung nach dem „Vulnerabilitäts-Stress-Coping-Modell“[1] . Das medizinische Handeln sucht in diesem Zusammenhang eher nach der Beeinflussbarkeit der körperlichen Faktoren. Psychologen behandeln die emotionale Seite des Problembündels. Beide sprechen von Therapie und verweisen auf eindrucksvolle Behandlungserfolge.

Soziale Aspekte der Erkrankung werden in besonderer Weise im Zusammenhang mit der psychischen Erkrankung von Kindern und Jugendlichen untersucht und beschrieben. Da deren Situation unmittelbar in die Erwachsenenwelt hinübergeht, lohnt es sich, sich hiermit zu befassen. Im 10. Kinder- und Jugendbericht an die Bundesregierung sind im Jahre 1998 die besonderen

[1]Siehe hierzu Imke Müller-Hohmann: Das Vulnerabilitäts-Stress-Modell, München 2008, www.fachsymposium-empowerment.de/fileadmin/literatur/vulnerabilitaet/Mueller-Hohmann.pdf, abgefragt 01.10.2013

sozialen Bedingungen dieser Personengruppe, soweit sie Erkrankungen mit verursachen könnten, recht übersichtlich zusammengestellt worden:

1. „Eine steigende Zahl von Kindern in Deutschland lebt in (relativer) Armut. Dabei bedeutet das Aufwachsen in einem Milieu materieller Unterversorgung heutzutage weniger, unmittelbare materielle Not zu erleiden, als vielmehr verstärkt gesundheitlichen Belastungen und psychosozialen Benachteiligungen ausgesetzt zu sein wie psychische Erkrankung eines Elternteils, konflikthafte Familienbeziehungen oder ein negatives Wohnumfeld.

2. Auf der anderen Seite geht der steigende Wohlstand der Mehrheit der Bevölkerung mit einer zunehmenden Verunsicherung der Eltern einher. Mit dem Überangebot an Möglichkeiten und Chancen wachsen die Ängste der Eltern, ihr Kind falsch zu erziehen oder der Rolle als Mutter oder Vater nicht gerecht zu werden.

3. Mit Sorge registriert die Öffentlichkeit die zunehmende Gewaltbereitschaft unter Jüngeren (ablesbar am Anstieg der Kinder- und Jugendkriminalität), aber auch innerhalb der Familien (steigende Zahlen von Kindesmisshandlungen).

Weitere Kennzeichen der Lebenssituation von Kindern und Jugendlichen, die in dem Bericht aufgeführt werden, sind

4. die Auflösung traditioneller familiärer Strukturen und Bindungen (die sich in steigenden Scheidungsraten und der wachsenden Zahl allein erziehender Eltern niederschlägt),
5. die zunehmenden Leistungsansprüche an Kinder und Jugendliche im schulischen und privaten Bereich (erkennbar beispielsweise an der großen Zahl von Kindern, die Nachhilfeunterricht erhalten) und
6. der immer früher einsetzende Einfluss jugendlicher Subkulturen und die damit verknüpften frühen Erfahrungen beispielsweise im Bereich der Drogen."[2]

Die Entwicklung eines Programms zur sozialen Rehabilitation wird bei den erwachsenen psychisch Erkrankten, vor allem wenn sie sich schon mehr als 2 Jahre mit Krankheitssymptomen quälen, von ähnlichen sozialen Lebensbedingungen ausgehen können. Auch sie sind in ihrer Mehrheit (relativ) arm, leben vom Arbeitslosengeld II bzw. von Grundsicherung. Auch sie erleben die gut gemeinten Angebote von Jobcenter und Sozialarbeit, also die Chancen und Möglichkeiten eher als Bedrängnis und Irritation. Ihre Gewaltbereitschaft drückt sich in der wachsenden Zahl von forensischen Patienten aus. Manche Gewalt richtet sich auch gegen die eigene Person. Auch die familiären Strukturen bilden

---

[2] Manfred Laucht: Vulnerabilität und Resilienz in der Entwicklung von Kindern, Ergebnisse der Mannheimer Längsschnittstudie, in: Karl Heinz Brisch/Theodor Hellbrügge (Hrsg.): Bindung und Trauma, Risiken und Schutzfaktoren für die Entwicklung von Kindern, Stuttgart: Klett-Cotta 2003, S. 53 ff.

sich mit dem Eintritt der Volljährigkeit nicht neu. Aus verunsicherten Kindern werden bindungsgestörte Eheleute, Lebenspartner und Eltern. Nicht nur in der Schule, gerade im Berufsleben hat die Leistungserwartung erheblich zugenommen. Deshalb glaubt die Schule ja auch, ihren Druck drastisch verstärken zu müssen. Und nach dem Rückzug aller traditionellen Bindungsstrukturen bleibt neben der Einsamkeit nur noch die Subkultur der Außenseiter, sei es beispielsweise als Kunde bei der „Tafel" oder als Gast sozialpädagogischer Freizeitveranstaltungen.

Das „Vulnerabilität-Stress-Coping-Modell" zur Erklärung psychischer Erkrankungen vermeidet eindeutige Ursache-Wirkungs-Muster. Irgendwie treffen bestimmte körperliche, psychische und soziale Faktoren aufeinander und lösen die Erkrankung aus. Es handelt sich um einen Mix aus vielen Elementen. Keine der an der Therapie beteiligten Fachgruppen, Mediziner, Psychologen und Soziologen/Sozialarbeiter sind zu wirklich wirksamen Heilungskonzepten gekommen. Immerhin haben die Ärzte ein ausgearbeitetes Behandlungsprofil entwickelt[3] , das sich insbesondere mit der pharmakologischen Therapie beschäftigt. Die Psychologen bzw. Psychotherapeuten haben seit Sigmund Freud verschiedene psychotherapeutische Behandlungsverfahren ausgearbeitet und erprobt, die in verschiedenen Therapieschulen optimiert werden. Nur die gesellschaftlichen Aspekte der Erkrankung haben bisher zu keinen beachtenswerten Behandlungskonzepten geführt.

---

[3] siehe hierzu vor allem die Behandlungsleitlinien der Deutschen Gesellschaft für Psychiatrie und Psychotherapie, Psychosomatik und Nervenheilkunde DGPPN

In Deutschland hängt diese Zurückhaltung damit zusammen, dass die sozialen Aspekte der Krankheitssituation in die Obhut der Eingliederungshilfe und damit der Sozialhilfe gegeben wurde.[4] Ausgangspunkt dieser Regelung ist die Betonung der sozialen Folgen der psychischen Erkrankung und nicht der Ursachen und Bedingungen für ihre Entstehung. Die Sozialhilfe ist ihrem eigenen Verständnis nach vorrangig eine Versorgungs- und keine Behandlungsinstanz. Sie wird tätig, wenn sozialer Notstand droht.

Das Gesundheitssystem hätte spätestens seit dem Jahre 2000 Gelegenheit, die sozialen Aspekte der psychischen Erkrankung in die Behandlung einzubeziehen, wenn es die seitdem in das Sozialgesetzbuch V eingefügte Soziotherapie[5] in Deutschland eingeführt hätte. Dies unterblieb ganz offensichtlich aus wirtschaftlichen Gründen. So aber ergaben sich keine ausreichenden strukturellen Voraussetzungen, um den soziotherapeutischen Möglichkeiten der Behandlung psychischer Erkrankungen mit Engagement nachzugehen.

Es blieb Außenseitern der Behandlung psychisch Erkrankter, einem traditionellen Träger der Sozialarbeit (Albert-Schweitzer-Familienwerk e.V. in Uslar/Südniedersachsen) mit Unterstützung des niedersächsischen Sozialministeriums vorbehalten, aus dem strukturellen Zusammenhang der Eingliederungshilfe heraus ein Programm zur sozialen Behandlung von psychisch Erkrankten zu entwickeln.

[4] gem. § 53ff. SGB XII

[5] gem. § 37a SGB V

Zum Verständnis der nachfolgenden Programmdarstellung ist von Belang, in aller Kürze die zu Beginn der Arbeit vorgefundene Arbeitsstruktur zu beschreiben.

Das Albert-Schweitzer-Familienwerk (ASF) bietet in der Stadt und im Landkreis Göttingen sowie im Landkreis Northeim vier unterschiedliche Dienstleistungen an: Gesetzliche Betreuung für mehrere Zielgruppen darunter auch und in erster Linie psychisch Erkrankte, ambulante Hilfe (in vielen Bundesländern als Ambulant Betreutes Wohnen bezeichnet) für psychisch Behinderte sowie für dieselbe Zielgruppe eine Tagesstätte in Northeim und ein Wohnheim in Bad Gandersheim. Partner der gesetzlichen Betreuung sind verschiedene Gerichte sowie die kommunalen Betreuungsstellen, die ambulante Hilfe arbeitet mit kommunalen Kostenträgern zusammen. Partner der beiden Einrichtungen sind die Kommunen und das niedersächsische Landesamt für Soziales, Jugend und Familie als überörtlicher Sozialhilfeträger. Insgesamt werden in diesem Rahmen mehr als 500 psychisch Erkrankte vom ASF betreut.

Wie in Niedersachsen und in allen anderen Bundesländern üblich, werden die Eingliederungshilfen nach dem Gesichtspunkt des individuellen Hilfebedarfs gewährt. Hierzu sind je nach der Hilfeart unterschiedliche Hilfeplan-Verfahren eingeführt, bei denen es vornehmlich um die Entscheidung geht, wie viel professionelle Betreuungszeit dem einzelnen Hilfeberechtigten zugewendet werden darf. Das Ziel ist dabei nicht nur Stabilisierung der sozialen Situation des Erkrankten, sondern auch die Besserung seiner Lage einschließlich eines sozialen Beitrages zur Überwindung der Erkrankung.

Die soziale Rehabilitation psychisch Erkrankter ist in diesem Falle keine nachrangige Aufgabe der Sozialhilfe, sondern eine primäre Leistung im Sinne des § 6 Abs. 1 Ziff. 7 SGB IX. Sie wird gesetzlich als „Leistung zur Teilhabe am Leben in der Gemeinschaft“[6] bezeichnet. Das Engagement eines Eingliederungshilfe-Trägers zur Ausarbeitung eines Programms zur sozialen Rehabilitation hat also durchaus seine rechtliche Berechtigung. Dennoch handelt es sich um das Tätigwerden eines Außenseiters im deutschen System der Behandlung psychisch Erkrankter. Und nur die Tatsache, dass sich die allermeisten längerfristig Erkrankten in der Obhut der Eingliederungshilfe befinden, gibt diesem Engagement eine realistische Perspektive, Nachahmer zu finden und hierdurch wirksam zu werden.

Mit Blick auf eine gute Übertragbarkeit des neuen Programms für andere Träger der Eingliederungshilfe wurde darauf verzichtet, für seine Entwicklung ein von außen rekrutiertes wissenschaftliches Team zusammenzustellen. Der Autor dieses Buches war die einzige Kraft, die zusätzlich verpflichtet wurde. Seine Arbeitszeit für dieses Vorhaben lag zwischen 20 und 30 Stunden wöchentlich. Die hauptsächliche Last der Neuentwicklung lag auf den Schultern von ASF-MitarbeiterInnen, die hierfür erst einmal nicht von ihren Standard-Aufgaben entlastet wurden.

---

[6] § 5 Ziff. 4 SGB IX

Ihre Mitarbeit erfolgte freiwillig. Meistens handelte es sich um nicht voll beschäftigte MitarbeiterInnen, denen für ihre Projekttätigkeit Mehrarbeitsstunden ermöglicht wurden. Die Leitungskräfte verkrafteten den Mehraufwand, indem sie an anderen Stellen etwas reduzierten. Zur Entlastung der Abteilungsleiterin wurde halbtags eine Assistentin eingestellt, um die rein organisatorischen Aufgaben bewältigen zu können.

Bei dieser personellen Ausstattung wird man keine umfangreiche wissenschaftliche Evaluierung erwarten können. Die Wirksamkeit des neuen Programms ergibt sich aus den Rückmeldungen der Betroffenen, ihrer Lust, am Programm trotz vieler innerer und äußerer Widerstände teilzunehmen, und aus der realen Entwicklung der einzelnen Persönlichkeit. Auch für die Erkrankten war das neue Angebot ganz unverbindlich. Es wurde aus verschiedenen Gründen, die später eingehend dargelegt werden, keinerlei Druck auf sie ausgeübt. Ihre Selbstbestimmung bildet einen ganz fundamentalen Baustein ihrer sozialen Rehabilitation.

Kapitel 1 Zugänge zum Programm

Es gibt viele fachliche Wege, um sich dem Programm zur sozialen Rehabilitation zuwenden zu können. Nachfolgend sollen vier etwas näher beschrieben werden: der medizinisch sozialpsychiatrische, der neurobiologische, der salutogenetische und der sozialarbeiterische Zugang.

Kapitel 1.1 Psychosoziale Therapien

Als Psychiater einen Zugang zu den sozialen Bestandteilen des Gesundungsprozesses zu finden, bedeutet, zu dem gerade in Deutschland typischen Wissenschaftsverständnis der Medizin selbstkritische Distanz zu gewinnen. Idealbild des Mediziners ist immer noch eine Laborsituation, bei der alle die wissenschaftliche Fragestellung „störenden" Faktoren ausgeschlossen werden. Am liebsten hat man, um beispielsweise ein neues Heilmittel auszuprobieren, eine in allen Aspekten kontrollierte Untersuchungssituation, bei der weder der Arzt selbst, noch der Patient oder irgendwelche Fremdeinwirkungen die Untersuchungsanordnung stören können. Wenn der Wissenschaftler in der Lage ist, die Wirkung der jeweiligen Intervention beliebig oft unter ähnlich idealen Rahmenbedingungen zu wiederholen, und es führt immer wieder zu den gleichen Ergebnissen, dann betrachtet er diesen neuen Behandlungsschritt als „evident", also wirksam.

Da sich ab einem gewissen Grad von Komplexität die Evidenz einer Behandlung nicht labormäßig untersuchen lässt, hat die Medizin ein erweitertes Verfahren der Evidenzbestimmung entwickelt, die „kontrollierte randomisierte Studie" (randomized controlled trial RCT). Mit Randomisierung beschreibt man eine Untersuchungsanordnung, die nach dem Zufallsprinzip arbeitet. Gleichzeitig versucht man, möglichst viele Menschen in die Untersuchung einzubeziehen. Die dahinter liegende Überlegung ist einfach: Wenn ich schon viele Faktoren meiner Untersuchung nicht kontrollieren kann, sie vielfach nicht einmal kenne, dann möchte ich vermeiden, dass ich bewusst oder unbewusst eine bestimmte Vorauswahl treffe. Deshalb wähle ich meine Patienten nach dem Zufallsprinzip aus. Je mehr Personen ich dabei in meine Untersuchung einbeziehe, umso stärker nivelliert sich die Bedeutung der mir unbekannten Faktoren.

Mit dem Begriff „kontrolliert" meint der Wissenschaftler eine Untersuchungsanordnung, bei der zur untersuchten Gruppe eine ebenso zufällig ausgewählte möglichst gleich große Kontrollgruppe in die Untersuchung einbezogen wird, bei der die zu untersuchende Behandlung nicht durchgeführt wird. Bekannt ist die Medikamentenstudie, bei der die Kontrollgruppe statt des Medikamentes ein Placebo bekommt, ohne dies selbst zu wissen. Wenn dann etwa zur Hälfte der Untersuchungszeit die beiden Gruppen getauscht werden (crossover-design), dann ist nach diesem Wissenschaftsverständnis der höchste wissenschaftliche Standard erreicht.

Dieses Wissenschaftsverständnis stößt auf ganz erhebliche Schwierigkeiten, wenn ihre Vertreter nicht umhin können, eine Erkrankung nach dem „Vulnerabilitäts-Stress-Coping-Modell" zu untersuchen. Denn wenn emotionale und soziale Faktoren mit ausschlaggebend für Entstehung und Behandlung einer Erkrankung sind, dann kommt der subjektiven Seite, dem ganz Persönlichen, Kultur- und Gesellschaftsbezogenen eine fundamentale Bedeutung zu. Diese subjektiven Faktoren wissenschaftlich dadurch nivellieren zu wollen, dass ich nach dem Zufallsprinzip und mit quantitativ aufgeblähten Untersuchungsgruppen verfahre, versucht gerade jenen mit entscheidenden persönlichkeitsbezogenen subjektiven Aspekt auszuschalten, dessen Wirksamkeit man verstehen und den man durch die Behandlung erreichen und beeinflussen möchte.

Es ist daher kein Zufall, dass in einer aktuellen sehr umfangreichen Untersuchung über die wissenschaftlichen Studien, die sich mit dieser methodischen Problematik befassen, das Fazit gezogen wird: „In Deutschland wurden bisher vergleichsweise wenige Anstrengungen unternommen, komplexere Versorgungsangebote bei psychischen Erkrankungen mittels experimenteller wissenschaftlicher Studien zu untermauern."[7] Diese Versuchsmüdigkeit hängt möglicherweise weniger mit dem fehlenden Wissenschaftsinteresse hierzulande zusammen, als mit der Standfestigkeit des überkommenen medizinischen Wissenschaftsverständnisses.

Mangels eigener Studien wendet sich der Blick des deutschen Psychiaters auf die internationale wissenschaftliche Diskussion, die für ihn weitgehend durch den britischen und nordamerikanischen Diskurs repräsentiert wird. Dabei stößt man auf Untersuchungen, die sich mit der Reaktion von psychisch Erkrankten auf unsere Standardmedikamente beschäftigen, die nicht unserem sozialen und kulturellen Kontext angehören. Da es sich hierbei um Psychopharmaka handelt, die nach dem gängigen Verständnis der höchsten Evidenzstufe zuzuordnen sind, müssen diese Untersuchungsergebnisse mehr als stutzig machen. „Im

---

[7] Deutsche Gesellschaft für Psychiatrie, Psychotherapie und Nervenheilkunde (Hrsg.): S3-Leitlinie Psychosoziale Therapien bei schweren psychischen Erkrankungen, Berlin Heidelberg: Springer-Verlag 2013, S. 224

Bereich der Psychopharmakologie wird zunehmend bekannt, dass Patienten mit nichtwesteuropäischem ethnischem Hintergrund einen anderen Medikamentenstoffwechsel aufweisen können und daher einer spezifischen Therapie und Überwachung (z.B. Therapeutisches Drug Monitoring) bedürfen. Beim Ansprechen auf die Behandlung mit Psychopharmaka bestehen aufgrund pharmakokinetischer und – dynamischer Unterschiede deutliche Schwankungen zwischen verschiedenen Ethnien.[8] Eine große Studie mit schwarzen und lateinamerikanischen Ambulanzpatienten[9] zeigte, dass Angehörige ethnischer Minderheiten insbesondere Schwarze, auf die Behandlung mit Antidepressiva (in dieser Studie Citalopram) weniger stark ansprachen. Für einzelne ethnische Gruppen sind inzwischen pharmakogenetische Unterschiede gut bekannt, die bei der Verordnung von Psychopharmaka und bei der klinischen Beurteilung der Response beachtet werden müssen. Dazu zählen insbesondere die genetischen Polymorphismen des Cytochrom-P-450-Systems, das an der beschleunigten oder verlangsamten Metabolisierung von Psychopharmaka beteiligt ist.[10] Eine auf das einzelne Individuum zugeschnittene Psychopharmatherapie sollte im Sinne eines integrativen

---

[8] Bhugra, D.: Migration and mental health. Acta PsychiatrScand 2004, 109:243-58

[9] Lesser, IM, Castro, DB, Gaynes, BN, Gonzalez, J., Rush, AJ., Alpert, JE., Trivedi, M., Luther, JF., Wisniewski, SR.: Ethnicity/race and outcome in the treatment of depression: results from STAR*D. Med Care 2007; 45: 1043-51

[10] Haasen, C., Demiralay, C.: Transkulturelle Aspekte der Behandlung psychischer Störungen, Psychiatrie 2006; 3: 150-6

Behandlungsansatzes neben den biologischen bzw. genetischen auch die ethnischen und kulturellen Unterschiede eines Patienten berücksichtigen."[11]

Wenn die wissenschaftliche Forderung aufgestellt wird, dass der Eingriff mit Medikamenten in das körperliche Geschehen des einzelnen Patienten nicht nur nach „evidenten", d.h. die subjektiven Gesichtspunkte ausschließenden Gesichtspunkten erfolgen soll, sondern „auf das einzelne Individuum zugeschnitten" wird, dann stellt sich doch die wissenschaftstheoretische Frage, weshalb ich diese individuellen Faktoren in meinem Evidenz-Begriff ausschließen will. Hier entsteht ein beträchtlicher Widerspruch. Da das Wissenschaftsverständnis in jeden einzelnen Behandlungsschritt einfließt, beispielsweise das Gesprächsgeschehen zwischen Arzt und Patient bestimmt, handelt es sich hier keineswegs um eine nur theoretische Frage.

Ist der Psychiater sich bewusst, das der „Medikamentenstoffwechsel" von der individuellen Persönlichkeit des Patienten abhängt, kann er sich nicht mehr auf die „evidente" Wirksamkeit bestimmter Präparate verlassen und sich im Gespräch mit dem Patienten darauf beschränken, eventuelle unerwünschte Nebenwirkungen zu thematisieren. Er braucht einen Austausch mit dem Patienten, der ihm diejenigen körperlichen, psychischen und sozialen Faktoren offenbart, die prägend für den Stoffwechsel dieses

[11] Pi, EH., Simpson, GM.: Cross-cultural psychopharmacology: a current clinical perspective. Psychiatr Serv 2005; 56(1): 31-3 (alle Zitate stammen aus der S3-Leitlinie Psychosoziale Therapien, a.a.O. S. 205)

besonderen Menschen sein könnten. Doch nach allgemeiner Erfahrung gestaltet sich in Deutschland die Beziehung zwischen Arzt und Patient nicht so, dass ein solcher Austausch möglich wäre.

Bei aller Schwierigkeit, aus dem eigenen wissenschaftlichen Selbstverständnis heraus einen Zugang zur vollen Lebenswirklichkeit der Patienten zu finden, haben sich in den westlichen Psychiatrien Entwicklungen ergeben, die eine Wandlung des Behandlungsalltags bewirken könnten. Sie stellen für einen Dialog zwischen medizinischer und sozialer Therapie eine Brücke her. Diese Entwicklungen lassen sich an den Begriffen Milieutherapie, Therapeutische Gemeinschaft, Recovery und Empowerment festmachen.

„Mit Milieutherapie sind unterschiedliche Maßnahmen gemeint, die zur Gestaltung einer Atmosphäre beitragen, von der angenommen wird, dass sie den Heilungsprozess positiv beeinflussen kann. Damit wird durch die Milieutherapie ein geeigneter Rahmen für andere Therapieformen und die Wiedererlangung von Selbstständigkeit und Kompetenzen geschaffen."[12] Milieutherapie ist ein wichtiger therapeutischer Ansatz zur Gestaltung einer Umgebung im stationären und teilstationären Bereich, welcher soziale Fertigkeiten über eine Teilnahme der Patienten an wichtigen täglichen Aktivitäten während des Klinikaufenthaltes heranbilden und verbessern möchte.[13]

---

[12] Deister A.: Milieutherapie, in: Möller H-J, Laux G, Kapfhammer H-P (Hrsg.): Psychiatrie und Psychotherapie, Berlin, Heidelberg: Springer-Verlag 2003, S. 772 ff.
[13] Siehe hierzu: Abroms GM: Defining milieu therapy. Arch Gen

„Das Ziel der Milieutherapie ist nicht nur die Gestaltung des äußeren Rahmens, sondern auch die Vermeidung von Passivität und die Schaffung von Ablenkung. Die bewusste Gestaltung therapeutischer Milieus kann auch in ambulanten (z.B. Institutsambulanzen) und teilstationären Settings dem Patienten neue Bedeutungsräume erschließen und zu mehr Selbstverantwortung führen. Um positive Effekte zu erreichen, müssen die Settings und Milieus unter psychologischen, sozialen und baulichen Gesichtspunkten gezielt behandlungsförderlich gestaltet werden. Die Bedeutung des ökologischen Milieus (bauliche und architektonische Aspekte eines therapeutischen Milieus) für den Therapieerfolg stationärer Behandlungen wurde immer wieder betont."[14]

In dieser kurzen Beschreibung der Milieutherapie tauchen einige Begriffe auf, die für die soziale Rehabilitation Bedeutung erlangen werden: Selbstständigkeit, Kompetenz, soziale Fertigkeiten, Vermeidung von Passivität (also Aktivität) und Selbstverantwortung. Die damit verbundene Aussage, dass die Gestaltung eines Milieus, in dem sich diese Begriffe realisieren lassen, den „Heilungsprozess positiv beeinflussen" kann, schafft eine gute Voraussetzung für

---

Psychiatry 1969; 21: 553-61; Gunderson JG: Defining the therapeutic processes in psychiatric milieus, Psychiatry 1978; 41(4): 327-35; Tuck I, Keels MC: Milieu therapy. A review of development of this concept and its implications for psychiatric nursing, Issues Ment Health Nurs 1992; 13: 51-8

[14] Gunderson JG: Defining the therapeutic processes in psychiatric milieus, Psychiatry 1978; 41(4): 327-35; (alle Zitate bei S3-Leitlinie Psychosoziale Therapien, a.a.O. S. 29)

einen fruchtbaren Dialog zwischen medizinischer und sozialer Rehabilitation.

Die Entstehungsgeschichte der Therapeutischen Gemeinschaften war eher einer kriegsbedingten personellen Notsituation geschuldet, als einer bewussten therapeutischen Innovation. Während des letzten Weltkrieges fehlten in den britischen Krankenhäusern viele Therapeuten, die als Soldaten eingezogen waren. Hierdurch bedingt musste man die Patienten vielfach sich selbst überlassen,[15] regte sie aber dazu an, nach einem vorgegebenen oder selbst entwickelten Konzept ein Tagesprogramm aufzustellen und im Rahmen gegenseitiger Unterstützung zu realisieren.

„Ein systematischer Review von Lees und Rawlings (1999) untersuchte speziell die Wirksamkeit von Therapeutischen Gemeinschaften bei Menschen mit schweren psychischen Erkrankungen. Betrachtet wurden 58 Studien unterschiedlicher Designs. Die Metaanalyse zeigt, dass Patienten in Therapeutischer Gemeinschaft gegenüber der Standardgruppe eine signifikante Erhöhung der Selbstachtung (self-esteem) erreichten. Außerdem konnten Effekte auf weitere Outcome-Parameter, wie die Reduzierung von Gewalttätigkeit und negativer Verhaltensmerkmale, erzielt werden. Es gab einen signifikanten Zusammenhang zwischen der Dauer der Inanspruchnahme einer Behandlung innerhalb einer Therapeutischen Gemeinschaft und der Reduzierung von Negativ-Symptomen. Damit konnten bei Patienten,

[15] siehe hierzu: Rutter, D., Tyrer P.: The value of therapeutic communities in the treatment of personality disorder: a suitable place for treatment? Psychiatr Prac 2003; 9 (4): 291-302

die nicht frühzeitig entlassen wurden, generell positive Effekte beobachtet werden. Zusammenfassend zeigte sich eine starke Evidenz für die Wirksamkeit einer Behandlung in Therapeutischen Gemeinschaften."[16]

Die Erfahrungen mit therapeutischen Gemeinschaften schaffen ebenfalls einen guten Zugang zum Gruppenprogramm zur sozialen Rehabilitation, wobei beide Gesichtspunkte, die Stärkung der Selbstachtung wie der Wert einer möglichst lange bestehenden Gemeinschaft, bei der Entwicklung des soziotherapeutischen Konzeptes eine hohe Bedeutung erlangen.

Betrachtet man die psychische Erkrankung einmal ausnahmsweise nicht von den Symptomen her, sondern aus der Sicht des Betroffenen, so kommt man vielfach zu anderen Zielen für die Behandlung. Dann nämlich kommt nicht mehr alles darauf an, dass die Symptome restlos verschwinden und ein Zustand erreicht wird, als hätte es nie eine Erkrankung gegeben. Dann trachtet man vielmehr danach, eine Lebensqualität zu erreichen, bei der wertvolle Lebensperspektiven wieder erreichbar werden. Auch wenn der Patient bestimmte Empfindlichkeiten nie ganz überwinden wird, wenn seine Einstellung zu sich selbst und zu seiner Umgebung Schwankungen unterworfen ist, muss ihn das nicht

[16] Lees J., Manning N., Rawlings B.: Therapeutic community effectiveness: A systematic international review of therapeutic community treatment for people with personality disorders and mentally disordered offenders (CRD Report no. 17) York: NHS Centre for Reviews and Dissemination, University of York; 1999) (zitiert bei S3-Leitlinie Psychosoziale Therapien, a.a.O. S. 32)

hindern, in ausreichendem Maße für seine wirklich wichtigen Bedürfnisse zu sorgen.

Vom Beginn der achtziger Jahre an entstand in der Sozialpsychiatrie für diese andere Sicht auf die Behandlungszielsetzung der Begriff „Recovery". Ursprünglich als Zielparameter eingeführt, beschrieb er jedoch zunehmend einen Behandlungsprozess hin zu einem vom Patienten als sinnhaft erfassten Leben.[17] "Obwohl der Einfluss der Recovery-Orientierung auf die Gestaltung der psychiatrischen Dienste wächst, besteht derzeit noch eine Unschärfe, was der Begriff bei verschiedenen psychischen Erkrankungen konkret bedeutet. Kritiker des Begriffs betonen einen Mangel an Klarheit, aber auch eine mögliche Realitätsferne und die Gefahr einer zu optimistischen Beurteilung des Verlaufs schwerer psychischer Erkrankungen, was aufgrund nicht gerechtfertigter Hoffnungen auch zu Enttäuschungen führen könne. Die Verwendung des Recovery-Prozesses als Leitprinzip für das Ziel der besseren Teilhabe in der Gesellschaft trotz Erkrankung ist allerdings in vielen Ländern und Gesundheitssystemen Konsens und ist zunehmend auch durch die Literatur gestützt. Ein konzeptioneller Rahmen für die Einordnung der verschiedenen Dimensionen von Recovery wurde erarbeitet und trägt zur Klärung des Begriffes bei."[18]

---

[17] Siehe hierzu: Anthony, William A.: Recovery from mental illness: The guiding vision of the mental health service system in the 1990s, Psychosocial Rehabilitation Journal, 1993; 16(4), S. 11-23

[18] Learny M., Bird V., Le Boutillier C., Williams J., Slade M.: Conceptual framework for personal recovery in mental health: systematic review and narrative synthesis, Br J. Psychiatry 2011; 199: 445-52 sowie Le Boutillier C., Learny M., Bird VJ.,

Recovery beschreibt damit einen Prozess, durch den die Betroffenen die persönlichen, sozialen und gesellschaftlichen Folgen einer psychischen Erkrankung überwinden und zurück zu einem erfüllten Leben finden. Recovery bedeutet nicht zwangsläufig Heilung, sondern meint eine Teilhabe in der Gesellschaft trotz Erkrankung. Damit ist Recovery ein längerer Prozess, der u.a. den Umgang mit der Erkrankung und den Aspekt sozialer Inklusion beinhaltet.[19]

„Hoffnung als eine wichtige Komponente im Recovery-Prozess kann definiert werden als der persönliche Glaube daran, dass Recovery (Genesung) überhaupt möglich ist. Hoffnung finden und erhalten bedeutet unter anderem:

- erkennen und akzeptieren, dass ein Problem besteht
- Prioritäten ordnen
- sich um Veränderungen bemühen
- sich auf die eigenen Stärken konzentrieren statt auf Schwächen
- nach vorne blicken und Optimismus üben
- kleine Schritte feiern

Davidson L., Williams J., Slade M.: What does recovery mean in practice? A qualitative analysis of international recovery oriented practice guidance, Psychiatr Serv 2011; 62(12): 1470-6

[19] Michaela Amering, Margit Schmolke: Recovery – Das Ende der Unheilbarkeit, Bonn: Psychiatrie-Verlag 2007 und Darrell D. Turner: Mapping the routes to recovery, Ment Health Today 2002; July: 29-30

- an sich selbst glauben".[20]

Das Recovery-Verständnis von psychiatrischer Behandlung bildet eine ganz hervorragende Brücke zur sozialen Rehabilitation. Es sieht die entscheidenden Komponenten für eine nachhaltige Besserung des Krankheitszustandes beim Patienten selbst und nicht bei Heilmitteln, die von außen in den Krankheitsprozess eingreifen. Es müssen nicht erst professionell eingesetzte Helfer die Symptome wegschaffen, damit der Betroffene sein Genesungswerk an sich selbst vollbringen kann. Es ist vielmehr die Aufgabe des Behandlers, dem Patienten Hoffnung zu machen, dass er bei sich selbst die entscheidenden Antriebe zur Verbesserung seiner Situation findet.

Damit wird die Selbsttätigkeit des Betroffenen nicht auf die Aufgabe reduziert, die sozialen Folgen seiner psychischen Erkrankung aufzuarbeiten. Die hoffnungsvolle Aktivierung seiner noch vorhandenen Kräfte bildet einen bedeutenden Kern des Behandlungsprozesses. Hierdurch wird die Vorstellung, dass die psychische Erkrankung durch eine unglückliche Verkettung von körperlichen, psychischen und sozialen Ursachen entsteht, in die Behandlungsmethodik übernommen. Es bleiben nicht die psychischen und insbesondere die sozialen Komponenten außen vor.

„Ein weiterer zentraler Grundsatz von Recovery ist die Selbstbefähigung (Empowerment). Die Datenlage zeigt,

[20] Schrank B., Amering M.: „Recovery" in der Psychiatrie, Neuropsychiatr 2007; 21(1): 45-50 (alle Zitate nach S3-Richtlinie Psychosoziale Therapien, a.a.O. S. 33)

dass Empowerment einen Einfluss auf Recovery haben kann.[21] Warner (2009) weist darauf hin, dass Empowerment sowie Mitbestimmung der Betroffenen wichtige Bestandteile des Recovery-Prozesses sind. Ein aktives Mitbestimmungsrecht bei Behandlungsentscheidungen führt bei vielen Betroffenen zu einer Erhöhung der Selbstbefähigung.[22] Die Bedeutung von Hoffnung, Optimismus und Empowerment für Recovery konnte in wissenschaftlichen Untersuchungen bestätigt werden."[23]

Mit Empowerment wird ein Brückenbegriff geschaffen, welcher der sozialen Rehabilitation die Aufgabe stellt, initiier- und steuerbare soziale Prozesse zu entwickeln, welche die vorhandenen Kräfte der Patienten aktivieren und auf den körperlichen, psychischen und sozialen Genesungsprozess bei sich selbst wie bei anderen

---

[21] Knuf A., Seibert U.: Selbstbefähigung fördern – Empowerment und psychiatrische Arbeit, Bonn: Psychiatrie-Verlag 2004, Crane-Ross D., Lutz WJ., Roth D.: Consumer and case manager perspectives of service empowerment relationship to mental health recovery, J Behav Health Serv Res 2006; 33: 142-55, Corrigan PW: Impact of consumer operated services on empowerment and recovery of people with psychiatric disorders, Psychiatr Serv 2006; 57: 1493-6

[22] Warner R.: Recovery from Schizophrenia and the recovery model, Curr Opin Psychiatry 2009; 22: 374-80

[23] NICE: Schizophrenia. Core interventions in the treatment and management of schizophrenia in adults in primary an secondary care, NICE Clinical Guideline 82, London: www.nice.org.uk 2009, Resnick SG., Fontana A., Lehman AF., Rosenheck RA.: An empirical conceptualization of the recovery orientation, Schizophr Res 2005; 75: 119-28 (alle Zitate nach S3-Leitlinie Psychosoziale Therapien, a.a.O. S.33/34)

Menschen lenken. Mit Empowerment und damit dem Blick auf vorhandene Interessen und Fähigkeiten des Betroffenen wird ein ganz entscheidender Richtungswechsel bei der Behandlung vollzogen. Während die klassische medizinische Behandlung stets auf die Krankheitssymptomatik schaut, auf das, was auf etwas Krankes und eben nicht Normales hindeutet, kommt nun das noch Gesunde in den Blick. Der Erkrankte ist nicht mehr nur hilflos und von der Behandlungskunst des Arztes und Therapeuten abhängig. Er ist potentiell in der Lage, die Behandlung mindestens mitzugestalten.

Wenn der Patient Hoffnung genug hat, seine Genesung selbst wollen kann, findet er auch bei sich selbst und in seiner nächsten sozialen Umgebung genügend Kräfte, die ihm eine Besserung seiner Lage erstreben lassen. Hierbei kommen soziale Prozesse in die Betrachtung, die sich nicht automatisch ergeben, dem Patienten gleichsam in den Schoß fallen, sondern die beispielsweise von Soziotherapeuten gestaltet werden müssen. Damit wird aus sozialpsychiatrischer Sicht die Aufgabe beschrieben, welche die soziale Rehabilitation anzugehen hat.

Kapitel 1.2 Neurobiologische Erkenntnisse

Die Erkenntnis, dass Menschen sich untereinander verstehen können, gehört sicher zu den Urerfahrungen menschlicher Existenz. Empathie stammt aus dem Altgriechischen. Wahrscheinlich hatten Inder und

Chinesen schon sehr viel früher ähnliche Begriffe für Phänomene, die man täglich im menschlichen Umgang beobachten kann. Trotz dieser ungeheuren Menge an Praxiserfahrungen scheint manchen Menschen die Empathie erst durch die Entdeckung der Spiegelneuronen im Jahre 1990 richtig verständlich zu werden.

Die bis zu dieser Entdeckung vorherrschende naturwissenschaftliche Meinung über die Funktionsweise des Hirns beruhte darauf, dass sich verschiedene Sektoren bestimmte Aufgaben teilen und diese nacheinander in Funktion treten. Ein Sektor verarbeitet beispielsweise die visuellen Eindrücke der Netzhaut: Ein Kind tritt an die Straße. In einem anderen Sektor werden diese Eindrücke inhaltlich verarbeitet: das Kind will offensichtlich die Straße überqueren. Ein weiterer Sektor beurteilt die Situation als potentiell gefährlich. In einem anderen Gehirnteil bildet sich der Entschluss, das Kind zurückzuhalten. Und wieder ein anderer Sektor setzt meine Muskulatur in Bewegung, um den Entschluss auszuführen. Alles geschieht in einem Bruchteil von Sekunden durch das Zusammenspiel von Neuronen.

„Die Entdeckung der Spiegelneuronen veränderte diese Auffassung von der Arbeitsteilung im Gehirn....Die einfache Dichotomie von Input- und Output-Funktion ergab plötzlich keinen Sinn mehr, weil die Forscher herausfanden, dass in bestimmten Hirnregionen Tun und Sehen offensichtlich dasselbe ist.“[24] Es reicht vielfach, wenn ich andere Menschen in einer bestimmten

[24] Christian Keysers: Unser empathisches Gehirn – Warum wir verstehen, was andere fühlen, München: C. Bertelsmann Verlag 2013, S. 18

Situation beobachte, damit ich gerade das tue, was ich in derselben Situation als unmittelbar Betroffener tun würde.

„Sobald ich den Anblick von jemandem, der nach einem Stück Schokolade greift und es zum Mund führt, mit meiner Fähigkeit, das Gleiche zu tun, verknüpfe, ist das, was ich sehe, kein abstrakter, bedeutungsloser Eindruck. Das Wissen, wie man Schokolade isst, wird mit dem Bild der Handlung (das beobachtete Schokoladenessen) verknüpft, wodurch das, was das Sehsystem entdeckt, eine sehr pragmatische Bedeutung erhält. Wenn ich Ihnen einen neuen Segelknoten zeigte und Sie fragte: „Kapiert?", könnten Sie mir am überzeugendsten beweisen, dass Sie meine Demonstration verstanden hätten, indem Sie den Knoten vor meinen Augen knüpfen würden. Spiegelneuronen, die den Anblick einer Handlung mit dem an ihr beteiligten motorischen Programmen verbinden, leisten genau dies, indem sie, was Sie sehen, umwandeln in das Wissen, wie es getan wird."[25]

In diesen beiden Beispielen spielt rationales Wissen keine Rolle. Ich brauche keine rationale Logik, die zunächst einmal alles Wissen über die Physik der Segeltaue und die Geschichte der Segelknoten auswertet, um dem Zuschauer eine wissenschaftliche Grundlage zu schaffen, den vorgeführten Knoten nachvollziehen zu können. Ich brauche die Erfahrung, selbst einmal ähnliche Bewegungen ausgeführt zu haben, wie ich sie beim Knotenknüpfen durch den Partner gesehen habe. Denn durch die Spiegelneuronen

[25] Christian Keysers: ebenda S. 24/25

bin ich in der Lage, das Gesehene sofort in Handlung umzusetzen.

Spiegelneuronen sind auch daran beteiligt, dass Menschen sich miteinander verbinden können. „Würde ich Sie beispielsweise bitten, einen gedeckten Esstisch mit mir zusammen an eine andere Stelle zu tragen, muss er waagerecht gehalten werden. Ich beginne, den Tisch zu heben, was einen Informationsfluss von meinen prämotorischen Arealen zu meiner Sehrinde auslöst. Gleichzeitig sehe ich, wie auch Sie beginnen, den Tisch anzuheben, wodurch ein Informationsfluss von Ihrem prämotorischen Kortex zu Ihrem Körper in Gang gesetzt wird – und von dort zu meinen Augen, meiner Sehrinde und meinen prämotorischen Neuronen. Wenn ich sehe, wie Sie heben, werden meine Hebe-Spiegelneuronen aktiviert, wodurch meine korrekte Reaktion gebahnt wird – den Tisch etwas höher zu heben, damit er waagerecht bleibt -, was wiederum dazu führt, dass Information von meinem prämotorischen Kortex zu meiner Sehrinde fließt, aber auch von meinem prämotorischen Kortex zu Ihrer Sehrinde, während Sie meine Bewegungen verfolgen und so fort. Dabei handelt es sich weniger um einen sequenziellen Informationsaustausch als vielmehr um einen einzigen Regelungsprozess, in dem zwei Gehirne zusammengeschaltet sind. Dabei sind unsere Gehirne deshalb miteinander verbunden, weil Spiegelneuronen in ganz besonderer Weise für Handlungen und für die Wahrnehmung der Handlungen anderer verantwortlich sind. Aus der Sicht des Gehirns wird die aus Körpern und Tisch bestehende Außenwelt zu einer Schnittstelle zwischen unseren Gehirnen, und der komplexe Informationsfluss ist so fein abgestimmt, dass es uns häufig gelingt, nicht einen einzigen Tropfen

Wein aus den Gläsern auf dem Esstisch zu verschütten."[26]

Das Funktionieren dieses fein abgestimmten Kooperationsprozesses hängt natürlich auch davon ab, in welchem emotionalen Zusammenhang das Tischerücken stattfindet. Wenn wir uns vorstellen, dass Vater und Sohn diese gemeinsame Unternehmung beginnen, nachdem der Sohn erklärt hat, er wolle an diesem gemeinsamen Essen nicht teilnehmen, so wird das Zusammenspiel der beiden Personen ganz empfindlich gestört werden. Das aber heißt, dass auch Hirnsektoren beteiligt sind, die für die gefühlsmäßige Bewertung des Geschehens zuständig sind. Bei der Untersuchung dieser emotionalen Seite der empathischen Schaltung des Hirns wurde deutlich, dass auch für die Emotion gilt, was bei den Bewegungen beobachtet wurde: Man kann bei anderen Menschen nur die Gefühle verstehen, die man selbst schon einmal empfunden hat.

Bei dem schon immer gewussten, jetzt aber experimentell nachweisbaren Zusammenhang zwischen meiner eigenen Erfahrung und der Wahrnehmung von anderen Menschen, ist es folgerichtig anzunehmen, dass die Empathiefähigkeit gesteigert werden kann. Je mehr ich im achtsamen Umgang mit anderen Menschen Erfahrung sammle, umso empathischer werde ich, umso besser kann ich mich auf andere einstellen. „Aus dem Umstand, dass zwei Gehirnareale, die das Verstehen anderer auf verschiedenen Ebenen vermitteln, mit unterschiedlichen Subskalen korrelieren, folgt, dass wir uns Empathie oder das Verstehen anderer Menschen

[26] Christian Keysers, ebenda S.59/60

nicht als ein einziges Phänomen vorstellen dürfen. Prämotorische Areale spiegeln die Handlungen anderer Menschen und ermöglichen uns, die Ziele und Beweggründe anderer aus deren Perspektive wahrzunehmen. Die Insel dagegen spiegelt die viszeralen Zustände anderer Menschen und versetzt uns möglicherweise in die Lage, die Gefühle anderer Menschen mitzuempfinden. Im Leben interagieren diese beiden Komponenten häufig und tragen zu einem generellen, intuitiven Gefühl der inneren Verfassung der Menschen um uns herum bei, einschließlich ihrer Ziele und Gefühle. Allerdings kann diese Fähigkeit in mehr oder weniger trennbare Teilaspekte zerfallen. Einige Menschen scheinen eine besondere Fähigkeit zum Spiegeln von Handlungen zu haben, andere zum Spiegeln von Emotionen, wieder andere für beides oder nichts von beiden. Wir sollten Empathie als ein Mosaik von Teilaspekten begreifen, die sich zu einem Gesamtbild dessen zusammenfügen, was in anderen Menschen vor sich geht."[27]

Die Hirnforschung steht wie jede Wissenschaft unter dem Einfluss des allgemeinen gesellschaftlichen Diskurses. Nachdem sich spätestens mit dem Zusammenbruch des kommunistischen Lagers die westliche Wirtschafts- und Gesellschaftsordnung endgültig durchzusetzen schien, waren alle Forschungsergebnisse, welche die Überlegenheit des Individualismus zu bestätigen schienen, gesellschaftlich gut zu vermitteln. Und so waren auch die neurobiologischen Vorstellungen von der Unabhängigkeit der individuellen Hirntätigkeit von den Einflüssen des Umfeldes eine Bestätigung der

[27] Christian Keysers, ebenda S.137

allgemeinen Meinung. „Natürlich konnte nach dieser Auffassung auch die Umgebung Einfluss auf die persönlichen Hirnareale ausüben, doch dieser Einfluss blieb indirekt und strikt unterschieden vom fortwährend ausgeübten Handlungsvermögen des Individuums. Das Individuum besaß eine klare Grenze in der Gesellschaft wie im Gehirn.

Im Licht neuerer Forschung sind die Menschen um uns her nicht mehr nur Teil der „Welt draußen“ – eingeschränkt auf die sensorischen Hirnareale. Durch die gemeinsamen Schaltkreise finden diese Menschen, ihre Handlungen und ihre Emotionen Eingang in viele Regionen unseres Gehirns, die einst ein sicherer Hort unserer Identität waren: unser motorisches und unser emotionales System. Die Grenzen zwischen Individuen werden durchlässig, die soziale und die private Welt mischen sich. Emotionen und Aktionen erweisen sich als ansteckend. Das unsichtbare Band gemeinsamer Schaltkreise schließt unsere Empfindungen und Gefühle zusammen und schafft ein organisches System, das über das Individuum hinausreicht.“[28]

Das Zusammenwirken von Aktivitäten und Gefühlen im Hirn und seine empathische Verschaltung mit anderen Menschen sind sehr komplexen Einflüssen unterworfen. Soldaten im Krieg beispielsweise können ihr Empathie-Vermögen gegenüber dem „Feind“ deutlich vermindern. Angst um die eigene Existenz, die durch ihn gefährdet erscheint, die durch den öffentlichen Diskurs entstehende Herabwürdigung seiner menschlichen Qualitäten helfen mit, die ansonsten gut

[28] Christian Keysers, ebenda S.147

funktionierenden Spiegelneuronen zum Schweigen zu bringen.

Umgekehrt ist Empathie lernbar, kann sich bei entsprechenden Voraussetzungen erheblich entfalten. Diese Erkenntnis geht auf eine Theorie des kanadischen Neurowissenschaftlers Donald Hebb zurück. Er hatte erkannt, dass Neuronen, die miteinander gleichzeitig aktiviert werden, die Tendenz besitzen, sich miteinander zu vernetzen. „Wenn ein Axon der Zelle A der Zelle B nahe genug ist, um sie zu erregen, und wiederholt oder ständig an ihrer Erregung teilnimmt, so finden in einer oder in beiden Zellen Wachstumsprozesse oder Stoffwechselveränderungen statt, die bewirken, dass sich As Effizienz als eine der an Bs Erregung mitwirkenden Zellen erhöht."[29]

Ein häufig beobachtetes Phänomen ist beispielsweise die kindliche zeichnerische Darstellung eines Menschen. Das sog. Strichmännchen reduziert den Menschen auf eine vertikale Anordnung von symbolischen Darstellungen von Kopf, Rumpf sowie zwei Armen und Beinen. Wenn diese Bildelemente gezeichnet werden, weiß jeder, dass ein Mensch gemeint ist. Diese Interpretation wird schon dann möglich, wenn das Kind nur einen Kopf und darunter zwei Arme oder einen Rumpf mit zwei Beinen andeutet. Den Rest vollendet jeder Betrachter mit seinem eigenen Hirn. Und schon ist der Mensch wieder fertig.

Das bedeutet, dass sich zwischen den zur Bedeutungserfassung der verschiedenen Elemente

[29] Donald Hebb: The Organisation of Behavior, New York: Wiley 1949, zit. bei Christian Keysers, ebenda S. 308

zuständigen Nervenzellen eine relativ feste Verbindung hergestellt hat. Sie benötigt nicht mehr die gesamte Fülle aller Elemente, sondern fügt auch aus Teilen ein komplettes Bild zusammen. Wie kann man sich vorstellen, dass wir die Neuronen so miteinander vernetzen, dass hieraus zielgerichtete Handlungen entstehen?

Der junge Mensch ist am Beginn seines Lebens mit sich selbst beschäftigt. Er nimmt wahr, sieht, hört, betastet, empfindet es kalt oder heiß, und was er mit sich selbst macht, geschieht zufällig. Zufällig steckt das kleine Wesen seine Hand in den Mund, schmeckt seine Haut, fühlt den Druck seines Mundes, spürt die Wärme des Speichels. Es hat auf irgendeine Weise seine Muskulatur benutzt, um die Hand zum Mund zu führen. Diesen Ablauf kann es zunächst nicht wiederholen. Die gemeinsame Aktivität verschiedener Neuronen geschah rein zufällig.

Doch die als angenehm erfahrenen Eindrücke der sensorischen Neuronen lassen das Kind mit den unendlich scheinenden Möglichkeiten der Armbewegungen experimentieren. Irgendwann gelingt es wieder, die Hand in den Mund zu bringen. Und wieder stellen sich die verschiedenen sensorischen Wirkungen ein. Und so bildet sich durch das immer wieder neu gefundene Zusammenspiel unterschiedlicher Neuronen eine bestimmte Vernetzung zwischen ihnen heraus. Sie kann später durch ein einzelnes Element angesprochen werden, das eine Kettenreaktion auslöst, die eine gezielte Handlung hervorbringt. Die Hand findet ohne jede Schwierigkeit den Weg zum Mund.

Der kleine Mensch ist nach der Durchtrennung der Nabelschnur auf äußere Zuwendung existenziell angewiesen. Hunger löst neuronale Reaktionen aus, die wiederum Einfluss nehmen auf die ersten, genetisch mitgebrachten Kommunikationsmöglichkeiten. Das Kind schreit. Das Schreien löst bei der Bezugsperson das Bedürfnis aus, dieses Schreien richtig zu interpretieren. Ist es Hunger, sind es Schmerzen, ist es ein allgemeines Unwohlsein?

Im Hirn des Erwachsenen werden verschiedene empathische Netze abgefragt. Rationale Neuronen werden aktiviert. Wann hat das Kind zum letzten Mal Milch bekommen? Könnte es sich erkältet haben? Erklärungsmuster im Hirn werden abgefragt, die sich mit zunehmenden Elternerfahrungen mit diesem besonderen Kind immer spezieller vernetzen. Durch die Beobachtung der Wirkungen der jeweiligen Reaktionen entwickelt sich die Empathie für das kindliche Schreien. Die Eltern können nach einiger Lernzeit unterscheiden zwischen dem Schreien vor Hunger, Schmerz, Unwohlsein oder richtiger Wut auf die Eltern, weil sie nicht auf die gewünschte Weise reagiert haben.

Wendet man die Hebbsche Theorie auf die Empathie an, so kann man sich kein Verstehen vorstellen ohne eigene Erfahrungen darin. Ein Kleinkind, das erst mit 6 Monaten in der Lage ist, gezielt zu greifen, kann mit 3 Monaten noch nicht verstehen, wieso die Eltern einen Löffel ergreifen, um hiermit Essen in seinen Mund zu schieben. Auch das spätere Sprechen und damit das Verstehen von Sprache entwickeln sich zunächst aus der Beobachtung des eigenen Tuns. „Bei Kleinkindern gibt es ein typisches Verhalten, die so genannte Lallphase.

In den ersten Lebensmonaten geben Babys spontan Gurgel- und Glucksläute von sich, die Vokalen ähneln („aaah", „oooh"). Mit ungefähr vier Monaten beginnen sie, Konsonanten hinzuzufügen („gaga" und „dada"). Vom sechsten bis zum zwölften Monat erproben die Kinder spielerisch verschiedene stimmliche Äußerungen, um herauszufinden, was für Laute sie erzeugen können. Lallen ist kein Kommunikationsversuch, trotzdem muss es irgendeinem Zweck dienen, sonst fände es nicht statt.

Aus Hebbscher Perspektive entspricht das Lallen der Selbstbeobachtung. Wenn ein Kind lallt, dürften die Neuronen im prämotorischen Kortex, die für die Hervorbringung stimmlicher Laute verantwortlich sind, gleichzeitig mit den Neuronen im sensorischen Kortex feuern, die auf das Geräusch – den Laut – der Handlung reagieren. Wie oben beschrieben, wird das die Neuronen, die für die Repräsentation bestimmter Stimmlaute im sensorischen Kortex zuständig sind, veranlassen, sich mit Neuronen zu verschalten, die an der Hervorbringung dieser Laute im prämotorischen und parietalen Kortex beteiligt sind. Das Kind trainiert sein Gehirn also gezielt, um herauszufinden, welche motorischen Programme sich zur Erzeugung eines bestimmten Lautes eignen. Wenn das Kind später hört, wie ein Erwachsener diesen Laut hervorbringt, ist der Apparat vorhanden, der die entsprechenden motorischen Programme aktiviert und den Laut reproduziert."[30]

Besonders interessant ist beim Sprachelernen der Umstand, dass sich die Kinder beim Sprechen selbst nicht sehen können. Es reicht ganz offensichtlich der

[30] Christian Keysers, ebenda S.187/188

sensorische Eindruck des Hörens. Gleichzeitig ist es jedoch auffallend, dass Kinder ihre Bezugspersonen gerne ins Gesicht sehen und sie gerade auch beim Sprechen intensiv beobachten. Später als Erwachsene wird den Menschen gelegentlich bewusst, dass man tatsächlich manches gesprochene Wort verstehen kann, auch wenn die äußeren Bedingungen es nicht zulassen, das Gesprochene akustisch aufzunehmen. Man liest sie der SprecherIn „von den Lippen“ ab. Auch diese Fähigkeit setzt ein gehöriges Training voraus, das bei normal Hörenden in früher Kindheit stattfand, bei Hörbehinderten aus verständlichen Gründen auch im Erwachsenenalter weiter entwickelt wird.

Ein ganz bedeutender Aspekt der Hebbschen Erklärung für die Bildung der Schaltkreise im Gehirn bezieht sich darauf, dass sie ganz offensichtlich nicht angeboren sind. Sie bilden sich vielmehr sehr individuell entsprechend der Erfahrungen, die das einzelne menschliche Wesen mit sich selbst und mit den seine Umwelt ausmachenden Personen und Gegenständen machen kann. Das Gehirn ist insofern plastischer Natur.

„Die Neurowissenschaftlerin Amir Lahav und ihre Kollegen von der Havard University warben für ein Experiment Teilnehmer ohne musikalische Vorbildung an, die noch nie Klavier gespielt hatten. Dann brachten sie ihnen bei, ein bestimmtes Klavierstück zu spielen. Die Teilnehmer brauchten am ersten Übungstag rund eine halbe Stunde, um das Stück korrekt zu spielen, und die Übungen wurden an fünf aufeinander folgenden Tagen fortgesetzt. Außerdem hörten sich die Versuchspersonen zwei weitere Klavierstücke an, die entweder aus denselben Tönen in veränderter

Reihenfolge komponiert waren oder aus vollkommen neuen Tönen. Am fünften Tag wurden die Teilnehmer gescannt, während sie Passagen aus den drei Stücken lauschten. Zwar erregten alle drei Stücke auditive Hirnregionen, doch nur das erlernte Stück aktivierte durchgehend die prämotorischen „Spiegel“-Regionen. Diese glichen den Arealen, die auch bei der Ausführung und dem Geräusch von Handlungen aktiv sind.

Eindrucksvoll stellt dieses Experiment unter Beweis, dass fünf Übungstage, in denen Fingerbewegungen mit Klaviertönen verknüpft werden, Hebbsche Assoziationen zwischen auditiven Hirnregionen, die den Klang von Klaviermusik repräsentieren, und prämotorischen Regionen, die die motorischen Programme für Sequenzen von Fingerbewegungen encodieren, schaffen. Diese extreme Flexibilität stattet unsere gemeinsamen Schaltkreise mit der Fähigkeit aus, sich rasch an die Erfordernisse unserer in ständigem Wandel begriffenen Umwelt anzupassen.“[31]

Diese Erkenntnisse geben der allgemein verbreiteten Erfahrung eine biologisch plausible Grundlage, dass sich der Mensch bis zu seinem Tode neuen Situationen anpassen kann, „plastisch“ bleibt. Er ist und bleibt lernfähig, wenn sich Interessen ergeben, die ihm zu einer neuen Sicht und/oder zu einem neuen Verhalten raten. Damit ist und bleibt er von seinen ersten Lebensmonaten an bis zum Lebensende ein Wesen, das auch in ständig wechselnden Lebensumständen seine Handlungsfähigkeit erhält.

---

[31] Christian Keysers, ebenda S.195/196

Doch was kann uns die Hirnforschung über das soziale Lernen mitteilen? In wieweit spielt hierbei die Empathie eine Rolle, wo hilft sie aber allein nicht?

Wenn ich einen anderen Menschen verstehen möchte, so geht dies normalerweise in zwei Schritten: Zunächst versetzen wir uns in seine Lage. Das geht nur, wenn wir selbst schon über ähnliche Erfahrungen verfügen. Wir spiegeln das, was wir beim Anderen sehen oder beispielsweise im Gespräch hören, in uns hinein und empfinden dabei genau das, was wir in seiner Situation spüren würden, immer jedoch vorausgesetzt, wir haben so etwas schon einmal erlebt. Dann verarbeiten wir das Gesehene und Gehörte in der Form, wie wir es in uns selbst gespiegelt vorfinden. Wir durchdenken dabei das Problem des Anderen als wäre es unser Eigenes. Dafür brauchen wir dann den Anderen nicht mehr.

Der große Vorteil dieses Vorgangs liegt darin, dass ich durch die Verinnerlichung des Problems eines anderen Menschen die ganze Fülle von Verschaltungen in meinem Hirn anzapfen und einsetzen kann. Wenn man nicht so vorginge, müsste man dauernd weitere Informationen des Anderen einholen, um sein Problem besser verstehen und hierauf angemessen reagieren zu können.

In dieser Bearbeitung der Erfahrungen anderer Menschen anhand der eigenen Erlebnisse liegt natürlich eine große Gefahr. Da unser Hirn die Neigung hat, Einzeleindrücke zu einem Gesamtbild zu ergänzen, kann es leicht dazu kommen, dass ich aus der Wahrnehmung eines einzelnen Eindruckes beim Andern ein Gesamtbild konstruiere, das exakt meinen eigenen Mustern entspricht. Das kann aber insofern falsch sein, als die wirkliche Situation ganz anders aufgebaut sein kann. Weil ich nicht genügend Geduld hatte, zunächst einmal ohne Abspiegelung in meinen eigenen Erfahrungen die Situation des Anderen möglichst vollständig in mich aufzunehmen, reflektiere ich nur mich selbst.

Es ist nachvollziehbar, dass wir mit Menschen dann am besten auskommen, wenn sie uns in vielerlei Hinsicht ähnlich sind. So erklärt es sich, dass beispielsweise Juristen oder Mediziner am liebsten mit Juristen oder Medizinern verkehren. Wenn man bei einem Lehrerehepaar zur Party eingeladen wird, dann kann man sicher sein, dass man dort vielen anderen Lehrern begegnet. Man sagt, dass „die Chemie stimmt". In Wirklichkeit ist es die Neurobiologie. Ich fühle mich bei Menschen mit ähnlichen Erfahrungshintergründen sicherer, weil unsere Schaltkreise miteinander eng kooperieren können.

Die moderne Neurobiologie bildet zur sozialen Rehabilitation sehr wichtige Brücken, die sich auch in deren Zusammenhängen als belastbar erweisen werden. Die grundlegende Erkenntnis, dass ich zum Verstehen eines anderen Menschen sehr von meinen eigenen Erfahrungen abhängig bin, spielt gerade im Umgang mit psychisch Erkrankten eine wichtige Rolle. Viele Erlebnisse, die nur durch die konkrete Erkrankung ausgelöst werden, kann die BetreuerIn mangels eigener Erfahrungen nicht nachvollziehen. Hier versagt die Empathie.

Aus der intensiven Beschäftigung mit dem Krankheitserleben allein kann daher keine verständnisvolle Beziehung entstehen. Die Erkrankte und ihre TherapeutIn stoßen immer wieder an die Empathie-Schranke der ungleichen Krankheitserfahrung. Dies kann man auch durch Rationalität nicht kompensieren. Das Wissen um depressive Symptome ersetzt kein Mitgefühl. Ich kann meine Symptomkenntnisse mit Wirkungsparametern von Medikamenten verknüpfen, die ich als Arzt der leidenden PatientIn verordne, doch wenn sie nicht wirken, bin ich ihrer Situation kein Stück näher gekommen.

Statt die therapeutische Beziehung allein auf das Krankheitserleben zu fokussieren, schafft die soziale Rehabilitation neue gemeinsame Erfahrungsfelder. Sie werden inhaltlich dort zu gestalten versucht, wo die Erkrankte noch Interessen bei sich entdeckt, die erfüllt sind von handlungsintensiven und angenehmen Erfahrungen. Die Auswahl der TherapeutIn erfolgt dann nicht nach dem Krankheitsbild, bei dem sich die Empathie kaum entfalten kann, sondern nach einem möglichst identischen Interesse und ebensolchen positiven Erfahrungen. Gleichzeitig werden weitere KlientInnen gesucht, die ebensolche Erfahrungen und Interessen bei sich entdecken können.

Wenn es gelingt, Menschen mit gemeinsamen Interessen und handlungsintensiven Erfahrungen zu einer Gruppe zusammenzubringen, dann entsteht ein Handlungsraum, in dem trotz der Krankheitssymptome ein empathischer Gruppenprozess entstehen kann.

Kapitel 1.3 Salutogenese

Krankheit ist ein Notstand, der in Menschen Hilfsbereitschaft auslöst. Wer die Krankenhilfe zu seinem Beruf macht, kann daher mit einem hohen sozialen Ansehen rechnen. Der Arzt erfüllt ganz unabhängig davon, dass er seinem Beruf nachgeht, eine besondere menschliche Aufgabe. Hierfür erhält er große gesellschaftliche Anerkennung.

Die hohe gesellschaftliche Wertigkeit der Krankheits"bekämpfung" verstärkt nicht unbeträchtlich die Neigung der Mediziner, ihr berufliches Können in besonderer Weise auf die Krankheitssymptome zu konzentrieren. Für den Kranken stehen bei seinem Arztbesuch seine Schmerzen und sonstige Symptome im Mittelpunkt des Geschehens. Er wie auch sein Arzt sehen Krankheit als das Gegenteil von Gesundheit an und nicht als Teilaspekt von Gesundheit, also einer Art „Un-Gesundheit". Mit der zunehmenden Erfahrung im Umgang mit Krankheiten hat man gelernt, die Symptome und ihre Behandlung immer feiner zu differenzieren. Es entstehen immer neue medizinische Fachrichtungen mit jeweils besonderer Diagnostik und therapeutischen Konsequenzen. Einige meinen, man brauche inzwischen schon einen Mediziner als Lotsen, um sich im Dickicht der Fachmedizinen noch zurecht zu finden.

Die Salutogenese ist der Versuch, dieser einseitigen Entwicklung Einhalt zu gebieten. Ihre Kritik richtet sich auf zwei weit verbreitete Aspekte der klassischen Schulmedizin: „Erstens wird die Aufmerksamkeit auf die Pathologie gerichtet, nicht auf den Menschen mit einem bestimmten medizinischen Problem. Dieser Ansatz ist vermutlich in medizinischen Notfällen, wie sie in

Fernsehdramen beliebt sind, gerechtfertigt und wirksam. Aber in den meisten Fällen ist Blindheit gegenüber dem Kranksein der Person, ihrer gesamten Lebenssituation und ihrem Leiden nicht nur inhuman. Sie führt vielmehr zu einem Verkennen der Ätiologie des Gesundheitsstatus der Person. Zweitens wird der Pathogenetiker zu einem beschränkten Spezialisten für eine bestimmte Krankheit, anstatt dass er ein Verständnis von Ent-Gesundung gewinnen würde, ganz zu schweigen von Gesundheit."[32]

Für den salutogenetischen Denkansatz gibt es keinen Gegensatz zwischen gesund und krank. Niemals schließt das Eine das Andere aus. Auch wenn ich krank bin, bin ich in vielerlei Hinsicht auch gesund. Wie könnte ich auch sonst die Krankheit überwinden, wenn ich nicht irgendwo Kraftreserven besäße, also gesunde Anteile? Deshalb geht die Salutogenese von einem Kontinuum aus zwischen gesund und krank. Manchmal sind wir mehr krank, manchmal mehr gesund. Manche Menschen fühlen sich gesünder, als andere Menschen mit ähnlichen Krankheitssymptomen. Und umgekehrt natürlich. Der Hypochonder sieht sich selbst auf dem Kontinuum immer in gefährlicher Nähe zur schweren Erkrankung.

„Der salutogenetische Ansatz sieht vor, dass wir die Position jeder Person auf diesem Kontinuum zu jedem beliebigen Zeitpunkt untersuchen. Epidemiologische Forschung würde sich auf die Verteilung von Gruppen auf dem Kontinuum konzentrieren. Klinische Mediziner

---

[32] Aaron Antonovsky: Salutogenese – Zur Entmystifizierung der Gesundheit, Tübingen: Deutsche Gesellschaft für Verhaltenstherapie 1997, S. 23/24

würden dazu beitragen wollen, dass sich einzelne Personen, für die sie verantwortlich sind, in Richtung des Gesundheitspols verändern."[33]

Die einseitige Konzentration auf Krankheitssymptome fördert die Suche nach Krankheits-„Erregern". Etwas außerhalb des eben noch Gesunden muss gefunden werden, das als Ursache für das Übel herangezogen werden kann. Besonders bei psychischen Erkrankungen sucht man das Übel vor allem im Stress. Belastende Drucksituationen sind Risikofaktoren, die es zu vermeiden gilt. „Im Gegensatz hierzu wird man durch die salutogenetische Orientierung dazu veranlasst, über die Faktoren nachzudenken, die zu einer Bewegung in Richtung auf das gesunde Ende des Kontinuums beitragen. Wichtig ist, dass es sich hierbei oftmals um verschiedene Faktoren handelt. Man bewegt sich nicht allein dadurch in diese Richtung, dass man ein geringes Maß an Risikofaktoren A, B oder C aufweist. Im Bereich der Stressforschung wird der Gedanke am ehesten verständlich, wenn man der Zentrierung auf Stressoren die Ausrichtung auf Coping-Mechanismen entgegensetzt. Aber selbst in diesem Bereich fragt man am häufigsten, wie man einen gegebenen Stressor bewältigt anstatt zu fragen, welche Faktoren nicht nur als Puffer wirken, sondern direkt zur Gesundheit beitragen."[34]

Es gibt für die Salutogenese auch positiven Stress. Er ist beispielsweise in der Lage, den Körper zu mobilisieren. Die Diagnose einer bedrohlichen Krankheit, beispielsweise Krebs, löst bei vielen Betroffenen einen

[33] Aaron Antonovsky, ebenda S. 23
[34] Aaron Antonovsky, ebenda S. 25

nachhaltigen Impuls aus, die Ernährung gesünder zu gestalten, sich mehr zu bewegen, aktivierenden Hobbys wieder nachzugehen. Diese Verhaltensänderungen überdauern manchmal den Gesundungsprozess, werden Teil des gewöhnlichen Lebensstandards und beugen so neuen Erkrankungen vor.

Im Rahmen der Diagnostik ermahnt die Salutogenese den Arzt, nicht allein Krankheitserreger und Risikofaktoren zu suchen, sondern die ganze Geschichte des Menschen zu betrachten und damit seine momentane Position auf dem Kontinuum zwischen gesund und krank. Die Therapie wird bei einer solchen Blickrichtung nicht nur Bestandteil der medizinischen Fachbehandlung, also abhängig von Heilmitteln, die von außen zugeführt werden, sondern auch zu einer Anpassungsleistung des Betroffenen und seines Umfeldes an die eingetretene Belastungssituation. Pathogenese und Salutogenese gehen eine komplementäre Beziehung ein:

Die Salutogenese entsteht „aus dem fundamentalen Postulat, dass Heterostase, Altern und fortschreitende Entropie die Kerncharakteristika aller lebenden Organismen sind. Daraus folgt:

1. Sie führt uns dazu, die dichotome Klassifizierung von Menschen als gesund oder krank zu verwerfen, und diese stattdessen auf einem multidimensionalen Gesundheits-Krankheits-Kontinuum zu lokalisieren.
2. Sie verhindert, dass wir der Gefahr unterliegen, uns ausschließlich auf die Ätiologie einer bestimmten Krankheit zu konzentrieren, statt

immer nach der gesamten Geschichte eines Menschen zu suchen – einschließlich seiner oder ihrer Krankheit.

3. Anstatt zu fragen: „Was löste aus (oder „wird auslösen“, wenn man präventiv orientiert ist), dass eine Person Opfer einer gegebenen Krankheit wurde?“, das heißt, anstelle uns auf Stressoren zu konzentrieren, werden wir eindringlich zu fragen gemahnt: „Welche Faktoren sind daran beteiligt, dass man seine Position auf dem Kontinuum zumindest beibehalten oder aber auf den gesunden Pol hin bewegen kann?“. Das heißt, wir stellen Copingressourcen ins Zentrum unserer Aufmerksamkeit.
4. Stressoren werden nicht als etwas Unanständiges angesehen, das fortwährend reduziert werden muss, sondern als allgegenwärtig. Darüber hinaus werden die Konsequenzen von Stressoren nicht notwendigerweise als pathologisch angenommen, sondern als möglicherweise sehr wohl gesund – abhängig vom Charakter des Stressors und der erfolgreichen Auflösung der Anspannung.
5. Im Gegensatz zu der Suche nach Lösungen nach Art der Wunderwaffe müssen wir nach allen Quellen der negativen Entropie suchen, die die aktive Adaptation des Organismus an seine Umgebung erleichtern können.
6. Letztlich führt uns die salutogenetische Orientierung über die in pathogenetischen Untersuchungen erworbenen Daten dadurch hinaus, dass sie immer die in solch einer

Untersuchung ermittelten abweichenden Fälle ins Auge fasst.“[35]

Wer erkrankten Menschen in der Absicht gegenübertritt, mit ihnen gemeinsam eine Positionsbeschreibung vorzunehmen, wo sie sich auf dem Kontinuum zwischen gesund und krank momentan befinden, sucht nach einem hilfreichen Instrumentarium hierfür. Auf welche Faktoren kommt es dabei in besonderer Weise an? Was verbessert die Position der Erkrankten, was aktiviert ihre eigenen Bewältigungs-Potenziale? Antonovsky entwickelte zur Beantwortung dieser Fragen den Begriff des „sense of coherence“ (SOC), für das seine Übersetzer den Begriff „Kohärenzgefühl“ fanden.

„Das SOC (Kohärenzgefühl) ist eine globale Orientierung, die ausdrückt, in welchem Ausmaß man ein durchdringendes, andauerndes und dennoch dynamisches Gefühl des Vertrauens hat, dass

1. die Stimuli, die sich im Verlauf des Lebens aus der inneren und äußeren Umgebung ergeben, strukturiert, vorhersehbar und erklärbar sind;
2. einem die Ressourcen zur Verfügung stehen, um den Anforderungen, die diese Stimuli stellen, zu begegnen;
3. diese Anforderungen Herausforderungen sind, die Anstrengung und Engagement lohnen.“[36]

In welcher Beziehung können diese 3 Faktoren zueinander stehen und welche Vorhersage ergibt sich daraus für die Fähigkeit des jeweiligen Menschen, mit

[35] Aaron Antonovsky, ebenda S. 29/30
[36] Aaron Antonovsky, ebenda S. 36

seiner aktuellen Situation zu Recht zu kommen? Für Antonovsky ergeben sich 8 mögliche Varianten, die einen dynamischen wechselseitigen Zusammenhang bilden können:

Typus	Versteh-barkeit	Handhab-barkeit	Bedeut-samkeit	Vorhersage
1	hoch	hoch	hoch	stabil
2	niedrig	hoch	hoch	selten
3	hoch	niedrig	hoch	Veränderung +
4	niedrig	niedrig	hoch	Veränderung +
5	hoch	hoch	niedrig	Veränderung –
6	hoch	niedrig	niedrig	Veränderung –
7	niedrig	hoch	niedrig	selten
8	niedrig	niedrig	niedrig	stabil

„Die beiden Typen (1 und 8), die in allen Komponenten entweder hohe oder niedrige Werte haben, machen keine Probleme. Wir können voraussehen, dass sie ein recht stabiles Muster aufweisen, nachdem sie die Welt entweder als sehr kohärent oder inkohärent ansehen. Aber wie sieht es mit den anderen Kombinationen aus? Zwei weitere (2 und 7), so meine ich, sind kaum zu finden: diejenigen, die ein geringes Ausmaß an Verstehbarkeit mit einem hohen an Handhabbarkeit kombinieren. Mir scheint eindeutig, dass ein hohes Ausmaß an Handhabbarkeit stark vom hohen Maß an Verstehbarkeit abhängt. Eine Voraussetzung für das Gefühl, dass man über Ressourcen verfügt, um vor Anforderungen bestehen zu können, ist, dass man eine klare Vorstellung von eben diesen Anforderungen hat. In einer Welt zu leben, die man für chaotisch und unberechenbar hält, macht es höchst schwer zu glauben, dass man gut zu Recht kommt.

Ein hohes Ausmaß an Verstehbarkeit jedoch bedeutet nicht notwendigerweise, dass man glaubt, die Dinge gut handhaben zu können. Dies bringt uns zu den Typen 3 und 6. Ich betrachte sie als inhärent instabil. Ein hohes Ausmaß an Verstehbarkeit in Kombination mit einem niedrigen an Handhabbarkeit bedingt einen starken Veränderungsdruck. Die Richtung der Veränderung wird durch die Komponente der Bedeutsamkeit bestimmt. Wenn man die Dinge sehr ernsthaft angeht und glaubt, die Probleme, mit denen man konfrontiert ist, zu verstehen, wird man sehr motiviert sein, Ressourcen ausfindig zu machen und man wird diese Suche ungern aufgeben, bevor man sie gefunden hat. Ohne irgendeine solche Motivation jedoch hört man auf, auf Reize zu reagieren, und die Welt wird bald unverständlich; man wird auch nicht dazu angetrieben, nach Ressourcen zu suchen....

Aus der Betrachtung der beiden letzten Typen wird gleichermaßen der zentrale Stellenwert der Komponente der Bedeutsamkeit ersichtlich. Selbst wenn man hohe Werte sowohl in Verstehbarkeit als auch in Handhabbarkeit aufweist, die Spielregeln also kennt und glaubt, dass man Ressourcen zur Verfügung hat, um erfolgreich zu spielen, wird man ohne ein tatsächliches Interesse (Typ 5) bald mit seinem Verständnis in Verzug geraten und die Verfügungsgewalt über seine eigenen Ressourcen verlieren. Im Gegensatz dazu ist jemand mit niedrigen Werten in Verstehbarkeit und Handhabbarkeit aber hohen in Bedeutsamkeit (Typ 4) vielleicht der interessanteste Fall. Er ist wahrscheinlich ein tiefgründiger Mensch, der sich intensiv um Verstehen bemüht und nach Ressourcen sucht. Es gibt zwar keine Erfolgsgarantie, aber es gibt eine Chance. …

Sofern sich aus diesem kleinen Spiel eine Erkenntnis gewinnen lässt, so scheint es die zu sein, dass die drei Komponenten des SOC zwar alle notwendig, aber nicht in gleichem Maße zentral sind. Die motivationale Komponente der Bedeutsamkeit scheint am wichtigsten zu sein. Ohne sie ist ein hohes Ausmaß an Verstehbarkeit und Handhabbarkeit wahrscheinlich von kurzer Dauer. Die Person, die sich engagiert und sich kümmert, hat die Möglichkeit, Verständnis und Ressourcen zu gewinnen. Verstehbarkeit scheint in der Reihenfolge der Wichtigkeit an nächster Stelle zu stehen, da ein hohes Maß an Handhabbarkeit vom Verstehen abhängt. Das bedeutet nicht, dass Handhabbarkeit unwichtig ist. Wenn man nicht glaubt, dass einem Ressourcen zur Verfügung stehen, sinkt die Bedeutsamkeit, und Copingbemühungen werden schwächer. Erfolgreiches Coping hängt daher vom SOC als Ganzem ab.“[37]

Das Kohärenzgefühl ist etwas dynamisches, das sich je nach der Biographie der Persönlichkeit verändert. Um diese Veränderungen konkretisieren zu können, hat sich die Salutogenese darum bemüht, ein passendes Messinstrument zu entwickeln. Es entstand ein Fragebogen mit 29 Fragen, der in ganz unterschiedlichen Settings mit den verschiedensten Zielgruppen ausprobiert wurde. Es zeigte sich seine Verwendbarkeit sogar dann, wenn die untersuchten

[37] Aaron Antonovsky, ebenda S. 37/38

Personen ganz verschiedenen Schichten und Kulturen angehörten.

Das bewegende Element bei der Bildung des Kohärenzgefühles ist die persönliche Lebenserfahrung. Je nach der Zugehörigkeit zu einer sozialen und kulturellen Schicht, folgt diese Lebenserfahrung bestimmten Mustern. Jeder Mensch gehört einem bestimmten Lebensraum an, dessen Grenzen er nicht ohne weiteres überschreiten kann. Diese sozial strukturierte Lebenserfahrung entwickelt sich durch das Auftreten von Stressoren, die das Leben bereichern oder auch schwächen. Sie beeinflussen das Kohärenzgefühl positiv wie negativ.

Es ist plausibel, dass Menschen mit einem niedrigen Kohärenzgefühl eher durch Stressoren weiter geschwächt werden. Verfügen sie bereits über ein starkes Kohärenzgefühl, bewältigen sie Stressoren sehr viel leichter, profitieren also eher von ihnen. Wer auf dem Kontinuum zwischen gesund und krank stärker auf der Seite der Krankheit platziert ist, steht in großer Gefahr, diesem Pol durch neue Belastungen weiter näher zu kommen.

Welche Qualität von Lebenserfahrungen kann sich auf die drei Faktoren des Kohärenzgefühles positiv auswirken?

„Konsistente Erfahrungen schaffen die Basis für die Verstehbarkeitskomponente, eine gute Balastbalance diejenige für die Handhabbarkeitskomponente und, weniger eindeutig, die Partizipation an der Gestaltung des Handlungsergebnisses diejenige für die Bedeutsamkeitskomponente.....

Viele Lebenserfahrungen können konsistent und ausgeglichen sein, sind aber nicht auf unser eigenes Tun oder eigene Entscheidungen zurückzuführen. Hinsichtlich jeder einzelnen Lebenserfahrung kann man fragen, ob wir mitentschieden haben, ob wir diese Erfahrung machen wollen, nach welchen Spielregeln sie verlaufen soll und wie die Probleme und Aufgaben gelöst werden sollen, die aus ihr erwachsen. Wenn andere alles für uns entscheiden – wenn sie die Aufgaben stellen, die Regeln formulieren und die Ergebnisse managen – und wir in der Angelegenheit nichts zu sagen haben, werden wir zu Objekten reduziert. Eine Welt, die wir somit als gleichgültig gegenüber unseren Handlungen erleben, wird schließlich eine Welt ohne jede Bedeutung. Dies gilt für direkte persönliche Beziehungen, für die Arbeit und für alles andere, was innerhalb unserer Grenzen liegt.... Es ist wichtig hervorzuheben, dass die Dimension nicht „Kontrolle" sondern „Partizipation an Entscheidungsprozessen" ist. Ausschlaggebend ist, dass Menschen die ihnen gestellten Aufgaben gutheißen, dass sie erhebliche Verantwortung für ihre Ausführung haben, und dass das, was sie tun oder nicht tun, sich auf das Ergebnis auswirkt."[38]

Die für das Kohärenzgefühl bedeutenden Lebenserfahrungen bilden sich von Geburt an, möglicherweise sogar schon vorgeburtlich. Sie entwickeln sich im engen Austausch mit den lebenswichtigen Bezugspersonen und beziehen mit

[38] Aaron Antonovsky, ebenda S. 93/94

zunehmendem Alter immer mehr Personen und gesellschaftliche Strukturen mit ein. Diese biographische Abhängigkeit gibt dem Kohärenzgefühl eine hohe innere Festigkeit. Es ist nicht leicht, es durch therapeutische Beeinflussung zu verändern. Antonovsky sieht zwei Möglichkeiten, wie professionelle Helfer das Kohärenzgefühl verbessern könnten.

Die erste Möglichkeit entsteht aus der Art der Kommunikation zwischen Profi und Klient. Wird in der Art des Austausches von Meinungen und Informationen darauf geschaut, dass der Klient sich hierbei als konsistent erlebt, dass belastende Informationen ausgleichbar erscheinen und er sie verstehen kann, so kann sein Kohärenzgefühl stabil bleiben. Doch diese Wirkung ist meistens nur temporär. Wenn ein Arzt beispielsweise auf rechte Weise dem Patienten die erschreckende Nachricht überbracht hat, dass er bei ihm Krebs diagnostiziert hat, so kann er im Sprechzimmer diese Nachricht noch relativ gelassen akzeptieren. Doch hiernach wird ihm bewusst, welche Folgen diese Information auf seine ganze soziale Situation und seine wichtigsten Beziehungen haben wird. Dann gerät sein Kohärenzgefühl unter starken Druck und die Wirkung des Arztgespräches baut sich schnell ab.

Die andere Möglichkeit besteht darin, die realen Lebenserfahrungen der Klienten langfristig zu verändern. Diese Chancen ergeben sich, wenn Therapeuten ihre Klienten über Jahre begleiten und hierbei die Möglichkeit haben, auf ihre Lebenserfahrungen nachhaltigen Einfluss auszuüben. Diese Rahmenbedingungen ergeben sich bei chronischen Erkrankungen und der Notwendigkeit, die Behandlung im Rahmen von

Einrichtungen durchzuführen, deren Lebensbedingungen therapeutisch kontrolliert und beeinflusst werden können.

Solche Rahmenbedingungen ergeben sich beispielsweise im Zusammenhang mit der Begleitung von psychisch Erkrankten im Rahmen der Eingliederungshilfe. Aus diesem Grunde stellt das Konzept der Salutogenese eine ganz wichtige Brücke zur sozialen Rehabilitation dar.

Wie die salutogenetische Sichtweise achtet die soziale Rehabilitation weniger auf die Verhaltensprobleme des psychisch Erkrankten, sondern sehr viel stärker auf diejenigen Aspekte, die neuen sozialen Erfahrungen förderlich sein könnten. Nicht der soziale Rückzug ist beispielsweise die Quelle einer inneren Bewegung zu anderen Menschen hin, sondern persönliche Interessen, die sich ohne die aktive Beteiligung Anderer nicht verwirklichen lassen.

Auch für die soziale Rehabilitation ist positiver Stress unerlässlich. Denn auch eine im eigenen Interesse gestaltete neue soziale Situation erzeugt Stress, beispielsweise Ängste, ob die beabsichtigte Wirkung einer bestimmten Aktivität auch tatsächlich eintritt.

Verbesserungen in der Teilhabefähigkeit bedürfen ständiger Anpassungsprozesse, deren Wirkungen umso bedeutender sind, je stärker sie vom Betroffenen aktiv mitgestaltet werden. Die Bereitschaft hierzu ist umso kraftvoller, je stärker sich das eigene Bewältigungsverhalten mit ureigenen Motivationen verbindet. Auch für die soziale Rehabilitation ist die

Bedeutsamkeit einer Aktivität wichtiger als ihre Versteh- und Handhabbarkeit.

Große Übereinstimmung mit der Salutogenese besteht auch darin, eine biografisch angelegte Persönlichkeitsproblematik nur durch neue Erfahrungen bewältigen zu können. Dabei ist entscheidend, dass der Betroffene an der Gestaltung dieser neuen Erfahrungen unmittelbaren Anteil hat. Eine von außen hergestellte gesunde soziale Umgebung hilft hierbei nicht. Sie bleibt eine Form gemeinschaftlicher Überwältigung, solange sie dem Einzelnen nicht gangbare Wege aufzeigt, sie zugunsten eigener Vorstellungen zu verändern.

Kapitel 1.4 Sozial- und Gemeinwesenarbeit

Ausgangspunkt der Entwicklung von Gemeinwesenarbeit innerhalb des Fachgebietes Sozialarbeit in Deutschland war eine besonders in den größeren Städten wahrgenommene Problemsituation, die vordergründig als Folge der hohen Wohnungsverluste im letzten Weltkrieg entstanden war. Viele Menschen wurden innerhalb behelfsmäßig errichteter Notunterkünfte untergebracht. Während spätestens seit der Währungsreform 1948 und der sich hiernach entfaltenden Wohnungsbaumaßnahmen ein großer Teil der ausgebombten Bevölkerung wieder in akzeptablen Wohnungen Unterkunft fand, verblieb ein Teil der Bevölkerung in den Behelfsunterkünften, deren Zahl von Jahr zu Jahr zunahm. Diese Menschen wiesen einige soziale Gemeinsamkeiten auf: Sie waren vielfach ohne geregelte Arbeit, ihren wirtschaftlichen Unterhalt bestritten die Meisten durch öffentliche Zuwendungen der Fürsorge, die Wohnungen waren sehr beengt, häufig ohne eigene Bäder und Toiletten. Die Bewohner waren mit den zumeist öffentlichen Vermietern durch einen „Nutzungsvertrag" rechtlich verbunden, der zwar monatliche Nutzungsentgelte vorsah, jedoch zumeist keine Regelungen enthielt, die mit einem Mietvertrag vergleichbar waren.

Die Kinder wuchsen ohne vorschulische Begleitung auf. Die ersten Schuljahre waren durch häufiges Schulschwänzen und sehr niedrige Schulleistungen geprägt. Viele der jungen Menschen waren und blieben Analphabeten. Besuche der Jugendämter in den einzelnen Familien gehörten zum Alltag, ebenso wie die zuweilen unangemeldeten Kontrollbesuche von FürsorgerInnen, wenn es beispielsweise um die Prüfung von Anträgen auf Kleidergeld ging.

Immer wieder waren Familienmitglieder in diesen Siedlungen in kriminelle Aktivitäten verwickelt. Insbesondere kleine Eigentumsdelikte sowie aggressive Auseinandersetzungen rund um die Kneipen in der Umgebung verursachten relativ häufig polizeiliche Maßnahmen. Alkoholismus war eine weit verbreitete Methode, den tristen Alltag erträglicher zu machen.

Die Rollenverteilung in den Familien war traditionell: Die Frauen versorgten insbesondere die relativ große Zahl von Kindern, die Männer versuchten, irgendwo Geld aufzutreiben. Ordentliche Jobs waren selten, zumeist suchte man Gelegenheitsarbeiten, oft ohne ordentliche Anmeldung und entsprechendem Versicherungsschutz. Bei häufig 3 bis 4, manchmal aber auch 8 Kindern war der wirtschaftliche Druck gewaltig, der vor allem auf den

Männern lastete. Der Alkohol wurde sehr oft zum täglichen Begleiter, um den Widerspruch zwischen Wunsch und Wirklichkeit leichter ertragen zu können.

In dieser familiären Situation wuchs den Frauen zunehmend die Führungsaufgabe zu. Von den finanziellen Einkünften der Männer konnte man die Familie nicht ernähren. Soziale Zuwendungen der Fürsorge waren mehr als knapp bemessen. So lernten die Kinder auf Geheiß ihrer Mütter das Einkaufen in Lebensmittelläden ohne Geld. Da sie häufig nicht lesen konnten, mussten sie sich die umfangreiche Einkaufsliste ohne Zettel merken. Das Einkaufen wurde unter diesen Bedingungen zu einem abenteuerlichen Gruppenerlebnis. Denn ganz allein war die Aufgabe nicht zu meistern. Die Läden in der Nachbarschaft vertrieben die Kinder mit kräftigen Worten, wenn sie sich bloß an der Tür zeigten. Da mussten sie weite Wege in die Innenstadt zurücklegen, wo die Anonymität der Einkaufssituation gesichert schien.

Die Lebensart der Menschen aus den Barackensiedlungen sprach sich rasch in der ganzen Stadt herum. Schon wenn man die Straßennamen hörte, „Dransdorfer Weg“ oder „Lindenhof“ in Bonn oder „Am Grauen Stein“ in Köln, dann wusste man sogleich, mit wem man es zu tun hatte. Einen von dort konnte man unmöglich beschäftigen. Nicht einmal einen Ratenvertrag konnte man mit ihm schließen, von einem Mietvertrag ganz zu schweigen.

Bis in die Sechziger Jahre hinein widmete sich die örtliche Sozialarbeit auf den klassischen Wegen der Einzelfallhilfe diesen Menschen, ohne auch nur geringe

Erfolge zu erzielen. Die Besuche in den Wohnungen hatten fast ausnahmslos kontrollierende, in den Augen der Betroffenen polizeiliche Aufgaben. Immer wurden die Besuchten mit dem gewachsenen Misstrauen der FürsorgerInnen konfrontiert. Die gegenseitige Kommunikation war geprägt von dem Bemühen, einerseits unerwünschte Lebensaspekte zu verstecken oder, wenn das nicht ging, mit den miserablen Umständen zu erklären, und andererseits die mit gesetzlichem Nachdruck vorgebrachten Vorwürfen und Anweisungen mit Drohungen zu verstärken, deren Umsetzbarkeit allen Beteiligten mehr als zweifelhaft erschien. Wohin sollte man die Menschen jetzt noch bringen, wo sie doch schon in der letzten Instanz angekommen waren? Auf die Straße werfen ging nicht, das verbot das Ordnungsrecht.

Die wachsenden Ängste in der Bevölkerung, die durch häufige Presseberichte über die von den Siedlungen ausgehenden kriminellen Delikte geschürt wurden, lösten eine doppelte Aktivität aus: Einerseits verstärkte man die polizeiliche Präsenz in den entsprechenden Vierteln, es wurden wie in Bonn neue Wachen in der Nähe der Siedlungen geschaffen, andererseits wurden besondere Programme zur Rettung der Kinder gestartet.

Die öffentliche Sorge um die in den Notunterkünften aufwachsenden Kinder diente dabei einmal der Bearbeitung der eigenen Zukunftsängste, denn aus den Kindern wurden allzu schnell Erwachsene, die voraussichtlich eine Gefahr für die Allgemeinheit darstellen würden. Zum andern konnten sie, solange sie klein waren, als unschuldig am Verhalten ihrer Eltern gelten. Sie hatten durchaus ein Recht darauf, ein besseres Schicksal als sie zu erreichen.

So errichtete die Stadt Bonn zwischen den Baracken am Dransdorfer Weg einen Kindergarten. Namhafte Spenden waren hierfür eingegangen. Für die Bewohnerschaft der Siedlung war dies eine offene Kriegserklärung. Denn selbstverständlich war ihnen klar, dass dieser Kindergarten gegen ihre Art gerichtet war, ihre Kinder zu erziehen und sie zu brauchbaren erwachsenen Familienmitgliedern zu machen. Hier stand öffentliche Kultur gegen die Familienkultur. Der Familie sollte endgültig die Freiheit genommen werden, ihre Kinder vor einem Bildungsprozess zu schützen, der sie in ihren eigenen Augen zu Versagern und Außenseitern abstempelte.

Und so kam es, was wegen der sozialen Gegebenheiten nicht zu verhindern war, zu offenen Kampfauseinandersetzungen. Nachdem kleine Rangeleien um den Kindergartenbesuch gegen die Vertreter der Einrichtung und des Jugendamtes ohne Erfolg blieben, wurde auf das Gebäude ein nächtlicher Brandanschlag verübt. Nachdem die beträchtlichen Schäden beseitigt waren, wurde ein 5 Meter hoher Zaun um das Gebäude gezogen. Doch dieser Zaun konnte zwar nächtliches Eindringen verhindern, doch vergiftete er die feindliche Atmosphäre so nachhaltig, dass sich schließlich auch der Kindergartenbetreiber weigerte, dorthin weiter MitarbeiterInnen zu entsenden.

Diese schier ausweglose Situation wurde zur Geburtsstunde der Gemeinwesenarbeit in Bonn und Köln und darüber hinaus in ganz Westdeutschland. Eine ganz bedeutende Rolle spielte hierbei Stefan Karlstetter, der 1964 aus Birmingham kommend in Bonn eintraf und sich verband mit jenen aus dem kirchlichen Zusammenhang stammenden Kräften, die zur Verbesserung der Kindersituation angetreten waren. In Birmingham hatte Karlstetter mehrere Monate in Projekten mitgearbeitet, in denen ein ganz anderer Ansatz der Sozialarbeit verwendet wurde. Dieser Ansatz, den man später als „katalytisch-aktivierende Gemeinwesenarbeit" bezeichnet hat [39], ging von folgenden Überlegungen aus:

Menschen, die wie die Bewohner der Notunterkünfte in Bonn und Köln, öffentlich nur mit jenem Teil ihres Lebens wahrgenommen werden, der sie in Konflikt mit den von der gesellschaftlichen Mehrheit vertretenden Wertvorstellungen bringt, sollte man nicht allein über diese Defizite definieren. Sie sind zwar wirtschaftlich und kulturell zuwendungsbedürftig, doch verfügen sie über eine Vielzahl von Kenntnissen, Erfahrungen und Interessen, die von der Öffentlichkeit nur deshalb nicht unterstützt werden, weil sie als unbedeutend oder gar wertlos eingestuft sind. Die Sozialarbeit als Vollzieher der öffentlichen Denkweise versucht die Betroffenen von ihren eigenen Interessen und Erfahrungen abzulenken auf Ziele, die sich die Mehrheit ausgedacht hat. Die Mehrheit aber ist für diese Bevölkerung keine akzeptable Orientierung, weil sie von ihr nur Ablehnung und Geringschätzung erfährt.

[39] siehe hierzu: Fritz Karas, Wolfgang Hinte: Studienbuch Gruppen- und Gemeinwesenarbeit. Neuwied/Frankfurt am Main: Luchterhand Verlag 1989, S. 23 ff.

Will man Konfrontation vermeiden oder wünscht man sogar, dass die Betroffenen aus eigenem Antrieb die öffentlichen Interessen unterstützen, dann muss die öffentliche Sozialarbeit zuallererst die eigene Haltung ändern. Es muss ein ehrlich empfundenes Interesse entstehen, diesen Menschen zuzuhören, ihre Sorgen, Wünsche und auch ihre Wut kennen zu lernen. Aus dieser Haltung des Zuhörens und Verstehens bildet sich eine Vorstellung darüber, welche gemeinschaftlichen Aktivitäten sich diese Menschen wünschen, wo sie eventuell bereit wären, persönlich mitzumachen, also selbst aktiv zu werden.

Eine erste Erkenntnis dieses Arbeitsansatzes war, dass das von außen wahrgenommene Bild der Menschen in sozialen Brennpunkten korrigiert werden musste. Hier waren keine mafiöse Strukturen entstanden, in denen eine organisierte Minderheit gegen die Ordnungskräfte von Polizei, Sozial- und Jugendamt agierten. Natürlich traten die Menschen, wenn sie sich von außen angegriffen fühlten, in größeren Gruppen auf. Doch wenn die Gefahr beseitigt schien, zerfiel diese Gruppe in eine Vielzahl von Einzelpersonen und Familien, die untereinander in permanenten Auseinandersetzungen verstrickt waren. Der von außen ausgehende Druck setzte sich nach innen fort. Es gab keine Solidarität untereinander, nicht einmal die Bereitschaft, einfache gemeinsame Interessen auch gemeinsam umzusetzen.

So war die neue Sozialarbeit zunächst einmal darauf gerichtet, in Einzelgesprächen mit allen Bewohnern herauszufinden, bei welchen Themen sich Impulse zeigen, etwas selbst zu unternehmen, und wie groß die

Bereitschaft ist, sich dieser gemeinsamen Themen willen mit anderen in der Siedlung zusammenzusetzen.
Nachdem die Stadtverwaltung dazu gewonnen werden konnte, diese kleinen gemeinschaftlichen Aktivitäten mit Material zu unterstützen, gelang es mit viel Ermutigung durch die Sozialarbeiter, erste Aktivitäten erfolgreich durchzuführen.

Die Ziele und Inhalte dieser Projekte entsprachen keineswegs den Zielvorstellungen, die man in der Öffentlichkeit als besonders vordringlich hielt. In der Siedlung, in der ich selbst tätig war, bestand die erste Aktivität in der Zusammenlegung aller Kaninchenställe an einen neuen Platz und die Beseitigung der bisherigen Ställe, die sehr viele Ratten angelockt hatten. Dies war die erste gemeinsame konstruktive Aktion, an der sich viele Bewohner beteiligten und die zu einem sichtbaren Erfolg führte. Die Stadtoberen hatten hierzu das Material gestiftet, was von den Bewohnern als Ausdruck von Wertschätzung angesehen wurde.

Hiernach war es schon sehr viel leichter, gemeinsame Interessen aufzugreifen, sie zu Projekten zu strukturieren, und in gemeinschaftlicher Aktivität umzusetzen. In der von mir begleiteten Siedlung dauerte es dennoch zwei Jahre, bis die Siedlungsversammlung zum ersten Mal die Bildungssituation der Kinder auf die Tagesordnung setzte. Bis dahin hatte die Gemeinwesenarbeit jeden Hinweis auf die desolate Bildungssituation der Kinder in den Siedlungen vermieden. Der Kindergarten war schon seit langem außer Betrieb. Er diente als Versammlungsraum für die Bewohner dieser Siedlung.

Hiernach ging es sehr schnell: In der von mir begleiteten Siedlung wurde in einer alten Baracke durch die Bewohner selbst eine „Spielstube“ eingerichtet. Das Jugendamt sendete eine Erzieherin, die regelmäßig mit den Siedlungskindern arbeitete. Mit der zuständigen Grundschule wurde ein Lernkonzept erarbeitet, dass den Kindern gestattete, den Lernstoff des ersten Schuljahres auf 2 Jahre zu verteilen. Kein Siedlungskind musste die erste Klasse wiederholen. Nach den beiden Jahren waren die sprachlichen Eigenarten der Kinder der erwarteten Ausdrucksfähigkeit angepasst.

Für die Ausarbeitung eines Wohnungsbauprogramms, mit dem die Barackenwohnungen endgültig aufgegeben wurden, benötigten die Bewohner in enger Abstimmung mit der Stadtverwaltung und der öffentlichen Wohnungsbaugesellschaft 5 Jahre. Ihr Wunsch jedoch, die in den Siedlungen entwickelte Gemeinwesenarbeit auch in den neuen Stadtvierteln mit den neuen Nachbarn weiterzuentwickeln, wurde nicht erfüllt. Für die Stadtpolitik war nach dem Abriss der Barackensiedlungen und der Umnutzung der hierdurch frei gewordenen städtischen Areale das kommunalpolitische Ziel erreicht. Eine neue Kultur der bürgerschaftlichen Beteiligung lag nicht im Interesse der Parteien.

Dieser Ansatz der Gemeinwesenarbeit, sich die Inhalte für gemeinschaftliche Aktivitäten bei den Betroffenen selbst zu holen, gibt den beteiligten Menschen die Möglichkeit, bei der Aktivität zu sich selbst zu kommen. Es sind ihre eigenen Interessen, die umgesetzt werden sollen. Sie entdecken dabei, dass sie mit ihren Interessen nicht allein dastehen. Sie erleben in dem

Bemühen um die Erreichung eigener Ziele die Gemeinschaft mit den übrigen Beteiligten. Das menschentypische Bedürfnis nach Gemeinschaft findet ein Handlungsfeld, das nicht nur von Sympathie oder Antipathie geprägt ist, sondern auch von der Einsicht, dass nur gemeinsames Handeln Erfolg versprechend ist.

Die Erfahrung, dass die Sozialarbeit die gemeinschaftlichen Interessen respektiert und sie fördert, erleichtert den Respekt vor sich selbst. Die Obrigkeit hört auf, nur als Feind gesehen zu werden, der die Menschen zu anderen Werturteilen und zu einem anderen Sozialverhalten zwingen will. Es entsteht Vertrauen untereinander und zu den Partnern der Stadt. Diese Freiheit, eigene Interessen gemeinschaftlich umzusetzen, macht auch wieder den Blick für die Unterscheidung frei, was für das eigene Leben wirklich wichtig ist. Jetzt kann man sich auch auf Themen einlassen (wie beispielsweise den Schulerfolg der Kinder), welche die Behörden jahrelang durchzusetzen trachteten.

Der ganz offensichtliche Erfolg dieser Gemeinwesenarbeit ermutigte mich dazu, für die Ausarbeitung eines Programms für mehr Selbstbestimmung und Teilhabe und demnach zur sozialen Rehabilitation von psychisch Erkrankten auf meine alten Erfahrungen aus den Jahren 1964 bis 1969 zurückzugreifen. Ich bitte daher auch um Verständnis dafür, dass ich erst im Zusammenhang mit der Schilderung des aktivierenden Ansatzes bei psychisch behinderten Menschen auf die Einzelheiten der Arbeitsweise eingehe. Wäre dies schon hier geschehen, wäre es schwieriger geworden, die Besonderheiten dieser neuen Zielgruppe herauszuarbeiten.

Kapitel 2 Auf der Suche nach persönlichen Interessen

Kapitel 2.1 Landesprojekt für mehr Selbstbestimmung und gesellschaftliche Teilhabe

Durch den Beitritt Deutschlands zum UNO-Abkommen über die Inklusion behinderter Menschen ist eine öffentliche Diskussion über ihre gesellschaftliche Situation angeregt worden. Für die Eingliederungshilfe, die sich seit Jahrzehnten um diese Menschen kümmerte, stellte sich die Frage, ob die professionell organisierte Hilfe so eingestellt ist, dass die Selbstbestimmung der Betroffenen und ihre wirkliche Teilhabe an gesellschaftlichen Prozessen im Fokus steht.

Das Albert-Schweitzer-Familienwerk in Uslar hielt die Arbeitssituation gerade in dieser Hinsicht für verbesserungswürdig. In ihrer Abteilung “Behindertenhilfe Südniedersachsen“ betrachteten besonders die Leitungskräfte voller Skepsis die Arbeit mit den psychisch behinderten Menschen. Alles hatte man optimal organisiert: ausgesucht erfahrene Mitarbeiter, engagierte Anwendung der hilfeplanorientierten Sozialarbeit, qualifizierte Fortbildung und Supervision, schlanke Leitungsstrukturen, nichts konnte daran hindern, erfolgreich zu sein. Und doch schien die soziale Entwicklung der psychisch Erkrankten auf der Stelle zu treten. Die Betreuungsbeziehungen wollten kein Ende nehmen. Die Berichte über symptombedingte Fähigkeitsstörungen der Betroffenen wiederholten sich von Jahr zu Jahr. In den Einrichtungen, vor allem im Wohnheim bildete sich eine feste Bewohnerschaft heraus, bei der sich niemand mehr vorstellen mochte, dass sie einmal um Entlassung bitten würde.

Im Zuge dieser selbstkritischen Bestandsaufnahme bat man das niedersächsische Sozialministerium um finanzielle Unterstützung für ein Projekt, bei dem nach einer Möglichkeit gesucht werden sollte, die gesamte laufende Sozialarbeit mit psychisch erkrankten Menschen unter dem Gesichtspunkt von Selbstbestimmung und gesellschaftlicher Teilhabe auf den Prüfstand zu stellen. Ansatzpunkt sollte dabei die Gemeinwesenarbeit werden, weshalb man mich als Projektleiter verpflichtete. Was könnte die Gemeinwesenarbeit zur Aufklärung der Situation beitragen?

Aus Sicht der Gemeinwesenarbeit schien das Kernproblem der laufenden Arbeit in ihrer Fixierung auf die Fähigkeitsstörungen der Betroffenen zu liegen. Alles drehte sich immer um das, was nicht funktioniert. Zwar fragt das Hilfeplanverfahren auch nach den Wünschen und Zielen des Betroffenen, doch verkennt man dabei die apathische Grundstimmung, in der die meisten psychisch Kranken gefangen sind. Wie können diese Menschen ohne eigene neue Erfahrungen beurteilen, was für sie die richtigen Zukunftsziele sind? Da ist vielfach das Bedürfnis übermächtig, das zu wollen, was man seitens der BetreuerIn und des Kostenträgers gerne hören möchte.

Mein Rat war, zunächst einmal mit möglichst vielen Betroffenen ein aktivierendes Gespräch zu führen, um herauszufinden, mit was sich denn die Menschen außer mit ihrer Erkrankung und deren Folgen sonst noch beschäftigten. Dabei sollte erprobt werden, ob – wie in der Gemeinwesenarbeit – genügend Potenzial aufgedeckt werden konnte, die Menschen mit ihren individuellen Themen zu aktivierenden Gruppen zusammen zu bringen. Für diesen Einstieg standen 8 Monate zur Verfügung. Hiernach wollte man sehen, ob eine Fortsetzung der Arbeit Sinn macht.

Kapitel 2.2 Aktivierende Gespräche mit psychisch Kranken

Befragungen, die heute massenhaft im Rahmen des Marketings eingesetzt werden, haben durch Einsatz einer spezifischen Technologie einen hohen Prognosewert erreicht. Die Qualität der Befragung beruht ganz wesentlich darauf, die Zahl der möglichen Antworten weitestgehend zu begrenzen. „Wenn Sie die drei nachfolgend abgebildeten Verpackungen für gemahlenen Kaffee der Marke X zur Auswahl hätten, welche würden Sie bevorzugen?“ Da kann der Befragte sich möglicherweise leicht entscheiden, und wenn das ausreichend viele tun, weiß der Auftraggeber, wie er in Zukunft sein Produkt verpacken sollte.

Die Voraussetzung dieser prognosesicheren Befragung ist die genaue Kenntnis der möglichen Antworten. Natürlich kann man sich vorstellen, dass auf ähnliche Weise auch Bewohner eines Wohnheims darüber befragt werden, welche Lebensweise sie der jetzigen vorziehen würden. Es könnte ein Fragebogen entwickelt werden, bei dem zu jeder Frage mindestens drei mögliche Antworten zur Auswahl angeboten werden. Den Wohnheimbewohner könnte man beispielsweise fragen: „Wenn Sie am kommenden Monatsersten die Wahl hätten, im Wohnheim zu verbleiben oder in eine Wohnung umzuziehen, die Sie allein anmieten und von der aus Sie tagsüber die Tagesstätte besuchen, oder in eine Wohnung umzuziehen, in der man nur noch von Zeit zu Zeit nach Ihnen sieht, was würden Sie wählen?“ Sicherlich wäre das Befragungsergebnis ein interessanter Anlass für intensive Gespräche, mehr aber wahrscheinlich nicht. Denn die auf der Grundlage der Befragung getroffene Prognose würde weit an dem Entscheidungsprozess vorbei zielen, den eine solche Befragung bei jedem einzelnen Befragten auslösen würde. Denn welcher Interviewer kann sich halbwegs realistische Antworten darüber ausdenken, was sozialpsychiatrisch begleitete Menschen wirklich wollen? Weiß der Interviewer von sich selbst, was er beispielsweise beruflich wirklich will? Will er wirklich Fragebögen entwerfen?

Die Nachfrage nach den wirklichen Interessen von sozialpsychiatrisch begleiteten Menschen kann also nur mit Fragen angegangen werden, deren Antworten offen bleiben. „Welche berufliche Tätigkeit würden Sie gerne einmal versuchen?“ wäre eine solche offene Frage. Wenn ich sie einem Klienten in der Tagesstätte stelle, dann könnte die Antwort beispielsweise lauten: „Ich würde gerne etwas mit Holz machen.“ „Haben Sie sich damit schon einmal ausprobieren können?“ „Ja klar, wir haben hier eine Holzwerkstatt.“ „Und welche berufliche

Idee kam Ihnen dabei?“ „Na ja......“ Es wird klar, dass der Berufswunsch „Holz“ noch kein wirklicher Berufswunsch ist, sondern die Antwort aus der Tatsache resultiert, dass sich der Klient gelegentlich in der Holzwerkstatt aufhält.

„Haben Sie sich früher schon einmal mit der Frage beschäftigt, was denn ein interessanter Beruf für Sie sein könnte?“ „Ich hab mal Jura studiert.“ „Und hatten Sie das Gefühl dabei, den richtigen Beruf anzugehen?“ „Ich hätte lieber was mit Medien gemacht.“ „Das ging wohl nicht?“ „Meine Eltern meinten, dass man danach keinen Job findet. Als fertiger Jurist könnte man immer noch zu den Medien gehen.“ „Hat sich Ihr Interesse an Medien und an einer beruflichen Tätigkeit darin gelegt?“ „Ich bin krank geworden, da hat sich vieles verändert.“

„Wenn sich bei unserer Befragung zeigen würde, dass mehrere Menschen an einer intensiveren Beschäftigung mit medialer Arbeit interessiert sind, könnten Sie sich vorstellen, mit denen zusammen ein erstes Projekt zu entwickeln?“ „Das wäre schon interessant, doch was sollte dabei rauskommen?“

Dieser kurze Befragungsdialog soll verdeutlichen, mit welcher Strategie der Einstieg in das Projekt versucht werden soll. Wir nennen sie nach dem Vorbild von Richard und Hephzibah Hauser Aktions-Untersuchung[40] bzw. der auf ihnen aufbauenden Gemeinwesenarbeit

---

[40] Richard und Hephzibah Hauser: Die kommende Gesellschaft. Handbuch für soziale Gruppenarbeit und Gemeinwesenarbeit, München: Pfeiffer Verlag 1971, S. 431 ff.

„Aktivierende Befragung“[41]. Sie unterscheidet sich in mehrfacher Hinsicht von der uns vertrauten sozialwissenschaftlichen Befragungstechnik:

Die Aktivierende Befragung interessiert sich nicht nur für aktuelle Einstellungen, Ideen, Vorlieben, sondern auch für das Interesse, an der weiteren Verfolgung dieser Inhalte selbst mitzuwirken, bzw. für die Zweifel, die einer derartigen Aktivität entgegenstehen.

Die Aktivierende Befragung bildet nicht nur den aktuellen Status der Befragten ab, sondern erkundigt sich auch nach der Impulskraft und deren Hemmungen für gezielte Aktivitäten.

Die Aktivierende Befragung sieht nicht die Befrager in der Rolle von Akteuren, die aus den Befragungsergebnissen Schlüsse ziehen und Folgerungen formulieren, sondern ordnet den Befragten das Potenzial zu, aus den Befragungsergebnissen und der sich hierbei zeigenden Gemeinsamkeit der Interessen praktische Folgerungen zu ziehen.

Die Aktivierende Befragung endet nicht mit der Vorlage des Befragungsergebnisses, sondern durch das Medium der Befragung und durch das hierauf aufbauende Gruppengespräch beginnt ein Prozess, der zu mehr Selbstbestimmung führen soll.

Die Aktivierende Befragung wird im Kernbereich aus drei Elementen gebildet:

---

[41] Maria Lüttringhaus, Hille Rickers (Hrsg.):.Handbuch Aktivierende Befragung. Konzepte, Erfahrungen, Tipps für die Praxis, Bonn: Verlag Stiftung Die Mitarbeit 2007

Offene Fragen nach den Anliegen der Befragten,

Fragen nach vorhandener Neugier bzw. Zweifeln in Bezug auf eine Aktivität im Sinne der gefundenen Anliegen,

Gruppengespräch über gemeinsam gefundene Anliegen.

„Das Anliegen ist – in dem alten Sinn, wie die Quäker das Wort gebrauchen – das Problem, das wir 'angehen' möchten.“[42] Da bei Menschen, die über eine längere Zeit psychisch erkrankt sind, Probleme sicher seltener angetroffen werden, die diese Menschen wirklich 'angehen' möchten, schien es zunächst realistischer, von 'Entrüstung' zu sprechen. Denn alle Menschen, die noch nicht einen Zustand völliger sozialer Apathie erreicht haben, kennen Probleme, über die sie sich entrüsten können. 'Entrüsten' bedeutet noch nicht, etwas 'angehen' zu wollen. Die Zweifel über die Erfolgsmöglichkeiten eines solchen 'Angehens' können das Bedürfnis hierzu ganz überdecken. Doch bleibt weiterhin die Entrüstung. Sie ist kommunizierbar und ein Anliegen, welches durchaus das Potenzial für eine Aktivität enthält, wenn neue Erfahrungen die vorhandenen Zweifel überwinden.

Fragen nach Neugier und Zweifeln sind nicht Fragen nach neuen Inhalten in dem Sinne von: „Worauf wären Sie neugierig? Woran hätten Sie Zweifel?“ Es geht vielmehr um ein Erkennen wollen von der beim Befragten vorhandenen Bereitschaft, an einem Gruppengespräch über Inhalte der Entrüstung

[42] Richard und Hephzibah Hauser, a.a.O. S. 432

mitzuwirken. Allein die frei genannten Inhalte der Entrüstung stehen im Fokus der Nachfrage nach Neugier und Zweifel. Besteht eine gewisse Neugier darauf, was bei einem solchen Gespräch herauskommt, so wird der Interviewer eine Chance sehen, dass der Befragte zum Gruppengespräch kommt. Findet er nur zweifelnde Einschätzungen, so wird er zunächst keine Beteiligung an Gruppengesprächen erwarten.

Das Gruppengespräch gehört deshalb zum Kernbereich der Aktivierenden Befragung, weil erst in diesem Gespräch aus Befragungsergebnissen Anlässe für die Bearbeitung von selbst bestimmten Problemen werden. Das Gruppengespräch verdeutlicht, welche Entrüstung eine soziale Dimension hat, weil es nämlich auch von Anderen geteilt wird. Das Gruppengespräch verstärkt die Neugier auf eine Bearbeitung des Problems, weil die Erfahrung gemeinsamer Interessen ermutigend wirkt. Das Gespräch schafft einen sozialen Raum, in dem man zunächst einmal hypothetisch an die Veränderung des Problems herangehen kann, ohne den sicheren Hafen des Gruppengespräches zu verlassen.

Damit das Gruppengespräch diese Aufgabe übernehmen kann, bedarf es verschiedener Vorarbeiten. Zunächst müssen alle Einzelinterviews nachträglich protokolliert werden. Dies geschieht am besten durch einen zweiten Interviewer, der sich aus der Gestaltung des Gespräches weitgehend heraushält und seine Aufmerksamkeit ganz auf den Befragten konzentriert. Festgehalten werden die vom Befragten genannten Inhalte seiner Entrüstung sowie die geäußerte Neugier bzw. Zweifel an einer weiteren gruppenmäßigen Bearbeitung dieser Inhalte.

Nachdem die Einzelbefragungen durchgeführt wurden, werden die Protokolle dahingehend ausgewertet, welche Entrüstungsinhalte häufiger genannt wurden. Diese Inhalte werden nach dem Gesichtspunkt Neugier/Zweifel in eine Prioritätenfolge gebracht. Die Probleme mit dem stärksten Neugierpotential kommen an die Spitze, die mit den stärksten Zweifeln an das Ende der Liste. Da es bei 130 Klienten ohnehin unmöglich ist, alle in einen einzigen Gruppenprozess einzubeziehen, wird auf der Grundlage dieser Liste eine vorläufige Gruppeneinteilung vorgenommen. Befragte mit einem ähnlichen Themenprofil werden zu Gruppen zusammengefasst.

Eine weitere Vorarbeit ist zu leisten im Vorgriff auf mögliche Arbeitsprozesse, bei denen es um die Veränderung der Entrüstungsinhalte geht. Entrüsten sich Befragte beispielsweise darüber, dass die ihnen zugeteilten finanziellen Mittel für die alltäglichen Lebensnotwendigkeiten zu gering bemessen sind, so stellt sich die Frage, welche Änderung ihrer Lebenssituation durch eine entsprechende Gruppenaktivität der Befragten erreicht werden könnte. Könnte diese Veränderung möglicherweise nur durch Änderung der gesetzlichen Rahmenbedingungen erreicht werden, so ist sie kaum geeignet, psychisch Erkrankten bei ihren ersten Aktivitäten Erfolg zu verschaffen. Denn die vorhandene Neugier auf die Nützlichkeit dieser Bemühungen wird in Zweifel umschlagen, wenn die ersten Aktivitäten fehlschlagen.

Es kann prinzipiell keine Themen geben, die für einen Aktivierungsprozess ungeeignet sind, doch kommt es immer darauf an, welche Kräfte eine Erfolg versprechende Auseinandersetzung erfordert. Selbstverständlich können auch Ziele sinnvoll sein, die auf eine Änderung gesetzlicher Bestimmungen hinauslaufen. Es gibt genügend historische Beispiele dafür, wie hartnäckige Betroffenengruppen bei den Mitgliedern der Gesetzgebungsorgane die Bereitschaft geweckt haben, auf ihre Anliegen stärker Rücksicht zu nehmen.[43] Doch diese Hartnäckigkeit, über lange Zeiträume diese 'Neugier', also positive Erfolgserwartungen wach zu halten, bedarf vieler vorangehender positiver Gruppenerfahrungen, die gerade bei dieser Klientengruppe zu diesem frühen Projektzeitpunkt nicht vorausgesetzt werden können.

Die Themenliste ist daher nochmals nach dem Gesichtspunkt 'Erfolgsaussichten' zu gewichten, bevor sie zur Grundlage des Gruppengespräches gemacht wird. Hieran wird deutlich, dass eine Umstellung von Betreuungsinhalten auf die selbstbestimmten Themen der Klienten die Tätigkeit der Professionellen nicht überflüssig macht, sondern sie weiterhin, allerdings in ganz neuer Weise fordert.

Kapitel 2.3 Vorwissen der MitarbeiterInnen und Einteilung der Interviewer

[43] So die Schaffung von behindertengerechten Arbeitsgelegenheiten (Werkstätten für behinderte Menschen) aufgrund des Einflusses der Angehörigenorganisation Lebenshilfe e.V.

Zu Beginn der Befragung trafen sich die LeiterInnen der verschiedenen Arbeitsbereiche, die besonders interessierte MitarbeiterInnen dazu geladen hatten. Die Zusammenkunft diente dem Ziel, die MitarbeiterInnen mit der Aktivierenden Befragung vertraut zu machen und die hierbei auftauchenden Fragen und Probleme zu bearbeiten.

Im ersten Teil der Besprechung wurde von jedem Teilnehmer eine Einschätzung darüber abgegeben, welche Themen der persönlichen Entrüstung im Rahmen der Aktivierenden Befragung voraussichtlich von ihren Klienten genannt würden. Folgende Themen wurden dabei mehr als einmal genannt:

Entrüstung über Abweichungen von der Alltagsroutine in den Einrichtungen (Tagesstätte und Wohnheim),

Entrüstung über nicht ausreichende professionelle Zuwendung (Tagesstätte, Gesetzliche Betreuung, Wohnheim, Ambulante Hilfe).

Als weitere Themen der Entrüstung wurden einzeln genannt:

Entrüstung über Mitklienten, die stören oder ihre Aufgaben nicht erledigen (Tagesstätte),

Entrüstung über die Neubestellung eines gesetzlichen Betreuers (Gesetzliche Betreuung),

Entrüstung über unzuverlässige Terminabsprachen (Gesetzliche Betreuung),

Entrüstung über die aktuelle persönliche Lebenssituation (Ambulante Hilfe).

Die von den MitarbeiterInnen genannten Entrüstungsinhalte könnte man in drei Themengruppen einteilen:

Sicherung der Alltagsroutine
Die in den Einrichtungen entstandene Alltagsroutine bildet einen Lebensrahmen, der von den Klienten bewältigt werden kann. Alltagsroutine bedeutet, dass jeder Tag einen bestimmten Rhythmus von eigenem Tun und damit eigener Aktivität und von Ausruhen und damit Entspannung aufweist, der sich wenn nicht täglich, so doch zumindest wöchentlich wiederholt. Routine bedeutet ferner, dass die Tagesstruktur allseits bekannten und respektierten Regeln folgt. Diese gelten nicht nur für Mitklienten, sondern auch für die professionellen Betreuer.

Das Ändern der Routine bedeutet immer Änderung der bisher geltenden Regeln und möglicherweise auch ungewohnte Anforderungen, deren Bewältigung nicht gesichert ist. Dies sind schon mindestens zwei Gründe, um bei Vorschlägen oder gar Maßnahmen zur Änderung der Abläufe entrüstet zu sein: die beabsichtigte Regelverletzung und die Gefahr eines persönlichen Versagens.

Sicherung der Beziehungen
Die Beziehungen der Klienten zu ihren Betreuern stellen wichtige Säulen zur Stabilisierung des Lebensalltags dar. Dies ergibt sich bei den Einrichtungen (Tagesstätte und Wohnheim) durch die Tatsache, dass diese

Beziehungen für das Funktionieren des Alltags von entscheidender Bedeutung sind, und bei der Gesetzlichen Betreuung aufgrund der gesetzlich übertragenen Rechte des Betreuers, für den Klienten wichtige Lebensentscheidungen zu treffen. Folgt man den von den MitarbeiterInnen genannten Themen, so kommt es den Klienten vor allem darauf an, dass ihre Betreuer einfühlsam, zuverlässig, großzügig und wenig fordernd sind.

Sicherung der Autonomie
Entrüstungsthemen, die eine Sorge um die Aufrechterhaltung persönlicher Autonomie erkennen lassen, finden sich nur in der Wahrnehmung der MitarbeiterInnen der Gesetzlichen Betreuung und der Ambulanten Hilfen. Bei der Gesetzlichen Betreuung äußert sie sich in der Entrüstung über die Bestellung einer gesetzlichen Betreuung. Bei den Ambulanten Hilfen zeigt sie sich in der Entrüstung über die aktuelle Lebenslage, in der vieles Lebenswichtige wie persönliche Beziehungen und Arbeitsbeziehungen kaputt gegangen sind.

Welche Rückschlüsse lassen sich aus dem Vorwissen der MitarbeiterInnen auf die Gestaltung der Befragung ziehen? Die Aktivierende Befragung möchte Elemente der Selbstbestimmung stärker in die sozialpsychiatrische Arbeit einführen. Sie will daher Entrüstung über zu wenig Autonomie verstärken und durch eigene positive Erfahrungen zu mehr Befriedigung führen. Gleichzeitig will sie den Klienten, die eine sichernde Alltagsroutine mit gesicherten Betreuerbeziehungen zur Lebensbewältigung brauchen, nicht Anforderungen stellen, an denen sie nur scheitern können. „Die psychiatrischen Krankenhäuser sind in einer misslichen Lage: Ihre Methoden gestatten dem Patienten innerhalb des Krankenhausbereiches einen gewissen Grad an Selbständigkeit trotz reduzierter Fähigkeiten, aber sie geben ihm nicht die Fähigkeit zurück, komplexere Situationen zu bewältigen. Die Kritik an den Pflegeanstalten sollte den Wert des ersten Punktes anerkennen und sich nur auf den Zweiten konzentrieren. Offensichtlich kann man eine größere Fähigkeit zur Wirklichkeitsbewältigung nur durch Anforderungen erreichen, die so abgestuft sind, dass jede neue Stufe mit einer nur geringfügig größeren Anstrengung gemeistert werden kann. Ist die Anforderung zu groß – wie sie die Welt außerhalb einer Anstalt stellen würde - , überwältigt sie den Patienten, der dadurch noch weniger als vorher in der Lage ist, mit den Dingen fertigzuwerden. Deshalb muss man ihm behutsam Schritt um Schritt helfen."[44]

Die Frage, welcher Schritt nun genau auf dem bisher Erreichten aufbaut und diesen Stand nur um eine Anstrengung überragt, die von den Klienten auch wirklich bewältigt werden kann, kann sich nur in einem Prozess beantworten, an dem Klienten wie Betreuer mit unterschiedlichen Aufgaben teilnehmen. Die Klienten bestimmen die Themen und Ziele, die angegangen werden sollen. Die Betreuer schätzen die Möglichkeiten ein, die Ziele unter den gegebenen Rahmenbedingungen erreichen zu können. Die Klienten bestimmen die Höhe der Stufe, die vom bisherigen

[44] Bruno Bettelheim: Der Weg aus dem Labyrinth. Leben lernen als Therapie, München: Deutscher Taschenbuch Verlag 1989, S. 52

Stand aus erklommen werden soll. Die Betreuer klären ab, ob sie genügend Platz und Stabilität bieten kann, um von hier aus die nächste Stufe angehen zu können.

Dieser Prozess beginnt im Rahmen der Aktivierenden Befragung, die sich innerhalb der Einrichtungen in die bestehende Alltagsroutine einfügen muss. Dies wird nicht verhindern können, dass es zu Änderungen kommen wird. Auch wenn diese Änderungen durch einen Gesprächsprozess bewirkt werden, an dem die Klienten maßgeblich beteiligt sind, werden die Änderungen Unsicherheit oder sogar Ängste hervorrufen. Es ist daher wichtig, dass diese persönlichen Folgen intensiv besprochen werden. Dabei darf es nicht an dem notwendigen Respekt und damit an der Bereitschaft fehlen, zunächst einmal Routinebedürfnissen den Vorrang zu geben.

Im ambulanten Bereich beginnt die Aktivierende Befragung zwar ebenfalls in der gewohnten Situation einer Einzelfallberatung, führt aber dann sehr schnell zu einem oder mehreren Gruppengesprächen und damit zu einer ungewohnten neuen Arbeitsroutine. Welche Bewältigungsprobleme hierdurch ausgelöst werden, lässt sich aus dem gesammelten Vorwissen der MitarbeiterInnen nicht ableiten; die beteiligten MitarbeiterInnen werden möglichst einfühlsam auf die beteiligten Klienten achten und ihnen gegebenenfalls Hilfestellung geben.

Die Zusammenkunft zu Befragungsbeginn befasste sich im Anschluss an die Diskussion über das Vorwissen der teilnehmenden MitarbeiterInnen mit der Frage, welche Mitarbeiter sinnvollerweise welche Klienten befragen sollen. Wäre es klug, wenn beispielsweise die Betreuer des Wohnheims ihre eigenen Bewohner in die Aktivierende Befragung einbeziehen würden? Würde nicht schon der Versuch, Einzel- oder Gruppengespräche mit einer neuen Fragestellung in die Wohnheimroutine einzuführen, Ängste dahingehend auslösen, dass die Betreuer offensichtlich Änderungen des Tagesablaufes planen? Wären damit nicht schon Widerstände ausgelöst, die sich auf die Aktivierende Befragung erschwerend auswirken könnten?

Es schien den Besprechungsteilnehmern zweckdienlicher, die Aktivierende Befragung zunächst einmal mit unvertrauten Klienten zu beginnen und die vertrauten Bezugspersonen erst hinzuzuziehen, wenn die Klienten dies wünschten. Wenn beispielsweise MitarbeiterInnen der Ambulanten Hilfen die Wohnheimbewohner ins Gespräch ziehen, so bedarf dies vorangehender ausführlicher und verständlicher Begründungen seitens der vertrauten Bezugspersonen, doch die Gespräche mit den unbekannten Betreuern sind nicht so sehr von der Frage belastet, wie sich die Äußerungen der Klienten direkt oder indirekt auf die Situation im Wohnheim auswirken könnten. Diese Folgewirkung kann erst im nachfolgenden Gruppengespräch thematisiert werden, bei dem der Einzelne sich in der Gruppensituation etwas geschützt erfährt. Wenn es zu Vorhaben kommt, die in der Gruppe beschlossen werden, dann sind hierbei immer mehrere beteiligt, die sich in der Bedeutung der angegangenen Problemstellung einig sind.

Doch wie könnte man den Klienten verständlich machen, dass die geplanten Gespräche sinnvoll sind? Wie könnte der „Türöffner“ aussehen, der den MitarbeiterInnen die Möglichkeit zum Gespräch öffnet?[45] Dieser Türöffner besteht aus zwei Teilen:

Im ersten Teil wird den jeweiligen Klienten von ihren vertrauten Bezugspersonen Anlass und Zielsetzung der Befragung erläutert. Dies könnte beispielsweise wie folgt geschehen: „Wir im ASF beschäftigen uns damit, was wir besser machen können. Wir wollen unsere Arbeit überprüfen. Nun sind wir aber verständlicherweise etwas betriebsblind, weil wir vieles schon so lange machen. Um mehr zu erfahren, was wir besser machen können, suchen wir das Gespräch mit Ihnen, für deren Wohl wir da sind. Wer könnte besser wissen als Sie, an welchen Stellen unsere Arbeit noch verbessert werden könnte?

Da wir uns schon ziemlich lange kennen und uns schon aufeinander eingestellt haben, fänden wir es im Sinne eines offenen Gespräches zweckdienlich, wenn wir diese Gespräche mit Ihnen zunächst nicht selbst führen, sondern wir möchten die KollegInnen aus unserem Arbeitsbereich „Ambulante Hilfen“ bitten, dies für uns zu tun. Lassen Sie uns gemeinsam überlegen, wann solche Gespräche am besten in unseren Tagesablauf passen.“

Die Frage nach der zeitlichen Einordnung der Gespräche in den Routineablauf ist wichtig, um den Klienten schon beim Türöffner zu signalisieren, dass die Befragung nicht dazu benutzt wird, von außen her die Routine zu ändern. Sollte es später tatsächlich dazu

---

[45] Siehe hierzu und zu den weiteren Einzelschritten der Aktivierenden Befragung Alf Seippel: Aktionsuntersuchung, in: Maria Lüttringhaus, Hille Rickers, a.a.O. S. 25 ff.

kommen, dass der Aktivierungsprozess die gewohnte Routine tangiert, dann nur, weil die Klienten das für notwendig halten.

Der zweite Teil des Türöffners wird von den eigentlichen Interviewern bewältigt, die in die Einrichtung bzw. in die Privatwohnung der Klienten kommen, um die Aktivierende Befragung zu beginnen. Sie treffen zwar auf Menschen, die von ihren vertrauten Bezugspersonen erklärt bekommen haben, weshalb sie das Gespräch suchen, doch bedeutet das nicht automatisch, dass sie auch willkommen sind. Es wird daher notwendig sein, noch einmal die auslösende Frage zur Befragung zu erläutern. Sollte hierbei vom Klienten die Frage der Vertraulichkeit angesprochen werden, so kann man hierzu folgendes erläutern:

„Über unser Gespräch fertigen wir ein Gedächtnisprotokoll an, in dem wir alle Themen festhalten, die Sie im Zusammenhang mit der Verbesserung unserer Arbeit angeschnitten haben. Diese Protokolle bekommen Ihre Bezugsbetreuer nicht zu Gesicht, sondern nur wir MitarbeiterInnen der Ambulanten Hilfen, die wir die Gespräche mit Ihnen führen. Wir werden die Protokolle nach der Fragestellung auswerten, welche Verbesserungsvorschläge und weitere Anregungen wurden nicht nur von Ihnen, sondern auch von anderen Bewohnern genannt. Uns interessieren vor allem die Themen, bei denen Sie sich mit den meisten Wohnheimbewohnern einig sind. Diese Themen werden dann auch über unseren engen Kreis hinaus und selbstverständlich auch Ihnen bekannt gemacht. Dabei wird aber – wie Sie sich denken können - nicht mehr der einzelne Meinungsvertreter genannt, sondern die soziale Wertigkeit der Thematik herausgearbeitet."

Mit dieser Darstellung wird nicht nur exakt beschrieben, welche Arbeitsschritte dem Gespräch folgen werden, sondern es wird vom Türöffner an das Prinzip in den Gesprächsprozess einbezogen, von Anfang an ganz transparent und möglichst verständlich den Klienten alle Projektschritte zu erläutern und nachvollziehbar zu machen. Dies wird auch über alle Etappen des Projektes beibehalten, so dass die Klienten und ProjektmitarbeiterInnen zu jedem Zeitpunkt wissen, was warum geschieht. Nur so kann vermieden werden, dass durch das Projektgeschehen Ängste und Unsicherheit ausgelöst werden, die den Erfolg des Projektes in Frage stellen.

Führt der Türöffner nicht zu dem erwünschten Ziel, beim Klienten die grundsätzliche Bereitschaft zum Gespräch zu wecken, so ist der Gesprächsversuch sofort abzubrechen. Es ist das gute Recht des Klienten, dieses Gespräch nicht zuzulassen. Die Weigerung sollte weder beim Interviewer Verärgerung auslösen, noch die Absicht erzeugen, den Gesprächsversuch ohne weitere Vorkehrungen zu wiederholen. Wenn der Klient das Gespräch nicht zulässt, hat er gute Gründe für sein Verhalten. Es ist möglich, dass ihm der Interviewer auf den ersten Blick unsympathisch war, es kann der falsche Gesprächsort oder die falsche Zeit gewesen sein. Vielleicht war der Türöffner unverständlich oder hat Ängste ausgelöst. Jedenfalls besteht dringender Anlass, den erneuten Versuch zum Aktivierenden Gespräch unter veränderten Voraussetzungen zu starten.

Auf jeden Fall sollte man hierbei so lange warten, bis der Klient von Mitklienten über deren Erfahrungen bei den Gesprächen informiert wurde. Man könnte daran denken, einen anderen Interviewer zu bestimmen. Statt das Gespräch im Zimmer des Klienten zu führen, könnte man es eher zufällig im Treppenhaus beginnen, wo er alle Möglichkeiten hat, sich sofort wieder zurückzuziehen und das Gespräch abzubrechen. Der Klient sollte nie das Gefühl bekommen, dass man ihn drängen und zum Gespräch manipulieren will.

Die vorher erwähnte Zusammenkunft der MitarbeiterInnen fasste die Einführung in die Aktivierende Befragung zusammen und strukturierte die erste Durchführungsphase in folgende Abschnitte:

Türöffner

Mundöffner

Sammeln von Themen der Entrüstung

Sammeln von Einstellungen der Neugier und des Zweifels

Auswertung der Gedächtnisprotokolle

Erarbeitung der Liste gemeinsamer Entrüstungsthemen

Gewichtung der Themenliste nach den Gesichtspunkten Neugier/Zweifel und nach den Erfolgsaussichten von daran anschließenden Aktivitäten

Gruppengespräche

Hinsichtlich der Zuordnung zwischen KlientInnen und MitarbeiterInnen wurde folgendes festgelegt:

Die MitarbeiterInnen der Betreuungsvereine interviewen die Klienten der Tagesstätte. Die Klienten des Wohnheims werden von den KoordinatorInnen der Ambulanten Hilfen befragt, und die Klienten der Betreuungsvereine und der Ambulanten Hilfen von den MitarbeiterInnen der Tagesstätte und des Wohnheims.

Es wäre sehr hilfreich gewesen, die Beteiligten in die Gesprächstechnik der Aktivierenden Befragung durch Rollenspiele einzuführen. Doch wie der berufliche Alltag mit seinen geplanten und überraschenden Anforderungen dies mit sich bringt, es kam nicht zu diesem Training. Aus diesem Grunde wurde der Ablauf so geplant, dass zumindest die ersten Gespräche immer zu zweit geführt wurden. Dabei habe ich mich selbst wiederholt eingebracht und zu Beginn die Aufgabe des Interviewers übernommen.

Der zweite Interviewer nahm am Gespräch vor allem beobachtend teil und hatte dadurch Gelegenheit, sich in die Technik der Gesprächsführung einzuarbeiten. Sobald er sich die notwendige Anfangssicherheit zugelegt hat, kann dann innerhalb des Zweierteams ein Aufgabentausch stattfinden. Auf diese Weise verbindet sich mit der Durchführung der Aktivierenden Gespräche auch das Training der Interviewer, so dass nach einiger Zeit alle MitarbeiterInnen in der Lage waren, diese Arbeitsweise auch Anderen zu vermitteln.

In die Aktivierende Befragung wurden in den beiden Einrichtungen sowie aus den Bereichen Betreuungsvereine/Ambulante Hilfen mehr als 130 KlientInnen einbezogen, wobei von den Klienten der Betreuungsvereine nur jene ausgewählt wurden, die auch von den MitarbeiterInnen der Ambulanten Hilfe begleitet werden. Hierdurch sollte es möglich werden, auch nach Beendigung des Projektes mit dieser Klientengruppe weiter arbeiten zu können. Im zeitlichen Rahmen der gesetzlichen Betreuung allein schien das – jedenfalls damals – nicht möglich.

Kapitel 2.4 Qualitative und quantitative Voruntersuchung

„Die qualitative Voruntersuchung ist eine Voruntersuchung durch einige der Sachverständigen auf dem jeweiligen Gebiet. Wir betrachten jeden als sachverständig, der irgendetwas über das Problem weiß; er kann einen beruflichen oder einen besonderen Gesichtspunkt als ein Außenseiter haben: d.h. wenn er selbst nicht Mitglied der quantitativen Gruppe ist, oder er kann ein unausgebildeter Mensch sein, der viel inneren Einblick in die Vorkommnisse auf diesem Gebiet besitzt. Wenn es sich z. B. um alte Menschen handelt, sind die beruflichen Sachverständigen die Ärzte, Sozialarbeiter und Fachärzte für Altenkrankheiten; und die Außenseiter mit einem besonderen Gesichtspunkt wären Leute wie der Briefträger und der Milchmann oder die Polizei, die meist dann geholt wird, wenn etwas drastisch schief ging.“[46]

---

[46] Richard und Hephzibah Hauser, a.a.O. S. 437

Bei diesem Projekt wurde die Aktivierende Befragung von denjenigen durchgeführt, die selbst mit den Klienten beruflich befasst sind. Das macht die qualitative Voruntersuchung nicht überflüssig, erfordert jedoch ein anderes Vorgehen als bei einem Gemeinwesenarbeitsprojekt in einem sozialen Brennpunkt, bei dem ein mit der spezifischen Zielgruppe unvertrautes Team die Gespräche führen wird. In unserem Falle sind die Expertenmeinungen bekannt. Durch die lange Betreuungszeit kennt man auch die häufigsten Außenseitermeinungen. Dennoch war es wichtig, im Rahmen der vorher geschilderten Mitarbeiter-Zusammenkunft das Vorwissen der beteiligten MitarbeiterInnen und damit der beruflichen Experten abzufragen und protokollarisch festzuhalten.

Die Voreinstellungen der Interviewer nehmen auch dann Einfluss auf die Aufnahme und Verarbeitung von Informationen, die von einem Gesprächspartner gegeben werden, wenn man ganz unvoreingenommen in das Gespräch geht. Egal wie sich der Befragte ausdrückt, ob mit mehr oder weniger zutreffenden Worten oder mit Bewegungen oder Mimik, immer hängt das Verstehen dieses Ausdrucks davon ab, welchen Eindruck sie beim Gesprächspartner hervorruft. Ludwig Klages hat sich wie kaum ein Anderer mit diesen Zusammenhängen zwischen „Ausdruck“ und „Eindruck“ befasst und ist dabei auf eine unausweichliche Polarität gestoßen.

„Hielte man „Einfühlungen“ selbst für etwas niemals ganz zu Vermeidendes, so steht doch mehr noch als sie jener Auswirkung eine Unaufgeschlossenheit der Seele entgegen, die von der Tatsache herrührt, dass als geistbehaftet der geschichtliche Mensch an alles ihm Begegnende ungewollte Begriffe heranträgt, die – gleichgültig, ob falsch oder richtig – dem Leben und seinen Erscheinungen fremd sind; daher die meisten und einigermaßen alle erst durch Sprengung eines Begriffepanzers zur Ursprünglichkeit des Eindrucksvermögens zurückfinden und, nachdem das infolge tiefgreifender Unterweisung oder durch erschütternde Vorkommnisse erreicht ist, fortan die Welt mit „neuen Augen" sehen"[47]

SozialarbeiterInnen tragen im Umgang mit KlientInnen immer Begriffe mit sich herum. Diese Begriffe sortieren nicht nur die Eindrücke, die sie von KlientInnen sammeln, sondern sie rutschen schon in die ersten Fragestellungen hinein, mit denen sie ein Gespräch eröffnen. Schon allein die Tatsache, dass jetzt mit einer „KlientIn" gesprochen werden soll, bringt eine Menge Vorbegriffe ins Spiel. Bleiben diese berufstypischen Begriffsbildungen unreflektiert, so legen sie sich wie ein „Panzer" um die Eindrücke, die sich in der Polarität mit dem von der KlientIn gegebenen Ausdrücken ergeben. Der Ausdruck nimmt die Struktur des Eindruckes an und verliert hierdurch einen wesentlichen Teil seiner Aussagekraft.

Aus diesen Gründen wurde am Ende der qualitativen Voruntersuchung, über deren Ergebnisse schon berichtet wurde, nochmals sehr intensiv auf diese Zusammenhänge verwiesen und die Interviewer

---

[47] Ludwig Klages: Grundlegung der Wissenschaft vom Ausdruck, Bonn: H. Bouvier u. Co. Verlag 1950, S. 86/87

ermutigt, sich möglichst „begriffelos“ in die Gespräche zu begeben.

Die quantitative Voruntersuchung bezieht sich auf die Zielgruppe selbst. Ihre Aufgabe besteht darin, bei einer begrenzten Zahl von Klienten aus allen Untersuchungsbereichen die getroffenen Vorüberlegungen auf ihre Einpassfähigkeit zu überprüfen. Ob es bei dieser Prüfung zu Bedenken und Anregungen kommt, die eine umfängliche Modifizierung der bisher entwickelten Vorgehensweise erforderlich machen, konnte man zunächst nicht einschätzen. Wenn dies erforderlich erschiene, würde man sich diese Zeit nehmen müssen. Sollte sich aber zeigen, dass die Ausgangsüberlegungen tragfähig genug sind, auch alle übrigen Klienten in die Befragung einzubeziehen, würde man ohne großen Verzug zur Hauptuntersuchung übergehen.

In die quantitative Voruntersuchung wurden einbezogen:

5 Klienten der Tagesstätte (interviewt durch MitarbeiterInnen der Betreuungsvereine),

5 Klienten des Wohnheims (interviewt durch MitarbeiterInnen der Ambulanten Hilfen),

10 Klienten der Betreuungsvereine/Ambulante Hilfen (jeweils 5 interviewt durch MitarbeiterInnen der Tagesstätte und des Wohnheims),

insgesamt also 20 Klienten. Dies umfasst gut 15% der Gesamtgruppe von 130 Klienten, die in das Projekt einbezogen wurden.

Tatsächlich fanden von den 20 vereinbarten Gesprächen während des Zeitraums der Voruntersuchung 18 tatsächlich statt. Eine Klientin war erkrankt, ein weiterer Klient war zum Gesprächstermin nicht erschienen.

Kapitel 2.5 Erfahrungen mit dem „Türöffner“

Die Klienten aller vier sozialpsychiatrischen Arbeitsfelder des ASF wurden auf unterschiedliche Weise über den Beginn des Projektes informiert.

Im Wohnheim benutzten die HeimbetreuerInnen die turnusmäßig gerade stattfindende Hausversammlung dazu, alle Heimbewohner über das Projekt zu informieren. Sie hielten sich dabei an der Darstellung des Türöffners, die im Zuge der Projektvorbereitung erarbeitet worden war. Die Ankündigung wurde von der Bewohnerschaft sehr zurückhaltend aufgenommen. Es kam kein neugieriges Gruppengefühl auf, das positive Erwartungen an die ersten Gespräche zum Ausdruck gebracht hätte. Die meisten Heimbewohner waren nicht bereit, sich aktiv an den ersten Gesprächen zu beteiligen. Lediglich 5 erklärten sich bereit, mit den MitarbeiterInnen aus dem ambulanten Arbeitsbereich des ASF Termine zu vereinbaren.

In der Tagesstätte TANO nutzten die MitarbeiterInnen das wöchentlich stattfindende „Soziale Lernen“ dazu, allen Klienten der TANO das Projekt anzukündigen. Auch hierbei hielt man sich an das Türöffner-Konzept aus der Vorbereitungsphase. Die Reaktion der Klienten war unterschiedlich, von sehr abwartend bis neugierig.

Mit 6 an der ersten Gesprächsrunde interessierten TeilnehmerInnen meldeten sich mehr als für die Voruntersuchung notwendig.

Die Einbeziehung von 10 Klienten aus den Arbeitsfeldern Betreuungsvereine/Ambulante Hilfen in die Voruntersuchung machte einige Vorüberlegungen notwendig. Es bestand zunächst keine andere Möglichkeit, als bestimmte Klienten telefonisch zu kontaktieren. Doch nach welchen Kriterien sollte man hierbei vorgehen? Die MitarbeiterInnen einigten sich darauf, folgende Kriterien bei der Auswahl anzuwenden:

Möglichst Klienten, die ambulant begleitet werden und außerdem unter gesetzlicher Betreuung stehen (9 von 10 Klienten),

eine möglichst ausgewogene Mischung von jungen und alten Klienten, von Damen und Herren, von allein Lebenden und Klienten mit Kindern im eigenen Haushalt.

Die Vorstellung des Projektes erfolgte auch in diesen Telefonaten nach dem Konzept aus der Vorbereitung. Dabei ist zu berücksichtigen, dass anders als in TANO und Wohnheim die Klienten teilweise durch MitarbeiterInnen angesprochen wurden, die nicht im unmittelbaren Betreuungskontakt stehen. Die im Projekt aktiv mitwirkenden MitarbeiterInnen der Ambulanten Hilfen sind als Koordinatoren der direkten BetreuerInnen tätig. Sie sind jedoch den Klienten zumindest oberflächlich bekannt, so dass man sie sofort zuordnen konnte.

Die Reaktionen der angesprochenen Klienten waren in 9 von10 Fällen ausreichend positiv, um ihre Bereitschaft zu erkennen, an den vorgesehenen Gesprächen persönlich teilzunehmen. Es war daher nicht erforderlich, einen deutlich größeren Klientenkreis anzurufen, um die Gesprächstermine organisieren zu können.

Vergleicht man die Reaktionen der drei verschiedenen Klientenkreise auf die Gesprächsankündigung, so fällt auf, dass die Bereitschaft, sich spontan zu einer aktiven Mitarbeit zu entschließen, in dem Maße zurückgeht, wie die Klienten durch ihre BetreuerInnen in einen Tagesablauf eingebunden werden, der ein großes Maß an Sicherheit durch beherrschbare Routine bietet. Dabei kann noch nicht unterschieden werden, ob dies an der Routine selbst liegt oder an der Tatsache, dass die BetreuerInnen die Garanten und Verursacher dieser Routine sind. Ruft das Projekt Ängste hervor, der Lebensablauf könnte sich ändern, oder wundert man sich über die BetreuerInnen, deren Absichten nicht so recht klar werden?

Die zur Sichtung der Erfahrungen einberufene Mitarbeiter-Konferenz sah keinen Grund, am bisherigen Konzept für den „Türöffner“ Änderungen vorzunehmen. Sie sollte daher auch in der Hauptuntersuchung weiter Anwendung finden. Dabei ist in den beiden Einrichtungen zu hoffen, dass sich das Klima gegenüber dem Projekt dadurch bessert, dass die bisher einbezogenen Klienten positiv über ihre ersten Gesprächserfahrungen berichten. Im Kreis der einzeln betreuten Klienten ist eine derartige Mundpropaganda kaum zu erwarten, da mit Ausnahme der monatlichen

„Klöntreffen" keine Veranstaltungen stattfinden, an denen man sich in größerer Zahl begegnen könnte.

Die in naher Zukunft stattfindenden Treffen sollen jedoch genutzt werden, auch diesen Klienten die Möglichkeit zu einem informellen Austausch über die Projekterfahrungen zu geben. Gleichzeitig sollen sie die Organisation der Erstansprache dadurch vereinfachen, dass gleich mehrere Klienten gemeinsam über Anlass und Ziel der Gespräche informiert werden können.

Die MitarbeiterInnen der Betreuungsvereine regten an, mindestens 10 Klienten in das Projekt einzubeziehen, die nur diese eine Form der professionellen Begleitung erfahren. Auf diese Weise soll im Laufe des Projektes sichtbar werden, wie auch dieser Personenkreis und die sie begleitenden MitarbeiterInnen vom Projektverlauf profitieren können.

Kapitel 2.6 Erfahrungen mit dem „Mundöffner"

Die Gesprächseröffnung vertraute zunächst auf die Erfahrungen, die im Rahmen der Gemeinwesenarbeit mit verschiedenen gesellschaftlichen Randgruppen, insbesondere mit Familien in sozialen Brennpunkten gesammelt worden waren. Danach schien es wahrscheinlich zu sein, dass die aufgesuchten Menschen ein starkes Problemempfinden zeigen, bei dessen Erwähnung mit einem breiten Gesprächsstrom zu rechnen sei. Danach schien es das Hauptproblem zu sein, die verschiedenen Gründe zur eigenen Entrüstung so lebendig in Erinnerung zu halten, dass sie im

Anschluss an das Gespräch niedergeschrieben werden konnten.

Doch die ersten Gesprächspartner reagierten auf derartige Fragestellungen alles andere als redselig. Es fehlte die spontan ausgelöste Lust, sich über alles und jedes zu beschweren. Auch der Hinweis auf die vielleicht entrüstete Einstellung von Mitklienten brachte das Gespräch nicht in Gang.

Dies war eine ganz überraschende Situation. Wo waren die Beschwerden über BetreuerInnen, über Änderungen der Routine, über alle die Inhalte, welche bei den Vorüberlegungen so selbstverständlich erwartet wurden? Wo blieb die Entrüstung über das Leben, die Zeit, die Erkrankung? Gab es keinen Ärger, über den man sich aussprechen, keinen Zorn, den man gerne loswerden wollte?

Diese Erfahrung war von einer so fundamentalen Bedeutung, dass es unausweichlich ist, an dieser Stelle den Bericht zu unterbrechen und erst fortzufahren, wenn mehr Klarheit gefunden ist über diese Phänomene, die wir unter dem Begriff der „Apathie“ zusammenfassen wollen.

Kapitel 2.7 Apathie

Im Wohnheim gibt es Unruhe. Der Installateur ist vor dem Haus vorgefahren. Wasserhähne werden auf- und zugedreht. Ein Mann im Overall läuft durch die Flure, geht in das eine oder andere Zimmer, bittet um

Entschuldigung für die Störung und behauptet, bald sei alles wieder wie gehabt.

Ein Bewohner steht noch auf dem Flur, horcht ins Haus, die Schritte verziehen sich in den Keller. Er steht immer noch auf dem Flur, als er schwache Fließgeräusche aus seinem Zimmer hört. Er steckt seinen Kopf in die Zimmertür und kann die Fließgeräusche nun lokalisieren. Seine Dusche läuft. Die Wassertemperatur ist wohl auf ganz heiß gestellt. Dämpfe entwickeln sich, ziehen entlang der Decke aus dem Bad in das Zimmer und, da die Zimmertür immer noch offen steht, in den Flur.

Der Bewohner steht immer noch im Flur, als der dort angebrachte Rauchmelder Alarm schlägt. Er kann zwischen Wasserdampf und Rauch nicht unterscheiden. Keine fünf Minuten später fährt mit großem Lärm die Feuerwehr vor das Heim. Wild hetzt der Hausmeister durchs Haus, um die Auslösung des Feueralarms zu lokalisieren. Endlich steht er an der dampfenden Zimmertür, rennt ins Bad und stellt die Dusche ab. Zurück im Flur steht der Zimmerbewohner immer noch dort und meint entschuldigend: „Ich war das nicht."

Was ist mit dem Bewohner geschehen? Er ist kein Kleinkind, sondern über fünfzig. Er hat einige Jahre einen Metallberuf erlernt und darin fest gearbeitet. In dieser Zeit war er handwerklich geschickt, konnte auch spontane Aufgaben anpacken und lösen. Wie kann man sich sein jetziges Verhalten erklären? Was ist mit ihm passiert?

Ein anderer Bewohner soll einen Fragebogen ausfüllen. Hierin wird gefragt, wie viele Geschwister er hat, und wann sie geboren sind. Der Bewohner nennt den Namen seines Bruders und kann auch ungefähr sagen, wann er geboren ist. Dann stockt er: War da nicht noch eine Schwester? Doch wenn es die gab, wie hieß die bloß? Doch es muss eine Schwester geben! Jetzt ist er sich sicher, oder doch nicht? Seine Gedanken kommen zu keinem konkreten Ende.

Auch dieser Bewohner ist weder dement noch geistig behindert. Wieso kann er sich nicht an seine Geschwister erinnern?

Apathie beschreibt einen Zustand der Unverbundenheit. Der Mensch lebt noch, er sorgt noch für die zentralen Notwendigkeiten wie die Essenseinnahme, weiß also noch, wo sich der Speisesaal befindet, findet sich dort auch zu bestimmten Zeiten ein, um seine Ration zu holen. Aber ansonsten sind viele geistigen und emotionalen Verbindungen mit seinem aktuellen wie vergangenen Leben gekappt. Sie hören auf, wahrgenommen zu werden.

Der Mann mit der Dusche betrachtet die Situation nicht mehr unter dem Gesichtspunkt, dass er etwas unternehmen könnte, um die Dusche abzustellen, sondern allein unter der infantilen Frage, ob er Anlass dafür gegeben hat, ihm den Vorwurf zu machen, dass er die Dusche nach ihrem Gebrauch nicht ordentlich abgedreht hat.

Der Bewohner mit dem Fragebogen hat schon lange jeden Kontakt mit der Familie abgebrochen (oder die Familie mit ihm). Er mag auch nicht mehr an sie denken.

Und durch das permanente Nichtdarandenken werden die einzelnen Personen der Familie immer unwirklicher.

Psychotherapeuten bezeichnen diese Situation als „Phänomen der Unbewußtheit". „Die Situation ist so schlimm, dass sie verdrängt wird."[48]

Es ist für das Verständnis apathischer Menschen und für ihre Genesung von entscheidender Bedeutung, sich Apathie nicht als einen statischen Zustand vorzustellen, sondern als einen Prozess, der dem einen Ziel dient: die eigene Lebenssituation ohne größeren Schaden zu überstehen. Auch apathisches Verhalten braucht Lebensenergie, sie muss immer wieder neu hergestellt werden. Sie kann sehr leicht gefährdet werden, weil sie sich dauernd für andere als Hindernis erweist. Alle die wohlmeinenden Leute, die einem etwas Gutes tun wollen, fühlen sich bis zum enttäuschten Ärger gestört, wenn man auf ihre Einladungen nicht reagiert. Da empfindet man den anspruchslosen Alltag eines Wohnheims als große Wohltat. Hier wird einem der apathische Lebensstil leicht gemacht.

Apathie als Überlebensstrategie hat auch innere Gefährdungen. Ein Bewohner redet den ganzen Tag nur dann, wenn es aus dringenden Gründen notwendig ist. „Haben Sie sich heute schon den Kuchen geholt?" „Nein." „Dann kommen Sie in die Küche, ich gebe Ihnen noch ein Stück." Dieses „Nein" war nun einmal unumgänglich, sein Unterbleiben hätte den Kuchen gekostet. Dann sitzt er im Speisesaal, holt sich einen

[48] Ruth C. Cohn: Von der Psychoanalyse zur themenzentrierten Interaktion, Stuttgart: Klett-Cotta 1988, S. 156

Kaffee aus der großen Kanne, sagt nichts zu niemandem, sitzt auch immer allein und scheint sich für nichts im Raum zu interessieren.

Beim aktivierenden Gespräch berichtet er davon, dass für ihn das Kaffeetrinken die liebste Beschäftigung ist. „Setzen Sie sich da mit anderen zusammen?" „Nein." „Sie bleiben dann immer allein?" „Ja." „Woran denken Sie beim Kaffeetrinken?" „An die Frauen." „An welche Frauen?" „An die von früher. Ich war zweimal verlobt." „Wissen Sie, wo die heute wohnen?" „Nein. Allerdings hat mir meine Schwester erzählt, dass die eine jetzt allein lebt und in die Nähe gezogen ist." „Könnten Sie sich vorstellen, dass Sie sie wieder sehen?" „Vielleicht."

Man muss kein Neurobiologe sein, um die Einsicht zu gewinnen, dass auf dem Weg von einem Interesse zur ausführenden Tat viele Stationen des eigenen Charakters beteiligt werden. Jede Station hat ihren eigenen Anteil an der Gestaltung dessen, was wir tun. Jede führt in gewisser Weise ein Eigenleben. Innerhalb des Netzwerkes der Entscheidungsfindung spielt jede Station eine größere oder kleinere Rolle.

Jeder von uns hat schon einmal versucht, kontinuierlich etwas zu tun oder zu lassen. Da wollen wir Gewicht reduzieren oder mit dem Rauchen aufhören. Nehmen wir doch diesen verflixten Vorsatz, keine Zigarette mehr zu rauchen. Der Verstand sagt, das Rauchen ist gesundheitsschädlich, das Körpergefühl sagt nach 60 Zigaretten am Tag, dass der Hals zugeht und ein fortdauerndes Hüsteln entsteht. Das Ruhebedürfnis nimmt es übel, wegen des Rauchens vor die Tür zu gehen. Doch die Instanz, die das entscheidende Nein ausspricht und damit Widerstand gegen das Bedürfnis nach Rauchen leistet, erweist sich als schwach.

Denn die Lust am Rauchen versucht sich mit zusätzlichen Energien zu stärken. War da nicht der Stress im Beruf, der es geraten erscheinen lässt, den Entzug in ruhigere Zeiten zu verschieben? Aber soll man sich wirklich den Urlaub versauen mit dieser Entwöhnungsqual? Was soll denn die Familie denken, wenn man so schlecht gelaunt in die Runde kommt?

Wer es dann tatsächlich geschafft hat, berichtet davon, dass die ersten drei Tage am schwersten gewesen seien. Danach habe der Drang zu rauchen deutlich abgenommen. Der Widerstand gegen das Rauchen habe die Oberhand gewonnen. Man hätte nicht mehr ständig daran denken müssen. Nur in bestimmten Situationen, beispielsweise nach dem Essen, wäre der Wunsch, genüsslich eine Zigarette zu rauchen, immer noch da.

Bei diesem Beispiel geht es um den Wunsch, das eigene Widerstandszentrum zu stärken, um unerwünschte Impulse im Zaum zu halten. Aber auch die umgekehrte Situation hat schon jeder erlebt. Die jungen Männer beispielsweise sind sich bewusst, dass es in unserer Kultur üblich ist, dass der Mann eine Frau anspricht, um mit ihr Kontakt aufzunehmen. Während der Schulpausen gäbe es für Schüler hervorragende Situationen, diese Aktivität auszuprobieren. Doch manche junge Männer fühlen sich gerade bei Frauen, die ihnen gut gefallen, wie gelähmt. Sie haben Angst, durch ungeschicktes Auftreten Missfallen zu erregen und abgelehnt zu werden.

Gerade dann, wenn der Impuls zu handeln besonders stark ist, erweist sich der innere Widerstand als noch mächtiger. Impuls- und Widerstandsstärke scheinen sich gegenseitig zu beeinflussen. Beide befinden sich, bevor die Spannung auftritt, in einem relativen Gleichgewicht. Dann wirft die junge Frau, zufällig oder nicht, dem jungen Mann einen längeren Blick zu, und schon steigen beide Kräfte an. Jetzt möchte ich sie ansprechen, nein, jetzt wäre eine Ablehnung ganz besonders fatal. Und die Handlung unterbleibt.

Wenn diese Spannungen über mehrere Tage andauern, ohne dass die neue Dimension der Handlung und damit der Situationsänderung eintritt, drängen beide innere Instanzen auf Veränderung. Der junge Mann findet vielleicht, dass eine andere Frau mindestens ebenso interessant ist, oder er hält schlicht die Frauen insgesamt für wenig attraktiv, widmet sich lieber dem Fußballspielen mit gleichaltrigen Männern.

Oder es baut sich der Impuls ab, wie in dem Beispiel mit der Raucherentwöhnung. Nach drei Tagen ist der Drang deutlich schwächer geworden. Oder es ergibt sich eine überraschende neue Situation. Ein Lehrer fordert beide Schüler auf, doch gemeinsam in der Schule Plakate aufzuhängen. Nun ist der innere Widerstand für einen Moment ausgeschaltet, der Lehrer hat ihn ausmanövriert, er hat die Initiative übernommen, und der Kontakt ist gefunden.

Wenn man mit diesen Einsichten an apathische Menschen herangeht, die zusätzlich an einer psychischen Erkrankung leiden, so wird man ihnen mit der Grundannahme nicht unrecht tun, dass ihre Widerstandsinstanzen so mächtig sind, dass Lebensimpulse, die über ein basales Überlebensmaß hinausgehen, nicht aufkommen können.

Wenn man sich in diesem Zusammenhang für die Frage interessiert, ob diese Apathie als Folge der schweren Erkrankung anzusehen ist, oder doch meistens schon vorher bestand, so wird man vielfach im weiteren Verlauf der sozialen Rehabilitation zur Ansicht kommen, dass die Erkrankung oft als Bestandteil des Widerstandes auftritt. Wer krank ist, braucht sich für sein Fernbleiben, sein Nichtmittun, sein Sichverweigern nicht zu entschuldigen. Krankheit legitimiert Widerstand, gibt ihm eine sozial anerkannte Gestalt.

Bei beiden Beispielen über das Zusammenwirken zwischen Impuls und Widerstand kommt der konkreten Situation eine besondere Bedeutung zu. Es gibt Situationen, da bringt sich der Impuls zu rauchen wieder stärker in Erinnerung. Es sind Situationen, die einen starken inneren Widerstand ausmanövrieren können. Diese Erkenntnis wollen wir uns im Rahmen der sozialen Rehabilitation von apathischen und psychisch Erkrankten zunutze machen. Denn wie schon die ersten Befragungen mit den KlientInnen deutlich gemacht haben, befindet sich ein ganz überwiegender Teil dieser KlientInnen in apathischen Lebensumständen.

Wir haben bei der Gemeinwesenarbeit in den sozialen Brennpunkten hierzu keine Zahlen erhoben, doch zählten wir höchstens 10% der Betroffenen zu den Apathikern. Die allermeisten Personen hatten starke Impulse, waren wütend und entrüstet, ihre inneren

Widerstandsinstanzen blieben auch dann schwach, wenn sich ihre Impulse auf sozial inakzeptable Weise umsetzten. Da musste schon gelegentlich die Staatsmacht den fehlenden inneren Widerstand kompensieren.

Das Institut für Arbeitsmarkt- und Bildungsforschung berichtet von einem Forschungsprojekt zum Thema „Armutsdynamik und Arbeitsmarkt", bei dem man auch die biografischen Zusammenhänge mit dem Bezug von Arbeitslosengeld II untersuchte. Viele Hilfebezieher wurden angetroffen, die ihre Situation „als 'schicksalhafte Normalität' oder aber als 'Endstation' eines im Kern unglücklich verlaufenen Lebensweges" erleben. „Hieraus ergeben sich keine Chancen für eine sinnvolle Gestaltung des eigenen Lebens oder eine Überwindung der Situation."[49] Auch für die Jobcenter stellt sich also das Problem der Apathie der Betroffenen, die sich von den verschiedenen Hilfemaßnahmen zunächst einmal nichts Positives für ihr Leben versprechen.

Bei den KlientInnen, mit denen wir im Rahmen des Projektes in Verbindung kamen, stellte sich das Verhältnis zwischen apathisch und dynamisch eingestellten Menschen im Verhältnis zur Situation in den sozialen Brennpunkten genau umgekehrt dar. Hier waren apathische Verhaltensweisen die Regel, und impulsstarke Persönlichkeiten die Ausnahme. Diese Situation erforderte ein radikales Umdenken bei den

---

[49] Martin Dietz, Peter Kupka, Philipp Ramos Lobato: Acht Jahre Grundsicherung für Arbeitssuchende, Strukturen – Prozesse – Wirkungen, Nürnberg: Institut für Arbeitsmarkt- und Berufsforschung 2013, S. 116

aktivierenden Gesprächen. Es machte keinen Sinn mehr, auf Themen der Entrüstung zu achten. Es musste genau umgekehrt darum gehen, die Gespräche nach Interessen zu filtern, die über das simple Überlebensniveau hinausgehen.

Kapitel 2.8 Neue Ausrichtung der aktivierenden Gespräche

Wir haben bisher von Interessen und Impulsen gesprochen. Beide Begriffe verwenden wir keineswegs synonym. Ein Interesse geht dem Impuls voraus, es verleiht ihm Inhalt und Richtung. Doch allein löst es keine Handlung aus. Es muss vielmehr der Wille hinzutreten, dem Interesse auch wirklich nachzugehen. Verbindet sich Interesse mit Willenskraft, so entsteht der Impuls.

Viele Menschen vertreten Interessen, die sie nie weiter verfolgen. Sie können sich sehr gut hierüber unterhalten, können auch andere sehr sympathisch finden, weil sie ähnliche Interessen bekunden. Doch hieraus ergeben sich erst einmal keinerlei Folgerungen. Menschen über 50 unterhalten sich manchmal darüber, wie sie gerne als alte Leute leben wollen. Sie wollen niemandem, auch und gerade ihren Kindern nicht zur Last fallen, wollen möglichst lange selbständig sein, aber mit anderen laufenden Kontakt haben. Am besten wäre eine Art enger Nachbarschaft, in der man sich täglich verabredet, Gemeinsames unternimmt, sich aber jederzeit zurückziehen kann.

Doch schon der Gedanke, diesen Wunsch nach dem sechzigsten oder gar siebzigsten Geburtstag endlich in Angriff zu nehmen, stößt auf inneren Widerstand. Diese Erfahrungen zeigen, dass sich innerer Widerstand noch nicht gegen das Interesse selbst wendet, sondern erst dann wirksam wird, wenn sich Interesse mit dem Willen verbinden will, dieses Interesse umzusetzen.

Aus diesen Gründen sind apathische Menschen durchaus fähig, Interessen zu zeigen, sich hierüber mit anderen zu unterhalten. Das Ansinnen jedoch, dieses Interesse zum Anlass zu nehmen, um sich mit gleich Interessierten zu treffen, aktiviert sofort die inneren Widerstandsinstanzen. Der innere Widerstand stellt sich nicht vor das Interesse, sondern wird erst sichtbar, wenn hieraus weitere Handlungen abgeleitet werden sollen.

Geht man bei aktivierenden Gesprächen den Möglichkeiten nach, dass sich hinter dem apathischen Verhalten persönliche Interessen verbergen könnten, so spürt der Interviewer sehr bald, wenn im dahin plätschernden Gespräch ein wirkliches Interesse angesprochen wird.

Beim aktivierenden Gespräch fällt der Blick des Interviewers auf einige Fotos, die der Klient mit einem Rahmen und unter Glas als Wandschmuck arrangiert hat. „Haben Sie die Fotos selbst gemacht?“ „Ja.“ „Was verwenden Sie denn für eine Kamera?“ „Ach so eine Kleine, habe ich mir selbst zu Weihnachten geschenkt. Hier sehen Sie!“ „Aber das ist ja eine digitale Kamera.“ „Na klar. Ich hab die Fotos auf meinem Laptop gespeichert. Nur die Besseren schick ich zum Drogerie-

Markt und lass mir Abzüge machen. Soll ich's Ihnen zeigen?“

Bis hierher war das Gespräch etwas schleppend verlaufen. Immer musste ein Mundöffner her, um einen neuen Aspekt anzusprechen, der vielleicht einen längeren Redestrom hervorrufen könnte. Jetzt jedoch sprang der Klient auf, öffnete ein Laptop, das auf seinem Zimmertisch gelegen hatte, entschuldigte sich, dass dies erst hochfahren müsse. Und als er dann die Fotodateien geöffnet hatte, redete er ohne Unterlass: von Ausflügen, von Menschen, mit denen er ganz gerne reist, von den Problemen der Fotobearbeitung, dass er das noch besser können möchte, dass er sich wünscht, Fotos mal an andere per Mail zu senden usw.. Er konnte kein Ende finden, weil er ganz offensichtlich mitten in seinem Thema, mitten in seinem Interesse angekommen war.

Kapitel 2.9 Erfahrungen mit Themen, Situationen und Widerständen

Bis Ende Februar 2010, also innerhalb von 2 Monaten ist es gelungen, mit insgesamt 92 Klienten Einzelinterviews zu führen. Es handelte sich um

53 Klienten der Ambulanten Hilfen und der Betreuungsvereine,

16 Klienten der Tagesstätte TANO,

23 Bewohner des Wohnheims.

Damit konnten rund 71% der vorgesehenen 130 Klienten in die erste Auswertung einbezogen werden. Folgende generelle Aussagen lassen sich nach dieser Gesprächsrunde machen:

Es stellte sich als richtig heraus, auch in der Hauptuntersuchung „Über-Kreuz“ zu interviewen. Auch der Verzicht, über den Klienten Vorinformationen einzuholen, erwies sich als sehr hilfreich. Es trug entscheidend dazu bei, das Gespräch ganz darauf zu konzentrieren, den Klienten in ein von ihm selbst bestimmtes Berichten und Erzählen zu bringen. Manchmal wunderten sich die Interviewten darüber, dass man außer dem Namen und der Wohnungsanschrift nichts über sie wusste. Diese Erfahrung half mit, das Gespräch als Zeichen eines respektvollen, weil ganz normalen Umgangs und als Ausdruck großen Interesses anzusehen. Der Klient hatte volle Kontrolle über die Gesprächsinhalte. Er wurde nicht mit Tatsachen konfrontiert, die der Interviewer nur aus dem Aktenstudium gewonnen haben könnte. So konnte er ohne Sorge frei sprechen.

Es bewahrheitete sich die Hypothese, dass Menschen mit einer langjährigen psychischen Erkrankung zum größten Teil unter fehlenden Kontakten, Einsamkeit und Isolierung leiden. Dies stellte sich in dichter betreuten Lebenssituationen wie beispielsweise im Wohnheim nicht anders dar als in einem 1-Personen-Appartement in einem Wohnblock am Stadtrand oder in einem kleinen Einzelhaus in einer gut strukturierten Wohngegend. Die Mehrheit dieser isoliert lebenden Menschen hat den Gedanken an eine Verbesserung ihrer Situation noch nicht aufgegeben, doch die meisten haben sich in eine apathische Grundstimmung zurückgezogen. Möglicherweise ist die Verbreitung der Apathie noch größer bei jenen, die erst gar nicht zur Verabredung eines Interviews bereit waren.

Aus dieser überwältigen Wahrnehmung, dass sich psychisch erkrankte Menschen sozial allein gelassen fühlen, kann nicht der Schluss gezogen werden, dass es sich hierbei um eine typische Folge der Erkrankung handelt. Es kann – wie bereits früher ausgeführt – auch damit zusammenhängen, dass soziale Beziehungsprobleme den Ausbruch psychischer Erkrankungen begünstigen. Möglicherweise befindet sich die gesamte Gesellschaft in einem Veränderungsprozess, in dem überkommene Bindungsstrukturen wie Familien, Nachbarschaften oder Betriebsbelegschaften an Bedeutung verlieren, ohne dass neue Formen mit ausreichender Beziehungsqualität entstehen.

Es fehlen bisher breit angelegte Untersuchungen über die Frage, ob sich durch den gesellschaftlichen Wandel zusätzliche Voraussetzungen zum Ausbruch psychischer Erkrankungen ergeben. So lassen sich auch die sozialen Ursachen, die eine möglicherweise individuelle Krankheitsdisposition auslösen und verstärken, nicht näher differenzieren. Diese Forschungsdefizite schützen diejenigen gesellschaftlichen Kräfte, die den Wandel antreiben, davor, mit den gesundheitlichen und sozialen Folgen der Entwicklung konfrontiert zu werden.

Für die weitere Projektentwicklung war wichtig festzuhalten: Die Menschen, die ihr Leben in stärkerem Maße selbst bestimmen sollen, empfinden sich –

überwiegend gegen ihren Willen – als gesellschaftlich isoliert, ohne Rückhalt in Familie, Freundes- oder Kollegenkreis. Ihr überwiegend geäußertes Interesse, an dieser Situation etwas zu verändern, zeigt, dass sie trotz vieler Enttäuschungen und Kränkungen noch die Perspektive verspüren, sich mit Anderen gemeinsam aus ihrer Lage zu befreien. Viele haben konkrete Aktivitäten benannt, die sie sich auf dem Wege dorthin vorstellen können.

Diese Einstellungen und Interessen befanden sich noch auf einer Ebene, die sich nicht mit konkreten Willensanstrengungen zu verbinden sucht. Keiner hatte versucht, mit gleich interessierten KlientInnen eine dieser Interessen praktisch umzusetzen. Auch im Wohnheim, wo ein „Wohnbeirat“ sogar eine organisatorische Plattform bot, eigene Interessen zu vertreten, kam es zu keinen entsprechenden Initiativen. Die Beratungsthemen im Beirat wurden überwiegend von der Heimleitung zur Diskussion gestellt.

Eine weitere generelle Wahrnehmung betrifft die finanzielle Not, in der sich die meisten Klienten befinden. Gerade bei jenen, die einmal im Berufsleben gestanden sind, hat sich (teilweise durch den Ausbruch der Erkrankung) ein wirtschaftlicher Absturz ergeben, der sie zu starken Lebenseinschränkungen zwingt. Viele denken voller Wehmut an das frühere Leben zurück, an Urlaubsreisen, an Feste, an einen gewissen Lebenskomfort. Aber auch die jungen Klienten, die noch nie richtig wirtschaftlich tätig waren, müssen auf viele Konsumwünsche verzichten, die sich die Gleichaltrigen gerne erfüllen. Vermisst werden vor allem die finanziellen Möglichkeiten, an jenen Orten sich Gruppen junger Menschen anzuschließen, wo man „neue Leute“ kennenlernen kann, in Cafés, Diskotheken usw..

Besonders wirtschaftlich bedrückt fühlen sich Mütter mit Kindern im eigenen Haushalt, die alles tun wollen, damit sich zumindest ihre Kinder nicht zurückgesetzt fühlen. Doch wie soll man den dreitägigen Ausflug der Schulklasse des Kindes finanzieren, wenn nur Grundsicherung bezogen wird?

Viele der inhaltlichen Vorschläge für eine Veränderung der augenblicklichen Lebenssituation beziehen daher auch den wirtschaftlichen Aspekt ein. Sie suchen nach Möglichkeiten, die augenblicklichen Bezüge durch eigene Tätigkeit zu erhöhen. Wenn dies in einer Aktion realisiert werden kann, zu der man sich mit Anderen zusammenschließt, würden für die meisten Interviewten zwei Ziele in einem Zuge erreicht: Überwindung der sozialen Isolierung und Verbesserung der wirtschaftlichen Lebensbasis.

Die Interview-Protokolle enthalten eine Vielzahl von Themen, mit denen sich die Klienten während der Gespräche beschäftigt haben. Diese Inhalte wurden dabei in ganz unterschiedlichen Zusammenhängen genannt:

Manche standen im Zusammenhang mit früheren beruflichen Tätigkeiten (handwerkliche Themen, Sozialarbeit),

andere betrafen Hobbys, die früher oder jetzt aktuell ausgeübt wurden (reiten, tanzen, malen),

nicht wenige Inhalte betrafen ganz konkrete Vorhaben, die der Klient in nächster Zeit
anpacken will (umziehen, Umschulung absolvieren),

viele Inhalte waren mit unangenehmen Umständen verbunden, drückten Trauer oder Resignation aus (Beziehungsverlust verarbeiten, Tod verkraften),

manche Inhalte waren wenig konkret, betrafen nur ein Gefühl, das gelebt werden soll (nicht mehr allein sein, PartnerIn finden).

Diese ganz persönlichen Inhalte bestimmten Gruppen von Inhalten zuzuordnen, ist eine Aufgabe, die ohne Intuition nicht zu bewältigen ist. Manchmal ist die Zuordnung ganz einfach: Klienten drücken den Wunsch aus, ihre Wohnung zu wechseln. Da dieser Wunsch mehrfach genannt wird, bildet sich fast von selbst eine „Wohnungsgruppe“. Doch dann wieder muss man sich einfühlen in ein Ensemble ganz diffuser und nie konkretisierter Wünsche, die sich beispielsweise überwiegend um die Überwindung der eigenen Einsamkeit drehen. Hier entwickelt sich aus der Berücksichtigung von Informationen, die der Interviewte zu seiner Biografie gibt, ein „Interessenbild“, das eine Zuordnung zu einer Themengruppe ermöglicht. Die spätere „Freizeit-Gruppe“ sammelte derartig unkonkrete Wünsche nach Kontakten und gemeinschaftlichen Aktivitäten.

In dieser Phase des Projektes kommt es nicht darauf an, eine möglichst sichere Voraussage zu treffen, welcher Gruppe sich der jeweilige Klient anschließen wird. Wenn jeder Klient eine Wahl hat, ob und wenn ja, welcher

Gruppe er sich anschließen kann, dann wird er selbst diese Entscheidung treffen. Hierzu bedarf er keiner Hilfe. Bei der Auswertung kommt es viel mehr darauf an, keinen möglichen Impuls zur Gruppenbildung zu übersehen. Insbesondere muss bei der Auswertung vermieden werden, eigene Wünsche und Ideen in Protokolle hinein zu phantasieren. Ganz wird der auswertende Profi sein eigenes Ich nie draußen halten können, doch sollte der Einfluss seiner eigenen Wertungen möglichst gering bleiben.

Die aktivierenden Gespräche versuchen dem Interviewten eine Situation zu schildern, bei der sich mehrere KlientInnen treffen, welche ähnliche Interessen wie er selbst verfolgen. „Stellen Sie sich vor, dass mehrere wie Sie Musik machen wollen und sich hierzu in Göttingen treffen. Würden Sie sich hieran beteiligen wollen?“ Viele KlientInnen reagieren zunächst überrascht auf diese Frage. Manche brauchen etwas Zeit, bis sie verstanden haben. Nachfragen entstehen: Wo denn, wann denn, wie lange denn, mit wem denn?

Und die Vorstellung dieser neuen Gruppensituation weckt die Widerstandsgeister. Wie soll ich denn dahin kommen? Mit dem Bus fahren, das geht gar nicht. Nein, viele Leute in einem Raum, das halte ich nicht aus.

Manchmal hilft die Erinnerung an die Zeiten, in denen man das Interesse noch ausgelebt hat. „Damals im Garten, da waren Sie doch auch nicht immer allein.“ „Ja, das waren aber doch meine Leute, mit denen lebte ich doch zusammen.“ „Können Sie sich nicht vorstellen, dass wieder so eine Gemeinschaft entsteht?“ „Tja, aber

die Anderen in der Gruppe kenne ich doch gar nicht."
„Noch nicht. Kann sich das nicht ändern?"

Erinnerungen an frühere Situationen, in denen Interessen noch als Impulse umgesetzt wurden, geben Hinweise auf soziale Erwartungen, die sich mit dem Interesse verbinden. Es ist selten das Interesse allein, was sich verwirklichen will, sondern es sind soziale Situationen, die sich um das sachliche Interesse gruppieren, die angestrebt werden. Auch der Klient, der sich für Eisenbahnen und in diesem Zusammenhang vor allem für Miniatureisenbahnen interessiert, verfolgt das Ziel einer komplexen Anlage, die man nur zu mehreren aufbauen und bedienen kann.

Die Bildung von Interessengruppen schafft Situationen, die in vielerlei Hinsicht früheren gelebten Situationen gleichen. Es treffen sich Menschen, die gemeinsame Interessen verbinden. Zwischen dem „Früher" und dem „Heute" liegen meistens lange Jahre, in denen sich die sozialen Verbindungen verflüchtigt haben. Ein Zustand der Unverbundenheit ist eingetreten, Apathie eben.

Bevor wir uns den aktivierenden Gruppen zuwenden, die sich thematisch aus den Klientengesprächen entwickeln, wollen wir noch einen wichtigen Aspekt zu den Gesprächen selbst erwähnen. Viele der angesprochenen Klienten äußerten sich zum Schluss des Gespräches sehr positiv über den Gesprächsverlauf. Es war offensichtlich, dass sie zumindest im Nachhinein die Einbeziehung ihrer Person in das Projekt als Ausdruck besonderer Wertschätzung erlebten. Hierzu dürfte insbesondere die Tatsache beigetragen haben, dass die BetreuerInnen über das gesamte Gespräch hin bei den vom Klient geäußerten Themen blieben. In keiner Gesprächsphase wurde die Aufmerksamkeit auf Inhalte gelenkt, die nicht von ihm selbst genannt worden waren. Auch blieben Aspekte der Betreuung selbst unerwähnt, wurden auch in der Regel von den Klienten nicht ins Gespräch gebracht.

Dabei machten die Interviewer die Erfahrung, dass konkrete Betreuungspersonen immer wieder im Zusammenhang der verschiedenen persönlichen Themen erwähnt wurden, jedoch nie in einem unerfreulichen Zusammenhang. Offensichtlich liefert die laufende Tätigkeit dieser Betreuer keine Anhaltspunkte für eigene Entrüstung, jedenfalls nicht im Zusammenhang mit den von den Klienten geäußerten Themen.

Kapitel 2.10 Gruppenbildung

Obwohl sich die Gruppeninhalte allein aus den vorangehenden Einzelgesprächen entwickelt haben, der einzelne Gruppeninteressent sich thematisch wieder erkennt, ist es den Betroffenen unmöglich, an früheren Situationen einfach anzuknüpfen. Natürlich weiß der Gartenliebhaber, wie man einen Spaten führt. Das hat er nicht verlernt. Doch die Erwartung, dass es wieder Sinn machen könnte, Erdbeeren zu pflanzen und Kartoffeln zu setzen, die irgendwann geerntet und von einer netten Gemeinschaft verzehrt werden, kann sich nicht spontan einstellen. „Ich lebe schon seit Jahren ganz allein. Ich bin schon froh, dass ich wieder ein wenig Lust habe, meine Wohnung in Schuss zu halten. Das verdanke ich nur meiner ambulanten Betreuerin, die mich zweimal in der Woche besucht."

Damit persönliche Interessen eine soziale Situation finden, sie gemeinsam mit anderen zu verwirklichen, formen wir aus den inhaltlichen Interessen der interviewten Klienten ein Gruppenangebot. Jede der Gruppen ordnet sich einem Thema zu, das mehrfach von Klienten als für sie bedeutungsvoll angesprochen wurde. Jede Gruppe spricht also im Idealfall ein Anliegen an, das von den Gruppenteilnehmern geteilt wird. Welche Anforderungen über die inhaltliche Übereinstimmung hinaus müssen an die Gruppen gestellt werden, damit sie die Aufgabe übernehmen können, der sozialen Gesundung ihrer Teilnehmer zu dienen?

„Es gibt im Wesentlichen zwei Gruppen von Einflüssen, die für die Art des Funktionierens der sich entwickelnden Persönlichkeit entscheidend sind. Die erste Gruppe bezieht sich auf die – partielle oder totale – Anwesenheit oder Abwesenheit einer vertrauenswürdigen Person, die bereit und in der Lage ist, als die Art von sicherer Basis zu dienen, die in jeder Phase des Lebenszyklus erforderlich ist. Dies sind die äußeren oder Umwelteinflüsse. Die zweite Gruppe bezieht sich auf die relative Fähigkeit oder Unfähigkeit eines Individuums, erstens zu erkennen, wann eine andere Person vertrauenswürdig sowie bereit ist, als Basis zu dienen, und zweitens – wenn sie dies ist – mit jener Person so zu kollaborieren, dass eine für beide Seiten lohnende und dauerhafte Beziehung entsteht. Dies sind die inneren oder organismischen Einflüsse."[50]

[50] John Bowlby: Das Glück und die Trauer. Herstellung und

Die meisten Menschen, die zur Gruppenarbeit eingeladen werden, haben ihre „sichere Basis“ verloren. Viele berichteten davon, dass sie schon ihre Herkunftsfamilie nicht als einen Ort erlebt haben, der ihnen Vertrauen einflößte. In vielen Interviews werden Eltern und Geschwister angesprochen und darüber berichtet, welche emotionalen Beziehungen noch zu ihnen bestehen. Die angesprochenen Menschen verbinden mit ihrer familiären Herkunft die Erwartung, durch sie mit ausreichendem Selbstvertrauen ausgerüstet zu sein, um allen Widrigkeiten des späteren Lebens begegnen zu können. Angesichts der akuten psychischen und sozialen Notsituation blicken viele mit Enttäuschung und Trauer auf ihre Kinderzeit zurück.

Eine Gruppe von Menschen, die teilweise gleiche Ziele verfolgen, ist sicherlich nicht als Familie anzusehen. Wenn wir jedoch wollen, dass diese speziellen Gruppen Aufgaben übernehmen sollen, die man normalerweise den Familien zuordnet, so lohnt es sich, sich mit der besonderen Entwicklungsstruktur der Familie näher zu befassen. Die „klassische“ Familienstruktur von Eltern mit beispielsweise zwei Kindern bietet folgende Sicherheiten und Möglichkeiten:

Emotionale Basis
beginnend mit bedingungsloser Liebeszuwendung der Eltern, die mit zunehmendem Alter Anforderungen stellt an die Einhaltung von Regeln (und damit die Übernahme einer Wertordnung) und an die Erfüllung von Erwartungen, die eigenen Anlagen und Fähigkeiten

Lösung affektiver Bindungen, Stuttgart: Klett-Cotta 2001, S. 131

auszubilden. Im Zuge dieser Entwicklung differenzieren sich die emotionalen Beziehungen zu beiden Eltern, den Geschwistern, Freunden und schließlich zu einem neuen Lebenspartner und eigenen Kindern. Hierdurch verändert sich die existenzielle Bedeutung der Beziehungen, ohne ihre emotionale Prägung entscheidend zu verlieren.

Soziale Basis
beginnend mit einer symbiotischen Zwei- bzw. Dreisamkeit mit den Eltern, der Entdeckung weiterer Personen im direkten Lebensumfeld und der Erfahrung, dass die eigene soziale Wertigkeit durch die Eltern gesichert wird. Erste selbständige Erfahrungen in Kindergarten und Schule mit der Erfahrung, dass Eltern und Geschwister bei Konflikten stets für den Heranwachsenden Partei ergreifen. Ausnutzen der elterlichen Kontakt- und Einflussmöglichkeiten, um schulische und berufliche Ziele erfolgreich anzugehen.

Wirtschaftliche Basis
beginnend mit der Ernährungs- und Bekleidungssicherheit in früher Kindheit. In Kindergarten und vor allem Schule Garant für volle soziale Teilhabe an Kinder- und Schülergemeinschaft („richtige Klamotten“, aktuelle Spiele- und Technikausrüstung, Finanzierung von Gemeinschaftsaktivitäten), später Reisen oder Auslandsaufenthalte, teure Hobbys, Ausbildungs- bzw. Studiumsfinanzierung, Aufbau einer beruflichen Existenz.

Wenn wir erreichen wollen, dass die neuen Gruppen für die teilnehmenden Menschen eine sichere Basis für ihre

Persönlichkeitsentwicklung bilden, dann müssen diese Gruppen folgende Qualitäten ausbilden:

Emotionale Basis
- durch Zuwendung allein auf der Grundlage, das gemeinsame Ziel befördern zu wollen,
- durch Toleranz und Ermutigung, wenn etwas nicht gleich so gelingt,
- durch Begrenzung, wenn einer alles dominieren möchte,
- durch die Erfahrung der gemeinsamen Erfolge,
- durch die Möglichkeit, einzelnen Gruppenmitgliedern gefühlsmäßig näher kommen zu können.

Soziale Basis
- durch die gleichberechtigte Stellung in der Gruppe,
- durch die Selbstverständlichkeit, mit der ein gleichberechtigter Umgang mit dem sozialen Umfeld praktiziert wird,
- durch die Erfahrung, dass sich viele Menschen außerhalb des gewohnten Kontaktfeldes mit dem gemeinsamen Ziel identifizieren können und deshalb kooperationsbereit sind,
- durch die Unterstützung eigener Initiativen, sich selbständig und zielgerichtet in der Gesellschaft zu bewegen.

Wirtschaftliche Basis
- durch die Einbeziehung neuer Chancen, die geringen finanziellen Einkünfte zu erhöhen,
- durch die Verbesserung der Fähigkeit, die vorhandenen wirtschaftlichen Möglichkeiten für sich selbst einzusetzen,

- durch die Erfahrung von wirtschaftlicher Unterstützung in Notsituationen bzw. für wirtschaftlich sinnvolle Ziele.

Der Vergleich mit der Standardsituation der menschlichen Entwicklung, der Familie, macht deutlich, wie entscheidend wichtig es ist, dass sich die Menschen nicht zufällig oder durch Fremdentscheidungen zu einer Gruppe zusammenfügen, sondern wegen eines gemeinsamen Anliegens, das jedes Gruppenmitglied aus seinem bisherigen Erfahrungszusammenhang mitbringt. Bevor sich der Klient für eine bestimmte Gruppe in einer bestimmten personellen Zusammensetzung entscheidet, entscheidet er sich für den Inhalt, mit dem sich die Gruppe langfristig beschäftigen will. Und dieser Inhalt muss ihm wirklich wichtig sein, sonst wird er die Gruppe nicht zu seiner existenziellen Basis machen.

Wenn er die Gruppe nur deshalb aufsucht, weil er eines der Gruppenmitglieder kennt und ihm daher der Zugang emotional leichter fällt, belastet er sie mit seiner falschen Entscheidung. Und wenn mehrere Gruppenmitglieder unter falschen Voraussetzungen Aufnahme in der Gruppe finden, dann wird sie ihre Wirkung nicht entfalten können. Was sich in der Familie durch die Elternentscheidung zusammenfügt, langfristig eine gemeinsame Lebensgrundlage aufzubauen, das entwickelt sich in den Rehagruppen durch die Intensität, mit der gemeinsame Interessen angepackt werden.

Dabei kann es sein, dass sich die anfängliche Zielsetzung im Verlaufe der Aktivitäten weiter entwickelt. Zuerst ging es beispielsweise nur um das Zusammensein mit Pferden. Doch im Zuge der

Anstrengungen, dieses Ziel zu erreichen und zu pflegen, entwickeln sich auf der Grundlage der positiven Erfahrungen neue Zielsetzungen, die anzugehen vorher der Mut und das Vorstellungsvermögen gefehlt haben. Das Vertrauen innerhalb der Gruppe wird als Grundlage für weitere Schritte genutzt, wobei sich die Gruppenzusammensetzung dabei durchaus verändern kann.

Wir sprechen bisher allein von den Einflüssen auf die Lebensentwicklung der beteiligten Menschen, die Bowlby als „äußere oder Umwelteinflüsse" bezeichnet hat. Doch was ist mit den „inneren oder organismischen" Einflüssen, nämlich der notwendigen Fähigkeit, mit den Gruppenmitgliedern so zu kooperieren, dass eine dauerhafte Bindung entstehen kann? Hier berühren wir die therapeutischen Aspekte der sozialen Rehabilitation, die normalerweise im Zusammenhang mit sozialer Teilhabe nicht angesprochen werden. Äußerer und innerer Prozess gehören jedoch zusammen, der eine Aspekt kann den Anderen ebenso befördern wie behindern.

Wenn man daran denkt, dass sich alle psychisch Erkrankten, denen wir im Zuge der sozialen Rehabilitation begegnen, in fachärztlicher Behandlung befinden, könnte man beruhigt sein in Bezug auf die medizinisch-therapeutische Begleitung des Gruppenprozesses. Nach den Regeln der Sozialgesetzbücher liegt bei diesen Ärzten die Zuständigkeit für die Beeinflussung der inneren Bereitschaften der Gruppenteilnehmer, sich auf die Umwelteinflüsse durch die neue Gruppe einzulassen. Es liegt daher nahe, die ärztlich-therapeutische Seite in die beginnende Gruppenentwicklung einzubeziehen. Dies könnte theoretisch auf mehrfache Weise geschehen: Zunächst sind die für die Klienten tätigen Ärzte über das Rehabilitationsprogramm und die nun bevorstehende Phase zu informieren. Sie könnten eingeladen werden, dieses Programm als Chance zu nutzen, ihre Einflüsse auf die Patienten durch sinnvolle äußere Einflussnahme zu ergänzen. Hierdurch könnten sich die Therapiewirkungen deutlich steigern.

Ferner könnten die Ärzte erwägen, ihre Behandlungsmöglichkeiten dadurch zu verbessern, dass sie Soziotherapie gem. § 37a SGB V verordnen und sich damit stärker mit dem Lebensumfeld der Patienten und sogar mit dem Gruppengeschehen innerhalb des Programms vernetzen. Über verständnisvolle und engagierte Soziotherapie würden die Erlebnisse der Patienten im Rahmen der Gruppenarbeit unmittelbar mit dem Behandlungsgeschehen verbunden. Über Soziotherapie käme es zu einer integrierten Beeinflussung der inneren mit den äußeren Elementen einer gesunden Lebensgestaltung.

Kapitel 2.11 Erste Aktivierende Gruppen

Aus den von allen beteiligten MitarbeiterInnen in aktivierenden Gesprächen gesammelten Themen wurden erste Gruppenangebote formuliert. Es wurde ein Text gestaltet, der auf einer DIN-A-4-Seite wiedergegeben werden kann. Er enthält neben einer kurzen Darstellung des Themas eine Angabe, wo und wann sich die InteressentInnen treffen können und bei welcher MitarbeiterIn sie sich melden können, wenn es beispielsweise hinsichtlich der An- und Abreise Schwierigkeiten geben würde.

Folgende Gruppen wurden vorgestellt:

Freizeitagentur

„Wir bauen eine Agentur auf, die zunächst an den drei Standorten Göttingen, Northeim und Bad Gandersheim Freizeitangebote in der näheren Umgebung entwickelt. Wir sammeln Freizeitideen (Fahrradfahren, Wandern, Handarbeiten, Gesellschaftsspiele, sportliche Aktivitäten), die man möglichst kostenfrei ergreifen könnte. Wir schauen, wo wir hierzu geeignete Räume, Geräte (beispielsweise Fahrräder) und Einrichtungen (beispielsweise Schwimmbäder) für unsere Zwecke organisieren können. Wir überlegen, wer außer den Gruppenmitgliedern noch an diesem Angebot interessiert sein könnte.

In der Freizeitagentur brauchen wir keine Angst zu haben, über unsere gelegentlichen psychischen Probleme zu reden. Wir erwarten, dass wir in jedem Falle respektiert werden. Wir lernen neue Menschen kennen, die teilweise auch in der Lage sind, für die von uns organisierten Angebote eine kleine Vergütung zu zahlen. So schaffen wir uns kleine Einkünfte, die wir gut gebrauchen können.

Zur Vorbesprechung über die Freizeitagentur treffen wir uns am .... in ....“

Dieses Gruppenthema war von 19 KlientInnen der Ambulanten Hilfe, 3 KlientInnen der Tagesstätte und 4 BewohnerInnen des Wohnheims angesprochen worden

In der weiteren Entwicklung wurde das Thema dieser Gruppe mit dem Thema „Reiseagentur“ kombiniert zur „Freizeit- und Reisegruppe“. Zunächst war die Gruppe in Göttingen und Northeim getrennt tätig, später wurden beide Gruppen vereinigt und trafen sich nur noch in Göttingen. Durch die zunehmende Nachfrage bildete die Gruppe Untergruppen, die sog. Teams. Hierdurch konnten auch KlientInnen integriert werden, die an den großen Gruppentreffen nicht teilnehmen mochten.

Die Freizeit- und Reisegruppe entwickelt ein laufendes und abwechslungsreiches Freizeitangebot, an dessen Veranstaltungen auch auswärtige Gäste teilnehmen können. Das Programm findet in einer mehrtägigen Reise seinen jährlichen Höhepunkt, so bisher nach Sylt, Hamburg, in die Eifel und nach Berlin.

KK – Kluge Köpfe

„Wir beschäftigen uns gerne mit dem Kopf, lieben Sprachen, interessieren uns für Geschichte und Politik, und sind es leid, wegen der uns fehlenden Schul- und Studienabschlüsse als Dummerchen angesehen zu werden. Wir nehmen uns gegenseitig ernst und wollen auch schon bald wegen unserer Aktivitäten von den Anderen ernst genommen werden.

Denn wenn wir beispielsweise einen russischen Literaturkreis anbieten, eine geschichtliche Kolumne in der örtlichen Zeitung veröffentlichen, einen Basar für ostasiatische Kunst veranstalten oder einen Alphabetisierungskurs gemeinsam mit der örtlichen Volkshochschule organisieren, dann wird man uns schätzen lernen. Einige unserer künftigen Aktivitäten könnten auch eine Vergütung verdienen, die uns gut tun wird.

Der KK – Gründerkreis trifft sich am .... in ....“

Dieses Thema fanden wir in den Gesprächen mit 4 KlientInnen der Ambulanten Hilfe, 5 KlientInnen der Tagesstätte sowie 3 Bewohnern des Wohnheims.

Diese Gruppe gestaltete sich sehr rasch um zur „Geschichts-Gruppe“, weil sich unter dieser Überschrift noch am ehesten die Interessen der beteiligten KlientInnen zusammenfassen ließen. Die Gruppe wurde überwiegend von Wohnheim-Bewohnern besucht. Sie wurde nach langer Tätigkeit aufgegeben, weil es unmöglich war, die zum langfristigen Bestand notwendige Aktivität (hierzu später) zu entwickeln.

Wohnungsagentur

„Wir suchen für uns selbst eine neue Wohnung. Wir prüfen zunächst, ob nicht ein Wohnungstausch erste Lösungen schafft (ich tausche Deine Wohnung in Göttingen gegen meine in Northeim usw.). Wir untersuchen den örtlichen Wohnungsmarkt, reden mit Maklern und Wohnungsgesellschaften.

Wir berichten in der Lokalpresse über unsere Aktivitäten und laden weitere Wohnungssuchende ein, sich bei uns zu melden. Wir stellen unsere neuen Erfahrungen Anderen zur Verfügung und sehen, dass wir von denen, die das können, eine Vergütung für unsere Dienste erhalten. Wir unterstützen uns beim Umzug und sehen darauf, dass der finanzielle Aufwand hierfür gering bleibt.

Die Gruppe trifft sich zum ersten Mal am .... in ...."

Dieses Thema ging von 6 KlientInnen der ambulanten Hilfe, von 2 KlientInnen der Tagesstätte und (erstaunlicherweise) von 2 KlientInnen des Wohnheims aus.
Die Gruppe kam über die ersten Treffen nicht hinaus. Es zeigte sich, dass die Thematik der Wohnungssuche nur solange aktuell war für den Einzelnen, bis er für sich das Problem gelöst hatte. In dieser relativ kurzen Zeit konnte sich keine Motivation in der Gruppe bilden, eine Agentur zu bilden, die auch für andere KlientInnen tätig wird.

Gartenhof

„Wir lieben Garten und Tiere. Für uns ist der Gartenhof ein Platz, an dem sich durch gemeinsame Arbeit und den aktiven Umgang mit Pflanzen und Tieren eine angenehme Gemeinschaft bilden kann. Wir mühen uns, alles was wir tun und produzieren, möglichst gesundheitsfördernd zu gestalten. Wir wissen, was es heißt, krank zu sein. Der Gartenhof soll uns helfen, wieder gesund zu werden und Andere gesund zu erhalten.

Der Gartenhof kann einen Teil unseres Lebensmittelbedarfs decken. Er kann aber auch mehr produzieren, als in der Gruppe gebraucht wird. Das wollen wir vom Gartenhof heraus verkaufen und hierüber zusätzliche Einkünfte erzielen.

Die Gruppe zum Gartenhof trifft sich am .... in ....“

Dieses Thema entstand bei Gesprächen mit 4 KlientInnen der ambulanten Hilfe und einem Klienten der Tagesstätte.

Aus dieser Thematik entstanden bisher zwei Gartengruppen (in Hardegsen und Göttingen) sowie zwei Tiergruppen (Pferdegruppe in Polier/Bodenfelde und Hundegruppe in Hillerse/Northeim).

Offene Holzwerkstatt

„Wir arbeiten gerne mit dem „warmen“ Material Holz. Einige von uns haben bereits Arbeitsziele entwickelt, die uns nicht nur Spaß machen, sondern auch einen Abnehmer-Markt finden könnten (beispielsweise der Bau von Modellen). Die Offenheit der Werkstatt liegt darin, dass man frei ist, wie lange und wie oft man in ihr tätig ist, und dass neue Menschen hinzukommen können, die sich mit der Arbeit und den Menschen in der Holzwerkstatt wirklich verbinden wollen.

Wir lernen uns mit unseren individuellen handwerklichen Fähigkeiten kennen und überlegen gemeinsam, welche

Produkte eine gute Chance hätten, einen örtlichen Absatz zu finden. Denn wir können kleine Einkünfte gut gebrauchen.

Die Gruppe trifft sich am .... in ....“

Das Interesse an dieser Gruppe stand in Verbindung mit aktivierenden Gesprächen mit 4 KlientInnen der ambulanten Hilfe und jeweils einer KlientIn der Tagesstätte und des Wohnheims. Diese Gruppe hat als „Holzgruppe“ inzwischen größere Räume in Northeim bezogen.

Offenes Mal-Atelier

„Wir malen und gestalten gern. Wir drücken uns gerne damit aus. Wir helfen uns gegenseitig, Gestaltungsfragen und farbtechnische Probleme zu lösen. Unser Atelier ist offen auch für Andere und offen in dem Sinne, dass wir nicht eine bestimmte Zeit darin tätig sein müssen. Die Inspiration spielt für uns eine große Rolle.

Wir wollen unsere Arbeiten ausstellen und damit einem größeren Publikum zeigen. Wenn wir dabei einige Objekte verkaufen können, so schaffen wir uns hierdurch kleine willkommene Einkünfte.

Die Atelier-Gruppe trifft sich am .... in ....“

Dieses Thema entstand in Gesprächen mit 2 KlientInnen der ambulanten Hilfe sowie jeweils 3 KlientInnen der Tagesstätte und des Wohnheims. Aus diesem Mal-Atelier entstanden 2 Malgruppen in Uslar und Bad Gandersheim.

Roller/Mofa-Verleih

„Wir sammeln gebrauchte Mofas/Roller, bringen sie wieder in einen gebrauchsfähigen Zustand und verleihen sie gegen kleine Gebühr. So helfen wir uns bei unseren eigenen Mobilitätsproblemen, sind aber auch vor allem für Jugendliche und andere Menschen da, die über wenig Geld verfügen, aber nicht von öffentlichen Verkehrsmitteln abhängig sein wollen.

Wir haben Spaß an handwerklicher Tätigkeit, organisieren gern und sorgen dafür, dass wir bekannt werden. Wir erhoffen uns kleine Einkünfte, die unseren finanziellen Spielraum etwas erweitern.

Die Roller-Gruppe trifft sich am .... in.........................“

Dieses Thema bildete sich bei Gesprächen mit 4 KlientInnen der ambulanten Hilfe und 3 BewohnerInnen des Wohnheims heraus. Inzwischen arbeitet eine Gruppe als Fahrrad- und Moped-Gruppe in Northeim. Es werden keine Mopeds verliehen, sondern gegen kleines Entgelt repariert.

C+ Computer und mehr

„Wir kümmern uns zunächst um unsere eigenen Probleme, die wichtigsten PC-Programme richtig anzuwenden. Wir wollen Kontakte herstellen zwischen uns, aber auch zu bisher unbekannten Personen.

Wir könnten uns vorstellen, eine digitale Plattform zu schaffen, über die wir selbst uns und viele, die wie wir empfinden, über alles informieren können, was in unserem näheren Umfeld passiert. So könnten wir beispielsweise über alle Aktivitäten der verschiedenen Projektgruppen berichten und mit dafür sorgen, dass neue Interessenten auf sie aufmerksam werden. Das könnte dazu führen, dass wir über unsere Tätigkeit (beispielsweise durch Werbeeinblendungen) kleine Einkünfte erzielen, die wir gut gebrauchen können.

Die C+-Gruppe trifft sich am .... in............................."

Dieses Thema entstand bei aktivierenden Gesprächen mit 6 KlientInnen der ambulanten Hilfe und jeweils 2 KlientInnen von Tagesstätte und Wohnheim. Aus dieser Gruppe sind inzwischen zwei Computer-Gruppen in Bad Gandersheim und Göttingen entstanden. Die Gruppen betreiben ein Internet-Forum für alle Gruppenteilnehmer.

Tausch-Börse

„Wir brauchen etwas, was wir nicht bezahlen können (beispielsweise Möbel, Einführung in aktuelle Friseurtechniken, Entlastung von der Kinderbetreuung). Wir können etwas bieten, was uns keiner bezahlen will (beispielsweise die eigene Wohnung als Treffmöglichkeit, ein leckeres Mittagessen, Unterstützung bei der Kinderbetreuung oder der Altenpflege). In der Tauschbörse denken wir uns Möglichkeiten aus, wie sich eine Leistung gegen eine andere Leistung tauschen kann, ohne dass wirkliches Geld fließen muss.

Wir untersuchen die praktischen Möglichkeiten, eine Tausch-Börse zu verwirklichen, und starten erste Anwendungen. Dabei prüfen wir auch die Möglichkeiten, die Tausch-Börse mit dem richtigen Geldsystem zu verbinden. Denn auch für die Beteiligten an der Börse muss sich die Aktivität lohnen.

Die Börsen-Gruppe trifft sich am .... in ...."

Dieses Thema wurde von 8 KlientInnen der ambulanten Hilfe genannt. Die Idee, ohne das Hilfsmittel Geld Tauschbörsen zu veranstalten, ließ sich nicht verwirklichen. Es wurden sodann Flohmarkt-Stände entwickelt, die öffentlich zum Kaufen einluden. Später ging der Verkaufsgedanke in verschiedene andere Gruppen über, die spezielle Artikel herstellten. Damit entfiel die Notwendigkeit einer eigenständigen Gruppe.

Musik und Rhythmus

„Musik, die man hört, und Musik, die man selbst erzeugt, hat großen Einfluss auf unsere Stimmung. Musik gemeinsam zu erleben, befördert Gemeinschaftsgefühl.

Am intensivsten geschieht dies durch aktives Musik machen.

Wir suchen in der Gruppe nach Möglichkeiten, Musik und Rhythmus ohne teure Instrumente zu praktizieren und hierdurch besonders intensiv zu erleben. Wir wollen unsere Erlebnisse dabei zu einem festen Ensemble zusammenfügen, zu dem wir auch weitere Personen einladen und das seine erarbeiteten Ergebnisse Anderen zur Gehör bringt. Hierdurch erhoffen wir uns kleine Einkünfte, die uns weiterhelfen.

Die Musik-Gruppe trifft sich am .... in ...."

Dieses Thema entstand in den Gesprächen mit 4 KlientInnen der ambulanten Hilfe, einem Tagesstättenbesucher und 5 BewohnerInnen des Wohnheims. Als Musikgruppe trifft sich die Gruppe in Northeim. Ergänzend hat sich ein Sing-Kreis in Hann. Münden gebildet.

Reiseagentur

„Wir haben schon selbst gerne Reisen gemacht. Wir wollen auch bei geringen finanziellen Mitteln auf diese Möglichkeit nicht verzichten und denken dabei auch an die Kinder, für die wir zu sorgen haben. In der Reiseagentur sammeln wir Informationen über preiswerte Unterkünfte und Fahrmöglichkeiten. Wir stellen erste Angebote zusammen und überlegen mit unseren künftigen Kunden (also beispielsweise den Mitarbeitern der übrigen Projektgruppen), wie zusätzliche finanzielle Unterstützung zur Wahrnehmung der Angebote organisiert werden könnte.

Ein erstes Reiseprogramm gibt uns Gelegenheit, die Treffsicherheit unseres Angebotes zu überprüfen. Natürlich erwarten wir auch kleine Einkünfte aus der Tätigkeit unserer Agentur sowie die Möglichkeit, manche neue Angebote selbst zu „testen".

Die Gruppe zur Reiseagentur trifft sich am .... in ...."

Dieses Thema entstand in Gesprächen mit 4 KlientInnen der ambulanten Hilfe. Schon bald wurde dieses Thema zugunsten der Gruppe Freizeit und Reise als eigenständige Beschäftigung aufgegeben.

BKS Bewegung, Körpertraining, Spaß

„Wir haben Spaß daran, uns zu bewegen und unseren Körper fit zu halten. Wir wollen in der Gruppe nicht nur unseren Interessen nachgehen, sondern auch eine Form finden, bei der wir alle drei Komponenten miteinander verbinden können, beispielsweise durch ein Tanz-Projekt.

Wir wollen uns ein kleines Zentrum aufbauen, wo wir auch andere Menschen einladen können, an unserer Gruppe teilzunehmen. Vielleicht können wir durch unsere Aktivität einen Beitrag leisten, Anderen zu mehr Bewegung zu verhelfen. Hierdurch erhoffen wir uns auch kleine Einkünfte.

Die Gruppe trifft sich am .... in ...."

Das Interesse an diesem Thema wurde bei Gesprächen mit einer KlientIn der ambulanten Hilfe, 3 KlientInnen der Tagesstätte und 2 BewohnerInnen des Wohnheims vorgebracht. Die Gruppe hat etwa ein Jahr lang überwiegend in freien Bewegungsformen ein Gefühl für den eigenen Körper zu entwickeln versucht. Dann nahm das Interesse rapide ab.

Fotografie und Film

„Wir haben Freude daran, Dinge und Situationen mit der Kamera festzuhalten. Wir entwickeln Themen, die wir mit der Kamera bearbeiten. Wir dokumentieren und kommentieren mit Bildern.

Selbstverständlich suchen wir nach Möglichkeiten, unsere Arbeiten Anderen zu zeigen. Manche werden sogar bereit sein, uns Aufnahmen abzukaufen. Hierdurch verdienen wir uns ein bisschen dazu.

Die Foto- und Filmgruppe trifft sich am .... in ...."

Dieses Thema wurde bemerkenswerterweise von 2 BewohnerInnen des Wohnheims genannt. Die Gruppe kam jedoch über wenige Treffen nicht hinaus. Heute spielen Fotos und Videos in mehreren Gruppen eine Rolle. Bestimmte KlientInnen erweisen sich als die fotografischen Berichterstatter von Gruppenaktivitäten, die dann im Internet-Forum oder in den Newslettern des Gruppenprogramms ihre Aufnahmen veröffentlichen.

PbK Psychiatrieerfahrung als berufliche Kompetenz

„Wir haben unsere Erfahrungen mit der psychischen Erkrankung noch nicht vollständig verarbeitet, doch fühlen wir uns stark genug, Anderen in Krisen beizustehen. Wir möchten einen aktiven Beitrag leisten zur Verbesserung der psychiatrischen Versorgung. Unsere Erfahrungen werden als Unterstützungs-Kompetenz gebraucht.

Wir wollen in der Gruppe klären, welche Möglichkeiten es schon gibt, mit unseren Erfahrungen eine berufliche Perspektive aufzutun. Wir wollen uns gegenseitig unterstützen, diesen beruflichen Weg zu gehen und hierfür Partner zu finden.

Die Gruppe trifft sich am .... in ....“

Die Anregung für dieses Thema stammt von 2 KlientInnen der ambulanten Hilfe. Die Gruppe erweiterte schon bald ihre Thematik und nannte sich „Gandersheimer Gesprächskreis“. Inzwischen ging die Thematik von einer einzelnen Gruppe auf viele einzelne Gruppenteilnehmer über, die Kontakt aufnahmen mit der F.O.K.U.S. in Bremen, die auch in Niedersachsen Weiterbildungskurse zum Genesungsbegleiter Ex/In anbieten. F.O.K.U.S. hat sich zur Aufgabe gesetzt, psychiatrieerfahrenen Menschen eine Qualität zu vermitteln, die sie für Tätigkeiten in bestimmten

Bereichen der sozialpsychiatrischen Versorgung vorbereitet. Auf Initiative des Gruppenprogramms ist geplant, in Göttingen einen eigenständigen Weiterbildungskurs zu etablieren.

Verbesserung der Arbeitsagentur

„Wir haben schon häufiger mit der Arbeitsagentur zu tun gehabt. Wir vermissen bei ihr die Bereitschaft, sich mit unserer Situation positiv auseinanderzusetzen. Wir beklagen, dass wir in Standard-Maßnahmen abgeschoben werden, anstatt uns gezielt zu helfen.

Für uns ist die Rückkehr in normale Arbeitszusammenhänge sehr wichtig. Wir wissen, dass wir wegen langem Ausfall Unterstützung brauchen. Wir wollen in der Gruppe klären, welche rechtlichen Möglichkeiten für uns tatsächlich bestehen. Dann wollen wir als Gruppe mit der Arbeitsagentur ins Gespräch kommen. Gemeinsam werden wir sicher ernster genommen, als wenn jeder allein seine Interessen vertritt.

Die Gruppe trifft sich am .... in ....“

Dieses Thema wurde allein von KlientInnen der ambulanten Hilfe genannt. Die Gruppe arbeitete einige Monate, führte u.a. Gespräche mit Besuchern in der Lobby der Arbeitsagentur Göttingen. Der Gedanke, die Stellung des von Jobcenter und Arbeitsverwaltung abhängigen „Kunden“ zu verbessern, ging auf alle Gruppenteilnehmer über, für die ihre eigene berufliche

Situation wieder stärker in den Blickpunkt geriet. Heute gibt es im Gruppenprogramm eine eigene MitarbeiterIn für die Belange der beruflichen Rehabilitation, welche die interessierten KlientInnen unterstützt. Für KlientInnen, die sich in konkreten beruflichen Reha-Maßnahmen befinden (dazu später), wird die Gruppe „Berufs-Starter“ gebildet.

Kapitel 2.12 Einzelpersonen ohne erkennbaren Impuls

Mit einigen Klienten ergaben sich trotz intensiver Suche keine Themen, die ein persönliches Interesse erkennen ließen. Das lag teilweise daran, dass bestimmte KlientInnen kaum zum Gespräch bereit waren, oder sie redeten sehr viel, ohne sich selbst dabei eine Perspektive zu gönnen, die ihr Leben leichter machen würde.

Dieser Personenkreis, der am ehesten im Wohnheim angetroffen wurde, umfasste ca. 10% der angesprochenen KlientInnen. Diese KlientInnen sind über die weitere Arbeit ebenso wie alle Anderen zu informieren, so dass sie die Gelegenheit noch finden können, sich dem Gruppenprozess anzuschließen. Geschieht dies nicht, wird es notwendig sein, mit jedem Einzelnen zu klären, welche Zuwendung notwendig erscheint, um ihn aus der sozialen Erstarrung zu befreien.

Kapitel 2.13 Ausschreibungselemente

Die Ausschreibungstexte für die ersten Gruppen zeigen drei Gemeinsamkeiten:

Jede Ausschreibung stellt ein bestimmtes Thema in den Mittelpunkt und erläutert, in welchen Zusammenhängen dieses Thema bearbeitet werden könnte.

Jede verdeutlicht, dass die Bearbeitung des Themas im Kreis mehrerer KlientInnen erfolgen soll, von deren Willensäußerungen es abhängen wird, wie das Thema gestaltet wird.

Jede Ausschreibung zeigt Möglichkeiten des Kontaktes mit dem gesellschaftlichen Umfeld auf. Dabei wird sehr oft die Chance angesprochen, dass über Gruppenaktivitäten Einnahmen erzielt werden.

Was diese Ausschreibungen nicht enthalten, sind Angaben zu

den Krankheiten der KlientInnen,

zum Wohnort der Beteiligten,

zum Angebot des Veranstalters,

zu den Teilnahmebedingungen.

Selbsthilfegruppen machen typischerweise ein bestimmtes Krankheitsbild zum Auswahlkriterium bei der Gruppenbildung. So werden beispielsweise Menschen, die an Depression leiden, zur Gruppe eingeladen.

Manches Gruppenangebot richtet sich an Menschen einer bestimmten Stadt oder einer Landregion. Hierbei spielen Anfahrwege und –kosten eine ausschlaggebende Rolle. Oder es sind die Finanzmittel, mit denen das Gruppenangebot bestritten wird, auf einen bestimmten kommunalen Zusammenhang begrenzt.

Viele Gruppenangebote folgen in ihrem Aufbau den Regeln des Verbraucherschutzes, das jeweilige Angebot möglichst präzise zu beschreiben und diesem Angebot die Erwartungen an die Teilnehmer (Kostenbeitrag usw.) gegenüberzustellen. Doch das funktioniert nur bei klassischen Konsumsituationen: einer bietet was an, das der andere gegen ein Entgelt konsumieren kann. Doch was soll geschehen, wenn das „Angebot" eine Situation darstellt, in der sich die Teilnehmer bei Bedarf selbst ein Angebot schaffen können?

Zu diesem klassischen Bild von Angebot und Nachfrage würde dann auch eine möglichst lückenlose Aufzählung aller Teilnahmebedingungen gehören.

Die Konzentration der Ausschreibung für das Gruppenprogramm zur sozialen Rehabilitation auf die genannten drei Elemente schafft berechtigterweise die Erwartung, dass die hiermit gegebenen Versprechen eingehalten werden: Die Gruppen werden sich auf Dauer bestimmten Themen zuwenden, sie werden weitgehend durch Handlungsentscheidungen der beteiligten Teilnehmer weiter entwickelt, und sie nehmen Beziehungen zum gesellschaftlichen Umfeld auf, durch die auch Einnahmen erzielt werden. Wir werden im weiteren Verlauf des Projektberichtes vielfältige

Gelegenheit haben, die Einhaltung dieser Erwartungen zu überprüfen.

Kapitel 2.14 Weitere Gruppenthemen

Die vollständige Ausrichtung auf Themen, die subjektiv für mehrere KlientInnen eine besondere Bedeutung haben, lässt letztlich jedes Thema zur Gruppenbildung zu. Die Tatsache, dass neue Themen im weiteren Verlauf des Projektes aufgegriffen wurden, ist daher für die Darstellung des Programms von geringer Bedeutung. Interessant sind jedoch Gruppenbildungen, deren Themen sich nicht aus der Biographie bestimmter KlientInnen gebildet haben, sondern aus der Erfahrung von KlientInnen im Umgang mit dem Gruppenprogramm.

Diese sekundären Gruppenthemen drücken das Interessen von KlientInnen aus, einen eigenen aktiven Beitrag zum Gelingen des Programms zu leisten. Sie sind Ausdruck eines Identifikationsprozesses, der sich im Verlaufe der Teilnahme an den Gruppen bei einigen Beteiligten gebildet hat. Kennzeichnend für diese andere Entstehung des Themas sind die Gruppen „Fahrservice" und „Öffentlichkeitsarbeit".

Die Notwendigkeit einer gewissen Öffentlichkeitsarbeit ergab sich seit der Gruppenbildung dadurch, dass eine schriftliche Zusammenstellung aller entstehenden Gruppen hergestellt werden musste. Sie bestand ganz einfach aus zusammen gehefteten DIN A 4-Blättern, jede Seite stellte eine Gruppe vor. Dieses „Heft" wurde allen Betreuern des Trägers zur Verfügung gestellt. Sie sollten es jeder ihrer KlientInnen zur Information aushändigen.

Einer der sich am Gruppenprogramm beteiligenden Klienten kritisierte diese Erstausgabe des Gruppenprogramms und meinte, dass er selbst in der Lage sei, mit Hilfe eines grafischen Programms auf seinem Computer ein richtiges mehrfarbiges Programmheft gestalten zu können, das dann in einer Druckerei hergestellt werden könnte. So entstand die Urzelle der späteren Gruppe Öffentlichkeitsarbeit.

Sie hat das Konzept des Programmheftes inzwischen verändert, möchte jetzt für jede Gruppe einen Flyer erstellen, der dann gemeinsam mit den übrigen in einen Schuber passt, der an vielen Treffpunkten für KlientInnen zum Stöbern einlädt. Gruppenmitglieder suchen die einzelnen Gruppen auf, besprechen mit ihnen die Texte und die Fotos. Wenn die Gruppe selbst kein fertiges Text- und Bildmaterial anbieten kann, wird es von der Öffentlichkeitsarbeit erstellt und der Gruppe zur Genehmigung vorgelegt. Die Verarbeitung des Materials einschließlich der grafischen Gestaltung erfolgt dann durch entsprechend sachkundige KlientInnen, die auch den Druck vorbereiten und überwachen.

Eine weitere selbst gestellte Aufgabe der Gruppe Öffentlichkeitsarbeit besteht in der Herausgabe eines „Newsletters“, der inzwischen mehrfach im Jahr erscheint. In ihm werden durch Text und Bilder besondere Aktivitäten einzelner Gruppen vorgestellt. Der Newsletter wird in der Regel nur elektronisch verbreitet, die Gruppen lassen sich die Berichte ausdrucken, wenn sie von besonderem Interesse sind.

Der Urgedanke zur Bildung der Gruppe Fahrservice entstand aus der Kritik von KlientInnen an der Fahrweise bestimmter Gruppen-Mitarbeitern, welche einen der beiden Kleinbusse der am Programm beteiligten ASF-Einrichtungen zum Transport der Gruppenmitglieder nutzten. Besonders wenn diese MitarbeiterInnen zu einer flotten Fahrweise neigten, löste dies bei einigen Mitfahrern Ängste aus. Das betraf auch KlientInnen, die selbst noch Fahrpraxis besaßen, weshalb sich die Frage anbot, weshalb sich nicht die Gruppenmitglieder selbst hinter das Steuer setzen.

Dazu kam die Erfahrung, dass der völlige Verzicht auf Auswahlkriterien, die etwas mit dem Wohnort und den jeweiligen Verkehrsverhältnissen zu tun hatten, erhebliche Transportprobleme verursachte. In vielen Fällen blieb zunächst einmal nichts anderes übrig, als Taxis einzusetzen. Dies verursachte verständlicherweise eine Menge Kosten. Diese Entwicklung schuf auch auf der Verwaltungsseite die Bereitschaft, über Wege zur Einbindung von KlientInnen in die bestehenden Dienstwagen-Regelungen nachzudenken.

Die Ausschreibung der Gruppe „Fahrservice" brachte mehrere KlientInnen zusammen, für die ein 7-sitziges Leasingauto angeschafft wurde. Die Gruppe machte es sich aber nicht nur zur Aufgabe, bestimmte Taxifahrten zu übernehmen, sondern die Regelung des gesamten Transportwesens in Zusammenhang mit den Reha-Gruppen war fortan Thema der Gruppe. Alle Abrechnungen, die bei der Verwaltung eingingen, wurden der Gruppe in Kopie zur Verfügung gestellt.

Die Gruppe prüfte zunächst einmal, ob nicht in bestimmten Einzelfällen einfache organisatorische Veränderungen dazu beitragen konnten, dass mehr Fahrten mit öffentlichen Verkehrsmitteln zurückgelegt würden. Da einige KlientInnen über eigene (Alt-)Fahrzeuge verfügten, wurden Fahrgemeinschaften, teilweise gruppenübergreifend angeregt. Taxifahrten erfolgten nur noch zu bestimmten Sammelpunkten, von wo aus dann in größeren Gruppen weiter gefahren wurde. Auf der Kostenseite entstanden durch die Arbeit der Gruppe ganz erhebliche Einsparungen.

Den beteiligten KlientInnen ging es bei ihrer Mitwirkung in dieser Gruppe um mehrere Ziele: Sie waren in der Gruppe in ganz intensiver Weise miteinander verbunden, denn sie trafen sich nicht nur einmal in der Woche, um die großen organisatorischen Linien abzusprechen, sondern per SMS waren sie in ständigem Austausch, weil an jedem Tag irgendwelche Besonderheiten auftraten. Da stand zum Beispiel der Klient X nicht am gewohnten Abholpunkt: wer von den KollegInnen wusste, wo dieser Klient in diesem Ort wohnte, damit man an seiner Wohnung klingeln konnte? Der Wagen war in einen Unfall-Stau geraten und konnte die Abholzeiten nicht mehr einhalten. Wer informiert per SMS die betroffenen KlientInnen und die Gruppe über die Verspätung?

Die KlientInnen des Fahrservice saßen aber nicht nur hinter dem Steuer, sondern sie waren mit der Zeit mit allen ihren Fahrgästen gut bekannt. Als MitklientInnen ging man auch sehr vertraut mit ihnen um, hatte also keine Bedenken, über persönliche Eindrücke und Einstellungen zum Geschehen in ihrer jeweiligen Gruppe zu sprechen. Kaum jemand im gesamten Projekt war deshalb so hervorragend über die Aktivitäten und Stimmungen in den Gruppen informiert wie die Mitglieder der Fahrservice-Gruppe. Gleichzeitig waren sie als Personen in fast allen Gruppen gut bekannt. Auch diejenigen, die nicht mit ihnen fuhren, lernten sie kennen, wenn sie am Ende der Gruppen-Sitzung auf ihre Mitfahrer warteten.

Für manche der beim Fahrservice beteiligten KlientInnen war die Tätigkeit als Fahrer derart entspannend, dass sie später, wenn Maßnahmen der beruflichen Rehabilitation eine regelmäßige Mitwirkung in der Gruppe nicht mehr möglich machten, ein oder zwei Tage wieder als Ersatzfahrer mitwirkten, um aufgestauten Stress abzubauen. Dieses vertraute Eingebundensein in einen Fahrdienst, den man in allen Einzelheiten beherrschte, dazu mit permanenten unaufgeregten Gesprächsmöglichkeiten während der Fahrt, das entspannte manche KlientInnen auf wirksame Weise.

Kapitel 3 „Themenzentrierte" Gruppenarbeit

Orientierungspunkt für die Gruppenbildung ist ein bestimmtes Thema. Dieses Thema entspringt nicht pädagogischen Überlegungen, es wurde auch nicht aus therapeutischen Gründen gewählt. Das Thema kommt von einigen KlientInnen, mit denen man in aktivierender Weise gesprochen hat.

Die Zusammensetzung der Gruppe folgt entsprechend weder organisatorischen Gesichtspunkten (KlientInnen der Ambulanten Hilfe, der Tagesstätte oder des

Wohnheims), noch räumlichen Kriterien (KlientInnen einer bestimmten Stadt oder Stadtteils) und erst recht keinen medizinischen Kategorien (KlientInnen mit dem gleichen Krankheitsbild). Allein das subjektive Interesse am Thema ist ausschlaggebend.

Um darlegen zu können, welche eigentümliche Gruppensituation durch diese Vorgehensweise entsteht, macht es Sinn, sie mit einem sehr bekannten Modell der themenzentrierten Gruppenarbeit zu vergleichen, mit der „Themenzentrierten Interaktion (TZI)".Sie wurde von Ruth. C. Cohn Ende der Sechziger/Anfang der Siebziger Jahre des letzten Jahrhunderts entwickelt.[51]

Ruth C. Cohn hat als klassische Psychoanalytikerin begonnen. Sie arbeitete also immer im Rahmen von Einzelgesprächen mit ihren PatientInnen. Durch die Gespräche entwickelt sich seitens der PatientIn eine Beziehung zur TherapeutIn, auf die immer mehr Gefühle übertragen wurden. Im Rahmen dieser Übertragung können Erfahrungen besprochen werden, die auslösend für psychische Probleme gewesen sind. Im Gespräch werden sie ins Bewusstsein geholt, besprech- und dadurch behandelbar. Die PatientIn ist dabei diejenige, die spricht und die durch das immer wieder neue Durchleben der kritischen Lebensphasen handelt. Behandlung wird so zum Teil eines Genesungsprozesses, die von der PatientIn ausgeht und wieder zu ihr hinführt.

---

[51] Siehe hierzu Ruth C. Cohn: Von der Psychoanalyse zur Themenzentrierten Interaktion, Stuttgart: Klett-Cotta 1988, dort auch ein Verzeichnis aller Veröffentlichungen der Autorin.

Die TherapeutIn begleitet diese Selbstbehandlung, indem sie immer wieder ermuntert, das in Worte zu fassen, was zunächst nur Gefühl zu sein scheint. Alles Erlebte, ob geträumt, gedacht oder phantasiert, ist es wert, ins Gespräch eingebracht zu werden. Sie versucht, die Zusammenhänge zwischen den verschiedenen subjektiven Erlebnissen zu deuten. So kann die PatientIn immer besser die Sinnhaftigkeit ihres Erlebens verstehen, und dadurch ein respektvolleres Selbstbild aufbauen.

Die TherapeutIn ist in dieses Gespräch aktiv einbezogen, sie ist jedoch anders als ihre PatientIn darum bemüht, ihrerseits nicht eigene unbearbeitete Gefühle auf die PatientIn zu übertragen (die sog. „Gegenübertragung"). Diese Gefahr ist recht beträchtlich, denn manches psychische „Material", das von der PatientIn ins Gespräch gebracht wird, löst unangenehme Reaktionen bei der TherapeutIn aus. Diese innere Abwehr hängt mit eigenen Erlebnissen zusammen, die nun aktiviert werden. Dies selbst erkennen und sodann kontrollieren zu können, gehört zu den besonderen professionellen Anforderungen, die an die TherapeutIn gestellt werden.

Diese klassische, von Sigmund Freud entwickelte Gesprächsmethode, wurde von allen ihm nachfolgenden TherapeutInnen angewandt. Die Einführung von Gruppengesprächen erfolgte nach Meinung von Ruth C. Cohn aus folgenden drei Gründen: „1. der Bedürfnisse großer Gruppen (in den Bereichen Militär, Pädagogik, Kommunalverwaltung und Wirtschaft), 2. des Wunsches, die Dauer und Kosten der Behandlung seelisch Gestörter zu verringern, und 3. der Suche vieler

Einzelpersonen nach einem sinnvolleren und weniger schmerzerfüllten Dasein“.[52]

Bei der psychoanalytischen Gruppentherapie wird die Zielsetzung gegenüber dem Einzelgespräch nicht verändert. „Kommt der Patient in der Einzelanalyse mit nur einer anderen Person zusammen, auf die er die verschiedenen Beziehungsmuster seiner Kindheit überträgt, so hat er in der Gruppentherapie mehrere Menschen, denen er diese Qualitäten zuteilen kann. Es ergibt sich ein Gewebe von multiplen Übertragungen.“[53] Am Anfang ergaben sich seitens der TherapeutInnen erhebliche Ängste wegen der unvermeidlichen Konfrontation des einzelnen Gruppenmitgliedes mit der Realität seiner MitpatientInnen. Nun konnte es sehr leicht zu Situationen kommen, in denen sich Übertragung und Gegenübertragung einander überlagerten und miteinander agierten. Doch „der analytische Fachmann stellte zu seiner Überraschung fest, dass die Übertragungsknospen, die bisher beschützt und genährt wurden (um sie zur vollen Blüte zu bringen, bevor sie analysiert wurden), sich als viel robuster erweisen, als er vermutet hatte: Übertragungen blieben allgegenwärtig, trotz der nichtneutralen, nichtspiegelbildlichen Verhaltensweisen seiner Gruppenpartner.“[54]

Mit zunehmender Sicherheit wurde auch die Rolle immer klarer, die der TherapeutIn in der psychoanalytischen Gruppentherapie zukommt. „Mit Fragen, Schweigen, Bemerkungen und Deutungen regt der

[52] Ruth C. Cohn: ebenda S. 64
[53] Ruth C. Cohn, ebenda S. 66
[54] Ruth C. Cohn, ebenda S. 66

Gruppenanalytiker die Interaktion an; er akzeptiert sowohl Äußerungen über das Hier-und-jetzt in der Gruppe als auch Mitteilungen über das Dort-und-damals im Leben des Patienten. Er ermutigt Gruppenmitglieder, ihre Träume und Phantasien zu erzählen und ihre Assoziationen und Gefühle in Bezug aufeinander mitzuteilen. Er mag sich einmal auf eine einzelne Person konzentrieren und die Gruppe als Hilfstherapeuten benutzen oder ein andermal seine Interventionen an die Gruppe als ganze richten.“[55]

Das ausschließliche Medium der internen Gruppenaktivität ist das Gespräch. Das einzelne Gruppenmitglied ist drauf angewiesen, seine Teilhabe verbal auszudrücken. Körperlicher Ausdruck wie Aufspringen, Herumgehen oder gar Berührungen werden von der TherapeutIn unterbunden. Es ist auch nicht erwünscht, dass die Gruppenmitglieder privat miteinander Kontakt aufnehmen. Die gesamte Arbeit konzentriert sich auf die begleitete Gesprächssituation in der Therapiegruppe. „Indem jeder Patient sich selber durch die Verbalisierung seiner vergangenen und gegenwärtigen Konflikte enthüllt, inszeniert und erlebt er aufs neue vergangene Gefühle in der „Familien“-Konstellation seiner Therapiegruppe.“[56]

„Der Prozess des Aussortierens von allem, was irrational von der Vergangenheit in die Gegenwart übernommen wurde, vollzieht sich durch emotionale und kognitive Konfrontation, Analyse und die Interpretation dessen, was den Tatsachen und nicht der Einbildung entspricht. Unter der Leitung eines zurückhaltenden, aber

---

[55] Ruth C. Cohn, ebenda S. 66

[56] Ruth C. Cohn, ebenda S. 67

verstehend teilnehmenden Therapeuten vollziehen sich die drei Stufen des Heilverfahrens: 1. Analyse und Abbau alter Abwehrmechanismen, 2. Erleben und Deutung von Übertragungen, 3. die korrigierende emotionale Erfahrung innerhalb einer Gruppe von Mitpatienten, die sich mehr und mehr erschließen.“[57]

Anders als die analytische Gruppentherapie interessiert sich die erlebnistherapeutische Gruppenarbeit weniger für die Gründe und Ursachen aktueller Verhaltensprobleme, sondern beschäftigt sich und die beteiligten Gruppenmitglieder mehr mit dem konkreten, hier und jetzt erlebbaren Verhalten.[58] Während es in der analytischen Therapie um die zentralen Fragen von Übertragung und Widerstand geht, konzentriert sich die Erlebnistherapie auf die Fragen von Authentizität und Unmittelbarkeit. Dem einzelnen Gruppenmitglied soll es leichter gemacht werden, sich authentisch und spontan in das Gruppengeschehen einzubringen.

„Das therapeutische Ziel ist das Annehmenkönnen des Zustandes, im Fluss des Lebens mit seiner Lust und seinem Schmerz zu sein, und das Akzeptieren der Vieldeutigkeit des Daseins angesichts des Todes.“[59] Um dieses Ziel erreichen zu können, verändert der Therapeut seine Stellung in der Gruppe. Ist er in der analytischen Gruppensitzung der oft schweigsame, emotional wenig verbundene Patron, der sich durch gelegentliche Deutungen in der Gruppe Respekt

---

[57] Ruth C. Cohn, ebenda S. 67

[58] Eine gute Einführung in diesen Ansatz findet sich bei James Bugental: The Search for Authenticity, New York: Holt, Rinehart and Winston 1965.

[59] Ruth C. Cohn, ebenda S. 68

verschafft, so wird er im erlebnistherapeutischen Zusammenhang zum Partner. „Für ihn ist die Gruppensitzung kein Labor, in dem alte Familienmuster neu erlebt, erforscht und durch bessere Beziehungen ersetzt werden, sondern ein wichtiger Teil des Lebens, der sich von anderen Situationen nur durch größere Echtheit, Unmittelbarkeit und Konzentration auf das Wesen des Lebens unterscheidet."[60]

In der gestalttherapeutischen Gruppentherapie wird dieses Prinzip des Erlebens der eigenen Persönlichkeit in der konkreten Hier-und-Jetzt-Situation der Gruppensitzung aufgegriffen, jedoch zu einer anderen Arbeitsweise verdichtet. Fritz Perls, der wie alle Erneuerer der Gruppentherapie aus der analytischen Tradition kam (sein letzter Lehranalytiker war Wilhelm Reich) machte den Therapeuten zum zentralen Gesprächspartner des jeweiligen Gruppenmitgliedes.[61] Um für dieses Einzelgespräch im Angesicht der ganzen Gruppe optimale Voraussetzungen zu schaffen, melden sich die Gruppenteilnehmer freiwillig hierzu. Niemand muss sich auf dieses Gespräch einlassen.

Um dieses Gespräch möglichst schnell zu verdichten und dem Ziel von mehr Klarheit über die eigene Situation näher zu bringen, gelten einige Regeln. So verbietet der Therapeut die Nutzung folgender Begriffe: „Wenn" und „aber" müssen durch „und" ersetzt werden, die Aussage „ich kann nicht" durch „ich will nicht" und „ich habe

---

[60] Ruth C. Cohn, ebenda S. 68

[61] Eine vortreffliche Einführung in die Gestalttherapie ermöglicht: Fritz Perls: Grundlagen der Gestalt-Therapie. Einführung und Sitzungsprotokolle, München: Verlag J. Pfeiffer, 1982

Schuldgefühle“ durch „ich fühle Ressentiments“. So wird aus dem Satz: „Ich komme gerne zur Gruppe, aber letzte Woche konnte ich nicht!“ der Satz: „Ich komme gerne zur Gruppe und letzte Woche wollte ich nicht!“

Durch diese sprachliche Veränderung verschiebt sich die Verantwortlichkeit für das Nichterscheinen in der Gruppe. Aus einer angeblichen Fremdeinwirkung (Ich konnte nicht, weil die Bahn nicht fuhr, oder weil ich schrecklich erkältet war) entsteht die eigene Verantwortlichkeit für mein Verhalten. Das Gruppenmitglied wird mit seiner eigenen Widersprüchlichkeit konfrontiert, die aber nicht verteufelt wird, sondern als Ausgangspunkt eines therapeutischen Spiels genommen wird.

Bei diesem Spiel gerät der Patient in die Situation, beide Seiten des Konfliktes theatralisch darzustellen. Er spielt jenen in ihm, der etwas will und dann jenen, der dasselbe nicht will. Dieses intensive Erleben beider Seiten im Patienten selbst versetzt ihn zunehmend in eine große Ratlosigkeit, die Fritz Perls „Sackgasse“ (the impasse) nennt. Dieses Erleben des Leerseins, der völligen Verwirrung und Ratlosigkeit findet angesichts der ganzen Gruppe statt, die bei diesem Spiel zuschaut. Diese Gruppensituation verdichtet noch einmal das persönliche Erleben. Der Therapeut verstärkt es noch, indem er den Patienten auffordert: Sei leer, sei verworren!

Durch diese Verstärkung und die gegebene Gruppensituation wird das Erleben des Überstehens dieser aussichtslosen Situation möglich. Der Patient erlebt nicht seinen sozialen Untergang, er macht im

Gegenteil die Erfahrung, dass seine tiefe Ratlosigkeit Akzeptanz findet in der Gemeinschaft. Hierdurch verändert sich etwas in ihm. Die Resonanz auf seine Aussage: „Ich komme gerne zur Gruppe und ich will in der konkreten Situation nicht zur Gruppe kommen." ist nicht Ablehnung, sondern die Antwort lautet: „Es ist Deine Sache, ob Du zur Gruppe kommst oder nicht."

An dieser Stelle der Gruppensitzung bringt Fritz Perls die bisher schweigsame Gruppe ins Spiel. Der Patient wird aufgefordert, zu jedem hinzugehen und ihm zu sagen: „Ich muss nicht Deine Erwartung erfüllen, zur Gruppensitzung nächste Woche zu kommen." Dann antwortet das Mitglied: „Nein, Du musst nicht meine Erwartungen erfüllen." Und dieses Gespräch wird dann mit jeweils eigenen speziellen Inhalten reihum fortgesetzt.

„Diese Theorie des „Sackgassen"-Phänomens betrachte ich als Perls` einzigartigen und wichtigsten Beitrag zur psychotherapeutischen Praxis. Sie hat auf eine aufregende und fruchtbare Art und Weise geholfen, die Wirksamkeit der Psychotherapie, sowohl hinsichtlich Tiefe als auch hinsichtlich Schnelligkeit, zu erhöhen."[62]

Ruth Cohn hat diese drei Konzepte der therapeutischen Gruppenarbeit persönlich kennen gelernt, mit ihnen jeweils mehrere Jahre praktisch gearbeitet, bevor sie selbst die „Themenzentrierte Interaktion (TZI)" entwickelte. Es ist daher kein Zufall, dass eine Vielzahl von Elementen sich auch in diesem ihrem eigenen Ansatz wiederfinden.

---

[62] Ruth C. Cohn, ebenda S. 73

Für sie enthält jede Gruppensituation „drei Faktoren, die man sich bildlich als Eckpunkte eines Dreiecks vorstellen könnte: 1. *das Ich*, die Persönlichkeit; 2. *das Wir*, die Gruppe; 3. *das Es*, das Thema. Dieses Dreieck ist eingebettet in eine Kugel, die die Umgebung darstellt, in welcher sich die interaktionelle Gruppe trifft. Diese Umgebung besteht aus Zeit, Ort und die historischen, sozialen und teleologischen Gegebenheiten.

Die thematische interaktionelle Methode befasst sich mit den Beziehungen der „Dreieckspunkte" zueinander und ihrer Einbettung in die „Kugel". Der Reichtum dieser einfachen Struktur wird offensichtlich, wenn man die komplexe Natur des Ichs als eine psycho-biologische Einheit ansieht, das Wir als Zwischenbeziehung aller Gruppenmitglieder, und das Thema als die unendlichen Kombinationen aller in Frage kommenden konkreten und abstrakten Faktoren."[63]

Bevor die Therapeutin mit der Gruppenarbeit beginnt, beschäftigt sie sich erst einmal mit der „Kugel", in der die Gruppensitzungen eingebettet sein werden. „Wie viel Zeit steht zur Verfügung beziehungsweise ist minimal oder optimal nötig? Wer zahlt, und was sind die finanziellen Möglichkeiten? Was bedeuten der gewählte oder zu wählende Ort und die Zeit für die Gruppenmitglieder? Welche persönlichen Assoziationen und sozialen Bedeutungen verbinden sich mit diesem Ort und dieser Zeit? Wer hat Interesse am Gelingen dieser interaktionellen Gruppe, und wer in dieser Organisation mag dagegen sein? Hat der Gruppenleiter das nötige Vertrauen der übrigen Repräsentanten der Organisation, um nicht mitten in der Arbeit gestört oder

[63] Ruth C. Cohn, ebenda S. 113/114

entlassen zu werden? Die „Kugel“ enthält die Frage, ob die Gruppe freiwillig zusammenkommt oder dazu gezwungen wird, wie z.B. Insassen eines Gefängnisses oder – weniger offensichtlich – die Arbeiter einer Organisation.“[64]

Zum Thema der Gruppe werden alle Inhalte zugelassen, die „ den Notwendigkeiten und Interessen der Gruppe entsprechen, ob es sich nun um Beziehungen innerhalb einer Organisation handelt, um ein Studien- oder Aktionsprogramm, oder um ein Thema von psychologischer oder sozialer Bedeutung für das örtliche Gemeinschaftsleben.“[65] Dabei vermeidet Ruth Cohn Themen, die in ihrem Titel schon darauf hinweisen, dass sie sich mit Problemen befassen. „Ich habe schlechte Erfahrungen mit Themen gemacht, welche negative Assoziationen hervorrufen. „Schwierigkeiten im demokratischen Prozess“ würde jedenfalls ein schlechterer Titel sein als „Wege zur demokratischen Gruppenbildung“.“[66]

Die drei Elemente der Gruppenarbeit, die einzelne Persönlichkeit, die Gruppe und das Thema sollen sich die Waage halten. Wenn die Gruppendiskussion zu einer Seite hin abgleitet, ein Gruppenmitglied sehr lange und intensiv über seine persönliche Situation reden möchte, ein Gruppenkonflikt immer und immer wieder besprochen werden soll oder eine lange Diskussion über die verschiedenen Aspekte des Themas entbrannt ist, holt der Gruppentherapeut die verloren gegangenen anderen Seiten wieder in die Mitte des Gespräches

[64] Ruth C. Cohn, ebenda S. 114
[65] Ruth C. Cohn, ebenda S. 113
[66] Ruth C. Cohn, ebenda S. 113

zurück. Die Methode funktioniert am allerbesten, wenn eine Balance gehalten werden kann zwischen den drei Aspekten.

Um den Beteiligten die Zusammenarbeit zu erleichtern, führte Ruth Cohn einige technische Regeln ein, deren wichtigste lauten:

„1. Versuche, in dieser Sitzung das zu geben und zu empfangen, was du selbst geben und empfangen möchtest. (Diese Richtlinie schließt alle folgenden, die nur zu größerer Verdeutlichung gegeben werden, ein.)

2. Sei dein eigener Chairman und bestimme, wann du reden oder schweigen willst und was du sagst.

3. Es darf nie mehr als einer reden. Wenn mehrere Personen auf einmal sprechen wollen, muss eine Lösung für diese Situation gefunden werden.

4. Unterbrich das Gespräch, wenn du nicht wirklich teilnehmen kannst, z.B. wenn du gelangweilt, ärgerlich oder aus einem anderen Grund unkonzentriert bist. (Ein „Abwesender" verliert nicht nur die Möglichkeit der Selbsterfüllung in der Gruppe, sondern bedeutet auch einen Verlust für die ganze Gruppe. Wenn eine solche Störung behoben ist, wird das unterbrochene Gespräch entweder wieder aufgenommen werden oder einem momentan wichtigeren Platz machen.)

5. Sprich nicht per „man" oder „wir", sondern per „ich". (Ich kann nie wirklich für einen anderen sprechen. Das „man" oder „wir" in der persönlichen Rede ist fast immer

ein Sich-Verstecken vor der individuellen Verantwortung.)

6. Es ist beinahe immer besser, eine persönliche Aussage zu machen, als eine Frage an andere zu stellen. (Meine Äußerung ist ein persönliches Bekenntnis, das andere Teilnehmer zu eigenen Aussagen anregt; viele Fragen sind unecht; sie stellen indirekt Ansprüche an den anderen und vermeiden eine persönliche Aussage.)

7. Beobachte Signale aus der Körpersphäre und beachte Signale dieser Art bei den anderen Teilnehmern. (Diese Regel ist ein Gegengewicht gegen die kulturell bedingte Vernachlässigung unserer Körper- und Gefühlswahrnehmung.)“[67]

Diese Regeln zielen noch sehr stark auf den Einzelnen ab und seine Art, sich in die Gruppe einzubringen. Er wird durch sie gestärkt, authentisch zu sein und für sich selbst Verantwortung zu übernehmen. Die Gruppe stellt einen eigenen Sozialraum her (geschützt durch die „Glocke“), in dem dieses neue Verhalten ohne Schaden entwickelt und ausprobiert werden kann.

Um diesen Raum vom Alltag zu unterscheiden, quasi ein Gruppensignal zu setzen, dass ab jetzt diese Regeln gelten, beginnt Ruth Cohn die Gruppensitzung mit einer kurzen Schweigephase. „Für dieses Schweigen gebe ich die folgenden Anweisungen:

---

[67] Ruth C. Cohn, ebenda S. 115/116

1. Über das gegebene Thema nachzudenken und sich an frühere Gedanken und Erlebnisse, die diesem Thema zugehören, zu erinnern;
2. Der augenblicklich gegebenen Situation Aufmerksamkeit zuzuwenden. (Wie erlebe ich in diesem Augenblick mein Hiersein in dieser Gruppe und das Vom-Gruppenleiter-Anweisung-Bekommen, über das Thema nachzudenken? Was fühle ich von meinem Körper? Was sehe ich, höre ich, empfinde ich?);
3. Eine Aufgabe zu lösen, die das gegebene Thema und die gegenwärtige Situation verbindet, wie z.B. zum Thema „Beratende Arbeit in Gruppen": „Suche dir einen Menschen in dieser Gruppe aus, dem du glaubst, etwas geben zu können; suche dir einen anderen oder denselben Partner aus, Veränderung": „Versuche in der nächsten Stunde eine andere Rolle zu übernehmen, als du sie gewohnt bist, z.B. gut zuzuhören anstatt zu reden, oder das Umgekehrte, je nach deiner üblichen Verhaltensweise.""[68]

Auch diese Anweisungen beziehen sich allein auf das Verhalten des Einzelnen; der therapeutische Zusammenhang von der analytischen Einzelsitzung bis zur themenzentrierten Interaktion ist ganz offenkundig. Der Fokus der TherapeutIn liegt eindeutig auf der Entwicklung des Einzelnen. Die Gruppe stellt das soziale Milieu dar, in dem sich die einzelnen Entwicklungsschritte unmittelbar sozial ausprobieren können. Doch welche Bedeutung hat hierbei das sachliche Thema, das Es?

---

[68] Ruth C. Cohn, ebenda S. 116/117

„Das Thema wird als das Mittelglied zwischen Individuum und Gruppe behandelt. Wenn alle Personen, jeder in seiner Art, sich zur gleichen Zeit auf denselben Inhalt eines Themas beziehen, ist der Zusammenhalt der Gruppe erreicht."[69] Damit das Thema diese Funktion übernehmen kann, muss es für die Gruppenmitglieder von Interesse sein. Es muss Energien wecken im Einzelnen, sich persönlich (aktiv oder passiv) zu beteiligen. Wenn dann alle in einer angenehmen Atmosphäre dieses Thema behandeln, beschleunigt es das Gefühl der Gruppenzugehörigkeit. Dies wirkt wieder positiv auf das einzelne Gruppenmitglied zurück, das sich bei diesem Prozess akzeptiert empfindet.

„Die Gruppenatmosphäre ist im Wesentlichen akzeptierend, nicht verurteilend. Wenn Gruppenleiter (speziell am Anfang einer Serie) sich negativ verhalten, kommt eine thematische Interaktion entweder gar nicht zustande, oder die negativen Emotionen der Gruppe überschwemmen die Arbeitsmöglichkeiten. Das Gruppenklima muss vorsichtig und sorgfältig im Sinne einer Anerkennung von sowohl Unterschieden und menschlichen Schwächen als auch konstruktiven Möglichkeiten etabliert werden. Wenn sich ein konstruktiver Gruppengeist gebildet hat, können Feindseligkeiten, Nichtbeachtung und Kritisieren leichter akzeptiert werden. Nichts Menschliches sei der Gruppe fremd."[70]

Abschließend ist noch ein besonderer Blick auf die TherapeutIn notwendig, die als „Gruppenleiterin" in der

---

[69] Ruth C. Cohn, ebenda S. 117
[70] Ruth C. Cohn, ebenda S. 117

Tat das gesamte Geschehen leitet. „Wenn ich eine Gruppe leite, versuche ich sowohl jeden Teilnehmer als auch die Gruppe als Ganzes und das Thema im Auge zu behalten, ohne meine eigenen Gefühle und Gedanken zu ignorieren. Ich beobachte und balanciere den Gesamtgruppenprozess. Wenn die Gruppe überintellektuell wird, spreche ich von meinen Gefühlen; wenn sie nur emotionell reagiert, etabliere ich die Balance durch meine eigenen Überlegungen und durch sachliche Diskussion; wenn die Gruppe nur vom Thema spricht, beachte ich den Gruppenprozess sowie Ausdruck und Verhalten der einzelnen Menschen; wenn ein Teilnehmer sehr lange im Vordergrund verbleibt und dies nicht mehr wichtig zu sein scheint, führe ich zum Thema zurück. Solche Gewichtsverlagerungen können durch direkte oder indirekte Mittel hervorgebracht werden. Ich kann mich entweder auf die Seite des Nichtausgesprochenen stellen und es dadurch in den Vordergrund bringen, oder auch die Gruppe direkt auf die Unbalanciertheit aufmerksam machen. Interpretation oder Generalisation jeder Art führen meistens dazu, einen Punkt hinter das eben gesprochene oder erlebte Thema zu setzen und den Weg zu einem anderen freizumachen."[71]

Diese ausführliche Darstellung wichtiger gruppentherapeutischer Modelle, insbesondere der themenzentrierten Interaktion erscheint mir notwendig, um einerseits viele Wurzeln der späteren Darstellung des soziotherapeutischen Gruppenprozesses frei zu legen, andererseits aber auch, um die zusätzlichen Elemente und bestimmte Gewichtsverlagerungen einfacher kenntlich machen zu können. Ich werde

[71] Ruth C. Cohn, ebenda S. 118

deshalb nicht umhin kommen, immer wieder einmal auf Ruth Cohn und das TZI Bezug zu nehmen.

Kapitel 4 Therapiegruppe und gesellschaftliches Umfeld

Die soeben vorgestellten Modelle der psychotherapeutischen Gruppenarbeit gehen von einem gemeinsamen Menschenbild aus. Jeder Mensch kann sein Glück finden, wenn er sich selbst so in eine Gemeinschaft einbringen kann, dass seine wichtigsten Lebensbedürfnisse verwirklicht werden, ohne bedeutende Interesse der Mitmenschen zu verletzen. Diesem Weg stehen häufig Widerstände entgegen, die aus der eigenen Biographie kommen. Es gibt ein „unerledigtes Geschäft", wie es Fritz Perls ausdrücken würde, dessen Bearbeitung allzu lange vermieden wurde. Da viele in der therapeutischen wie in der alltäglichen Gruppensituation „unerledigte Geschäfte" mit sich führen, können sich glückliche Entwicklungen spontan nur schwer einstellen. Es bedarf der kundigen therapeutischen Unterstützung, um in einer mit Bedacht strukturierten Gruppensituation das Unerledigte bearbeitbar zu machen.

In diesen Gruppensituationen bilden sich Momente der Authentizität und der Empathie, in denen sich das einzelne Gruppenmitglied mit sich selbst und mit den Bedürfnissen der übrigen Teilnehmer identisch weiß. Durch diese Erfahrungen kommt es zu einem menschlichen Reifungsprozess, der die jeweilige Charakterstruktur geschmeidiger macht in Bezug auf die Gestaltung entspannter Beziehungen. Alle gruppentherapeutischen Modelle gehen davon aus, dass jedes Gruppenmitglied diese Erfahrungen mitnimmt in die eigene Alltagssituation und dort auf nützliche Weise einsetzt.

Mehrere Gesichtspunkte sprechen jedoch dafür, diese Übertragbarkeit von Erfahrungen und Charakterentwicklungen aus dem Zusammenhang der psychotherapeutischen Gruppe in die soziale Alltagssituation in Frage zu stellen. Ein Aspekt, der bedenklich stimmt, hängt zusammen mit der gegebenen Aufspaltung der Gesellschaft in viele kleine soziale Zusammenhänge, die vom Einzelnen als „soziales Umfeld" wahrgenommen werden. Dieser soziale Zusammenhang kann als Kleinfamilie bestehen, als Betriebsabteilung im Unternehmen, als Nachbarschaft im Mehrfamilienhaus, als Hobbyfreundeskreis.

Innerhalb dieser Kreise wird das einzelne Mitglied als Persönlichkeit wahrgenommen. Es wird mit seinem Namen angesprochen, man kennt einige Vorlieben und Abneigungen. Man weiß, in welchem zeitlichen Umfang und in welcher emotionaler Beteiligung er am Gemeinschaftsleben teilnimmt, man kennt seine bevorzugten Gesprächs- bzw. Mitarbeitspartner. Ein typisches Beispiel für diese Art von Gemeinschaften ist eine Thekengemeinschaft in der Kneipe um die Ecke. Wer dort häufiger hingeht, wird bald mit den übrigen häufiger kommenden Mitgästen und natürlich mit dem Wirt oder der Wirtin vertraut. Der Wirt schenkt schon das Getränk aus, wenn der Gast gerade an der Tür hereinkommt. Man kennt seinen Wohnort, seine berufliche Tätigkeit, manchmal auch Details seines

Familienlebens, seine Vorlieben für Fußball, für Politik, für bestimmte gesellschaftsbezogene Themen.

Verlässt dieser Gast die Kneipe, tritt auf die Straße, begibt er sich in eine anonyme Welt. Hier grüßt ihn niemand, niemand kennt ihn, manchmal sieht er ein Gesicht, was ihm häufiger begegnet, doch er grüßt nicht, weil dies auf der Straße nicht üblich ist. Auf dem Lande hat sich manchmal noch die Gepflogenheit erhalten, auch fremde Menschen auf der Straße zu grüßen. Doch hebt sich hierdurch die Schwierigkeit, miteinander ins Gespräch zu kommen, nicht grundsätzlich auf.

Die menschlichen Umgangsformen entwickeln sich weitgehend situationsbezogen. Bei therapeutischen Gruppen werden die Grenzen zwischen dem Leben in der Gruppe und dem Leben draußen durch die TherapeutIn geschaffen und erhalten. Sie ist für die „Glocke" verantwortlich, in der sich das Gruppengeschehen entwickelt. Sie ermöglicht den Freiraum, sich innerhalb der Gruppe sehr viel authentischer einzubringen als beispielsweise im familiären oder beruflichen Zusammenhang. Gerade diese besondere Erwartung von TherapeutIn und Gruppe, möglichst ganz sich selbst zu sein, macht den Gruppenbesuch so bedeutungsvoll.

Doch diese Besonderheit hat sehr viel mit der Präsenz und der sozialen Wirksamkeit der „Glocke" zu tun. Dieser Freiraum, in dem ganz besondere Regeln und Chancen bestehen, wird nicht selbst gemacht. Die Rahmenbedingungen werden von der TherapeutIn und jenen institutionellen Bedingungen gesetzt, die für Finanzierung, Auswahl der TherapeutIn und des

Gruppenraumes, Festsetzung der Gesprächsintervalle usw. sorgen. Wie das folgende Beispiel zeigt, kann die Bedeutung dieses Rahmens in der Gruppenentwicklung leicht in Vergessenheit geraten. Er wird nur dann plötzlich bewusst, wenn er geändert werden soll.

Der Bereich „Ambulante Hilfe" des Albert-Schweitzer-Familienwerkes organisierte seit vielen Jahren einmal im Monat jeweils samstags eine „Kochgruppe". Hierfür wurde ein Gruppenraum in Göttingen zur Verfügung gestellt, in dem eine Haushaltsküche vorgehalten wurde. Eine MitarbeiterIn wurde dafür bezahlt, um 10.00 Uhr den Raum aufzuschließen und die Gruppe bis gegen 14.00 Uhr zu begleiten. Der Gruppenablauf sah gewohnheitsmäßig so aus:

Zunächst machte man einen Kaffee oder Tee und besprach, was denn gemeinsam gekocht werden sollte. Die MitarbeiterIn hatte eine Geldbörse mitgebracht, in dem das übrig gebliebene Geld der letzten Veranstaltungen aufbewahrt wurde. Jede Anwesende warf einen kleinen Geldbetrag für den heutigen Einkauf in ein Schüsselchen. Inzwischen hatte man sich auf die Speisenfolge geeinigt, und eine kleine Gruppe zog ab zum benachbarten Einkaufsmarkt, um mit dem gesammelten Geld die benötigten Lebensmittel zu besorgen.

Derweil wurde die Arbeitsfläche vorbereitet, die Schüsseln und Küchenhilfen bereit gestellt, so dass nach der Rückkehr der Einkaufsgruppe sofort mit den Vorbereitungsarbeiten begonnen werden konnte. Ein Gruppenmitglied besorgte das Hantieren am Herd, andere übernahmen die Zuarbeit, einige deckten den

Tisch, schenkten die Getränke aus, manche quatschten oder schwiegen nur. Dann setzte man sich gemeinsam zu Tisch, das Essen wurde aufgetragen und gemeinschaftlich verzehrt.

Nach dem Essen wurde alles wieder aufgeräumt, die Spülmaschine angestellt, die größeren Teile mit der Hand gespült und, bis auf die Gegenstände in der Spülmaschine, alles wieder in die Schränke geräumt. Dann ging die MitarbeiterIn, nachdem sie den Raum gut verschlossen hatte, mit dem Geldbeutel wieder nach Hause. Er wurde nach 4 Wochen wieder gebraucht.

Dieses Geschehen vollzog sich auf die gleiche Weise jeden Monat, seit Jahren, immer im Kreise derselben KlientInnen, die diese Kochgruppe als wichtigen Teil ihres Lebens auffassten. Im Zuge der Entwicklung des Gruppenprogramms wurde mit dieser Klientengruppe folgende Änderung besprochen: Die Gruppe trifft sich – wenn sie will – nicht nur monatlich, sondern alle 14 Tage oder jede Woche. Sie organisiert die Treffen wie gewohnt, nur verzichtet sie auf die begleitende MitarbeiterIn. Das heißt: Eine aus der Gruppe erhält den Schlüssel zum Gruppenraum, eine KlientIn verwahrt die Geldbörse. Ansonsten bleibt alles wie gehabt, wenn die Gruppe es nicht ändert.

Dieser Vorschlag stieß bei den meisten Gruppenmitgliedern auf glatte Ablehnung. Bei der Diskussion über die Gründe dieser Haltung stellte sich heraus, dass viele KlientInnen die Anwesenheit einer MitarbeiterIn für die Gestaltung des Treffens und die darin zusammengefassten Handlungsabfolgen als durchaus überflüssig ansahen. Jedes Treffen barg in ihren Augen jedoch die Gefahr von Konflikten untereinander. Dies war zwar nicht oft, jedoch immer wieder vorgekommen. Und in diesen beunruhigenden Situationen erwies sich die Anwesenheit einer MitarbeiterIn auch dann als hilfreich, wenn sie selbst in das Geschehen gar nicht aktiv eingriff. Allein die Tatsache, dass sie intervenieren könnte, wenn die Konfliktsituation aus dem Ruder liefe, hatte eine beruhigende Wirkung und wurde als unverzichtbar empfunden.

Jedes Gruppengeschehen berührt nicht nur die verbalisierbare Gefühls- und Handlungsebene, sondern auch die Ebene der Ängste, die aus früheren Erfahrungen stammen. Auch wenn diese potentielle Angstebene durch das reale Gruppengeschehen überhaupt nicht angesprochen wird, so bleibt es unbemerkt relevant. Die Relevanz drückt sich bereits durch die Wahl aus, durch die sich die einzelne Persönlichkeit für eine ganz bestimmte Gruppe entscheidet. Diese Kochgruppe beispielsweise hatte von vornherein eine professionelle Begleitung. Mit der Entscheidung der einzelnen KlientIn, sich an ihren Treffen zu beteiligen, hatte ganz offensichtlich die Gegebenheit einer professionellen Begleitung eine wichtige Rolle gespielt.

Die meisten therapeutischen Gruppen werden von Professionellen begleitet. Sie tragen die Verantwortung für die Nahtstelle zwischen Gruppengeschehen und dem sozialen Umfeld, für die „Glocke", zwischen der Erfahrungswelt vor und nach der Gruppentherapie und dem aktuellen Gruppenerleben. Zu dieser Glockenfunktion gehört der Beistand in

Gruppensituationen, die für die beteiligten Mitglieder sehr unangenehm werden. In diesen Konfliktsituationen kommt es fast zwangsläufig zu einer Verschiebung der Verantwortung auf den professionellen Gruppenleiter. Fehlt diese professionelle Funktion, drängen sich fundamentale Ängste in das Gruppengeschehen. Sogar diejenigen, die sich vorher ganz wunderbar entwickelt hatten, selbstbewusst und rücksichtsvoll über sich und andere sprechen gelernt hatten, scheinen dann wie gelähmt. Es folgt dann allzu leicht eine Regression in frühere Verhaltensweisen, die vorher überwunden schienen.

Folgen die GruppenteilnehmerInnen ihrem eigenen Wunsche, die im Gruppengeschehen entwickelten Einsichten und Fähigkeiten in andere Lebensbereiche zu übertragen, so geschieht dies immer unter der einschränkenden Bedingung, dass die professionelle Gruppenbegleitung nicht mehr helfen kann. Die immer potentiell vorhandene Angstebene, dass die eigenen Veränderungen bei Anderen Unverständnis und Konflikte auslösen könnten, für deren Lösung dann die Betroffene selbst verantwortlich ist, lässt viele Menschen verzagt werden.

Diese Übertragungsproblematik ist auch bei dem Gruppenprogramm wirksam, das soziale Rehabilitation bewirken soll. Ich werde im weiteren Verlauf zu zeigen versuchen, wie wir sie berücksichtigen können.

Kapitel 5 Gruppe unter dem Zugangsthema

Kapitel 5.1 Ankommen in der Gruppe - der biografische Aspekt

Anders als in therapeutischen Gruppen entwickelt sich das Sachthema im Gruppenprogramm nicht aus spontanen Abstimmungen zwischen den Gruppenteilnehmern während der Gruppensitzung, sondern es ergibt sich aus aktivierenden Gesprächen, die einige Zeit vorher stattgefunden haben. Das Thema wird als Zugangsschlüssel für die Gruppenbildung ausgeschrieben. Wer, bitte schön, hat Lust an Gartenarbeit oder Buchhaltung oder am Musikmachen?

Dann trifft man sich mit einer MitarbeiterIn, die ebenfalls auf das ausgeschriebene Thema mit sachlichem Interesse reagiert hat, und einigen anderen KlientInnen, die man sehr oft nie vorher gesehen hat. Jede TeilnehmerIn bringt ihre eigenen Erfahrungen zum Thema mit. Da ist eine beispielsweise, für die war Garten immer der Platz, an dem mit Gästen gefeiert wurde. Sie erinnert sich an die Erdbeerbowle und die Apfeltorte, die serviert wurden, wenn die entsprechenden Früchte erntereif waren. Andere denken beim Thema Garten an eigene Beete, auf denen Gemüse erzeugt werden kann, die man nach Hause mitnimmt, frisch aus dem Garten und kostenlos.

Eine Interessentin für die Gruppe Buchhaltung würde sich gerne in einem Verein nützlich machen, indem sie das Amt der Schatzmeisterin übernimmt. Ein anderer Interessent hat Industriekaufmann gelernt, er möchte gerne wieder langsam in dieses Arbeitsfeld hineinkommen.

Eine Interessentin für die Musikgruppe lebt noch nicht sehr lange in Deutschland, sie ist der deutschen Sprache kaum mächtig. Sie hat als junge Frau in der Heimat viel gesungen und hofft, dass man ihr hierzu in der Musikgruppe Gelegenheit gibt. Ein anderer Interessent hat früher in einer Band gespielt und hiermit ein wenig Geld verdient. Jetzt ist er seit Jahren arbeitslos und hofft, aus der Musikgruppe heraus wieder eine Band aufbauen zu können.

Jede InteressentIn hat eigene Erfahrungen und Bedürfnisse. Viele dieser Mitbringsel passen auf den ersten Blick nicht zueinander. Doch das stellt sich erst heraus, wenn die Gruppensitzungen die Gelegenheit bieten, sich ausgiebig über die eigenen Bilder zu unterhalten, die in jedem zum sachlichen Gruppenthema aufsteigen. Dies ist die erste Aufgabe, die von der neuen Gruppe zu bewältigen ist. Herstellung einer aufmerksamen Zuhörsituation, in dem jedes Gruppenmitglied ausgiebig über seine Sicht aufs Thema berichten kann.

Diese ausführliche Würdigung des einzelnen Gruppenmitgliedes und seiner/ihrer persönlichen Erfahrung mit dem Gruppenthema ist für andere Teilnehmer keineswegs langweilig. Es bestätigten sich die Erfahrungen in den therapeutischen Gruppen, dass großes Interesse besteht an dieser Berichtssituation. Vielleicht ist es nicht bei jeder TeilnehmerIn wirkliches Interesse an der Biografie Anderer, doch die Gewissheit, selbst ohne Gedränge über sich berichten zu können, lässt alle aufmerksam zuhören. Vielleicht bereitet sich dabei mancher innerlich auf das vor, was er selbst berichten möchte.

Es dient dieser sozialen Situation, wenn die Moderation gelegentliche Versuche, eine TeilnehmerIn zu unterbrechen, um eigene Sichtweisen loswerden zu können, unterbindet. Niemand sollte durch Eingriffe von außen gezwungen werden, seinen eigenen Zugang zum Thema zur Diskussion zu stellen. Allerdings sind Nachfragen nicht nur erlaubt, sondern geradezu nützlich. Manche TeilnehmerIn erfasst erst durch Nachfragen, wie bedeutungsvoll gerade diese Passage ihres Berichtes sein könnte. Manche Zusammenhänge kommen erst zutage, wenn beispielsweise die ModeratorIn nachhakt.

„Wie sind Sie dazu gekommen, sich für das Thema Handarbeit zu interessieren?" „Ich habe einen Schulabschluss und würde gerne eine Ausbildung als Schneiderin machen." „Hat sie das Nähen schon früher interessiert?" „Nicht nur das Nähen, alle Arten von Handarbeit finde ich ganz schön, habe ich schon als Kind gern gemacht." „Und jetzt wollen Sie einen Beruf draus machen?" „Meine verstorbene Großmutter hatte im Ort X eine Änderungsschneiderei. Ich hab sie dort oft besucht. Heute steht ihre Werkstatt unberührt da, keiner will sie haben." „Und könnten Sie sich vorstellen, nach ihrer Ausbildung diese Werkstatt wieder zu eröffnen?" „Die meisten Menschen können doch gar nicht mehr mit einer Nähmaschine umgehen. Da gibt es doch genügend Arbeit."

„Weshalb interessieren Sie sich für das Thema Hund?" „Ich mag Hunde wie überhaupt alle Haustiere." „Haben Sie einen Hund oder eine Katze?" „Weder noch, aber ich bin auf dem Lande mit vielen Arten von Haustieren aufgewachsen. Mit denen komm ich gut klar." „Was hindert sie daran, sich ein Tier aus dem Tierheim zu holen?“ „Ich weiß auch nicht so genau. Irgendwie ist mir das zu viel Verantwortung. Was ist, wenn es krank ist und ich zum Tierarzt muss? Wer soll das bezahlen?“

Die Schilderung des eigenen Zugangs zum Gruppenthema erleichtert das Ankommen in der Gruppe. Noch ist diese Gruppe jedem Anwesenden fremd. Niemand kann voraussagen, ob es auch in der nächsten Woche noch genügend Antrieb geben wird, zum Treffen zu gehen. Noch will sich niemand mit privaten Dingen einbringen. Vor allem mag keiner über persönliche Probleme sprechen. Das geht vorerst niemanden etwas an. Die eigene Sicht auf das Thema ist etwas Anderes. Das ist zwar auch etwas ganz Persönliches, aber niemand fühlt sich dabei in irgendeiner Weise entblößt.

Und da jede persönliche Schilderung unkommentiert bleibt, keine Kritik vorgebracht wird oder Zweifel an der Ehrlichkeit des Berichtes, findet jeder Vortrag zu seiner eigenständigen Plausibilität. Dazu tragen natürlich auch die Nachfragen bei. Wenn Widersprüche auftauchen, sollten die Nachfragen der TeilnehmerIn Gelegenheit bieten, die verschiedenen unterschiedlichen Darstellungen wieder passend zu machen. Es ist für die TeilnehmerIn ein befriedigendes Gefühl, wenn sie selbst ihre Darstellung als gelungen ansehen kann. Diesen Eindruck gewinnt sie besonders durch die Reaktionen der ModeratorIn. Diese sollte deshalb gerade dann das Gespräch mit der TeilnehmerIn beenden, wenn sich dieses zufriedene Abschlussgefühl anbahnt.

Diese Form des Ankommens in der Reha-Gruppe enthält ganz wichtige Elemente, die in der weiteren Arbeit immer wieder auftauchen:

Die KlientIn wird zur eigenen Aktivität herausgefordert. Hier schildert sie ihren eigenen biografischen Zugang zum Gruppenthema.

Die Aktivität der KlientIn verdient Anerkennung, Respekt und sozialen Raum zur Entfaltung, solange sie nicht Andere bedrängt und einschränkt. Hier wird sie ermutigt, ihre Schilderungen möglichst umfangreich und mit den Verästlungen zu unterschiedlichsten Lebensfragen auszubreiten. Jede Kritik und jeder Vergleich mit dem Erleben Anderer bleibt außen vor.

Die Rolle der ModeratorIn konzentriert sich auf wirkliches Interesse an der einzelnen KlientIn und auf die Herstellung eines persönlichen Platzes im Gruppengeschehen. Hier bekundet sie ihr Interesse durch ihre einfühlsamen Nachfragen und schafft für jede TeilnehmerIn den nötigen Freiraum durch ihre Interventionen, wenn Andere ihn einschränken wollen.

Kapitel 5.2 Selbstorganisation

Eine der ganz wesentlichen Besonderheiten des Gruppenprogramms zur sozialen Rehabilitation ist die Erwartung an die Gruppenmitglieder, dass sie große Teile des sich entfaltenden Gruppenlebens selbst organisieren. Es ist eine Art Entdeckungsreise durch die Welt sozial wirksamer Aktivitäten. Der Einzelne hat Interessen, er entdeckt, dass es Anderen ähnlich geht.

Er verbindet seine Interessen mit diesen Anderen und verabredet sich, den gemeinsamen Interessen gemeinsam nachzugehen. Dazu nimmt die Gruppe Kontakt auf mit dem sozialen Umfeld. Sie entfaltet eigene Aktivitäten, um sich die Rahmenbedingungen und Hilfsmittel zu schaffen bzw. zu besorgen, die sie braucht.

Auf dem Weg dahin, muss die Gruppe klären, wie sich die gemeinsamen Interessen am besten realisieren können. Unter welches Dach passen denn die sehr individuellen Wünsche und Realisierungsansätze? Wer hat vielleicht Interesse daran, ihnen für ihre Antriebe einen sozialen Raum zur Verfügung zu stellen? Dieser Blick in das Gruppeninnere schaut gleichzeitig nach außen, um die Umsetzung der sich bildenden Vorstellung von dem, was die Gruppe ausmachen könnte, abschätzen zu können.

Die Anfänge der Gartengruppe Göttingen fielen in die Winterzeit, in der sich der Drang, im Garten zu buddeln, noch ganz gut zügeln lässt. Die KlientInnen trafen sich in einem warmen Gruppenraum, um sich über ihre individuellen Erfahrungen mit Garten, Gartenarbeit und Gartenleben auszutauschen. Zwischendrin kam immer wieder die Frage hoch, wo denn der künftige Garten liege und ob man ihn schon bald besichtigen könnte. Die Antwort der Moderation war immer gleich: Es gäbe noch keinen Garten, das könnte die erste gemeinsame Aktivität sein, ein passendes Gelände zu finden. Doch dann kam die Frage zurück an die TeilnehmerInnen: Ob man sich denn klar genug fühle, einen Garten zu suchen. „Wissen Sie, was Sie wollen?“

Der Beginn der Gartengruppe hatte sich herumgesprochen. Es meldete sich jemand, der ein Gelände zum Pachten anbieten könnte. Die Gruppe beschloss, sich dieses Angebot selbst anzusehen. Es war ein sehr geräumiges ehemaliges Gartenland, das schon vor Jahren aufgegeben worden war. Es hatte keine Umzäunung, grenzte direkt an Ackerland. Es lag an einem asphaltierten Feldweg, mit dem PKW oder Fahrrad gut zu erreichen, doch ohne Fahrzeug etwas weit ab.

Die Gruppe war sich schnell einig, dass dieses Angebot nicht in Betracht kam. Es fehlte eine Umzäunung, um dieses Gartenland als der Gruppe zugehörig empfinden zu können. Es fehlte ein Gartenhaus, nicht nur für Gartengeräte, sondern auch zum geschützten Sitzen für die Gruppenmitglieder. Eine Wasserleitung führte wohl am Grundstück vorbei, doch müsste man selbst den Anschluss herstellen. Das Grundstück bot keine Obstbäume, von denen man ernten könnte.

Das Angebot war wie eine Negativvorlage, um die Integration der ganz verschiedenen persönlichen Interessen zu testen. Am Ende der langen Diskussion ergab sich folgende positive Anforderungsliste:

Der Garten sollte

als Nutzgarten bis in neueste Zeit genutzt worden sein,

eine klare Aufteilung besitzen in Gartenland, was bearbeitet werden kann, sowie in Grünland mit Obstbäumen, ein Gartenhaus besitzen mit ausreichenden Sitzplätzen, einer kleinen Küche, einer Toilette und Lager für die Gartengeräte.

Dieses geplante Gartengelände spiegelte die Hauptlinien wieder, die es im Gruppenleben zu integrieren galt: Das Bedürfnis an eigener Gartenarbeit, an Raum zum Zusammensitzen und Feiern, zum Ernten und sich von der Natur beschenken zu lassen. Und natürlich nach klaren Grenzen zu den Nachbarn, damit immer klar ist, wo das Wir beginnt und das Andere endet. Das erste große gruppendynamische Problem, wie bekommt man so unterschiedliche Interessen unter einen Hut, lässt sich durch die Selbstorganisation ganz gut angehen. Es wird zunächst am Sachthema abgehandelt und an der Art, wie sich dieses Thema seine Realisierungsstruktur schafft.

Wir werden später sehen, dass es hiermit allein nicht getan ist. Die Einstellungsunterschiede werden immer wieder sichtbar, erzeugen auch richtig schwerwiegende Konflikte. Doch schafft die Notwendigkeit, die gemeinsame Berücksichtigung der gegebenen Einzelinteressen selbständig zu organisieren, eine Plattform, die zunächst allen Beteiligten die Möglichkeit schafft, relativ sachlich mit den Divergenzen umzugehen.

Die Gartengruppe Göttingen fand „ihren" Garten relativ einfach. Die angedachte Struktur findet sich in vielen Gartenkolonien. Kontakte mit entsprechenden Einrichtungen ergaben mehrere Möglichkeiten. Sie wurden nacheinander besichtigt. Bei den Gesprächen mit den Vorbesitzern wurden Informationen darüber eingeholt, welchen Einfluss der Siedlungsverein auf die einzelnen Pächter nimmt. Muss man sich mit dem Vertragsabschluss einem strengen Regelwerk unterwerfen? Welche Gemeinschaftsleistungen werden vom einzelnen Pächter erwartet? Bestehen Vorbehalte gegen eine Gruppe psychisch erkrankter Menschen?

Bei diesen Besichtigungen nahmen immer fast alle Gruppenmitglieder teil, und obwohl die Besuche im vorangehenden Gespräch gut vorbereitet waren, zeigten sich doch ganz deutliche Rollenunterschiede. Die KlientInnen hörten ganz aufmerksam zu, sie überließen jedoch die aktive Gesprächsrolle der Moderation. Die Gruppe hätte auch eine Familie darstellen können. Die Eltern agieren mit den fremden Personen, und die Kinder schweigen.

Niemand in der Gruppe findet diese typische Rollenverteilung gut, doch entwickelt sie sich automatisch. Hier zeigt sich wieder die Übertragungsproblematik, die ich vorher behandelt habe. Alle Fragen, Argumente und Bedenken sind vorbesprochen. Hieran haben sich die meisten GruppenteilnehmerInnen aktiv und engagiert beteiligt. Dann ändern sich die Gesprächsbedingungen, fremde Personen aus einem anderen sozialen Zusammenhang treten in die Szene, und schon zieht man sich in frühere, häufig kindliche Rollen zurück, versteckt sich hinter angeblich erfahrenen Profis. Ich werde später auf diese Problematik und die Möglichkeiten ihrer Überwindung wieder zurückkommen.

Der Anspruch der Selbstorganisation betrifft nicht nur die Regelungen, die mit dem sozialen Umfeld gefunden werden müssen, sondern auch die internen Bewirtschaftungsstrukturen. Wie viel Geld stehen der Gartengruppe Göttingen seitens des Trägers des Gruppenprogramms zur Verfügung, um ein Gartengelände von Vorbesitzern zu erwerben und die jährliche Pacht zu zahlen? Kann man auf einen Etat zurückgreifen, um kleinere Reparaturen durchzuführen? Die Ergänzung des Werkzeugs kostet Geld, auch die Beschaffung von Samen und Pflanzen.

Damit die GruppenteilnehmerInnen von Anfang an in eine Rolle der Selbstverantwortung hineinwachsen können, empfiehlt sich für den Träger die Aufstellung von Sachkosten-Etats für jede Reha-Gruppe (als Teilsektor eines Gesamtplanes, in dem auch die direkten und indirekten personellen Aufwendungen erfasst sind). Sie enthält einen Investitionsbereich, in dem einmalige Erstbeschaffungskosten zusammengefasst werden, sowie einen Betriebsbereich, durch den die laufenden Aufwendungen finanziert werden.

Der Haushalt für die Anfangsinvestitionen sollte vom Träger nach bisherigen durchschnittlichen Erfahrungswerten aufgestellt werden. Dieser Teil wird zweckmäßigerweise der Selbstverwaltung durch die einzelnen Gruppen entzogen. Denn hier geht es letztlich um Verteilungsüberlegungen zwischen den Gruppen. Hier würde eine Selbstverwaltung ausgerechnet am Anfang eines sozialen Rehabilitationsprozesses Gefühle von Neid, Missgunst, überzogenem Selbstanspruch aktivieren. Die Gruppen sind in dieser Phase kaum in der Lage, ihre internen Interessen zu organisieren. Sie wären mit der Anforderung, ihre Gruppeninteressen mit denen anderer Gruppen in Relation zu setzen und hierfür nicht nur plausible Kriterien zu entwickeln, sondern sich dann auch daran zu halten, restlos überfordert.

Ganz anders verhält es sich mit dem Haushalt für die laufenden Sachkosten. Wenn hierfür Erfahrungswerte vorliegen, also beispielsweise die laufende Pacht bekannt ist, wenn aus anderen Gartengruppen Vergleichsaufwendungen herangezogen werden können, dann lässt sich mit der Gruppe zusammen ein Haushaltsplan aufstellen. Wichtig dabei ist, dass die einzelnen Planungspositionen untereinander ausgetauscht werden können. Wenn beispielsweise bestimmte Aufwendungen für die Ergänzung der Werkzeuge vorgesehen sind, ein Teil der benötigten Geräte dann aber von Gruppenmitgliedern aus dem familiären Umfeld als kostenlose Zuwendung eingebracht werden, dann müssen diese Einsparungen der Gruppe für andere Zwecke zur Verfügung stehen. Es muss Sinn machen, nicht Alles zu kaufen, was notwendig erscheint. Selbstorganisation braucht Raum für neue Entscheidungen, für den Zuwachs an Beschaffungsvarianten, für den Ersatz durch eigene Herstellung.

Die Aufstellung eines Jahreshaushaltes benötigt möglichst viel Transparenz. Die kann allein durch den Träger hergestellt werden, der ohnehin die laufenden Aufwendungen bezahlt und verbucht. Das Buchungsprogramm ist in der Lage, vorher eingegebene Sollwerte mit dem Ist zu vergleichen und hierüber im gewünschten zeitlichen Abstand, also beispielsweise monatlich eine Liste der Restbestände vorzulegen. Doch vertrauen KlientInnen dem Verwaltungssystem einer mehr oder minder anonymen Organisation? Kommen da nicht Zweifel darüber auf, ob auch alle Aufwendungen richtig zugeordnet wurden? Vielleicht hat die Verwaltung die Gruppen verwechselt und Aufwendungen falsch zugeordnet? Sicherheit gibt da nur ein eigenes Dokumentationssystem. Gibt es jemand in der Gruppe, der sich zutraut, die laufenden Kosten in einem Heft festzuhalten und die monatlichen Summen mit den Angaben der Verwaltung zu vergleichen?

Selbstorganisation bringt neue soziale Rollen hervor, die von KlientInnen übernommen werden. Die Rolle des Kassenwartes entsteht dabei sehr oft dann, wenn die Gruppe nicht nur Kosten verursacht, sondern auch eigenständige Einnahmen erzielt. Die Gartengruppe verkauft beispielsweise überzähliges Gemüse, Obst oder Kräuter und erzielt hierdurch Einnahmen. Meistens ist es nicht Misstrauen gegenüber dem Träger, welche die Selbstkontrolle nötig macht, sondern die Verwaltung der Verkaufserlöse und damit der Einnahmen.

Kapitel 5.3 Gemeinsame Aktivitäten und Aktivierung

Das Prinzip der Selbstorganisation erleichtert der Reha-Gruppe den Ausgleich zwischen den widerstreitenden Bestandteilen der individuell mitgebrachten Interessen, weil sie Aktivitäten herausfordert. Mit Aktivität bezeichne ich dabei nicht das gemeinsame Reden allein, sondern das gemeinsame Klären durch Inaugenscheinnahme, durch Gespräche mit anderen Menschen, durch das praktische Ausprobieren von Vorschlägen, durch das Realisieren von Bedürfnissen und Wünschen, kurz: durch gemeinsames Tun. Die Gruppe setzt sich in

Bewegung. Diese Bewegung enthält immer neue Erfahrungselemente. Auch wenn etwas geschieht, was der Eine oder Andere schon oftmals gemacht hat, ist es jetzt etwas ganz Anderes, weil es in und mit der Gruppe geschieht.

Ich möchte beispielhaft von den ersten Aktivitäten in der Musikgruppe berichten. Die Gruppenteilnehmer hatten zunächst Gelegenheit, verschiedene einfach zu bedienende Instrumente kennenzulernen. Hierunter befanden sich verschiedene Percussion-Instrumente, aber auch von der Moderatorin selbst gebaute Klanginstrumente. Die spielerische Einzelbefassung wurde durch Einführung eines sehr einfachen melodischen Liedes aus dem Senegal ergänzt. Es war sehr leicht, das Lied gemeinsam zu singen und die Begleitung durch die Instrumente dem Lied anzupassen.

Diese gemeinsame musikalische Aktivität wurde von den ModeratorInnen aufgezeichnet, dann auf eine CD gebrannt und den Klienten mitgegeben als Erinnerung an die Gruppenarbeit. Vielleicht könnte die CD auch dazu dienen, Angehörigen oder Freunden anschaulich von der Gruppenarbeit zu berichten.

Nachdem diese Aktivität eine gute Stimmung hervorgerufen hatte, unterhielt man sich in der Gruppe, welche aktuellen Lieder denn von allen als gut empfunden wurden. Es stellte sich schnell heraus, dass die Lieder von Andrea Berg allen Klienten sehr gefielen. Verschiedene Lieder dieser Künstlerin wurden angesungen, dabei wurde deutlich, dass das Lied „Du hast mich tausendmal belogen“ als besonders bedeutend angesehen wurde. Der Text dieses Liedes konnte von fast allen auswendig gesungen werden. Schauen wir uns den Refrain einmal genauer an:

Du hast mich tausendmal belogen,
Du hast mich tausendmal verletzt.
Ich bin mit Dir so hoch geflogen,
doch der Himmel war besetzt.
Du warst der Wind in meinen Flügeln,
hab so oft mit Dir gelacht.
Ich würd es wieder tun
mit Dir
heute Nacht.

Die Gruppe beschloss, dieses Lied gemeinsam mit dem bereits schon eingeübten afrikanischen Lied im nächsten Northeimer Klön-Treff der Ambulanten Hilfe dem dort versammelten Publikum vorzutragen.

Wenn wir diesen ersten Gruppenabschnitt unter dem Gesichtspunkt der Aktivierung betrachten, so kann man folgende Bausteine erkennen:

Spielerisches Herantasten an das eigene Interesse
Das Kennenlernen der angebotenen Instrumente verlief zunächst in gewohnter Ichbezogenheit (das Hausersche Bild der apathischen Beschäftigung mit dem eigenen Bauchnabel). Da diese Nabelschau jedoch nicht in der Vereinzelung der eigenen Wohnung geschah, sondern in fremder Umgebung mit anderen Menschen zusammen, stand diese Einzelbeschäftigung unübersehbar in einem sozialen Zusammenhang.

Die Wahl unter Percussion- und selbstgebauten Instrumenten war sehr hilfreich, da damit zu rechnen war, dass diese ungewohnten Instrumente nicht von einzelnen Gruppenmitgliedern dazu benutzt würden, sich vor den Anderen hervorzutun. Das hätte sonst die Gräben zwischen den Einzelnen vertieft. Einer hätte den versierten Musiker gespielt und die Anderen zu Zuhörern degradiert. So aber war der Zugang zu den ungewohnten Instrumenten gleichermaßen vorsichtig und eher zurückhaltend.

Erstes Gemeinschaftserleben
Die Einführung eines einfachen melodischen Liedes, afrikanischen Ursprungs und dadurch passend zu den Trommeln, knüpfte ein erstes Band zwischen allen Anwesenden (einschließlich der ModeratorInnen). Die Nutzung der Instrumente zur Betonung des Lied-Rhythmus veränderte die Rolle der Instrumente, kein Bauchnabel mehr, sondern Teil einer Gruppenaktivität.

Der Mitschnitt dieses Prozesses der ersten Gruppenaktivität hält den Übergang von der gewohnten Einzelbeschäftigung zur als angenehm wahrgenommenen Gruppenarbeit für die Beteiligten fest. Die CD wird dadurch eine Art Protokoll, das man sich zu Hause in Erinnerung rufen kann. Sie gestattet es, gerade diesen Moment der ersten gemeinsamen Aktivität häufig zu wiederholen. Leider ist nicht damit zu rechnen, dass zu Hause viele Menschen darauf warten, sie vorgeführt zu bekommen. Wenn der Rückzug in die apathische Einsamkeit überhaupt beendet werden kann, dann zunächst nicht im häuslichen Milieu, sondern in der Gruppe.

Entdeckung gemeinsamer Vorerfahrungen

In der Diskussion über die Lieblingsmusik wird greifbar, dass die Gruppenmitglieder in der neuen Gruppensituation nicht nur zu gemeinsamen Aktivitäten gekommen sind, indem sie ein von den Moderatoren eingeführtes afrikanisches Lied im Ensemble gesungen und mit Instrumenten begleitet haben. Sie entdecken auch, dass sie einen gemeinsamen Musikgeschmack besitzen, also schon vorher in ihrer jeweiligen Vereinzelung mit ähnlichen Empfindungen und Reproduktionsbedürfnissen Musik konsumiert haben. Es stellt sich heraus, dass jeder für sich das Andrea Berg – Lied „Du hast mich tausendmal belogen" besonders intensiv angehört hat, so dass sie es gemeinsam auswendig rezitieren können.

An dieser Stelle der Gruppenarbeit wird zum ersten Mal nachvollziehbar, dass der Zustand der Apathie im Widerspruch steht zu den Verbindungen, die zwischen den Menschen sozial und kulturell bestehen. Durch die Eingebundenheit jedes Einzelnen in eine gemeinsame Geschichte, die sich durch das Miteinander von Menschen bestimmt und in der jeder, ob er will oder nicht, ob er sich dessen bewusst ist oder nicht, mitwirkt, haben sich Anknüpfungspunkte entwickelt, die eine bewusst wahrgenommene Beziehungsanbahnung prinzipiell möglich machen.

Ob dieses Potenzial tatsächlich aktiviert werden kann, hängt entscheidend davon ab, ob in einem Gruppenprozess die Gemeinsamkeiten in der biographisch bedingten Vorerfahrung aufscheinen können. Dies wäre in der Musikgruppe nicht geschehen, wenn die ModeratorInnen darauf hingewirkt hätten, weiter sich mit afrikanischer oder ähnlich fremder

Musikliteratur zu befassen. Erst die Frage nach den mitgebrachten musikalischen Vorlieben brachte die individuellen Vorerfahrungen ins Spiel und bot dadurch die Chance, diesen entscheidenden Aspekt für Aktivierung – bildlich gesprochen – von der Kette zu lassen. Die von den ModeratorInnen (möglicherweise gegen den eigenen Geschmack) vollzogene Zuwendung auf dieses musikalische Thema, der Vorschlag, sich gerade mit dem offensichtlichen Lieblingslied intensiv in der Gruppe zu befassen, definiert die Rolle der Begleiter als ModeratorInnen eines Aktivierungsprozesses, der von den Klienten ausgeht und die Überwindung der apathischen Lebenshaltung jedes Einzelnen zum Ziel hat.

Dieser gerade beginnende Aktivierungsprozess vollzieht sich auf der realen Erfahrungsebene. Er wird weder reflektiert noch verbalisiert. Es wäre nicht sehr klug, in dieser Situation den Versuch zu machen, das gerade Erörterte mit den Gruppenteilnehmern zu besprechen. Die sich entwickelnden Veränderungen werden zunächst in der jeweiligen Situation wirklich erlebt. Diese neue Erfahrung überträgt sich auch nicht automatisch auf andere Lebensfelder. Es bedarf vieler intensiv erlebter Wiederholungen, die insgesamt mit einer positiven Steigerung des Lebensgefühls verbunden sind, bevor aus der Sicherheit der Identifizierung mit der Gruppe heraus Übertragungen in andere Lebensfelder versucht werden.

Erst in dieser Übertragungsphase kann das Bedürfnis auftreten, die Veränderungen zu verstehen, die das eigene Leben in Bewegung gebracht haben. Dann braucht es auch Gespräche über Aktivierung (von mir und mit Anderen) und eine geistige Bewältigung der einschneidenden persönlichen Lebensveränderung. Dann ist auch Zeit für die beteiligte KlientIn, dieses Buch zu lesen, um zu verstehen, mit welchen Vorüberlegungen die Rehagruppen gebildet wurden.

Unbewusste Ebenen

Die Tatsache, dass Menschen mit langjährigen psychischen Krankheitserfahrungen ausgerechnet das Andrea Berg – Lied „Du hast mich tausendmal belogen" auswendig singen können, kann kein Zufall sein. Was könnte sie bewegen, sich aus der Fülle der über die Medien angebotenen Musikliteratur gerade dieses Stück herauszufischen? Es liegt nahe, im Refrain-Text den ersten Hinweis für die Beantwortung der Frage zu suchen.

Gehen wir doch einmal davon aus, dass dieser Text nicht allein so verstanden wird, wie er dasteht und in der Gruppe gesungen werden kann, sondern in einer unbewusst mitlaufenden spiegelbildlich verdrehten Fassung, dann könnte der Text lauten:

Ich hab Dich tausendmal belogen,
ich hab Dich tausendmal verletzt.
Du bist mit mir so hoch geflogen,
doch der Himmel war besetzt.
Du warst der Wind in meinen Flügeln,
hab so oft mit Dir gelacht.
Würdst Du es wieder tun
mit mir
heute Nacht?

Könnte es nicht sein, dass Menschen mit vielen schmerzlichen Beziehungserfahrungen eigentlich den Liedtext in der spiegelbildlichen Fassung singen möchten, jedoch die Erinnerungen in dieser Form nicht ertragen können? Die Hinwendung zur Thematik wird jedoch möglich, wenn der Text die handelnden Personen in einer Art „Projektion“ vertauscht. Der Andere hat mich verletzt und ich zeige ihm, dass ich immer noch bereit wäre, ihn zu lieben. Das kann ich fühlen, das bewegt mich so stark, dass ich dieses Lied immer wieder höre, bis ich es auswendig kann.

Auch die Erörterung dieser Frage, in welcher Textversion das Lied meinen Gefühlen am nächsten kommt, steht in der Gruppenarbeit nicht an. Wenn sie von einem Gruppenmitglied angeschnitten würde, könnte man zusehen, ob sie von Anderen aufgegriffen wird, doch ist hiermit kaum zu rechnen. Wichtig ist jedoch, dass sich die ModeratorInnen bewusst sind, dass die selbstbestimmte musikalische Aktivität die beteiligten Personen in mehrdimensionaler Weise anspricht. Nichts geschieht hierbei wirklich zufällig, vieles hat Wurzeln in der individuellen Biographie, im gemeinsamen kulturellen Leben, in der Art und Weise, wie man mit dem Leben umzugehen gelernt hat. Solange sich die Menschen wirklich selbst einbringen können, schwingt alles in ihnen mit, Hinderliches wie Förderliches. Viele Aspekte des Lebens werden berührt.

Ausdruck von Sicherheit in der Gruppe

Gleichzeitig entsteht die neue Realität, dass diese „Berührungen“ in der Gruppengemeinschaft passieren, ohne dass dies für den Einzelnen negative Folgen hat. Er kann sich im Gegenteil vorstellen, mit diesen neuen

Erfahrungen in die Öffentlichkeit zu gehen, sie Anderen darzustellen. Das Vorhaben der Gruppe, die beiden Lieder einzustudieren, um sie bei nächster Gelegenheit beim Northeimer Klön-Treff den Anwesenden vorzutragen, zeigt das Bedürfnis, das entstehende gute Gruppengefühl durch gemeinsame Auftritte weiter zu vertiefen. Jeder künstlerischen Tätigkeit haftet das Bedürfnis an, das eigene Tun öffentlich zu machen. Man könnte auch sagen, dass die eigentliche künstlerische Tätigkeit sich erst im Moment der öffentlichen Darstellung vollzieht, alles Andere ist nur Vorbereitung auf diesen Moment.

Es geht dabei nicht wirklich darum, den Zuhörern Glücksmomente zu ermöglichen, sie sind eigentlich nur Mittel zu dem Zweck, den Musikern selbst Glücksgefühle zu schenken. Das Publikum soll, ja muss die eigene Darbietung mit Applaus belohnen, je stürmischer umso besser. Aber ob der Klön-Treff hierdurch von den Besuchern tatsächlich als besonders angenehm empfunden wurde, interessiert die Musiker nicht besonders. Wichtig für sie ist das eigene Erleben, die Aufregung vor dem Auftritt, die Befriedigung, nicht versagt zu haben, und das Gefühl, dass die Gruppenzusammengehörigkeit jeden Einzelnen stark macht. Die Auftrittssituation hebt für einen kurzen Moment den Zustand der Apathie auf. Wenn man an diesem Abend wieder allein in der Wohnung ist, fällt man wieder in die gewohnte Gefühlswelt zurück. Doch es bleibt ein guter Abdruck in der Lebenserfahrung. Der Rückfall in die Apathie ist unvermeidlich, doch hat sich dieser Zustand ein wenig verändert. Der Schritt zurück ist – bildlich gesprochen – nicht ganz so groß wie der gerade vollzogene Schritt nach vorn.

Und die durch Aktivierung mögliche Entwicklung könnte mittel- und langfristig eine Kurve beschreiben, bei der sägezahnähnlich auf jeden Aufschwung ein Abschwung folgt, insgesamt gesehen jedoch ein steter Weg aus der Apathie heraus in eine Lebenssituation, die als „Teilhabe am gesellschaftlichen Leben“ bezeichnet werden kann.

Kapitel 5.4 Apathischer Rückzug und das Prinzip Freiwilligkeit

Die Reaktionen der KlientInnen auf die ersten Treffen der Gruppen sind sehr unterschiedlich. Manche reagieren sehr energievoll. Sie sind begeistert von der Möglichkeit, sich mit etwas Interessantem in einem Kreis zu beschäftigen, der ähnliche Interessen hat. Sie schätzen die Möglichkeit zur Mitbestimmung bei wichtigen organisatorischen Entscheidungen, sind auch bereit, für manche Aufgaben Verantwortung zu übernehmen. Andere jedoch zeigen kaum Reaktionen, kommen aber regelmäßig. Während des Treffens sind sie sehr still. Wenn sich jedes Gruppenmitglied mit einer Arbeit beschäftigt, dann folgen sie diesem Beispiel, ohne jedoch einen aktiven Beitrag weder zur Auswahl der Tätigkeiten, noch zum Gespräch während der Arbeit und in den Pausen beizusteuern.

Ganz besonders beunruhigend fallen KlientInnen auf, die immer nur sporadisch die Kraft zu finden scheinen, den Weg zur Gruppe zu bewältigen. Der Antrieb ist sehr schwach. Auf die Frage, weshalb die KlientIn zwei Wochen lang nicht gekommen ist, kommen Antworten wie: „Ich fühlte mich nicht gut.“ Wenn man sich danach erkundigt, ob vielleicht das Gruppenthema nicht interessant genug sei, dann wird dies entschieden verneint. Die vorgefundenen Inhalte seien schon ganz in Ordnung, nur die eigene akute Befindlichkeit hätte das Kommen verhindert.

Für manche KlientInnen ist die Aufgabe ihrer apathischen Haltung offensichtlich sehr anstrengend. Das Bedürfnis, möglichst ungestört darin zu verharren, ist sehr stark. Natürlich könnte man seitens des Programmträgers einen Weg finden, der Teilnahme an den Gruppen mehr Nachdruck zu geben. Wie in vielen Kliniken üblich, händigt man beispielsweise der PatientIn ein Therapieprogramm aus. Sie hat alle angegebenen Termine einzuhalten und ihre Anwesenheit vom Therapeuten bestätigen zu lassen. Sonst sei der Therapieerfolg in Frage gestellt.

Es ist aber mehr als zweifelhaft, ob ein derartiger Druck tatsächlich den Therapieerfolg sichert. Auch wenn hierdurch eine körperliche Anwesenheit bei Gruppensitzungen erreicht werden könnte, wäre damit nicht automatisch bestätigt, dass die PatientIn innerlich an den Treffen teilgenommen hat. Vielleicht hat sie nur erstarrt dagesessen und sich in Wahrheit mit ganz anderen Dingen befasst.

Das Prinzip der Freiwilligkeit ist daher ein ganz wichtiges therapeutisches Instrument, damit der Übergang aus der apathischen Grundhaltung in eine aktive Mitwirkung in der Reha-Gruppe tatsächlich geschafft werden kann. Dazu verhelfen Anstöße, die aus dem alten und auch vom neuen professionellen Beziehungssystem kommen können. Unter dem alten Beziehungssystem verstehen wir die Helferbeziehungen, die beispielsweise zwischen der KlientIn und ihrer ambulanten BetreuerIn schon seit längerem bestehen. Wenn diese KollegIn daran mitwirken will, die offensichtlichen Antriebsprobleme zu lösen, dann wird sie beispielsweise ihre Besuche bei der KlientIn so legen, dass sie dem jeweiligen Gruppentreffen zeitlich ein wenig vorausgehen. So findet ihr Kontakt genau zu jenem Zeitpunkt statt, in dem sich bei der KlientIn der Wille zum Besuch der Gruppe bilden müsste.

In dieser Situation ergeben sich drei Möglichkeiten: Die KlientIn findet keinen Impuls, zur Gruppe zu gehen. Die KlientIn macht sich auf den Weg, oder sie erklärt sich dazu bereit, wenn die BetreuerIn sie begleitet. So erscheinen immer wieder einzelne KlientInnen mit ihren BetreuerInnen in der Gruppe. Oft gehen die BegleiterInnen dann nach kurzer Zeit, da die Rückkehr der KlientIn nach Hause keine Probleme aufwirft.

Der Anstoß kann aber auch von der Moderation der Gruppe ausgehen. Dazu ist es zweckmäßig, wenn man bei den ersten Gruppentreffen eine Teilnehmerliste anlegt, in die jede KlientIn ihre Handy-Nummer einträgt. Ein Handy hat in der Regel jede. Erscheint dann eine KlientIn nicht zum Gruppentreffen, so kann man sie später telefonisch ansprechen und sie fragen, wie es ihr geht. Dann kann man mit ihr die Frage erörtern, ob die Teilnahme immer noch interessant ist, oder ob etwas beim letzten gemeinsamen Treffen vorgefallen ist, was gestört hat. Ergeben sich keine aufzuklärenden Vorkommnisse, bittet die Moderation um die Erlaubnis, die KlientIn kurz vor dem nächsten Treffen nochmals telefonisch anzusprechen, um sich nach ihrer Teilnahme zu erkundigen.

Diese Kontakte sollten, damit sie eine wirkliche Hilfe darstellen, als Ausdruck der Wertschätzung geführt werden. „Es ist für mich, es ist für die Gruppe wichtig, dass Sie kommen. Sie gehören doch zu jenen Menschen, denen unser Gruppenthema etwas bedeutet. Allein dieses Interesse ermutigt alle, sich des Themas anzunehmen. Wenn sie nicht kommen, fehlt etwas Wichtiges.“ Auf keinen Fall darf der Eindruck entstehen, als hätte es irgendwelche negative Konsequenzen, wenn die KlientIn in ihrer apathischen Grundhaltung verharrt. Dann würde sich der Gruppenbesuch von einem Schritt zu einer angenehmen Aktivität in die Folgsamkeit gegenüber äußerem Druck verwandeln. Eine solche Verwandlung würde die ohnehin problematische Lebenssituation nochmals beschweren. Die letzten eigenständigen Quellen für ein soziales Interesse würden auch noch versiegen.

Die Freiwilligkeit der Programmteilnahme ist ein sehr hohes Gut. Sie setzt wirkliche Freiheit voraus, sich gegen oder dafür entscheiden zu dürfen. „Dafür“ bedeutet Aussicht auf angenehme Gruppenerfahrungen mit einem Thema, das die KlientIn interessiert. „Dagegen“ bedeutet, dass alles so bleibt, wie es ist, nicht besser und nicht schlechter. Die Freiheit bedeutet auch, seine Meinung dauernd ändern zu können. Für manche kennzeichnet dies die erste Phase ihrer Gruppenteilnahme. Sie kommen, bleiben zwei Treffen weg, kommen wieder, sind sogar beim nächsten Treffen wieder dabei und fehlen dann drei Wochen hintereinander.

Jede KlientIn muss ihren eigenen Weg in die Gruppe finden. Wertschätzender Zuspruch kann dabei sehr helfen. Oft sind es MitklientInnen, denen man zufällig begegnet, und die auf das bedauerliche Fehlen ansprechen. Wertschätzung von dieser unprofessionellen Seite her ist besonders wirksam. Es sind vor allem die Gruppenteilnehmer, die sich sehr schnell vom Gruppenthema und den Möglichkeiten der Selbstorganisation begeistern lassen, die starken Ehrgeiz entwickeln, ihren MitklientInnen den Weg zu den Treffen zu erleichtern.

Sie zeigen dabei eine eindrucksvolle Kenntnis apathischer Grundhaltungen und sind sehr erfinderisch darin, den darin schlummernden Möglichkeiten zur Impulsbildung Raum zu schaffen. Für die Moderation öffnet sich hierbei ein weites Lernfeld. Das manchmal ganz erstaunliche Einfühlungsvermögen der MitklientInnen und die Kreativität, mit der sie ihr Mitempfinden in soziales Verhalten umwandeln, findet sich in keinem Lehrbuch. Es wird zusätzlich dadurch verstärkt, dass die MitklientInnen ihnen eine Nähe gestatten, die sich Profis erst langwierig erarbeiten müssen.

Gerade in diesen schwierigen Situationen zeigt sich der besondere Wert gruppenmäßig durchgeführter Therapie und Rehabilitation. In Einzelbeziehungen zwischen TherapeutIn und KlientIn bleibt diese besondere Kompetenz der eigenen Betroffenheit und der therapeutischen Selbsterfahrungen draußen vor. Die analytischen Therapeuten versuchen diesen Erfahrungsmangel durch die Institution einer gründlichen

Lehranalyse auszugleichen, doch fehlt dabei die eigene Erfahrung in psychischen und sozialen Extremsituationen. Apathie ist aber ein extremer Zustand, in den man sich hineinversetzen lernt, wenn man viele Jahre mit Menschen in dieser Situation intensiv zusammenarbeitet und dabei viele „LehrklientInnen" um sich hat.

Freiheit zu leben, sich zu entscheiden, wenn die Zeit dazu gekommen ist, braucht geeignete Bedingungen. Freiheit ist eine der Grundpfeiler menschlicher Existenz. „Alle Existenz fordert eine Bedingung, damit sie wirkliche, nämlich persönliche Existenz werde........Der Mensch bekommt die Bedingung nie in seine Gewalt, ob er gleich im Bösen danach strebt; sie ist eine ihm nur geliehene, von ihm unabhängige, daher sich seine Persönlichkeit und Selbstheit nie zum vollkommenen Aktus erheben kann. Dies ist die allem endlichen Leben anklebende Traurigkeit".[72] Die Freiheit, sich aus der Apathie heraus wieder dem eigenen Handeln zuzuwenden, braucht geeignete Bedingungen, die sich nicht von Natur aus wie von selbst ergeben, sondern der zugewandten Mitwirkung anderer bedürfen. Diese Bedingungen herzustellen, ist die Aufgabe des Gruppenprogramms.

Kapitel 5.5 Rituale

Die Gruppenphase unter dem Zugangsthema lebt mit der Bereitschaft der KlientInnen, ihren persönlichen

[72] F.W.J. Schelling: Philosophische Untersuchungen über das Wesen der menschlichen Freiheit, Berlin: Contumax 2010, S. 50 (Erstdruck Reutlingen 1834)

Interessen in einer Gruppe aktiv nachzugehen. Diese Aktivität selbst ist noch keine Teilhabe. Um zu einer Teilhabehandlung zu werden, kommt es darauf an, dass die Aktivität in einer sozialen Situation stattfindet, die den eigenen Wünschen entspricht. Wer zu Hause Gedichte schreibt, aber keine Situation findet, sie einem respektvoll aufnehmenden Menschen vorzutragen oder zu schreiben, so dass eine wertschätzende Antwort gegeben werden kann, der findet hierdurch nicht zur sozialen Teilhabe. Da unsere Impulskraft stark von Teilhabemöglichkeiten abhängt, ist zu befürchten, dass diese unbeantwortete Aktivität mit der Zeit eingestellt wird.

Damit die Aktivitäten der einzelnen KlientInnen zu einer Teilhabeerfahrung werden, braucht es eine angemessene Gruppensituation. Die eigene Lebenssituation ist hierfür kein Muster. Sie ist von Einschränkungen bestimmt, von Einsamkeit und von zu wenig Antrieb, diese Situation zu ändern. Es ist daher hilfreich, wenn zwischen der Alltagssituation und der Gruppensituation ein spürbarer Unterschied besteht. Es wird eine Gruppeneröffnung gebraucht, die jedem Teilnehmer ganz klar macht, hier hört jetzt das Alltägliche auf. Hier beginnt jetzt eine Zeit, die uns gut tun könnte.

Ruth Cohn begann ihre TZI-Gruppensitzungen sehr oft mit einem gemeinsamen Schweigen. Dabei zeigte sie den Teilnehmern mehrere Möglichkeiten auf, dieses Schweigen inhaltlich zu füllen. Dieses Eröffnungsritual ist für Gruppen, die dem sprachlichen Austausch dienen und bei denen eine möglichst große persönliche Offenheit erwartet wird, sicher sehr nützlich. Es unterbricht die Begrüßungsgespräche, den Austausch mehr oder minder oberflächlicher Informationen, und fokussiert die Teilnehmer auf eine Kommunikation, in der besondere Regeln des miteinander Umgehens gelten. Die Teilnehmer nehmen bewusst die Rolle der TherapeutIn wahr, die das Zeichen für das Eröffnungsritual gegeben hat. Sie konzentrieren sich auf die besonderen Erwartungen, die sie selbst mit diesem Treffen verbinden. Sie versetzen sich in einen Zustand der Konzentration, in dem sie alle weiteren Gesprächsbeiträge intensiv aufnehmen können.

In unserem Reha-Gruppenprogramm wird dieses Eröffnungsritual selten oder gar nicht benutzt. Diese andere Praxis resultiert nicht aus einer Kritik an dem Vorbild des TZI, sondern hängt wohl damit zusammen, dass die TeilnehmerInnen zu stark an den gruppenspezifischen Aktivitäten ausgerichtet sind, um die Sitzung mit Schweigen sinnvoll beginnen zu können. Das miteinander Reden steht nicht im Mittelpunkt der Zusammenkunft, es gehört natürlich dazu, macht auch manchmal das Tun erst wirklich bedeutend und sinnvoll, doch nähern sich die TeilnehmerInnen lieber eher beiläufig dem sprachlichen Austausch. Die Organisation der konkreten themenbezogenen Aktivitäten ist der rote Faden für die gruppeninterne Kommunikation.

Und so beginnen viele Gruppen ihre Zusammenkunft mit einem Austausch darüber, was jede TeilnehmerIn bei diesem Treffen gerne machen würde. So heißt es in der Holzgruppe beispielsweise: „Ich habe letztes Mal begonnen, mir ein kleines Tischchen für meinen Fernsehplatz zu bauen. Die Platte habe ich zugeschnitten, jetzt muss ich die Kanten schleifen.“ „Ich schaue heute, dass ich den ersten Übertopf fertig bekomme. Ich muss nur noch eine Seite brennen. Ich nehme dafür ein Katzenmotiv."

Die von der ModeratorIn aufgenommenen Einzelbeiträge der TeilnehmerInnen werden nun in einen praktischen Zusammenhang gebracht, der sich aus der Werkstattsituation ergibt. Sie zeigt die Stellen auf, an denen eine Absprache untereinander erforderlich ist. Bestimmte Maschinen werden von mehreren TeilnehmerInnen beansprucht, es bedarf einer zeitlichen Abfolge. Bestimmte Arbeitsgänge bedürfen der Unterstützung durch Andere, die sich damit besser auskennen. Wer nimmt sich die Zeit, behilflich zu sein?

In der Pferde-Gruppe sind sehr oft weniger Pferde zugegen als Menschen, die sich mit ihnen beschäftigen wollen. In dieser Situation kommt die Gruppe zu den besten Ergebnissen, wenn nicht jeder etwas ganz alleine machen möchte, sondern sich schon beim Eröffnungsgespräch Gemeinsamkeiten finden. Da die Pferde auch ihren eigenen Kopf haben, und auch das Wetter eine Rolle spielt, sind viele Faktoren unter den jeweiligen Interessen-Hut zu integrieren. Sehr oft kommt dann eine Unternehmung heraus, bei der alle, Menschen wie Pferde, mitmachen. Und während der gemeinsam entwickelten Aktion findet sich dann eine feingliedrige Aufteilung, bei der sich ein Teil der Gruppe noch besser gegenseitig abstimmt.

Viele Gruppen legen mitten in der Gruppensitzung eine rituelle Pause ein. Kaffee und Tee wird gekocht. Manchmal hat jemand Kuchen mitgebracht. Manche Gruppen, die länger und über Mittag zusammen sind, haben ihren „Chinesen“, wo einer oder zwei für alle Essen holen gehen. Diese Pause in der Mitte hat eine Art sozialer Lüftungsfunktion. Es ist, als würde ein Fenster nach draußen geöffnet. Von außen dringt die frische Alltagsluft herein. Es ist, als würde für einige Augenblicke die Arbeitskleidung der Gruppenaktivitäten abgelegt. Jeder ist wieder fast so, wie er auch im Alltag sich gibt. Die Stillen werden noch schweigsamer, die Geschwätzigen erheben die Stimme, damit man sie auch wirklich vernehmen kann.

Die Dominanten wollen die Pausensituation beherrschen. Die Passiven ducken sich weg. Der Rest ärgert sich, sagt aber oft nichts. Die ganze Situation verliert ihren rituellen Charakter, wenn die ModeratorIn nicht eingreift. Diese Intervention tut gut daran, nicht das Fenster nach draußen wieder zu schließen, die Alltagssituation quasi auszuschließen. Es kommt vielmehr darauf an, jeder TeilnehmerIn den Freiraum zu schaffen, sich mit den eigenen persönlichen Themen einzubringen. „Du hast doch mal erzählt, dass Deine Katze so kränkelt. Wie geht es ihr heute?“ „Wolltest Du nicht einen Fahrradausflug machen? Hat der schon stattgefunden? Ach der fiel aus, weil Du keinen zum Mitfahren gefunden hast. Hast Du denn die Gruppenmitglieder schon mal gefragt?“

Das Pausenritual irgendwo in der Mitte des Gruppentreffens findet in vielen Gruppen außerhalb der unmittelbaren Arbeitssituation statt. Man sitzt nebenan beisammen, die Gartengruppe hat ein kleines Häuschen, das auch bei schlechtem Wetter Schutz bietet. Dieses Ritual verbindet durch die mündlichen Beiträge der TeilnehmerInnen das Geschehen in der Gruppe mit der normalen Lebenssituation. Dies ist ein ungemein wichtiger Vorgang, weshalb er Zeit braucht. Es geht hier nicht um die Möglichkeit, rasch etwas zu sich zu nehmen und/oder eine Zigarette zu rauchen. In dieser Pause versuchen alle mehr oder weniger, Verbindungen herzustellen zwischen dem Erleben in der Gruppe und dem Alltagsleben.

Dabei ist es klug, wie in dem eben berichteten Beispiel Alltagssituationen anzusprechen, die typischerweise in der apathischen Situation schief gehen, aber durch die Unterstützung von Gruppenmitgliedern in Zukunft gelingen könnten. Auch in dieser Situation ist die ModeratorIn stark von den spontanen Entscheidungen der KlientInnen abhängig. Sie kann nicht voraussehen, ob sich jemand aus der Gruppe angesprochen fühlt, wenn eine MitklientIn einen Fahrradausflug in Gesellschaft machen möchte. Vielleicht greift niemand diesen Ball auf. Dann liegt er weiter in diesem Pausenritual, bleibt in Erinnerung und wird vielleicht zu einer anderen Zeit doch noch aufgenommen.

Auch das Ende jeder Gruppensitzung verdient ein eigenes Ritual, das alle noch einmal zusammenführt. Bei manchen Gruppen ist es notwendig, dass vorher einiges weggeräumt, gesäubert, verstaut wird, so dass die Gruppe beim nächsten Mal eine gut vorbereitete übersichtliche Arbeitssituation wiederfindet. Doch wenn dies erledigt ist, besteht ein mehr oder minder starkes Bedürfnis, die Geschehnisse des Treffens zusammenzufassen.

In der Musikgruppe wurde beispielsweise eine bestimmte Phase des gemeinsamen Musizierens mitgeschnitten. Jetzt sitzt man zusammen, hört die Aufnahme gemeinsam an, macht sich gegenseitig auf besondere Stellen aufmerksam. In der Pferdegruppe wurden während der Gruppensitzung von einer TeilnehmerIn Fotos gemacht, die sich die Gruppe jetzt anschaut. Die Baugruppe betrachtet wohlwollend kritisch das Zimmer, das an diesem Tage gemeinsam gestrichen wurde. In der Malgruppe werden alle Arbeiten auf einem erhöhten Platz aufgestellt, die an diesem Tage zustande gekommen sind. Jede Arbeit wird in besonderer Weise gewürdigt.

Das Abschluss-Ritual dient in besonderer Weise der gegenseitigen Wertschätzung. Es bringt die guten Aspekte des Treffens wieder in Erinnerung. Wenn eine TeilnehmerIn nur dabei gesessen ist, nichts Eigenständiges zustande gebracht hat, dann ist doch in jedem Falle die Tatsache einer Würdigung wert, dass sie ihrem Impuls gefolgt ist, am Treffen teilzunehmen. Die ModeratorIn könnte ihr noch versichern, dass sie sich nicht unter Druck gesetzt fühlen sollte, beim nächsten Mal ein anderes Verhalten zeigen zu müssen. Sie sei hier genau so willkommen, wie sie ist.

Kapitel 5.6 Rehabilitation als Thema

Wenn eine ganz neue Reha-Gruppe ins Leben kommt, so geht es für alle TeilnehmerInnen zunächst nur darum, für sich selbst zu klären, ob dies wirklich ihr Thema ist und ob es sich lohnt, gerade in diesem Interessentenkreis dieses Thema zu behandeln. Noch wird von keiner Seite die Frage gestellt, ob die durch die Treffen verursachten Kosten durch irgendjemanden finanziert wird. Wenn einer TeilnehmerIn beispielsweise Fahrkosten entstehen, um zum Treffpunkt zu kommen, so werden diese sofort von der ModeratorIn erstattet. Es gibt also offensichtlich einen institutionellen Rahmen, in den die Gruppen eingebaut sind.

Bei der Ausschreibung der jeweiligen Gruppe steht irgendwo am Anfang oder am Ende der Hinweis, dass es sich um eine Gruppe zur sozialen Rehabilitation handelt. Doch beim ersten Treffen wird hiervon nicht gesprochen. Es geht allein um die Ideen und Impulse der Interessenten und die Möglichkeiten, diese durch Gruppentreffen umzusetzen. Es werden Informationen gegeben zu den Möglichkeiten, die Ideen der Gruppe auch in wirtschaftlicher und organisatorischer Hinsicht zu begleiten bis hin zu der Zusage, einzelne KlientInnen aus sehr ungünstig gelegenen Wohnorten mit dem Taxi zum Treffpunkt zu fahren.

Erst wenn jeder Interessent seine Entscheidung getroffen hat, sich an dieser Gruppe aktiv zu beteiligen, kommt die Frage auf, wie denn dieser gemeinsame Wille langfristig abgesichert werden kann. An dieser Stelle des Gruppenprozesses entsteht bei den KlientInnen diese Fragestellung auf ganz eigenständige Weise. Sie wollen Sicherheit, dass ihre Aktivitäten nicht plötzlich abgebrochen werden müssen. Welchen Sinn macht es, gemeinsam etwas aufzubauen, wenn man vielleicht morgen schon vor einer verschlossenen Tür steht?

Und die KlientInnen haben Recht mit ihrer Unsicherheit. Noch kann der Träger des Gruppenprogramms die frisch entstehenden Personal- und Sachkosten dieser Gruppe nicht refinanzieren. Noch hat keiner der beteiligten

KlientInnen einen entsprechenden Antrag gestellt. Noch weiß also der Leistungsträger nichts davon, dass ein bestimmter Kreis von Hilfeberechtigten entschlossen ist, diese Gruppe nach eigenen Vorstellungen zu gestalten.

Dies ist der richtige Moment, um die GruppenteilnehmerInnen zum ersten Mal ausführlich mit den Zielen und Strukturen des Gruppenprogramms vertraut zu machen. Diese Informationen knüpfen verständlicherweise bei den Impulsen und Erfahrungen an, die sich bei den ersten Gruppentreffen gebildet haben. Es wird daher zuerst darüber informiert, dass dieses Gruppenprogramm nicht bei den menschlichen Aspekten ansetzt, bei denen negative Abweichungen von eigenen und den Erwartungen anderer im Mittelpunkt stehen. Nicht was alles nicht funktioniert, ist für dieses Programm wichtig, sondern die vorhandenen Potenziale. Diese finden sich vor allem dort, wo auch bei jedem Menschen seine Interessen lokalisiert sind.

Deshalb bildet das Programm Interessengruppen. Es will die starken Seiten der KlientInnen ansprechen, nicht ihre Schwächen. Und weil sich bei den eigenen Interessen auch die Fähigkeit versteckt hält, die eigenen Interessen so zu organisieren, dass man sie ausleben kann, erwartet das Programm in seinen Gruppen die Selbstorganisation der Beteiligten. Wieder seine eigenen Interessen wahrzunehmen, sie mit ähnlich empfindenden Menschen zu verbinden und dann in einer gemeinsam gestalteten Gruppen-Situation zu organisieren, dieser Prozess bedeutet „Teilhabe". Jede TeilnehmerIn nimmt wieder teil am gemeinschaftlichen Leben. Diese Teilhabe aber bedeutet nichts anderes als soziale Rehabilitation.

So hat jeder Gruppenteilnehmer, ohne dass ihm dies bewusst geworden ist, mit einem Prozess der sozialen Rehabilitation begonnen. Verständlicherweise möchte er die Sicherheit haben, dass dieser Prozess weiter geht und jede KlientIn früher oder später wieder in eine Lebenssituation bringt, in der sie sich wohl fühlt. Damit dies geschehen kann, muss jetzt ein Antrag auf Kostenübernahme an den zuständigen Leistungsträger gestellt werden. Wichtig im Zusammenhang mit der Gruppenphase unter dem Zugangsthema ist der Zeitpunkt für diese Verwaltungsvorgänge. Sie sollten dann vollzogen werden, wenn beim Klienten selbst der Impuls hierzu vorhanden ist. Dann verbindet er sich mit diesem Vorgang, dann legt er selbst seinen Willen in die Schale, die an den Leistungsträger weiter gereicht wird.

Das Interesse, die eigene Teilnahme am Gruppenprogramm wirtschaftlich zu sichern, bleibt nicht der einzige soziale Zusammenhang, in dem wirtschaftliche Überlegungen bei KlientInnen eine Rolle spielen. Da erscheint ein neuer Klient in der Musikgruppe, der sich sehr schnell als sehr spielkundig mit mehreren Instrumenten herausstellt. Am Rande der wöchentlichen Zusammenkünfte teilt er dem Moderator mit, dass er an dieser Gruppe so richtig nicht interessiert sei. Er möchte mit einigen MitspielerInnen auftreten und Geld verdienen. Diese Information hat den Moderator, einen erfahrenen Musiktherapeuten, zunächst geschockt. Er hatte auf ein Interesse am gemeinsamen Musizieren gehofft, auf eine innere Bewegung wegen der Gemeinschaftserlebnisse, auf ein wenig Begeisterung wegen den laufenden Angeboten, eigene Wünsche in die Gestaltung des Zusammenspiels einzubringen. Und dann denkt dieser Mensch nur ans Geld.

Doch leben wir nicht in einer Gesellschaft, die auf allen Ebenen und ohne größere Pausen ans Geld denkt? Ist es verwunderlich, dass Menschen mit extrem kleinem Einkommen wieder mehr teilhaben wollen an den Konsumgewohnheiten, die ihnen ständig vorgeführt werden? Dieser Klient in der Musikgruppe will nicht durch Betteln oder Stehlen sein Einkommen erhöhen, sondern durch Auftritte in einer Musikgruppe. Hierzu muss er sich zusammentun mit anderen MitspielerInnen. Sie müssen zumindest musikalisch zu einer Harmonie finden, was letztlich nicht funktioniert, wenn nicht auch menschlich ein angenehmes Kommunikationsklima hergestellt wird. Es gehört viel Zeit und Energie dazu, ein ansehnliches Repertoire aufzubauen, das gegen Geld präsentiert werden kann. Was kann sich dieser Moderator mehr wünschen als KlientInnen, die sich in eine Situation bringen wollen, gegen Honorar öffentlich aufzutreten?

Die Thematisierung der sozialen Rehabilitation geschieht in dieser ersten Gruppenphase durch Vergleiche der konkreten Gruppenerfahrungen mit den Erfahrungen des Alltagslebens. Diese Gespräche drehen sich sehr oft um folgende zwei Grundfragen:

Wer braucht das eigentlich, was wir hier machen, außer wir selbst? Und worin unterscheidet sich die Art, wie wir unsere Gruppenarbeit angehen, von der „normalen“ Arbeitsweise, wie wir sie kennengelernt haben?

Wir selbst bauen in der Gartengruppe Kartoffeln und Gemüse an. Macht das eigentlich gesellschaftlich Sinn? Spart das Geld, bringt das mehr Qualität, verändert das unsere Einstellung? Wem würde das nützen, wenn das mehr Menschen täten?

Wir treffen uns in der Gruppe „Stich & Masche“, sitzen in der Runde und stricken, häkeln, nähen. Was wir hier zustande bringen, kann man in bestimmten Läden für ganz wenig Geld kaufen. Ist es dennoch sinnvoll, dass wir diese Produkte herstellen? Weshalb macht es Sinn, dieses selbst zu produzieren? Weshalb lernt man in den Schulen heute diese Techniken nicht mehr?

Wir besuchen in der Gruppe „Tierfreunde“ eine Auffangstation für die unterschiedlichsten Kleintiere. Ohne unsere Mitarbeit und das Engagement einiger ehrenamtlicher HelferInnen wäre diese Station schon längst geschlossen worden. Welche gesellschaftliche Bedeutung hat diese Arbeit? Wer außer den betroffenen Tieren braucht das wirklich?

Und worin unterscheidet sich die Art, wie wir unsere Gruppenarbeit angehen, tatsächlich von der „normalen“ Arbeitsweise, wie wir sie kennengelernt haben?

Wenn wir uns anschauen, wie wir uns in der Computer-Gruppe gegenseitig den Umgang mit dem PC und den wichtigsten Anwenderprogrammen beibringen, und das mit der Art vergleichen, die wir in normalen Zusammenhängen erfahren haben, sind wir dann unprofessionell? Sind wir nicht leistungsorientiert genug?

Wir fahren in der Fahrservice-Gruppe täglich viele KlientInnen zu ihren Gruppentreffs. Wir hören uns an, welche Nachgespräche entstehen, in denen die Gruppensituationen verarbeitet werden. Wir mischen uns gelegentlich ein, geben Tipps, knüpfen Kontakte, ermutigen zu eigenem Handeln. Wir denken an die vielen Fahrer, die täglich Schulbusse steuern und Krankenfahrten übernehmen. Sie hören eine Menge und könnten manches Nützliche einbringen. Doch gibt man ihnen die Gelegenheit dazu?

Die Tätigkeit der KlientInnen in den Reha-Gruppen kann Ausgangspunkt von Fragen sein, mit denen der Zusammenhang zwischen der Situation hier und jetzt zu den Erfahrungen im gesellschaftlichen Alltag hergestellt wird. Im Rahmen der ersten Gruppenphase geschieht dies noch gesprächsweise. Es fehlt noch der Impuls, mit den Inhalten und der Arbeitsweise der Gruppentätigkeit direkt mit dem gesellschaftlichen Umfeld in Kontakt zu treten. Doch dieser Impuls bereitet sich durch die geschilderten Gespräche vor.

Der Begriff „Soziale Rehabilitation“ tritt also zunächst als Sicherung der weiteren Mitarbeit in der Gruppe auf. Die KlientIn unterschreibt einen Antrag auf Finanzierung ihrer Gruppenteilnahme und nimmt zur Kenntnis, dass dies im Rahmen ihrer „Sozialen Rehabilitation“ erfolgt. Noch hat sie keine wirkliche Vorstellung von dem, was damit gemeint ist. Dann erfährt sie immer wieder Bestätigung für Überlegungen, das Geschehen in der Gruppe mit den Verhältnissen im Alltag zu vergleichen, Ähnliches wie Abweichendes wahrzunehmen. Dann erfährt sie bei Impulsen, ihr Tun in der Gruppe in einen gesellschaftlichen Zusammenhang zu stellen, sich beispielsweise zu wünschen, hierfür bezahlt zu werden, Unterstützung.

Es formt sich langsam eine Einsicht, dass mit „Sozialer Rehabilitation“ gemeint sein könnte, das, was jeder gerne tut, in eine gesellschaftliche Wechselwirkung zu bringen. Nicht jeder KlientIn ist dabei bewusst, dass dieser noch vage Wunsch kaum individuell ohne Mitwirkung von Anderen Gestalt annehmen kann. Einige wenige allerdings können sich das nur so vorstellen, dass sie nun allein losmarschieren, ihr Schicksal in die eigene Hand nehmen. Dieser Solistenweg ist sehr gefahrvoll, doch ist es klug, die betreffende KlientIn nicht an ihren Unternehmungen zu hindern. Irgendjemand sollte mit ihr Kontakt halten, damit man unerwartet auftretende Probleme zum Anlass für ein Unterstützungsangebot machen kann.

Unterstützung bedeutet dabei vor allem Rückkehr in die Gruppensituation und damit in die Möglichkeit, die eigene persönliche Entwicklung in den Gruppenprozess einzubinden. Nur so findet man die volle Breite der Unterstützung, insbesondere Ermutigung, Solidarität und den Trost der übrigen KlientInnen.

Kapitel 5.7 Aktivierendes Gruppenprogramm und TZI

Ich hatte schon an früherer Stelle auf die Dreigliedrigkeit des TZI und ihre Unterscheidung zwischen dem Ich, dem Wir und dem Es hingewiesen. Diesen drei dynamischen Ebenen des Gruppenprozesses fügen wir im Gruppenprogramm eine vierte Ebene hinzu: das Soziale. Das Soziale überwölbt einerseits (wie eine

„Glocke) die drei genannten dynamischen Prozessbeteiligten, ermöglicht beispielsweise ihren Austausch im Rahmen der Gruppe gemeinsam mit einer erfahrenen ModeratorIn. Das soziale Element wird aber zusätzlich im Gruppenprogramm zu einer eigenständigen Kraft, die in mehrfacher Hinsicht in die Gruppendynamik eingreift.

Der biografische Hintergrund, der sich im Ich und im Wir manifestiert, steckt voller gesellschaftlicher Erfahrungen. Erinnern wir uns nur an das Phänomen in der Musikgruppe, dass sich individuell sehr verschiedene Persönlichkeiten ganz offensichtlich bestimmte kulturelle Vorlieben teilen, hier also einen bestimmten Schlager auswendig singen können. Es werden unerwartet Gemeinsamkeiten offenbar, die ohne die eigenständige Existenz von gesellschaftlichen und kulturellen Kräften nicht möglich wären. Das Soziale schafft gemeinsame Erfahrungsräume auch dann, wenn sie von den beteiligten Menschen bewusst nicht wahrgenommen werden.

Diese gesellschaftlich geprägten Erfahrungsräume bestimmen auch die Art mit, wie sich die KlientInnen in der Gruppe verhalten. In einer Konsumgesellschaft ist es ganz natürlich, dass man in einer von Dritten organisierten Gruppe alle Impulse von Dritten erwartet. „Liebe TherapeutIn, nun schau doch mal, wie Du mich therapiert bekommst!“

Viele KlientInnen schauen erst einmal erwartungsvoll die ModeratorIn an, wenn das Gruppentreffen beginnt. „Was hast Du Dir denn für heute vorgenommen?“, drückt der Blick aus. Da muss sie die Frage immer wieder zurückgeben: „Mit welchen Wünschen seid Ihr hierher gekommen? Was können wir heute so tun, dass wir das am Schluss gut finden?“

Das Soziale ist aber auch der Raum, in dem sich Wünsche erfüllen können. Vor allem das laufende Einkommen zu erhöhen, ist ein weit verbreiteter Wunsch. Jeder KlientIn ist klar, dass dies eigenes Handeln bedingt, denn als Geschenk werden nach aller sozialer Erfahrung keine besseren Einkünfte dargeboten. Was also tun, obwohl man so krank ist? Wer gibt einem die Chance dazu?

Und so begegnet den eigenen Wünschen ganz schnell die Angst, dass in der „harten Alltagswelt“ der psychisch erkrankte Mensch keine beruflichen Chancen hat. Einmal krank, immer krank. Und krank bedeutet nicht leistungsfähig, nicht belastbar, nicht kalkuliert einsetzbar. Das Soziale ist daher immer zugleich Ort der Hoffnung, sich wichtige Wünsche zu erfüllen, wie Ausgangspunkt von Ängsten und Befürchtungen, ein Außenseiter zu bleiben.

Die gesellschaftlichen Aspekte lassen sich nie gänzlich abtrennen von den Themen des Ich, des Wir und des Themas. Sie beeinflussen Sicht-und Verhaltensweisen, doch stellen darüber hinaus eine eigene Kategorie dar, die auch in ihrer Eigenständigkeit behandelt werden sollte. So dringt in das Gruppengeschehen immer mehr die bewusste Wahrnehmung, dass die gemeinsame Arbeit etwas mit dem jetzigen und künftigen Verhältnis zum allgemeinen gesellschaftlichen Geschehen zu tun hat. Noch befindet sich die Gruppe weit von der Möglichkeit entfernt, zwischen sich und dem gesellschaftlichen Umfeld einen konkreten und handfesten Zusammenhang zu sehen, doch dies soll sich schon in der nächsten Gruppenphase ändern.

Kapitel 6 Gruppe unter dem Aktivierungsthema

Kapitel 6.1 Aktivierende Haltung

„Der Klient ist Experte für sein Leben“ heißt es in den Leitsätzen für die soziale Rehabilitation psychisch Erkrankter des Albert-Schweitzer-Familienwerkes. Aber zu Beginn seiner aktivierenden Begleitung ist sich der Klient seines Experten-Potenzials noch nicht bewusst. Es ist das professionelle Privileg des Begleiters, dieses Klienten-Potenzial zu erkennen.

Wie kommt es zu dieser Erkenntnis, und wie überträgt sich diese Sichtweise auf den Klienten selbst?

Der Anfang der Begleitung ist notwendigerweise negativ besetzt. Er wird nämlich von dem „Hilfebedarf“ des Klienten ausgelöst. Hilfebedarf aber ist das Gegenteil von Experten-Potenzial. Aktivierende Haltung bedeutet daher zuerst, sich von den herausfordernden Anzeichen einer Hilfsbedürftigkeit nicht einnehmen zu lassen.

Der Klient ist hilfsbedürftig, na und?

Wo liegen die Stärken des Klienten? Wenn es eine positive Entwicklung geben soll, dann kann sie doch nur aus seinen Stärken heraus entwickelt werden. Wenn die Stärken wegen der Probleme, die aktuell alles überlagern, nicht erkennbar sind, wo hat der Klient Interessen? Was bewegt ihn, wenn er einmal von seinen Nöten absehen kann?

Aktivierende Haltung bedeutet die Achtsamkeit auf lebensinteressierte Regungen im Klienten und die ehrliche Überzeugung, dass sich Wege herstellen lassen, diesen Interessen sozialen Raum zur Entfaltung zu geben. Wenn sich der Klient in seinen noch spürbaren Interessen anerkannt fühlt, empfindet er die Begleitung als Ausdruck von Wertschätzung. Das stärkt ihn schon im Ansatz, bevor man versuchen kann, diesen Interessen eine sozial umsetzbare Gestalt zu geben.

Die Potenziale der „Experten“ brauchen Aufmerksamkeit, damit sie entdeckt werden, Wertschätzung, damit sie zum Handlungsimpuls werden, und eine aktivierende Gruppe von weiteren „Experten“, die gemeinsame Interessen umsetzen wollen. Die freie Entscheidung des Klienten, sich einer aktivierenden, weil interessengeleiteten Gruppe anzuschließen, führt zu der Klientenhaltung, die eigenen Potenziale als real und bedeutsam anzuerkennen.

Die aktivierende Haltung kann der begleitende Profi aber auch auf die eigene Situation beziehen und damit auf die Frage, ob er seine berufliche und insgesamt menschliche Situation ausreichend unter dem Gesichtspunkt seiner persönlichen Potenziale betrachtet. Gestaltet er sein eigenes Leben wirklich nach seinen

Interessen und Stärken und damit aus jenem Fundus, aus dem die Lebenszufriedenheit kommt?

Wenn der Begleiter seine aktivierende Haltung auf den Klienten ebenso bezieht wie auf sich selbst, dann ist wirkliche Begegnung möglich.

Kapitel 6.2 Wandlungen des Themas

Das hier beschriebene soziale Aktivierungsprogramm führt Menschen nach dem Gesichtspunkt gemeinsamer persönlicher Interessen zu Gruppen zusammen. In der ersten Gruppenphase zeigt sich jedoch, dass jeder Teilnehmer unter dem gleichen Thema etwas Anderes versteht. Ein besonders krasses Beispiel dieses Wirrwarrs an persönlichen Themen-Interpretationen bot sich in der Freizeit- und Reisegruppe. Wie da die Beteiligten ihre Freizeit verbringen wollten: Die Einen mochten körperliche Aktivitäten wie Wandern, Schwimmen, Joggen, die Andern fanden das alles viel zu schweißtreibend und bevorzugten Karten spielen, Brettspiele, Plauschen im Café oder Kinobesuch. Und so gab es bei jeder Idee, die einer vorbrachte, sofort Ablehnung oder Zustimmung. Da konnte man zunächst nur darauf schauen, dass genügend große Mehrheiten bestanden, eine bestimmte gemeinsame Aktivität zur Durchführung zu bringen.

Zunächst blieb jedes Mitglied der Freizeitgruppe bei seiner persönlichen Vorliebe. Die KlientIn kam nur dann, wenn etwas ablaufen sollte, was sie wirklich interessierte. Dann kamen jedoch für viele neue Interessen hinzu, mit denen sie vorher nicht gerechnet hatten: Da war beispielsweise das sich aus der Gruppendynamik heraus entwickelnde Interesse. Gruppenmitglieder, die man besonders nett fand, widmeten sich begeistert einer Freizeitbeschäftigung, die nicht ins eigene Wunschschema passte. Doch weshalb nicht doch einmal mitgehen, wenn die Anderen das so toll finden?

Dann hatte sich beispielsweise die Vorliebe ergeben, im Rahmen der Gruppenorganisation die einfachste Anreisemöglichkeit zum jeweiligen Ort der Gruppenaktivität für die Mitstreiter herauszufinden. Diese neue Aufgabe mochte man jetzt nicht aufgeben, nur weil der Freizeitinhalt persönlich nicht interessierte. Also bereitete man auch diese Veranstaltungen vor und, da man nun einmal dabei war, fuhr man dann auch selbst mit, um sich vom Erfolg der eigenen Vorarbeit zu überzeugen.

Die sich aus dem Gruppenleben ergebende Sympathie zueinander und die sich bildenden Rollen bei der Selbstorganisation der Gruppenaktivitäten erwiesen sich als zusätzliche Motivationen, immer regelmäßiger an den Gruppentreffen teilzunehmen. Gerade in der Freizeit- und Reisegruppe schien es am Anfang ganz besonders schwierig, aus dem bunten Reigen sehr individuell ausgerichteter Interessen ein Programm zu machen, das so etwas wie das gruppentypische Gemeinsame hervorbrachte.

Dieses Gemeinsame sollte vom Blickpunkt der Moderation her etwas sein, was die bisherige Addition vieler Einzelinteressen überwinden könnte, eine Aktivität, welche für alle TeilnehmerInnen eine spürbare neue Qualität besitzt, nämlich

für alle oder fast alle Beteiligten attraktiv ist,

nur im Ensemble aller Gruppenmitglieder umgesetzt werden kann,

von allen mit hoher Selbstbeteiligung vorbereitet und durchgeführt wird.

Nach vielen Beratungen in der Gruppe wurde der Plan einer mehrtägigen Gruppenreise nach Sylt gefasst. Ein Teil der Gruppe befasste sich mit den Freizeitmöglichkeiten, die sich auf Sylt ergeben könnten und die für Einkommensschwache erschwinglich sind. Andere kümmerten sich um eine preiswerte Unterkunft und die billigste Bahnkarte. Wieder andere stellten einen Kostenplan auf und überlegten, wie man diese Kosten außer durch persönliche Beiträge der Teilnehmer noch zusätzlich finanzieren könnte.

Hieraus ergab sich die Idee, in den Göttinger Geschäften Artikel für eine Tombola zu erbeten, mit der das noch fehlende Geld beschafft werden sollte. Es war nicht schwer, Gruppenteilnehmer namhaft zu machen, die sich in der Lage sahen, in die Geschäfte zu gehen. Doch wie sollten die sich vorstellen? Wer waren sie eigentlich, so aus der Sicht einer LadenbesitzerIn? Nach langem Bedenken und Diskutieren schien es am besten, die Wahrheit zu berichten. „Eine Gruppe von psychisch Erkrankten möchte für sich selbst eine mehrtägige Reise nach Sylt organisieren. Jeder zahlt etwas dazu, doch es fehlt noch ein Teilbetrag, der durch die Tombola aufgebracht werden soll. Zu dieser Tombola bitten wir um einen Artikel aus Ihrem Sortiment.“ Und siehe da: Das Ergebnis war sehr zufriedenstellend, und die Reise konnte stattfinden.

Damit dieser Plan aus der Gruppe heraus entstehen konnte, mussten viele Aktivitäten in der Gruppe, darunter auch einige Tagesausflüge schon in Eigenregie abgelaufen sein. Die Idee, eine mehrtägige Reise zu unternehmen, musste nicht nur mal beiläufig angesprochen worden sein, sondern es gehörte schon eine Menge Impulskraft dazu, hierüber eine wirkliche Diskussion einzuleiten.

Diese neue, weil nunmehr ganz auf das Gruppeninteresse insgesamt zielende Aktivität wird auf keinen Fall von der Moderation eingeführt, um hieraus kein Thema zu machen, das von allen konsumiert werden kann. Es geht um das Selber-Wollen der großen Mehrheit der Gruppenmitglieder. Nur so wird aus einem Sammelsurium von Einzelimpulsen ein wirkliches Gruppenanliegen. Die Gruppenmitglieder ergreifen ein Ziel, das nur gemeinsam funktionieren kann.

Ein so ungewöhnlicher und mehrdimensionaler Plan zu einer mehrtägigen Reise von Menschen, die in der Regel schon seit vielen Jahren keine Reise dieser Art mehr unternommen haben, kann nur gelingen, wenn wirklich alle mitmachen wollen. Da muss man sicher sein, dass nicht schon während der Hinfahrt jeder sein eigenes Ding zu machen versucht. Die Vorstellung, dass man in Sylt nur noch damit beschäftigt ist, die auseinander eilenden Gruppenmitglieder zu suchen, war allen eine Horrorvision. Also verabredete man miteinander, dass man sich mehrfach am Tage in der großen Runde trifft, um die Aktivitäten der nächsten Stunden abzustimmen. Natürlich hatte jeder die Freiheit, seinen ganz persönlichen Interessen nachzugehen, doch sollten bestimmte Zeiten eingehalten werden, zu denen man sich an bestimmten Plätzen wieder zusammensetzt.

Die Schilderung der Wandlung eines Themas, unter dem sich die KlientInnen am Anfang getroffen haben und das deshalb als Zugangsthema beschrieben werden kann, zu einem Gruppenthema, das eine gemeinsame und alle ergreifende Gemeinschaftsaktivität zum Inhalt hat, ist gerade am Beispiel der Freizeit- und Reisegruppe sehr interessant, weil dieser Prozess gerade dort sehr lange gebraucht hat. Denn als Zugangsthema fordert es geradezu dazu heraus, eine Fülle von Einzelinteressen hervorzubringen. Sie müssen alle abgearbeitet sein, damit dieses soziale Grundbedürfnis entsteht, dieser Gruppe etwas Gemeinsames zu geben, mit dem sich alle Mitglieder identifizieren können. Als die Syltreise als Plan geboren und von allen akzeptiert war, wandelten sich die bisherigen Zugangsthemen und brachten ein Aktivierungsthema hervor, dem später noch Weitere folgten.

Kapitel 6.3 Wandel der persönlichen Einstellungen

Während der Gruppenphase unter dem Zugangsthema hat sich beim einzelnen Teilnehmer die vorhandene apathische Grundeinstellung zu sozialen Beziehungen und zur eigenen Rolle in der Gruppe nicht wesentlich geändert. Er schätzt die Gruppenteilnahme als willkommene Abwechslung, die er mehr oder minder zu konsumieren versucht. Der ganze Teilnehmerkreis ist nicht unsympathisch, weil sich alle für etwas interessieren, das auch für ihn einen positiven Stellenwert hat. Doch würde morgen dieses Angebot enden, wäre ihm nichts Schlimmes passiert. Er hat sich bis dahin nicht wirklich hineinbegeben, nicht irgendetwas eingebracht, was er beim Abschied nicht mehr zurückbekäme, keine Hoffnung auf Besserung seiner Situation, kein Erlebnis eigener Handlungsfähigkeit. Er war dabei, es war nett, es ist „irgendwie" schade, wenn es endet, doch was solls.

Mit der Entstehung eines Gruppenprojektes, das die vielen Einzelinteressen übersteigt, verändert sich diese Situation auch für das einzelne Mitglied. Eine Klientin in der Holzgruppe hatte monatelang kleine Möbelstücke für ihre Wohnung gefertigt und die hierbei entstehende Arbeitssituation in der Werkstatt genutzt, die MitklientInnen in allen Details über ihr Alltagsleben zu informieren. Als sich die Gruppe entschloss, gemeinsam große Spielsituationen aus Holz für den Verkauf herzustellen, übernahm sie die Aufgabe, eine bestimmte Musterung in das Holz einzubrennen. Sie beherrschte diese Technik ganz hervorragend.

Die Gespräche in der Gruppe drehten sich nun immer wieder um die Frage, was man denn mit dem Geld machen wollte, das mit diesem Spiel verdient werden würde. Natürlich hatte auch diese Klientin etwas zu diesem Thema beizutragen. Doch nun bezog sie sich auf etwas, was erst nach erfolgreicher gemeinsamer Arbeit erreicht wird. Ihr wurde klar, dass sie jetzt nicht einfach zu Hause bleiben durfte, weil sie sich mal wieder schlecht fühlte. Die Gruppe hatte schließlich einen

Abgabetermin mit dem Käufer vereinbart. Da wurde sie gebraucht, wer sollte sonst die Brennarbeiten erledigen?

Wenn wir die mit der Bildung eines Aktivierungsthemas entstehende Einstellungsänderung beim einzelnen Gruppenteilnehmer richtig verstehen wollen, dann müssen wir insbesondere daran denken, dass sich dieses gemeinsame Projekt nicht auf Initiative der ModeratorIn bildet, sondern sich ganz langsam aus den Gruppengesprächen heraus entwickelt hat. Jedes Gruppenmitglied hat irgendetwas zum Prozess beigetragen. Natürlich ist auch die Moderation beteiligt, die beispielsweise kundgibt, dass sie diesen oder jenen Gedanken einer KlientIn ganz interessant findet. Sie kann auch darauf hinweisen, dass diese Idee nicht ganz neu ist, sondern schon früher von diesem oder jener TeilnehmerIn zur Diskussion gestellt worden ist.

Wenn die Moderation diesem Projektbildungsprozess Zeit lässt, so reif zu werden, dass ein kleiner Auslöser dazu reicht, ihn mit aller Energie in die Tat umzusetzen, dann kommt kein Gruppenteilnehmer mehr unbeeinflusst davon. Bei der Holzgruppe bestand dieser Auslöser in einer geplanten Festveranstaltung, die verschiedene Unterhaltungsangebote zusammenbringen sollte. Da kam dann wieder die Idee mit einem großen Holzspiel auf, das doch sicher viel Aufmerksamkeit erregen würde. Außerdem sei dieses Fest eine gute Werbeveranstaltung, bei der man vielleicht schon gleich diesen ersten Prototyp verkaufen könnte.

Die innere Beteiligung an dem zielorientierten Gruppengeschehen steigert sich, wenn die geplante Aktivität eine nach dem gemeinsamen Verständnis außerordentliche Attraktivität besitzt. Ein großes Holzspiel selbst herzustellen, mit dem sich eine ganze Erwachsenengruppe richtig amüsieren kann, das ist doch eine ganz große Sache. Welcher Schreiner hätte das schon einmal angeboten? Wer kommt überhaupt auf eine solche Idee und traut sich dann auch noch, sie einem größeren Publikum anzubieten?

Oder denken wir an die Fahrt nach Sylt: Natürlich erwarteten die Gruppenteilnehmer aus dem Bekanntenkreis Kommentare wie: Wieso fahrt Ihr ausgerechnet nach Sylt und nicht beispielsweise ins Schokoladenmuseum nach Peine? Eine große Truppe mit Hartz 4-Empfängern auf die Insel der Reichen und Schönen? Vergreift Ihr Euch da nicht ein bisschen bei den sozialen Zielen? Bleibt doch auf dem Teppich!

Die Attraktivität von Zielen und Projekten hängt sehr eng mit den Vorstellungen und Wertungen zusammen, die ganz allgemein in der Gesellschaft vorherrschen. Es gibt nur eine kulturelle Welt. Auch wenn manche Menschen eine Subkultur pflegen, so ist auch diese ein Teil jener Kultur, in die alle eingebunden sind. Wie könnte man sich ganz entschieden gegen etwas wenden, das nicht existiert? Man braucht die allgemein zugängliche Kultur, um sich mit ihr auseinandersetzen zu können. Und Sylt ist auch deshalb ein toller Ort, weil die Reichen und Schönen dort gerne ihren Urlaub verbringen. Es gibt dort tolle teure Hotels, aber auch eine preiswerte Jugendherberge beispielsweise für Hartz 4-Empfänger. Und der Strand, die Insellandschaft und auch die Straßen mit den tollen Geschäften gehören allen, die hier erholsame Tage verbringen wollen.

Bei der Entwicklung der gemeinsamen Gruppenprojekte sprengen die Gruppen die Zuordnungen, mit denen normalerweise die Sozialarbeit mit ihnen umgeht. Sie werden als „Hilfeempfänger“ gesehen und haben sich entsprechend zu verhalten. Sie haben einen amtlich festgestellten „Hilfebedarf“ und sie haben gemäß einem ebenfalls amtlichen „Hilfeplan“ kleine Schritte der sozialen Integration zu unternehmen. Da ist es schon eine tolle Sache, wenn sie einen Tagesausflug in den Solling bewältigen. Der „Hilfeplan“ sieht viele solcher kleiner Schritte vor, immer den eigenen „Hilfebedarf“ im Blick, immer daran denkend, wie krank und schwach man doch ist.

Mit dem Plan nach Sylt zu fahren, ein Unterhaltungsspiel zu bauen oder gar ein Internet-Café zu eröffnen, werden alle die hierzu notwendigen „kleinen Schritte“ auf eine andere Grundlage gestellt, nämlich auf die in das Gruppengeschehen eingebundene persönliche Begeisterung für ein nach allgemeinem Verständnis attraktives Ziel. Hier schlüpfen die TeilnehmerInnen aus ihrer Hilfeempfänger-Haut heraus. Es kommt wieder der Mensch hervor, der Industriekaufmann gelernt hat, der lange als Schlosser gearbeitet hat, die Fachverkäuferin bringt sich mit der gelernten Heilerziehungspflegerin ein. Jedes Gruppenmitglied hat etwas zu bieten, was zum gemeinsamen Ziel beiträgt. Und gerade weil das selbst gewählte Ziel den Sozialhilfe-Geruch abtötet, fordert es geradezu zur Identifikation heraus. Das Erreichen dieses Zieles macht allen und auch jeder TeilnehmerIn persönlich klar, dass sie mehr ist als ihr „Hilfebedarf“. Und auf diese andere Seite ihres sozialen Selbst will sie sich hinfort gerne stellen.

Frithjof Bergmann hat in der Zusammenarbeit mit Gruppen von arbeitslosen Menschen ähnliche Erfahrungen gemacht. Er hatte sie dazu ermuntert, doch nicht allein darüber nachzudenken, welche der angebotenen Arbeitsstellen noch am ehesten für sie in Betracht käme, sondern sich zu fragen, welche Arbeit ganz grundsätzlich für jeden von ihnen wirklich interessant wäre. Hierbei kamen Arbeitsprojekte heraus, die lohnenswert schienen, im Kreis von Gleichinteressierten praktisch umgesetzt zu werden. Auch hier zeigte sich die Entwicklung, dass Projektideen dabei gefunden wurden, die thematisch wie im Ziel gesellschaftlich hoch interessante Bereiche berührten. Bergmann wurde hierbei an den Hegelschen Begriff der „Armut der Begierde" erinnert, die hierbei zu überwinden ist.[73] Menschen, die sich viele Jahre daran gewöhnt haben, nicht ihren eigenen Wünschen gemäß zu leben, passen zum besseren Überleben ihre Wünsche den unbefriedigenden Gegebenheiten an. Diese Entwicklung ist noch weit von Apathie entfernt. Im Zustand der Apathie jedoch gehört der Verzicht auf wirklich ergreifende Lebensziele zum Erscheinungsbild dazu.

Durch diese neue Qualität von Gruppenzielen entsteht für das einzelne Gruppenmitglied eine innere Spannung. Das neue Ziel ist reizvoll, ruft aber auch Ängste hervor, es nicht erreichen zu können. In dieser Polarität zwischen Wunsch und der derzeitigen sozialen Grundeinstellung bilden sich Energien, das Gruppenleben besser auf das Ziel und damit zum Abbau der Ängste einzusetzen. In der Holzgruppe beispielsweise werden immer öfter die persönlichen

[73] Siehe hierzu Frithjof Bergmann: Neue Arbeit, neue Kultur, Freiamt: Arbor-Verlag 2004

Arbeitsprojekte beiseite gelegt. Jetzt gilt es, das erste gemeinsame Projekt fristgerecht zum Fest fertig zu stellen.

Noch ist ungeklärt, zu welchem Preis man diesen Spiele-Typ verkaufen sollte. Was wird an Material verbraucht, was haben wir dafür bezahlt? Wie wollen wir unsere Arbeitszeit vergüten lassen? Was kosten Spiele dieser Art auf dem freien Markt? Was kann man dem Kundenkreis, den wir zu erwarten haben, für einen Preis zumuten? Ganz neue Fragestellungen, die unbedingt rechtzeitig beantwortet werden müssen.

In diesem Spannungszustand, in den jedes Gruppenmitglied bei der Verwandlung des Zugangsthemas in das Aktivierungsthema versetzt ist, kommt es sehr darauf an, dass auch von außen positive Signale kommen. Die Organisatoren des Festes reagieren beispielsweise sehr erfreut, als sie vom Plan der Holzgruppe hören, die Festbesucher mit einem neuartigen Holzspiel zu unterhalten. Es wurde bei ihnen Neugierde geweckt und zugleich die Einschätzung entgegengenommen, dass die Gruppe rechtzeitig bis zum Fest ihr Werk vollenden wird. Da setzen Organisatoren Vertrauen in die Gruppe. Sie erwarten einen guten Beitrag zu einer öffentlichen Unternehmung und sind sicher, dass die zeitlichen Absprachen eingehalten werden.

Diese positive Außenerwartung zieht die zwischen den Polen Zielerreichung und eigene Apathie schwankende persönliche Energie der TeilnehmerInnen zusätzlich in Richtung Zielerreichung. Es wird immer wichtiger, mit der Gruppe zusammen Erfolg zu haben. Und mit jedem

Schritt, der den Einzelnen aus der gewohnten apathischen Grundhaltung herausführt, baut sich Identifikation mit der Gruppe auf. Ein Gefühl der Zugehörigkeit entsteht, das noch ganz von dem erwarteten Gruppenerfolg abhängig erscheint, aber spätestens dann, wenn der Erfolg gelungen ist, mehr oder weniger heftig empfunden wird. Hierdurch löst sich keineswegs die Polarität auf, aber der Spannungszustand wird weniger stark empfunden, weil sich Erfolge als realistisch erwiesen haben.

In dieser Phase des Gruppengeschehens wandeln sich erstmalig auch die Einstellungen der GruppenteilnehmerInnen zu ihren früheren persönlichen Bezugspersonen. Eine KlientIn mit drei schon erwachsenen Kindern, zu denen schon seit Jahren keine Kontakte mehr bestanden, meldet sich wieder bei ihnen, zunächst telefonisch, dann werden erste Treffen verabredet. Ein Klient hat wieder Kontakt zu seinem Bruder aufgenommen und ihn am Wochenende besucht. Auch ganz unglücklich verlaufende familiäre Beziehungen verlieren den Charakter des unaufhebbaren Schweigens, in die man die schmerzlichen Erfahrungen gehüllt hatte. Man spricht in der Gruppe darüber, wieder in Kontakt zu treten, und holt sich hier den Mut, selbst den ersten Schritt zu tun.

Die Gruppe und der eigene Beitrag zu ihrem Aktivitätsprogramm spielt bei diesen Versuchen, alte Beziehungen wiederherzustellen eine große Rolle. Sie schaffen den TeilnehmerInnen eine handgreifliche Möglichkeit, ihre eigene Lebenssituation, ihr soziales Handlungsfeld und damit ihre eigene soziale Bedeutung positiv darzustellen. Sie berichten viel und gerne über das Gruppengeschehen und die Erfolge, die damit im öffentlichen Raum erzielt wurden. Hier entsteht eine neue Lebensgeschichte, die in ihrer aktuellen Ausprägung sehr gut für die Selbstdarstellung geeignet ist.

Der Einzelne kann sich in seinen ursprünglichen sozialen Zusammenhängen auf neue Art präsentieren. Er hat Aufgaben übernommen, eigene Fähigkeiten aktualisiert und in einen neuen sozialen Zusammenhang gestellt. Er ist stolz auf die Leistungen der Gruppe und damit auch auf seinen eigenen Anteil daran. Er gehört dazu, und aus diesem Gefühl heraus kann er auch wieder sich selbst und anderen eingestehen, dass er sich gerne auch in seinen alten Beziehungen wieder zugehörig fühlen würde. Er will es wenigstens probieren. „Wenn es nicht geht," sagte eine Klientin vor einem Wiedersehen mit einem Familienangehörigen, „dann ist es nicht so schlimm. Ich hab ja die Gruppe, das ist meine neue Familie."

Ein weiteres Indiz für die Einstellungsänderungen, die durch den Übergang in die Aktivierungsphase bewirkt werden, zeigte sich in dem Wunsch vieler KlientInnen, die Gruppenzeit zu erweitern. Die Computer-Gruppe beispielsweise traf sich zunächst einmal wöchentlich. Dann entstand das Projekt, ein Internet-Café zu betreiben. Das ging aber auf keinen Fall während der Gruppenzeit, weshalb ein zweiter Tag gefunden werden musste. Dann blieb manchen KlientInnen immer noch zu wenig Zeit, um sich ausreichend mit Hardware-Problemen zu befassen. Also wurde ein dritter Tag entdeckt, an dem sich eine Teilgruppe von „Schraubern" regelmäßig traf. Nun fanden sich also die meisten

TeilnehmerInnen montags, mittwochs und freitags in der Computer-Gruppe Bad Gandersheim, montags und mittwochs mit Moderatoren-Begleitung, freitags ohne („Die verstehen von der Hardware ohnehin nichts!").

So erging es vielen Gruppen, wenn auch nicht alle Verlängerungswünsche sogleich erfüllt werden konnten. Manchmal stand der Raum nicht zur Verfügung, oder die Moderation konnte nicht mehr Arbeitszeit einsetzen. Viele Gruppen blieben jedoch sehr hartnäckig bei ihren Erweiterungswünschen. Extreme Formen nahm der Erweiterungsimpuls in der Freizeitgruppe an, in der eine Vielzahl von Unterteams gebildet wurden, die sich natürlich stets zu anderen Zeiten trafen. Das „Kunst-Team" zum Beispiel entwickelte den ehrgeizigen Plan, im Innenhof der ASF-Geschäftsstelle Göttingen, den die Gruppe selbst oft benutzte, einen schlichten Beton-Stützpfeiler mit Mosaik zu verkleiden. Dann kam noch eine größere Pflanze und eine geschwungene Bank dazu, und schon hatte man einen reizenden Ort, um auf den Beginn des Gruppentreffens zu warten.

Zur Umsetzung dieses Gestaltungsprojektes brauchte es intensive Vorarbeiten, beispielsweise das Herstellen der Mosaik-Scherben aus entsorgten Töpfen, und dann die eigentliche Mosaikarbeit. Damit dabei auch TeilnehmerInnen mitwirken konnten, die tagsüber eine Werkstatt besuchten, mussten hierfür auch die frühen Abendstunden und das Wochenende einbezogen werden. Private Zeit, freie Zeit, Projektzeit, Therapiezeit, jede Art von Zeit vermischte sich hierbei. Alles wurde zur sinnvollen Zeit. ModeratorInnen gerieten bei dieser Auflösung der Zeitbegriffe selbst in die Gefahr, immer mehr vergütungsfreie Zeit zu investieren, was spätestens bei den eigenen Familienangehörigen auf Kritik stieß.

Der durch die Gruppenaktivierung entstehende Wandel bei der persönlichen Zeit ist ein deutlicher Beleg für die Einstellungsänderungen, die sich bei den KlientInnen ergaben. In der ersten Gruppenphase wusste man noch sehr genau zu unterscheiden zwischen der Gruppenzeit und der eigenen Zeit. Die Zeit, die man mit den Anderen verbrachte, war Gruppenzeit, durch MitarbeiterInnen vorgegeben. Die schenkte man sich auch immer wieder, wenn man bei sich Widerstände verspürte. Da nahm man es auch hinsichtlich des Beginns nicht so genau. Dafür konnte man die ModeratorIn frühzeitig daran erinnern, dass bald das Ende erreicht ist.

Dieser Gruppenzeit gegenüber verhielt man sich wie im Kino. Manchmal erfüllte die Gruppe die eigenen Erwartungen, manchmal nicht. Dann war man froh, wenn es vorbei war. Die Gruppensitzung war wie eine Vorführung, bei der man nicht nur anwesend war, sondern sich auch manchmal aktiv einmischte. Doch dieses Einmischen geschah immer unter dem Vorbehalt, dass man das Drehbuch für den Ablauf nicht selbst geschrieben hatte. Wenn irgendetwas Unangenehmes geschah, hatten Drehbuchautor und/oder Regisseur nicht aufgepasst.

Während der ersten Gruppenphase ist die Zeit etwas, das man nicht wirklich mit Anderen teilt. Man bleibt doch ganz für sich, nimmt etwas Gutes mit oder ärgert sich. Aber alle Gefühle entstehen aus einer Konsumentenrolle. Man hat eine gute oder schlechte Wahl getroffen, das Produkt erfüllt die Erwartungen, oder man hält es besser von sich fern. Die apathische Grundhaltung kann sich in dieser Phase nicht verändern.

Erst mit der Bildung von positiven Gruppenzielen, welche die Aktivität, das konkrete gemeinsame Handeln der Gruppenmitglieder herausfordert und bindet, wandelte sich die Einstellung zur Gruppenzeit. Sie wurde ein wesentlicher Bestandteil der aktuellen Lebenszeit. Viele Gruppenmitglieder standen regelmäßig schon 20 oder gar 30 Minuten vor Beginn des Treffens vor dem Haus oder am Abholpunkt für den Fahrdienst. Sie wollten auf keinen Fall den Beginn verpassen. Die Zeit mit der Gruppe war nun keine Moderatorenzeit mehr, nicht mehr von Anderen angeordnet oder organisiert, sondern immer mehr der Rahmen eigener Wirksamkeit. Man hatte zunehmend das Gefühl, hierauf auch Anspruch zu haben. Die KlientInnen bestimmten die Gruppenzeit und die Hauptamtlichen hatten dafür zu sorgen, dass sie zur Verfügung stand.

Die zunehmende Aufhebung der Trennung von privater und therapeutischer Zeit zeigte sich auch bei der Zunahme an persönlichen Kontakten, die sich zwischen den GruppenteilnehmerInnen außerhalb der Gruppentreffen bildeten. Sie trafen sich privat, luden sich gegenseitig ein, verbrachten Zeit miteinander. Die gewohnte Einsamkeit begann sich aufzulösen. In einigen Fällen bahnten sich feste Zweierbeziehungen an, die zusätzliche Energien freisetzten. Die Zeit wurde wieder ein Lebensfaktor, mit dem man aktiv umgehen wollte, nicht nur in der Gruppe, sondern auch im übrigen Leben.

Kapitel 6.4 Räume für die Aktivierung

Wenn Räume, die zur Behandlung von psychisch Erkrankten benutzt werden, etwas gemeinsam haben, dann ist es die Tatsache, dass sie normalerweise immer verschlossen sind. Noch im 19. Jahrhundert nannte man die Pflegekräfte in der Psychiatrie „Wärter". Sie warteten das Haus und im Haus die verschiedenen Räume. Als es noch keine Generalschlüssel gab, müssen die „Wärter" viele Schlüssel bei sich getragen haben, die beim Gehen gegeneinander schlugen. So konnte man eine ihrer wichtigen Funktionen schon von weitem hören, das Auf- und Abschließen.

Auch die vom Gruppenprogramm genutzten Räume waren grundsätzlich verschlossen. Dadurch bekamen sie den Charakter von Widerstand. Jedes mal, wenn man eine Tür verschlossen vorfindet, wirft das die Frage auf, wer den Widerstand aufheben kann, wer die Autorität hat, über die Öffnung zu bestimmen. Patienten bzw. Klienten vermuten bei sich selbst nicht die Macht, verschlossene Räume zu öffnen. Sie warten mehr oder minder geduldig, suchen irgendwo auf dem Flur einen Stuhl, auf den man sich wartend setzen kann.

Die Räume selbst sind meistens multifunktional ausgestattet. Das heißt, sie haben möglichst keinen Charakter, der auf einen bestimmten Menschen oder eine bestimmte Menschengruppe ausgerichtet ist. Auch spezielle Therapieräume beispielsweise für die Bewegungs-, Ergo- oder Kreativtherapien stellen zwar bestimmte Hilfsmittel im Raum bereit, ohne aber in besonderer Weise bestimmte Personen motivieren zu wollen, sie auch mit Freude zu benutzen.

Die KlientInnen des Gruppenprogramms waren an verschlossene Türen und an unpersönlich ausgestattete Räume gewöhnt. Niemand regte sich darüber auf. So war es schon eine wirkliche Überraschung, wenn im Zuge der Selbstorganisation der Rehagruppen plötzlich die Frage von Raum und Schlüssel aus der Zuständigkeit einer Hierarchie von Bevollmächtigten herausgelöst wurde.

Als sich die Gartengruppe Göttingen für den Garten in der Kolonie „Edelweiß" entschieden hatte, bekam ganz selbstverständlich der Moderator von seiner Vorgesetzten den Schlüssel zu Tor und Gartenhaus ausgehändigt. Doch dann saß die Gruppe zum ersten Mal im neuen Domizil beisammen und ein Teilnehmer machte den Vorschlag, dass er bei diesem trockenen Wetter gerne jeden Tag nach dem Garten schauen würde, um gegebenenfalls zu gießen. Und schon bekam er nach kurzer Gruppendiskussion vom Moderator die Schlüssel ausgehändigt.

Doch die Methode der Selbstorganisation zeigte zunächst einmal nur die Möglichkeit auf, den Umgang mit dem allernächsten Umfeld anders als gewohnt zu gestalten. Die Schlüsselübergabe blieb zunächst allein an praktisch-sachlichen Überlegungen gebunden. Der Klient wollte den Garten zwischendurch gießen, und alle in der Gartengruppe fanden das gut und nützlich. Das änderte in der Einstellung zum Garten und damit zum Gruppentreffpunkt erst einmal gar nichts. Wenn etwas fehlte, wurde der Dienstweg benutzt, um vom hierarchischen Überbau Abhilfe zu erbitten bzw. zu fordern, wenn man sich nach den Bitten zu viel Zeit ließ.

Erst im Übergang zur Aktivierungsphase, wenn die Gruppe begonnen hatte, eigene Ziele gemeinsam anzugehen, änderten sich die Einstellungen zu diesen Fragen der Raumgestaltung. Die Gartenkollegen aus Hardegsen beispielsweise, die nur zwei baufällige kleine Holzbuden auf ihrem Gartengelände angepachtet hatten, nahmen das Hausproblem endlich in die eigenen Hände. Sie beschäftigten sich mit den Grundrissen eines neuen Gartenhauses und verhandelten mit der Baugruppe darüber, ob sie ihnen bei der Errichtung tatkräftig zur Seite stehen könnte. Und so entstand in ihrem Garten ein Gartenhaus, in dem nicht nur die Geräte sicher verwahrt werden konnten, sondern bei Regen auch die ganze Gruppe Platz fand.

Während der ersten Gruppenphase unter dem Zugangsthema hatte die Gartengruppe Hardegsen die Wintermonate in Diensträumen des Albert-Schweitzer-Familienwerkes in Northeim verbracht. Hier beschäftigte man sich mit den Planungen fürs nächste Jahr und verbrachte die Zeit ansonsten schwatzend und spielend. Dieses räumliche Arrangement ging ganz selbstverständlich von der Moderatorin aus, die von ihrer Gruppe aufgefordert worden war, für den Winter eine Lösung zu finden.

Mit dem Übergang zur Aktivierung, die durch das Aufstellen eines Tisches am Gartentor begann, auf dem man frisch geerntetes Gemüse und Salate den Vorbeigehenden anbot (mit einer Sparbüchse für einen geldlichen Gegenwert nach freier Entscheidung), änderte sich diese Einstellung. Die Gruppe kam immer wieder mit „KundInnen“ ins Gespräch und irgendwann sprachen sie mit einer Einwohnerin von Hardegsen über den Aufenthalt der Gruppe im Winter. Hieraus entstand das Angebot dieser Familie, doch in dieser Zeit ihren eigenen privaten Souterrain-Bereich zu nutzen, der hierzu frei geräumt wurde, gut beheizt war und sogar eine eigene Toilette besaß. Seit dieser Zeit fanden die Gruppentreffen auch im Winter in Hardegsen statt.

Der Gruppenraum ist Arbeitsraum, Treffpunkt, Ort des Gespräches, der Pausenentspannung und der Begegnung mit Gästen bzw. Kunden, die im Rahmen der eigenen Aktivitäten Zugang zum Gruppenraum suchen. Er gehört immer mehr zum Gruppenleben dazu und soll deshalb immer stärker dem Gruppenleben angepasst werden. Es entstehen Gestaltungswünsche. Manche Gruppenmitglieder bringen private Sachen von Zuhause mit, die sie hier aufhängen oder aufstellen.

Das Gefühl der Zugehörigkeit, das untereinander immer stärker wird, überträgt sich auch auf den Gruppenraum. Der Raum soll der Gruppe gehören. Natürlich kann und darf er auch von Anderen mitbenutzt werden, doch die Gruppe will vorher gefragt werden. Die Gruppe entwirft Regeln, vor allem fürs Spülen und Sauberhalten. Wenn andere den Raum mitbenutzen, werden Schilder aufgehängt, welche an die häufiger missachteten Regeln erinnern. Der Gruppenraum soll die Wertigkeit der Gruppe ausdrücken, ihren Respekt vor sich selbst zeigen. Dieser Respekt wird auch von Anderen gefordert und erwartet.

Über die Öffnung und Schließung des Raumes will die Gruppe selbst bestimmen. Die Schlüssel sind je nach Aufgabe und Situation verteilt. Es gibt eine funktionale

Verteilung, keine hierarchische. Manchmal gehen Gruppen nachlässig mit dem Verschließen um, dann kommt es vor, dass wichtige technische Geräte wie beispielsweise in der Computergruppe durch falsches Bedienen unbenutzbar oder komplett entwendet werden. Der Gruppenraum bedarf des Schutzes, jedes Gruppenmitglied beginnt, sich mitverantwortlich zu fühlen.

Andererseits erwarteten die Gruppen zu bestimmten Zeiten, dass fremde Personen die eigenen Räumlichkeiten aufsuchen. Die Computergruppe Bad Gandersheim hatte eine Informationstafel draußen auf dem Bürgersteig aufgestellt, damit die Menschen auf das Internet-Café aufmerksam werden. Die Frauengruppe machte es mit ihrem Frauen-Café ähnlich, einige Gruppenmitglieder sprachen sogar Passanten in der Göttinger Fußgängerzone an, um sie auf das Angebot aufmerksam zu machen. Bei der Fahrrad- und Mopedgruppe hatten sich die Reparaturmöglichkeiten schnell in der Northeimer Altstadt herumgesprochen. Wenn das große Werkstatt-Tor aufging, kamen schon die Ersten vorbei und brachten ihr reparaturbedürftiges Rad mit.

Die Gruppenaktivitäten beinhalteten als Teil der sozialen Rehabilitation Außenkontakte. Wo diese Aktivitäten nach außen, in das gesellschaftliche Umfeld ausgerichtet waren, musste dies zwangsläufig die zuvor vom Träger geübte Diskretion, mit der Arbeitsräume für psychisch Erkrankte behandelt wurde, verändern. Beim Albert-Schweitzer-Familienwerk ist es üblich, mit der Kennzeichnung von Gebäuden sehr zurückhaltend zu sein. Selbstverständlich macht man kenntlich, welcher

Dienst oder welche Einrichtung hinter der Haustür tätig ist, doch erspart man es sich, genauere Angaben hinsichtlich der Zielgruppe und der betreuerischen Aufgabenstellung zu machen.

Die Gruppen lösten das Problem, die eigene Existenz zu erklären, einmal dadurch, dass sie die visuelle Außendarstellung ganz auf das eigene Aktivitätsangebot abstellten. Den schlichten Gemüsetisch mit der Spardose kann man in seiner Aussagefähigkeit und Außenwirksamkeit kaum noch übertreffen. Das geöffnete Werkstatt-Tor mit einigen Fahrrädern an der Seite, die nicht zu übersehen waren, was kann man da noch verbessern?

Andererseits kommt es gewollt und notwendigerweise zu persönlichen Gesprächen mit den potentiellen Kunden. Die stellen sich natürlich die Frage, wieso Menschen im erwerbsfähigen Alter vormittags um 11.00 Uhr Fahrräder reparieren, ohne durch ihre Kleidung, ihr Auftreten zu signalisieren, dass sie dies in einem gewerbsmäßigen Zusammenhang tun. Das wirft doch Fragen auf, die dann auch gestellt wurden: „Was macht Ihr hier eigentlich? Wer seid Ihr?“

Die Antwort auf diese Frage war in den meisten Gruppen schon häufig besprochen worden. Wie können die Gruppenmitglieder ihre besondere Situation darstellen, ohne sich dabei selbst diskriminiert zu fühlen? Die Selbstdarstellung kann Ressentiments, die man befürchtet, geradezu bedienen und damit verstärken. Sie kann aber auch ein Gefühl der Entspannung auslösen, weil man die Notwendig dieser Rehabilitation nicht verschweigt, andererseits aber den Fokus ganz stark auf die Rekonvaleszenz legt, die durch diese Gruppenaktivität beschleunigt werden soll. „Wir sind durch eine psychische Erkrankung aus manchen wichtigen Zusammenhängen herausgerissen worden. Wir wollen wieder zurück in normale Verhältnisse. Wir machen hier als Gruppe etwas, was uns wirklich interessiert und denken, dass hierüber die Chance zu einer beruflichen Tätigkeit entsteht." So konnte man es beispielsweise erklären.

Räume für die Gruppenrehabilitation sind Orte, die Schutz bieten, Orte die Vertrauen schaffen und damit auch die Stärke, sich Anderen gegenüber zu öffnen. Die entscheidende Frage ist, entsteht das Interesse bei den Gruppenmitgliedern, über das Schließen und Öffnen selbst zu bestimmen und damit den Schlüssel zum Raum in die eigene Hand zu nehmen?

Hegel hat für diesen Prozess das schöne Wort des „Sich-Einhausens" benutzt. „Er sah darin die Grundverfassung des Menschen, dass er bei sich zu Hause sein will, um, von aller Bedrohung zurückgezogen, im Vertrauten, Griffbereiten und Begriffenen von aller Angst frei zu sein."[74] Das Sich-Einhausen geschieht nicht in der einsamen Berghütte, es ist eine Wohnung, ein Haus oder eben ein Gruppenraum, in dem ich mit bestimmten mir wichtig gewordenen Menschen regelmäßig zusammen bin. Dort komme ich mir selbst sehr nahe, weil diejenigen, die mit mir zusammen sind, sich mit wirklichen Interessen von mir verbinden und wir gemeinsam Verbindung nach

[74] Hans-Georg Gadamer: Über die Verborgenheit der Gesundheit, Frankfurt am Main: Suhrkamp Verlag 1993, S. 190/191

draußen aufnehmen. „Das ist ein eigener Raum, der sich da öffnet, und einer, in dem man nie allein ist. Nicht nur, weil man da so oft mit anderen Menschen ist. Man ist vor allem immer von den Spuren des eigenen Lebens umgeben und von dem Ganzen unserer Erinnerungen und Hoffnungen erfüllt.“[75]

Kapitel 6.5 Außenorientierung und Verantwortung

Die Gruppensituation unter dem Aktivierungsthema ist erfüllt von dem Interesse, mit eigenen Aktivitäten Kontakt zum gesellschaftlichen Umfeld zu finden. Doch geschieht dies ganz offensichtlich als Fortsetzung der Bemühungen der vorangegangenen Gruppenphase, dem einzelnen Mitglied einen eigenen Zugang zum Gruppenleben zu ermöglichen.

Dies zeigt sich am deutlichsten in dem Bemühen, die intendierte Leistung so komplex zu gestalten, dass jeder etwas dazu beisteuern kann, was ihm Bedeutung hat. In den künstlerisch orientierten Gruppen sieht man dies besonders gut. Wenn ein Mitspieler der Musikgruppe bei einem Stück keinen aktiven Part übernehmen kann oder will, dann nimmt er eine Rassel in die Hand oder summt die Melodie mit. Fällt einem Klienten der Malgruppe zu einem Ausstellungsthema nichts Passendes ein, so wird mit einer seiner Arbeiten ein bewusster Kontrapunkt gebildet, der durch seinen Gegensatz das Thema erst richtig herausbringt.

[75] Hans-Georg Gadamer: Heidegger und die Sprache, in: Peter Kemper (Hg.): Martin Heidegger – Faszination und Erschrecken. Die politische Dimension einer Philosophie, Frankfurt/New York: Campus Verlag 1990, S. 111

In den handwerklich orientierten Gruppen sucht man sich Aufgaben, die vielseitige Bestandteile beinhalten. Wenn in „Süß und Herzhaft" die Herstellung von Pralinen auf dem Programm steht, die auf dem nächsten Fest verkauft werden sollen, dann wird bei der Auswahl der Rezepte auch auf diejenigen Rücksicht genommen, die selbst eher etwas Herzhaftes kosten möchten. Dann bekommen die „Süßigkeiten" beispielsweise eine Portion Chili verpasst. Und schon wird aus der Rücksichtnahme auf einzelne Gruppenmitglieder eine neue Produktidee.

Es ist wichtig, dass die Aufstellung eines Arbeitsprogramms für Produkte bzw. Leistungen, die sich nach außen richten, gerade unter dem Gesichtspunkt besprochen wird, was jedes einzelne Gruppenmitglied hierzu beitragen möchte. Wenn gerade in diesem Moment ein Mitglied fehlt, sollte diese Diskussion erst zum Abschluss gebracht werden, wenn auch er dabei ist. Diese Vorgehensweise schafft Erfahrungen in folgenden Zusammenhängen:

Durch die Rücksichtnahme auf die persönlichen Interessen einzelner Gruppenmitglieder nimmt insgesamt die Produktqualität zu, weil noch mehr Beteiligte ihre Begeisterung einbringen.

Die ausführliche Diskussion von Gruppenaktivitäten und deren Zuspitzung auf Produkte und Leistungen erzeugt eine größere Breite an Ideen und Ansätzen. Das eigene Angebot wird vielseitiger. Die größere Attraktivität auf Produzentenseite bildet sich auch auf der Konsumentenseite ab.

Der eigene persönliche Beitrag bei der Herstellung der Gruppenleistung gibt dem Tun des Einzelnen einen anerkannten Platz innerhalb des hierzu notwendigen Prozesses. Die gemeinsame Arbeit, die insgesamt nach außen gerichtet ist, bestätigt gleichzeitig die Position innerhalb der Gruppe. Die bewusste Einfügung des eigenen Tuns in das Gruppenwerk löst die Rückmeldung aus, dass dieser Beitrag akzeptiert wird. Denn er wird Bestandteil des Ganzen. Er lässt sich kaum noch von dem Tun der anderen Gruppenmitglieder trennen. Mit und innerhalb dieser Gruppenleistung gehen die Beteiligten eine feste Bindung miteinander ein.

Diese Erfahrungen wiederholen sich in immer neuen Gruppensituationen. Der Einzelne zeigt dabei seine Schwierigkeiten, seine apathische Grunderfahrungen aufzugeben. Immer wieder verspürt er Zweifel an der Ernsthaftigkeit und am Bestand der neuen Verbundenheit. Er fällt zurück in seine alte Gewohnheit, eigene Arbeitsideen dem gemeinsamen Tun vorzuziehen. Er macht etwas ganz offensichtlich nur für sich. Das steckt in bestimmten Situationen auch die übrigen Gruppenmitglieder an. Und so findet man plötzlich die Gruppe wieder in die erste Gruppenphase zurückversetzt. Alle werkeln an ihren eigenen Projekten.

Doch dann kommt ein Kunde herein, eine seit langem geplante gemeinsame Aktion steht bevor und muss vorbereitet werden, eine Projektidee kommt spontan auf, und schon wird dieser Rückfall in alte Gewohnheiten wieder beendet. Vom einzelnen Gruppenmitglied aus betrachtet, handelt es sich um eine Art Vergewisserung, dass man jederzeit den Rückzug in die vertraute Apathie antreten kann. Das mag zwar die ModeratorIn ein wenig in Verzweiflung bringen, aber diese Erfahrung gibt Sicherheit. Und diese Sicherheit ist nötig, um die Verunsicherungen, die durch die neue Verbundenheit ausgelöst wird, aushalten zu können.

Betrachtet man diese Rückfallsituationen etwas genauer, so fällt auf, dass sich das einzelne Gruppenmitglied nicht mehr so verhält wie in der Anfangssituation. Damals hatte es die Schwelle zum Gruppentreff quasi nur mit einem Fuß überschritten. Immer war es drauf und dran, sich in seine Vereinzelung zurückzuziehen. Das zeigte sich dann auch immer wieder durch sein Auslassen von Gruppentreffen. Jetzt lässt es keinen Zweifel daran, dass es zur Gruppe gehört. Es ist dabei, fehlt nur, wenn etwas ganz Bedeutendes dazwischen gekommen ist. Es ist mit dem Herzen dabei, hat jedoch in diesem Moment keine Lust, sich arbeitsmäßig in ein gemeinsames Projekt einzubringen.

Reagiert die Gruppe respektvoll auf diesen funktionalen Rückzug, entsteht hierdurch keine Spannung, so kann er auch ganz schnell wieder beendet werden. Damit keine Spannung entsteht, schließen sich die übrigen Gruppenmitglieder beispielsweise dieser Arbeitsweise an. Alle geben für kurze Zeit das Anliegen auf, an den gemeinsamen Projekten zu arbeiten. So kommt es zu diesen Phasen der Rückversetzung in die Anfangssituation des Gruppenlebens.

Auch in diesen Zusammenhängen zeigt sich, dass sich soziale Rehabilitation niemals gradlinig und stetig entwickelt. Immer gibt es auch Rückschritt, immer braucht es einen neuen Impuls, wieder voranzuschreiten. Erfahrene ModeratorInnen bekommen sogar ein Gefühl dafür, wann ein Schritt zurück den Moment markiert, an dem die Entwicklung des Einzelnen und seiner Gruppe einen Riesensatz nach vorne macht. Es ist so, als würde man durch den Rückschritt Anlauf nehmen wollen. Ich gehe noch einmal zurück, um mich zu vergewissern, dass ich dort nicht bleiben will, sondern ganz gewiss die vor uns liegende Unsicherheit bewältigen möchte.

Und so beginnt das einzelne Gruppenmitglied langsam, sich in dieser neuen Welt der gegenseitigen Verbundenheit einzurichten. Zu einem wesentlichen Element dieser neuen Situation wird die Übernahme von Verantwortung. Im allgemeinen gesellschaftlichen Leben werden bei der Bildung von Gruppen, beispielsweise bei der Gründung eines Vereins, gleich zu Beginn Aufgaben und damit Verantwortlichkeiten verteilt. Man wählt einen Vorstand mit den klassischen Funktionen: Vorsitz, stellv. Vorsitz, Kassenwart, Schriftführer. Das mag in vielen Situationen ganz gut funktionieren, in Gruppen der sozialen Rehabilitation würden durch diese Vorgehensweise alle Erkenntnisse über die menschlichen Verhaltensweisen außer Betracht gelassen.

Aufgabenverteilung und damit Verantwortungsübertragung kann nur gelebt werden, wenn der Impuls gewachsen ist, sich mit einem bestimmten sozialen Gruppenzusammenhang so zu identifizieren, dass man deren Angelegenheiten ebenso wichtig nimmt wie die Eigenen. Diese persönliche Wertigkeit kann man nicht nach Satzung oder unter dem Zwang einer Gründungsstunde erzeugen, sie muss in jedem Beteiligten erst entstehen. Und dies braucht Zeit vor allem bei jenen, die in ihrer sozialen Not die ganze Kraft fürs Überleben einsetzen mussten. In ihrer Lage schien es ihnen schädlich zu sein, sich mit etwas anderem zu beschäftigen als mit der eigenen Situation.

Im Rahmen der aktivierenden Gruppenphase wird der Impuls immer stärker, diesen Gruppenzusammenhang so zu entwickeln, dass jeder darin seine wichtigsten Lebensziele in den Blick nehmen kann. Ich merke, dass mir die verschiedenen Gruppenprozesse, mit denen wir gemeinsame Projekte entwickeln und durchführen, immer vertrauter werden. Neue Abläufe bilden sich heraus, Gruppenstandards entstehen. Darin gewinnen bestimmte Einzelaufgaben an Bedeutung, die wiederum bestimmte Fertigkeiten und vor allem auch individuelle Bewältigungsfreude erfordern. Und dieses immer klarer werdende Verständnis für die Gruppen- und Projektprozesse fordert den Einzelnen heraus, für ein bestimmtes Segment dieser Abläufe persönliche Verantwortung zu übernehmen.

Es gehört zur Bedeutung dieses Schrittes in verantwortliches Verhalten, wenn seitens der ModeratorIn dieser Moment ins Gruppenbewusstsein gehoben wird. Als würde sie mit einer Kamera ein Foto schießen für die Erinnerungswand des Gruppenraumes, so sollte sie den gedenkwürdigen Moment mindestens in der nächsten Gruppenbesprechung wieder gegenwärtig machen. Dabei kann sie gleichzeitig neuen Ängsten vorbeugen, indem sie deutlich macht, dass in ihren Augen jede Verantwortlichkeit immer auf Zeit übernommen wird. Es geht nicht darum „auf immer und ewig" in der Verantwortung und damit in der Pflicht zu stehen. Es ist ganz normal, diese Sonderrolle auch wieder an die Gruppe zurückzugeben, damit diese jemand Anderes hiermit betraut.

Diese Relativierung des sich verantwortlich Fühlens auf eine überschaubare und von jedem Beteiligten steuerbare Zeit kommt vor allem jenen Gruppenmitgliedern entgegen, die aus biographischen Gründen ihre besonderen Schwierigkeiten mit „Verantwortung“ haben. Alle die Kindheitserfahrungen mit elterlichen Verantwortlichkeiten gegenüber jüngeren Geschwistern, mit bedrängenden Erlebnissen von Überforderung und schlechtem Gewissen, mit dauernden Rücksichtnahmen gegenüber Anderen und der immer unerfüllten Sehnsucht nach der eigenen Inanspruchnahme bedingungsloser Zuwendung werden allzu rasch reaktiviert, wenn wieder einmal Verantwortung übernommen werden soll. Dies gilt auch dann, wenn sich diese Übernahme durch eine Art Selbstverpflichtung vollzieht, und der Drang danach im Betroffenen selbst aufsteigt. Hier kann eine kaum auszuhaltende Ambivalenz entstehen. Sie ist leichter zu ertragen, wenn von Anfang an klar ist, dass diese Verantwortung jederzeit und ohne Gesichtsverlust aufgegeben werden kann.

Es ist deshalb klug, wenn die ModeratorIn die Übernahme von Verantwortung als ein „Geschenk“ an die Gruppe interpretiert, das sofort seinen Schenkungscharakter verliert, wenn man sie zur Pflicht erklären würde. Gerade wenn man dauernd und möglicherweise auch langfristig auf diese Schenkung angewiesen ist, sollte man für den Spender ein Gruppenklima herstellen, das ihm diese häufige Zuwendung erleichtert. Wenn nicht nur ein

Gruppenmitglied, sondern immer mehr in der Gruppe Verantwortung für verschiedene Aufgaben übernehmen, schafft das viele Gründe, miteinander freundlich und zugewandt umzugehen. Umgekehrt zeigt sich eine Verschlechterung des Gruppenklimas am ehesten in gruppeninternen Debatten über mangelnde Pflichterfüllung Einzelner.

Dann kippt die Gruppendynamik sehr leicht ins Negative. Einer beginnt damit, seine besonderen Aufgaben nicht mehr verantwortlich wahrzunehmen. Es kommt offene Kritik auf, die das Klima weiter verschlechtert, und in Folge hiervon fangen weitere Gruppenmitglieder an, ihre Aufgaben zu vernachlässigen. Und die ganze Gruppe rutscht in eine Blockade, die nach außen und nach innen handlungsunfähig macht. In extremen Fällen half dann nur noch das Gespräch mit einem auswärtigen Partner (beispielsweise dem Programmleiter), der versuchte, die Gruppe wieder an die Situation zurückzuerinnern, bevor die Negativspirale einsetzte.

Ist diese frühere Situation wieder präsent, kann man eine neue Problemlösung anbieten. Die Verantwortung, die bei dem betroffenen Gruppenmitglied gerade alte Wunden aufgerissen hat, wird übergeleitet (zur Not auf die ModeratorIn) und das entlastete Gruppenmitglied in seinem Anspruch gestärkt, in dieser Notlage Zuwendung und nicht Abgrenzung zu erfahren. Gleichzeitig wird diese Umgehensweise nicht als „Notfall"-Regelung charakterisiert, die jetzt in dieser Extremsituation anzuwenden ist, sondern als Normalfall, von dem jedes Gruppenmitglied profitieren kann. Verantwortung zu übernehmen braucht auch Solidarität. Es kann sehr angenehm sein, als Sprecher für die Gruppe aufzutreten, um beispielsweise öffentlich ein Projekt vorzustellen. Es kann aber auch völlig daneben gehen, die Aufregung kann dem Sprecher die Stimme rauben. So oder so braucht der Herausgehobene das Gefühl, nicht allein zu sein.

Verantwortlich sein kann das Gruppenmitglied aber nur für Abläufe und Teilleistungen, bei denen ihm ein bestimmtes Steuerungsrecht zugebilligt wird. Wenn eine Klientin bei der Produktion von Spielen der Holzgruppe die Brenngravuren übernimmt, dann kann die Gruppe ihr nicht vorschreiben wollen, in welcher zeitlichen oder räumlichen Situation diese besondere Leistung erbracht wird. Wenn es einen Rahmenzeitplan gibt, bis wann das Spiel an den Käufer übergeben werden soll, dann ist der Spielraum für die Klientin für ihre eigenen zeitlichen Entscheidungen nicht völlig beliebig, sie hat schon selbst ein Interesse daran, die Zufriedenheit des Kunden nicht zu gefährden. Aber sie legt großen Wert darauf, dass sie innerhalb dieses zeitlichen Spielraums selbst entscheidet, wann sie mit ihren Spezialarbeiten beginnt.

Hat der Gitarrist der Musikgruppe ein eigenes Stück geschrieben und die Gruppe findet, dass man es in das Repertoire für den nächsten Auftritt einbeziehen sollte, dann übernimmt er sehr gerne die Verantwortung dafür, dass es ausreichend geübt wird. Gleichzeitig legt er aber auch großen Wert darauf, dass er bei der Probe seines Stückes die Leitung übernimmt. Er entwickelt das Arrangement, er legt die einzelnen Beiträge der übrigen Mitspieler fest, korrigiert gegebenenfalls sogar ihre Spielweise.

Diese Leitungsaufgabe sollte immer an eine bestimmte leicht abzugrenzende Aufgabe gebunden sein. Das Stück des Gruppenmitgliedes wird unter Klientenleitung eingeübt. Wenn es dafür einer besonderen Einsatzhilfe bei der Aufführung bedarf, dann wird er selbst beispielsweise den Takt vorgeben. Er ist der Gruppendirigent in dieser Situation. Doch ist das Stück gespielt, verliert er diese herausgehobene Stellung wieder, ohne dass es dazu irgendeiner Intervention bedarf. Ein anderer Klient tritt an seine Stelle, oder die ModeratorIn übernimmt die Leitungsfunktion.

Mit dieser aufgabengebundenen Übertragung von Verantwortung und Leitung wird dem Bedürfnis des sich aktivierenden Gruppenmitgliedes Rechnung getragen, den sich hierdurch ergebenden erhöhten sozialen Druck besser steuern zu können. Die Bindung dieser Anstrengung an eine bestimmte, zeitlich befristete Aufgabe verlangt von ihm keine persönliche Erklärung, weshalb er mehr Steuerungsrechte braucht und weshalb er jetzt gerne die Verantwortung wieder loswerden möchte. Alles macht für den Einzelnen selbst wie für die ganze Gruppe Sinn, weil es sich aus dem sachlichen Tun ergibt. Der Klient dirigiert sein eigenes Stück, dann ist es zu Ende, und er hört mit dem Dirigieren auf. Eine einfache und klare Regelung, die ohne jede weitere Erläuterung verstanden und akzeptiert wird.

Gleichzeitig hat die Aufgabe, die mit mehr Verantwortung und Leitungskompetenz wahrgenommen wird, etwas mit der jeweiligen KlientIn zu tun. Sie erledigt die Aufgabe besonders gern oder gut (dabei macht sie meistens nur gut, was sie gern macht), deshalb hat die Gruppe ihr auch die besondere Rolle übertragen. Beide neue Erfahrungen, das Übertragen von Verantwortung und von Leitung, berühren die KlientIn daher in ganz besonderer Weise. Der Inhalt ihres Tuns hat sehr viel mit ihrer Persönlichkeit zu tun. Es trifft sie daher ganz persönlich, dass man ihr Kompetenz zutraut und sogar bereit ist, ihr besondere Rechte bei der Wahrnehmung dieser Aufgabe zu übertragen.

Dies ist eine Form der Zuwendung durch die Gruppe, die über ein Lob oder über ein Geschenk weit hinausgeht. Lob und Geschenke bekommt man sehr oft, wenn jemand aus einer Gruppe oder aus einem Betrieb verabschiedet wird. Nie kann man sich sicher sein, ob diese Zuwendungsformen die Nähe eines bestimmten Menschen verstärken möchten oder Ausdruck der Freude sind, ihn endlich loszuwerden. In unseren Fällen aber können keine Zweifel aufkommen. Mit der Übertragung von Verantwortung und Leitung machen sich die übrigen Gruppenmitglieder in einem bestimmten Umfang von dieser KlientIn abhängig. Das neue Stück kann nicht ins Gruppenrepertoire aufgenommen werden, wenn der Komponist es nicht nach seinen Vorstellungen mit der Gruppe einstudieren kann.

Es entsteht hierdurch eine zunächst rein funktionale Verbundenheit zwischen der einzelnen KlientIn und ihrer Gruppe. Die KlientIn verschenkt ihre eigene Kreativität und fügt sie dem Repertoire hinzu, welche dann in die Leistung einbezogen wird, mit der die ganze Gruppe Anerkennung beim Publikum finden will. Da in diese Funktion aber sehr viele ganz persönlichen Anteile, Gefühle wie Erfahrungen verwoben sind, berührt sie diese Verbundenheit ganz direkt und dringt deshalb tief in ihre Seele. Während in einem persönlichen Dialog wieder neue Verunsicherung entstehen könnte (Kann ich diese Verbundenheit annehmen, werde ich dadurch nicht abhängig oder sehr verletzlich?), wirkt in diesen Gruppensituationen das sachlich-funktionale Tun wie ein Vorhang oder ein Mantel, hinter dem ich meine innere Beteiligung verbergen kann. Der Einzelne fühlt sich sicherer dabei.

Auch die Rolle der ModeratorIn verändert sich in dieser aktivierenden Phase der Gruppenarbeit. Auch ihre Verhaltensweisen wandeln sich erheblich. Die früher ganz selbstverständliche Führungsrolle in allen Zweigen der Gruppenaktivität wird nun immer wieder nicht mehr gebraucht. KlientInnen übernehmen die Leitung. Vielfach können sie es tatsächlich besser, verstehen mehr von den Inhalten, sind geschickter im Umgang mit den anstehenden Aufgaben. Was der ModeratorIn jedoch bleibt, ist die Zuständigkeit für alles Unvorbereitete, für Konflikte, für neue Anforderungen von außen, für Kontaktanbahnungen. Neben diesen spontan anstehenden Aufgaben bleibt die Rolle der ErmutigerIn, der Lobenden und Bestätigenden unverändert erhalten.

Kapitel 6.6 Moderation unter dem Aktivierungsthema

Im nächsten Abschnitt will ich die Veränderungen näher beschreiben, die sich unter dem Aktivierungsthema für die Moderation ergeben. Wir haben schon früher gesehen, dass sich das Aktivierungsthema möglichst authentisch aus dem Gruppengeschehen entwickeln muss. Hier kommt es sehr auf die Zurückhaltung und die Geduld der MitarbeiterIn an. Die Geburt dieses Themas kann lange dauern.

Dabei erschöpft sich die Rolle der Moderation keineswegs im bloßen Zuhören. Manchmal bringen einzelne Gruppenteilnehmer ein Thema auf, das sofort wieder übergangen und vergessen würde, wäre nicht die Moderation da. Sie hebt dieses Thema dadurch ins Gruppenbewusstsein, dass sie die betreffende TeilnehmerIn bittet, doch ihren Vorschlag, ihre Idee etwas näher zu erläutern. Noch haben die KlientInnen kein Gespür dafür, aus welcher Idee eine Aktivität entstehen könnte. Hierzu fehlt es noch an Erfahrung.

Manche gute Idee würde unwiederbringlich verloren gehen, wenn sie nicht durch die Moderation festgehalten und aus dem Alltagsgeplapper herausgehoben würde. Zur Qualität einer Idee gehört dabei, wie wir schon gesehen haben, dass die Idee eine gewisse Strahlkraft besitzt. Hierzu muss sie ein Thema ansprechen, das ganz eindeutig zur Sphäre der normalen Gesellschaft gehört und nicht eine typische Aktivität im therapeutischen Setting darstellt.

Der Vorschlag in der Malgruppe, etwas zum Thema „Verlust" zu malen und hiernach in der Gruppe über die verschiedenen Arbeitsergebnisse eine Diskussion zu führen, wäre eine typisch therapeutische Aktivität. Die Verbindung dieser Idee mit dem Thema von Flucht und Vertreibung, also „Verlust der Heimat", spricht dagegen ein aktuelles gesellschaftliches Thema an. Die Arbeitsergebnisse unter dieser Thematik können durchaus an einem öffentlichen Ort gezeigt und dort mit einem interessierten Publikum besprochen werden. Kein Gruppenmitglied würde jedoch dem Vorschlag zustimmen, seine ganz persönliche Verbindung mit dem Thema „Verlust“ außerhalb der Gruppe zu besprechen.

Die Strahlkraft eines Aktivierungsthemas berührt immer verschiedene Aspekte. Da ist der Reiz, sich mit eigenen Aktivitäten in die Öffentlichkeit zu begeben. Das ist eine Perspektive, die gerade für diejenigen Menschen besonders anziehend wirkt, die lange Jahre in abgeschlossenen gesellschaftlichen Lebensräumen verbracht haben. Diese Anziehungskraft löst aber auch Ängste aus, dem allgemeinen Interesse nicht genüge tun zu können. Wer kann das schon gut finden, was wir, was ich zu diesem Thema beitragen kann?

Diese Ängste steigern sich bis zur Blockade, wenn in der Vorbereitung und Durchführung Probleme auftauchen, mit denen man bisher nicht gerechnet hat. Auch ganz nebensächliche Schwierigkeiten können dann emotional so bedeutsam werden, dass der Aktivitätsimpuls vollständig erstirbt. Die Moderation tut daher gut daran, im Zuge der Bildung von Aktivitätsthemen alle rechtlichen, wirtschaftlichen und organisatorischen Bedingungen zu untersuchen und zu klären, die für eine erfolgreiche Durchführung der Aktivität notwendig sind.

Allein die rechtlichen Aspekte können bei bestimmten Aktivierungsthemen einige Klärungen notwendig machen. Als praktisches Beispiel möchte ich das Vorhaben der Computer-Gruppe Bad Gandersheim vorstellen, im Gebäude des Wohnheims, in dem auch die Gruppe ihr Domizil gefunden hatte, ein Internet-Café zu betreiben.

Das Vorhaben aus rechtlicher Sicht

Die nachfolgenden Darstellungen können zu unterschiedlichen Anlässen abgegeben werden, um das geplante „Internet-Café“ vor Behörden und sonstigen Partnern einzuordnen.

Basaler rechtlicher Zusammenhang: Soziale Rehabilitation

Die PC-Gruppe Bad Gandersheim gehört zu über 20 aktivierenden Gruppen, die im Rahmen des Projektes Selbstbestimmung und Teilhabe als wichtige Bausteine in der sozialen Rehabilitation von psychisch Erkrankten eingesetzt werden. Die soziale Rehabilitation wird vom Albert-Schweitzer-Familienwerk im Auftrage der Träger der Eingliederungshilfe durchgeführt.

Ziel der sozialen Rehabilitation ist eine Lebenssituation, die den beteiligten Behinderten eine selbständige, nicht mehr auf Sozialhilfe angewiesene Lebensweise ermöglicht. Die Erreichung dieses Zieles muss schrittweise die Betroffenen aus ihrer krankheitsbedingten sozialen Isolierung herausbegleiten. Für die hierzu eingesetzten aktivierenden Gruppen bedeutet dies, dass sie auf eine von den Behinderten ausgehenden Weise und mit eigenen Vorschlägen Kontakt mit dem gesellschaftlichen Umfeld aufnehmen. Soziale Integration ist kein theoretischer, sondern ein konkret praktischer Prozess, der einen Sozialraum benötigt, indem sich das soziale Kontaktvermögen ausprobieren und qualifizieren kann.

„Internet-Café“ als rehabilitativer Sozialraum

Die Idee des „Internet-Cafés“ ist von den KlientInnen der PC-Gruppe Bad Gandersheim entwickelt worden. Er knüpft an Einrichtungen an, die diesen Namen führen und aus Sicht der Behinderten zweifelsfrei der offenen Gesellschaft angehören. Unter dem Begriff „Internet-Café“ gestaltet sich für das Erleben der Beteiligten der Übergang aus dem isolierten Rahmen der soziotherapeutischen Gruppe in die umgebende Nachbarschaft. Dieser Begriff ist daher unverzichtbar für das rehabilitative Gelingen dieses Schrittes.

Dies gilt auch dann, wenn das „Internet-Café“ nur eine teilöffentliche Einrichtung bleibt, deren Öffnungszeiten und organisatorische Rahmenbedingungen ganz auf die Belange der Rehabilitation abgestellt bleiben und keinen wirklichen Übergang zu einer gewerblichen Tätigkeit bedeutet. Allein die Tatsache, dass ausgewählten Menschen aus der offenen Gesellschaft bestimmte Dienste angeboten werden, verändert das Beziehungsgeflecht, das bisher zwischen den Behinderten und der Gesellschaft bestand. Bisher waren es allein die Behinderten selbst, die von gesellschaftlichen Dienstleistungen profitierten. Jetzt aber soll sich diese einseitige Beziehung umkehren, und die Behinderten treten nun selbst als Leistungserbringer auf, die für andere Bedeutung bekommen.

„Internet-Café“ in gewerberechtlicher Sicht

Damit die rehabilitative Unternehmung „Internet-Café“ nicht die Schnittstelle zu einer gewerblichen Unternehmung überschreitet, wird sie folgende Regelungen beachten:

Das „Internet-Café“ wird nur zu **eingeschränkten Zeiten** tätig sein, wenn die rehabilitativen Rahmenbedingungen dies ermöglichen. Außerhalb dieses engen Rahmens wird keine Tätigkeit ausgeübt.

Das „Internet-Café“ wird auf ganz **beschränkte Zielgruppen** abzielen und hierbei vor allem auf ältere Menschen, die eine erste Einführung in den Gebrauch des Internets suchen. Bei der Akquisition der „Kundschaft“ wird eng mit den örtlichen Trägern der Altenarbeit bzw. ähnlichen Einrichtungen und Diensten zusammengearbeitet.

Das „Internet-Café“ wird neben internetbezogenen pädagogischen und beratenden Leistungen auch einfache Getränke und Gebäck anbieten, um den überwiegend älteren Menschen den möglicherweise längeren Aufenthalt angenehm zu gestalten. Hierdurch sollen sie animiert werden, das „Internet-Café“ erneut zu besuchen, damit sich zwischen den Behinderten und ihren Gästen **soziale Beziehungen** entwickeln können.

Die Leistungen des „Internet-Cafés“ werden nicht gegen Geld abgegeben. Es gibt dementsprechend **keine Preise und keine Preisliste**. Wenn BesucherInnen aus Zufriedenheit dem Albert-Schweitzer-Familienwerk als Träger der PC-Gruppe eine Spende überlassen, so wird dies gerne entgegen genommen.

Mit Eröffnung des „Internet-Cafés wird innerhalb der Gruppe ein Wirtschaftsbuch geführt, in dem die für den Betrieb des „Internet-Cafés“ anfallenden besonderen Sachkosten wie Kaffee oder Gebäck festgehalten wird. In diesem Wirtschaftsbuch werden ebenfalls Spenden eingetragen, wenn Besucher sie bar der Gruppe überlassen. Die Ausgaben werden als Kosten der Rehabilitation angesehen, die vom Albert-Schweitzer-Familienwerk im Rahmen ihrer Vereinbarungen mit den jeweiligen Kostenträgern abgerechnet werden. Sie müssen daher entsprechend belegt sein. Die Spenden betreffen ebenfalls das Albert-Schweitzer-Familienwerk, die hierüber in der Regel den Spendern gegenüber **keine Spendenbescheinigung** ausstellt.

In größeren Abständen (monatlich, quartals- oder halbjahresweise) werden die Positionen des Wirtschaftsbuches gegenüber der Verwaltung des Albert-Schweitzer-Familienwerkes abgerechnet. Hier werden sie verbucht und stehen später gegebenenfalls für Prüfungszwecke zur Verfügung.

„Internet-Café“ in baurechtlicher Sicht

Das „Internet-Café“ wird in den Räumen des Reha-Zentrums Bad Gandersheim tätig. Die Räume sind baurechtlich für Zwecke der Betreuung und Rehabilitation von behinderten Menschen frei gegeben. Durch die Konkretisierung der sozialen Rehabilitation als „Internet-Café“ ändert sich also an der Nutzungsart nichts.

Wenn im Zuge dieser Rehabilitation Gebäck selbst hergestellt werden sollte, so geschieht dies in der Zentralküche des Reha-Zentrums, die für diese und weitere Zwecke der Speisezubereitung vorgesehen ist und laufend der Hygienekontrolle unterliegt. Zusätzliche Küchen oder sonstige hauswirtschaftliche Einrichtungen werden im Zuge des „Internet-Cafés“ nicht geschaffen.

„Internet-Café“ in steuerrechtlicher Sicht

Da das „Internet-Café“ die Grenze zu einer gewerblichen Unternehmung nicht überschreitet, die Leistungen der PC-Gruppe nicht gegen Entgelt verkauft werden, kein Umsatz im handels- und steuerrechtlichen Sinne stattfindet, handelt es sich nicht um einen „Zweckbetrieb“ im Sinne der Abgabenordnung. Wenn Einnahmen erzielt werden, dann neben dem eigentlichen Austausch von Leistungen in Form von kleineren Geldspenden, über die das Albert-Schweitzer-Familienwerk im Rahmen seiner Körperschaftssteuer-Erklärung Rechnung ablegen wird. Die Kosten sind als Sachkosten der Rehabilitation anzusehen. Sie fließen daher ebenfalls in das Zahlenwerk der Körperschaftssteuer-Erklärung ein.

Für die Darstellung der rechtlichen Einordnung des „Internet-Cafés“ ist bewusst die Schriftform gewählt worden, die den unterschiedlichsten Adressaten ausgehändigt werden kann. Die Moderation, die möglicherweise schon im Zuge der eigenen Recherchen mit internen oder in Einzelfällen externen Fachleuten gesprochen hat, fertigt dieses Papier, damit alle Gruppenbeteiligten, aber auch alle indirekt beteiligten

Personen und Stellen immer dieselbe informatorische Grundlage besitzen. Dieses Papier kann man auch einer Steuererklärung beilegen oder dem Antwortschreiben an das Ordnungsamt, das sich verwundert nach dem Internet-Café erkundigt, für das keine Gewerbeerlaubnis beantragt wurde.

Das Papier ist so aufgebaut, dass zunächst erklärt wird, in welchem Zusammenhang es zu dieser Aktivität kommt. Es ist die Notwendigkeit zu beschreiben, die sonst übliche Grenze zwischen isoliertem therapeutischem Geschehen und normalem gesellschaftlichen Leben zu überschreiten. Soziale Rehabilitation wird in der offenen Gesellschaft tätig, weil dies zu ihrem eigenen rehabilitativen Auftrag gehört. Die sich aktivierende Gruppe findet ihre eigenen sozialen Energien wieder, indem sie eingreifen will in das Alltagsgeschehen. Hierdurch nimmt sie auch alle Regeln auf sich, die im Alltag gelten, hört aber dennoch nicht auf, eine Reha-Gruppe zu sein. Die Schnittstelle zwischen dem rechtlich definierten Bereich der Rehabilitation und den übrigen Rechtsfeldern der Gesellschaft braucht eine transparente Beschreibung, sonst entstehen Konflikte, die sehr negativ auf den Gruppenprozess zurückschlagen können.

Mit dem Begriff des „rehabilitativen Sozialraums“ wird diese Schnittstelle zu fassen versucht. Er befindet sich einerseits mitten im Leben, in diesem Beispiel mitten in Bad Gandersheim, für die Bürger der Stadt gut wahrzunehmen. Andererseits ordnet er alle gewohnten Erwartungen, die von außen an diese Einrichtung gestellt werden, den rehabilitativen Notwendigkeiten der Gruppe unter. Die Öffnungszeiten richten sich nach den

Gruppenzeiten, die Gruppe wählt bestimmte Kunden aus, kooperiert mit bestimmten Partnern in der Stadt. Das Internet-Café ist zwar öffentlich zugänglich, aber nur dann und für diejenigen, die in den Gruppenprozess hineinpassen. Viele ältere Menschen aus Bad Gandersheim haben sich diesen eigentümlichen Bedingungen gerne angepasst. Es ist auch zu keinen nennenswerten Auseinandersetzungen mit Behörden und sonstigen Stellen gekommen.

Während es einerseits darauf ankommt, Konflikte mit dem sozialen Umfeld zu vermeiden, weil die TeilnehmerInnen zu diesem Zeitpunkt noch wenig in der Lage sind, sie erfahrungsmäßig zu durchdringen und selbstbewusst auszufechten, kann die Moderation bestimmte Situationen nutzen, um interne Konflikte sichtbar zu machen und bei ihrer Lösung aktiv mitzuhelfen. Ein ganz typischer Konflikt zeigt sich in fast allen Reha-Gruppen hinsichtlich des Anspruches des Einzelnen, möglichst die bequemste An- und Abreiseform zu nutzen.

Zu Beginn der Gruppenarbeit konnte es durchaus sinnvoll sein, sich zum Treffpunkt mit dem Taxi fahren zu lassen. Nur so ließen sich die Ängste bewältigen, die mit der Nutzung öffentlicher Verkehrsmittel verbunden waren. Doch die neuen Erfahrungen bauen ganz offensichtlich diese Ängste ab. In vielerlei Zusammenhängen wird immer deutlicher, dass fremde Situationen immer besser und selbständiger bewältigt werden können. Doch die Übertragung dieser Kompetenzen auf die allzu bequeme Anfahrsituation wird dennoch hinausgezögert. Wenn die Moderation hier nicht eingreift, kann es über einen längeren Zeitraum zu unangemessenen Hilfen kommen, die nicht mehr gebraucht werden.

Dieses Eingreifen sucht sich eine passende Gruppensituation, die es den Betroffenen erleichtert, die Unangemessenheit selbst zu entdecken. Eine immer wieder auftauchende Situation ergibt sich im Rahmen der Selbstorganisation. Hier wird beispielsweise der Gruppenhaushalt für die Sachkosten besprochen, oder es werden die Kosten eines Gruppenprojektes kalkuliert. In diesem Zusammenhang, bei dem es um wirtschaftliche Lösungen für die Interessen der Gruppe geht, kann die Moderation ganz leicht auf den Haushalt für alle Reha-Gruppen zu sprechen kommen und dabei insbesondere die hohen Beförderungskosten ansprechen. Dann ist es nur noch ein kleiner Schritt, um die gewachsene Selbständigkeit der TeilnehmerInnen hervorzuheben und die hierdurch entstehende Chance, Beförderungskosten zu senken.

Mehr zu sagen ist nicht notwendig. Denn hieran lässt sich im Einzelgespräch mit bestimmten GruppenteilnehmerInnen gut anknüpfen. Sie werden in ihrer Selbstwahrnehmung bestärkt, dass sie in vielen Lebensbereichen schon viel kompetenter geworden sind. Dann werden sie danach befragt, ob nicht auch nach ihrer Einschätzung jetzt der richtige Zeitpunkt gekommen ist, einen preiswerteren Anfahrweg zu probieren. In der Regel lässt sich die TeilnehmerInnen sehr schnell von diesem Experiment überzeugen. Und man klärt gemeinsam, wie man den ersten Versuch so gestalten könnte, dass keine unnötigen Verunsicherungen entstehen.

Die Frage der Beförderung ist ein Beispiel für Regelungen, die einmal notwendig und sinnvoll waren, jetzt aber mehr den Charakter von Privilegien angenommen haben. Es gibt jedoch keinen sozialen Automatismus, mit dessen Hilfe man diese Privilegien wieder aufgibt. Es ist so schön bequem und angenehm, sie zu genießen. Sie sind Überbleibsel aus den Zeiten eigener Inkompetenz, die sich durch das Klammern an diese Sonderhilfen zu erhalten versuchen. Es liegt daher am Wegrand der Verselbständigung, diese Privilegien jenen zu überlassen, die sie noch dringend benötigen. Wer öffentliche Verkehrsmittel ohne Ängste benutzen kann, der zeigt soziale Kompetenz, auf die er stolz sein kann. Die Moderation kann hier der TeilnehmerIn sehr helfen, diesen Wandel so zu sehen und zu erleben.

Die rehabilitative Gruppe vereinigt am Anfang KlientInnen und ModeratorInnen, die einen Impuls gemeinsam haben, aber mehr zunächst nicht. Beide Seiten haben noch keine Vorstellung darüber, wohin die gemeinsame Reise gehen wird. Da treffen sich Menschen, die gerne Musik machen, oder die Pferde lieben oder gerne Holz bearbeiten, aber ob sie einen Weg finden, die individuellen Interessen, Vorerfahrungen, Abneigungen und Ängste unter einen aktiven Hut zu bringen, der die Gruppe auf angenehme Weise in Gang bringt, kann niemand wissen. Da treffen sich welche auf einer Insel, die sie sich selbst ausgesucht haben, finden sich dabei aber mit Leuten zusammen, die sie vorher noch nie gesehen haben. Kann daraus etwas werden, was den Beteiligten etwas bedeuten wird?

Zunächst macht jedes Gruppenmitglied sein Ding. Die eine redet ohne Punkt und Komma, ohne ein Ende zu finden. Der Andere greift sich ein Werkzeug und fängt an, die Büsche zu schneiden. Die Dritte findet, dass hier jeder macht, was ihm gerade einfällt, und alles ein richtiger Saustall ist. Der Vierte möchte eine Pause zum Rauchen haben. Der Fünfte schweigt verbissen vor sich hin und seine Unglücklichkeitsfalte im Gesicht wird immer tiefer.

Die beiden ModeratorInnen wissen nicht, wohin sie sich zuerst wenden sollen: Hier braucht einer Ermutigung, dort muss man jemanden stoppen, da streiten zwei, und einen kann man schon seit zehn Minuten nicht mehr ausfindig machen. Und nach zwei Stunden Gruppenchaos sind sie völlig fertig, erschöpft, ausgelaugt, kaputt. Da kann man sich nur noch gegenseitig trösten und aneinander aufrichten.

Doch dann beginnt diese Arbeitsweise Wirkung zu zeigen. Es bilden sich bestimmte Rollen heraus, KlientInnen ordnen sich Aufgaben zu. Es bildet sich eine Ablaufstruktur des Gruppentreffens heraus mit bestimmten Ritualen des Beginns und Endes des Treffens und mit Unterbrechungen durch Pausen. Das gibt allen ein Stück Sicherheit, welche die beginnende Zusammenarbeit positiv beeinflusst.

Es entsteht eine Kultur des Kommunizierens, in der man aufeinander hört und sich gegenseitig Gelegenheit gibt, sich aktiv einzubringen. Es entstehen die ersten Ideen, wie man das gemeinsame Gruppenthema so bearbeiten könnte, dass es Ergebnisse bringt, die vorzeigbar sind. Zu den ursprünglich gemeinsamen Impulsen gesellen sich jetzt gemeinsame Ziele. Diese Ziele sind keine persönlich individuellen Ziele mehr, die jeder für sich erreichen will, sondern Ziele, die man nur als Gruppe angehen kann.

Damit diese Ziele erreichbar werden, braucht die Gruppe ein Programm, bestehend aus der Planung von Arbeitsschritten, der Organisation von Arbeitsmitteln, Werkzeug usw. und einer zunehmenden Arbeitsaufteilung. Jeder macht das, was ihm am ehesten liegt, aber alles muss ineinander greifen und auch das Unangenehme muss getan werden.

Die Motivation zum Mitmachen löst sich langsam aus der vollständigen Abhängigkeit vom Beziehungsgeschehen. Natürlich ist es gut, die ModeratorInnen weiter in der Nähe zu wissen, natürlich mag die KlientIn einige aus der Gruppe lieber als andere. Doch neben diesen persönlichen Aspekten entwickelt sich das Bedürfnis, bestimmte Arbeitsergebnisse zu erreichen. Es ist einfach toll, wenn eine Musikaufführung im öffentlichen Rahmen geklappt hat, wenn die Gartengruppe wieder Gemüse verkauft, Süß und Herzhaft ihre Gläser und Tütchen an die KundIn gebracht hat. Und für diese Erlebnisse kann man dann auch Unangenehmes in Kauf nehmen.

Die Dynamik des Gruppengeschehens greift auf das gesellschaftliche Umfeld über. Die Gruppe beginnt wahrzunehmen, wo gegebenenfalls ein gesellschaftlicher Bedarf besteht nach dem, was die Gruppe zu bieten hat. Es bildet sich der Wunsch heraus, die Gruppenaktivität an diesen erkannten Bedürfnissen und Nachfragen auszurichten. Die Gruppen kommen endgültig in ihre Aktivierungsphase. Sie suchen

Ansatzpunkte für ihre gesellschaftliche Teilhabe. Neue Anforderungen werden nun an die KlientInnen und ebenso an die ModeratorInnen gestellt.

Die KlientInnen können nun nicht mehr anders, als sich gesellschaftlich zu positionieren. Als wer oder was wollen wir öffentlich auftreten? Wie sollen uns die Menschen sehen? Wollen wir sagen, dass diese Gruppenarbeit Teil unserer sozialen Rehabilitation ist? Kommen wir daran vorbei, uns öffentlich zu outen? Ist es nicht eine unschätzbare Chance, in dieser Gruppe, mit diesem konkreten Anliegen, in dieser ganz aktiven Rolle öffentlich zu bekennen: Jawohl, wir sind psychisch krank, aber nicht mehr lange! Denn wir arbeiten daran, und Ihr, die Ihr mit uns in Kontakt tretet, könnt einen ganz wichtigen Beitrag zu unserer Reha leisten, indem Ihr ganz normal mit uns zusammenarbeitet.

Für die ModeratorInnen bedeutet der Übergang in die Aktivierungsphase und dann in den Teilhabemodus eine Ausweitung der Kontakte und der Kooperation in das gesellschaftliche Umfeld hinein. Doch die wirklich bedeutungsvollen Veränderungen ergeben sich weniger aus der Einbeziehung des öffentlichen Bereiches in das Handlungsfeld der Gruppe, sondern vor allem aus der Konsolidierung der Gruppensituation und der Zunahme der Kompetenz der KlientInnen, die Gruppenarbeit zu strukturieren und für ein gutes Klima zu sorgen.

Damit diese wachsende Kompetenz ein angemessenes Handlungsfeld findet, müssen die ModeratorInnen den KlientInnen entsprechend Platz machen. Denn wenn sich die MitarbeiterInnen weiterhin für alle verantwortungsvolleren Aufgaben für zuständig halten, wie sollen dann die KlientInnen in diese Rollen hineinwachsen können? Dieser Prozess des Platzmachens hat einen qualitativen und einen quantitativen Aspekt.

Der qualitative Aspekt bezieht sich auf die Funktion der Moderation. In der ersten Phase der Gruppenarbeit, in der KlientInnen und ModeratorInnen unter dem Zugangsthema zusammenkommen, entfaltet sich die Moderation vor allem in alle unmittelbaren Prozesse hinein, die etwas mit der Gruppenbildung, der für viele KlientInnen ungewohnten Gemeinschaftlichkeit des Handelns zu tun haben. Viele Elemente dieser Arbeit bestehen notwendigerweise aus Einzelgesprächen mit KlientInnen, denen diese Lebensweise mit ihren ungewohnten Anforderungen an die Beziehungsfähigkeit große Schwierigkeiten bereitet.

Da die Einzelkontakte mit den KlientInnen auf die wenigen Gruppenstunden beschränkt sind, in denen sich solange kein größerer Einfluss auf die Impulsbildung der KlientInnen herstellen kann, wie sich in der Gruppe noch keine eigenständige Zielbildung entwickelt, ergibt sich dann auch zusätzlich die Aufgabe, mit den übrigen Betreuungskräften zusammenzuarbeiten, die als ambulante Hilfe oder gesetzliche BetreuerInnen oder als MitarbeiterInnen der Tagesstätte oder des Wohnheims mit ihnen zu tun haben. So entsteht neben der Handlungsebene „Gruppenbildung“, der Handlungsebene „individuelle Impulsbildung“ auch noch die Ebene „Zusammenarbeit im Betreuungsnetz“.

Wie alle Dreiecksbeziehungen stellt diese Anfangssituation allerhöchste Anforderungen an die

Moderation. Da alles miteinander eng verwoben ist, kann man auch nicht eine Seite des Dreiecks ignorieren. Wenn die Moderation nicht dazu kommt, eine persönliche Gesprächsebene zu einer KlientIn aufzubauen, die besondere Probleme im Gruppenzusammenhang empfindet, dann belastet das ganz erheblich den Prozess der Gruppenbildung, oder sie verliert die KlientIn sogar. Sie meldet sich ab.

In dem Maße jedoch, wie die einzelne KlientIn vom Gruppengeschehen erfasst wird, ihr die regelmäßige Mitwirkung an diesen Aktivitäten immer wichtiger wird, relativiert sich die Bedeutung der direkten Beziehung mit der ModeratorIn. Natürlich macht es einen gravierenden Unterschied, ob sie dabei ist oder nicht. Aber es wird der KlientIn immer selbstverständlicher, dass sie nicht für sie allein da ist, sondern für die als wichtig empfundene Entwicklung der Gruppenarbeit. Sie steht für einen Ablauf, der nicht von Konflikten beherrscht wird, sie erinnert zur rechten Zeit an die Ziele, die sich die Gruppe gesetzt hat, stellt die bisherige Planung zur Diskussion. Sie ordnet das Gruppengeschehen, wenn es chaotisch zu werden droht.

Doch auch im Gruppengeschehen bilden sich zunehmend Routinen heraus. Bestimmte wiederkehrende Aufgaben werden von ganz bestimmten KlientInnen erledigt. Für ein gutes Arbeitsklima fühlen sich jetzt auch KlientInnen verantwortlich. Viele spontane Entscheidungen werden getroffen, ohne dass sich die ModeratorIn aktiv beteiligt. Die Dynamik, die Gruppenziele weiter zu entwickeln, geht jetzt auch von KlientInnen aus. Es ist ein verlässlicher Stamm von

KlientInnen entstanden, die mit der aktivierenden Gruppe voll identifiziert sind.

Welche Funktionen und Aufgaben bleiben, die langfristig nicht von den beteiligten KlientInnen verantwortlich übernommen werden können? Letztlich sind es nur zwei Bereiche, die bleiben:

Die Einbindung der Erfahrungen und Erkenntnisse aus der Arbeit in dieser spezifischen aktivierenden Gruppe in die Bemühungen des Albert-Schweitzer-Familienwerkes um eine fachlich qualifizierte und wirtschaftlich auskömmliche soziale Rehabilitation psychisch erkrankter Menschen.

Die Übernahme der Verantwortung für das Gruppengeschehen in Bezug auf die für das ASF geltenden rechtlichen und fachlichen Anforderungen.

Diese Verantwortung gegenüber dem Träger bleibt auch dann bestehen, wenn die rehabilitativen Gruppen einen erheblichen Teil ihrer Arbeit selbst organisieren. Denn jede neue Idee, jeder neue Impuls, mit eigenen Interessen in das gesellschaftliche Umfeld zu gehen, berührt gesellschaftliche Regelungen, die Beachtung verdienen. Die Rehabilitation kann in vielen Fällen Sonderbedingungen heraushandeln. Aber dieser „Handel“ muss getätigt werden. Und es ist letztlich die Moderation, die dafür gerade stehen muss, dass ganz frühzeitig geprüft wird, welche rechtlichen Anforderungen zu beachten sind.

Gelegentlich sind – wie beim Beispiel „Internet-Café“ - die Zusammenhänge komplexer Natur. Dann hilft auch manchmal das Vorwissen der ModeratorInnen nicht, rechtliche Sicherheit herzustellen. Hier muss dann die Leitung des Trägers eingeschaltet werden, die gegebenenfalls ihren Steuerberater oder Wirtschaftsprüfer noch hinzuzieht. Diese notwendige Beratung braucht eine positive und kreative Grundeinstellung. Es geht nicht darum, Ideen aus der Reha-Gruppe abzuwürgen, sondern zu ermöglichen. Wenn es dazu Variationen der Grundidee braucht, kann das den sozialen Lernprozess der Gruppenmitglieder nur befördern. Solange die KlientInnen ein Interesse spüren, ihren Impulsen zum Erfolg zu verhelfen, sind sie zu vielen Kompromissen bereit.

Auch die quantitativen Aspekte des „Platzmachens" knüpfen an die Entwicklung der aktivierenden Gruppe an. Am Anfang, wenn KlientInnen noch keine Erfahrung mit diesen Gruppen gemacht haben, dann brauchen wir unbedingt zwei ModeratorInnen. Nach Möglichkeit sollten die auch immer gleichzeitig anwesend sein. Die Gruppentreffen sollten auch immer mindestens im Zweiwochenrhythmus stattfinden, besser ist jedoch immer im wöchentlichen Takt, noch besser zweimal oder häufiger pro Woche.

Wenn sich die Gruppenarbeit qualitativ verändert, hat dies selbstverständlich auch Auswirkungen auf den zeitlichen Einsatz der ModeratorInnen. Zunächst lässt sich die Funktionsverlagerung auf selbständig werdende KlientInnen noch durch neue inhaltliche Aspekte kompensieren. Insbesondere das wachsende Interesse am gesellschaftlichen Umfeld, der stärkere Wunsch nach Teilhabe eröffnet neue Aufgabenfelder, die besondere Recherchen und Kontakte erfordern. Doch spätestens dann, wenn auch diese neuen Beziehungen angebahnt sind, lässt sich die Notwendigkeit nicht mehr verdrängen, dem wachsenden Potenzial der KlientInnen Platz zu machen.

Die Vorgehensweise zur Reduzierung der Moderatorenpräsenz lässt sich nicht generell regeln. Da hierbei viele Aspekte zu berücksichtigen sind wie die jeweilige berufliche Situation der ModeratorInnen, die Bedeutung bestimmter persönlicher Beziehungen zu KlientInnen oder die fachliche Kompetenz für die aktuelle Gruppensituation, lässt sich die Reduzierung des Moderatoren-Einsatzes nur gruppenbezogen regeln. Wahrscheinlich wird es ebenso viele Wege geben, wie Gruppen diese Reduktion möglich machen.

In jedem Falle bedeutet die Reduzierung des personellen Einsatzes bei einer rehabilitativen Gruppe die Anerkennung für eine hervorragende Leistung der ModeratorInnen. Es dürfte keinen Widerspruch finden, dass sich die beteiligten MitarbeiterInnen durch diese von ihnen mit geprägte Entwicklung für neue Aufgaben qualifiziert haben.

Kapitel 6.7 Die Dimension des gesellschaftlichen Austausches

Ich konnte bisher zeigen, dass die soziale Gruppenrehabilitation einen Prozess darstellt, bei dem es in der ersten Phase zu Begegnungen und Beziehungen zwischen einzelnen Beteiligten kommt. Zunächst geht die Initiative dazu von den

MitarbeiterInnen aus, dann bilden sich auch zwischen den KlientInnen Kontakte und Beziehungen heraus. Es kommt zur Gruppenbildung mit Rollen und Funktionen, welche von den Gruppenmitgliedern ausgebildet und übernommen werden. Wichtig ist dabei von Anfang an ein sachliches Thema, an dem alle Beteiligten schon vor der Gruppenbildung interessiert waren. Die Gruppendynamik gestaltet das verbindende Sachinteresse um zu einer Kontaktebene zum gesellschaftlichen Umfeld. Die Gruppe will sich mit ihrem Tun gesellschaftlich einbringen. Häufig geht es dabei um die Darbietung und nach Möglichkeit auch wirtschaftliche Verwertung des selbst Entwickelten bzw. Geschaffenen.

Damit es über die Darbietung auch zu Kontakten, Begegnungen und vielleicht sogar Beziehungen kommt, ist die Form und soziale Gestaltung dieser Präsentation sehr bedeutungsvoll. Sie bedarf deshalb besonderer Überlegungen. Zwei Beispiele sollen dies verdeutlichen:

Die Malgruppe in Uslar entwickelte im Verlaufe ihrer Aktivierung das Bedürfnis, ihre Arbeiten öffentlich zu präsentieren. Gruppenmitglieder nahmen wahr, dass in der Innenstadt des Ortes immer mehr Geschäfte aufgegeben wurden. Nachfragen bei den Hauseigentümern ergaben, dass sie sehr in Sorge waren, dass durch den Leerstand die Attraktivität der Innenstadt insgesamt leidet. Den Einwohnern vermittelt sich mit jedem weiteren Geschäft, das zur Neuvermietung ansteht, das Bild eines kranken Gemeinwesens, das zu schwach geworden ist, den allgemeinen Bedürfnissen nach einem lebendigen Stadtmittelpunkt gerecht zu werden. Einige Eigentümer waren daher sehr angetan von dem Angebot, ein

Schaufenster in ihrem Haus über längere Zeit mit den künstlerischen Arbeit der Reha-Gruppe zu dekorieren.

Dieses Angebot war in dieser Gruppenphase zu verlockend, um es abzulehnen. Und so nahm die Gruppe schon bald ein großes Fenster eines ehemaligen Möbelhauses mit ihren Arbeiten in Beschlag. Die Präsentation wurde immer wieder gewechselt. Es gab Einzelausstellungen mit den Arbeiten eines Gruppenmitgliedes, dann wieder Präsentationen der ganzen Gruppe. In diese Präsentation schlich sich dann das gesellschaftsbezogene Interesse, einzelne Arbeiten auch zu verkaufen. Und so wurde ein Schild angebracht, das auf dieses Interesse aufmerksam machte und eine Handynummer angab, wo man sein Interesse bekunden konnte. Auf diese Weise wurde manche Arbeit verkauft. Doch ein wirklicher Kontakt mit den KäuferInnen oder den Menschen, die vor dem Fenster stehen blieben, kam hierdurch nicht zustande.

Wie kommt man aus dieser Sackgasse heraus?

Das Bedürfnis nach bildnerischer Gestaltung beschränkt sich in einer Stadt wie Uslar nicht nur auf eine Gruppe der sozialen Rehabilitation. Schon ein Blick in das Programm der örtlichen Volkshochschule zeigt, dass Malgruppen für die Bürgerschaft angeboten werden, die auch tatsächlich stattfinden. Manche dieser VHS-Kurse finden sogar seit längerer Zeit statt, und ein Teil der TeilnehmerInnen nimmt schon ein und teilweise mehrere Jahre an den Gruppen teil. Hier kann man erwarten, dass sich bereits ein entwickeltes Gruppengefüge gebildet hat. Auch in diesen Freizeitgruppen kommt es durch das Zusammenspiel von Einzelbeziehungen,

Gruppendynamik und verbindendes Sachthema zu Aktivitäten, die nach außen gerichtet sind. Auch in diesen Gruppen kommt es gelegentlich zu kleinen Ausstellungen, und sei es am Tag der Offenen Tür der Volkshochschule.

Auch wenn die Ausstellungen der VHS-Kurse in erster Linie dem Präsentationsbedürfnis der Institution dienen, also Teil deren Marketings sind, machen die Gruppen gerne mit, weil ihr soziales Bedürfnis nach eigener Darstellung vorhanden ist und ihre Verwirklichung sucht. Auch wenn VHS- und Kursleitung das soziale Potenzial dieses Bedürfnisses weder erkennen, noch ihm im Kursgeschehen eine besondere Bedeutung zumessen wollen, ist es dennoch vorhanden und kann von außen angesprochen werden.

Es bestehen recht gute Aussichten, mit der Kursleitung ein Treffen zu vereinbaren, zu dem die Reha-Gruppe mit einem Teil ihrer Arbeiten der VHS-Gruppe einen Besuch abstattet. Das Programm dieses Treffens ist ganz simpel: Jedes Mitglied der beiden Gruppen zeigt ein wenig von dem, was ihn künstlerisch am meisten interessiert. Wenn die Vorstellungsrunde vorbei ist, zeigen sich Gemeinsamkeiten entweder in der Maltechnik (einige arbeiten gerne mit der Aquarelltechnik), in den Motiven der Darstellung (Tiere und Pflanzen) oder in der Verbindung zwischen bildnerischen und anderen künstlerischen Formen (Bild mit Gedicht). Es ist nur ein kleiner Schritt, dass sich die KünstlerInnen mit den besonderen Gemeinsamkeiten in kleinen Untergruppen zusammensetzen, um sich über die eigenen Erfahrungen auszutauschen. Am Schluss des Treffens geben KursleiterIn und ModeratorIn die

Frage in die Runde, ob es nicht sinnvoll sein könnte, mal eine gemeinsame Kunstaktion in der Stadt zu initiieren? Jede der beiden Gruppen bekommt die Aufgabe gestellt, hierfür Ideen zu entwickeln. Wenn dieser Impuls mindestens in einer Gruppe Umsetzungsideen erzeugt hat, wird ein zweites Treffen in Aussicht gestellt (was dann möglicherweise in der Reha-Gruppe stattfindet), bei dem ein erstes gemeinsames Projekt besprochen werden könnte.

Angeregt durch diesen Kontakt mit ähnlich interessierten Menschen außerhalb von Rehabilitation und psychischer Erkrankung, lassen sich in der Malgruppe verschiedene Aspekte einer gemeinsamen Präsentation von eigenen Arbeiten diskutieren. Dabei ist der Erfahrungsaspekt besonders wichtig, dass gemeinsame Interessen eine Brücke bauen, über die man fast mühelos zu einem gegenseitigen Austausch kommt. Wenn es beispielsweise bei den Mitgliedern der VHS-Gruppe Vorbehalte gegenüber psychisch erkrankten Menschen gegeben hat, dann hat man während des Treffens nicht viel davon gemerkt. Es entstand eine Situation, in der man diesen Vorurteilen nicht mehr bedurfte, um sich zu begegnen bzw. das Bedürfnis nach Nichtbegegnung zu überwinden.

Aus diesem konkreten Erfahrungszusammenhang heraus gilt es nun, die Präsentation der eigenen Arbeiten in der Öffentlichkeit zu einer Begegnung zu machen. Und dies kann umso eher gelingen, umso mehr man Interessen des potentiellen Publikums anspricht. Woran ist das Uslarer Publikum interessiert? Wohl kaum an der Malgruppe aus dem sozialen Rehaprogramm, auch nicht am Malkurs der VHS, es sei denn, eine nahe

Bezugsperson macht in einer der beiden Gruppen mit. Was reizt Menschen ganz allgemein, sich bildnerische Kunst anzuschauen? Wer besucht ein Kunstmuseum, zahlt Eintritt und verbringt teilweise mehrere Stunden seiner wertvollen Lebenszeit darin?

Die Gründe sind so vielfältig wie die Menschen, die sich für eine Ausstellung interessieren. In der Besprechung kann man nur einige ansprechen:

Manche Menschen lieben das Sensationelle. Das Sensationelle an Kunst ist heutzutage vor allem der geldliche Wert. Eine Ausstellung mit Bildern, die aktuell einen sensationell hohen Geldwert repräsentieren, locken sie an. Sie finden auch einen Schauspieler toll, der den Oscar gewonnen hat, oder ein Rennfahrzeug, das Markenweltmeister geworden ist. Auch wenn sie selbst vielleicht nie als Sensation gefeiert werden, sie waren der Sensation schon einmal körperlich nahe.

Andere Menschen lieben das ästhetisch Perfekte. Alles soll nach Möglichkeit stimmig sein, Form, Farbe, die Komposition insgesamt. Das Besondere kommt für sie aus dem Schönen, dem sie sich auch selbst gerne zuordnen würden. Gut aussehen, gut wirken, gut dastehen, vielleicht mit einem schönen Bild im Hintergrund. Diese Menschen mögen Kunst, die ihre eigenen Vorstellungen von einer schönen Welt aufgreift und bestätigt.

Wieder anderen Menschen macht das Wohlgeordnetsein Angst, weil sie hinter dieser Oberfläche sehr viel Aggressivität und Ablehnung erlebt haben. Für sie ist Schönheit eine oberflächliche Patina, mit der eine sehr hässliche Realität versteckt wird. Für sie ist Kunst eine Möglichkeit, diese für sie reale Hintergründigkeit der Welt zu zeigen und vor allem künstlerisch zu beweisen, dass man die allgemein gepflegten falschen Fassaden einreißen kann. Kunst übernimmt für sie die Funktion, sich radikal gegen die schöne Vordergründigkeit zu stellen, die gesellschaftlichen und persönlich menschlichen Bedrückungen darzustellen und durch den Mut zu dieser öffentlichen Darstellung auch direkt anzugehen. Sie können ganz entlastet aus einer Ausstellung herauskommen, weil sie das Gefühl mitnehmen, in ihrer ablehnenden Haltung zu vielen gesellschaftlichen Phänomenen Unterstützung gefunden zu haben.

Und es gehen Menschen in Kunstausstellungen, die eine außergewöhnliche Bestätigung ihrer eigenen Alltagserfahrungen suchen. Sie sind nicht an den Hintergründen der Wirklichkeit interessiert, suchen nicht das Perfekte und halten es auch für ausgeschlossen, dass sie und ihre Welt für die Gesellschaft eine Sensation darstellen werden. Das alltägliche Leben ist für sie anregend und aufregend genug, es ist auf geordnete Weise ungeordnet, auf liebevolle Weise lieblos, auf anregende Weise langweilig, es ist eben, wie es ist. Die Kunst kann diesem alltäglichen Leben die Bedeutung geben, die es für die Menschen hat. Wenn es diese Alltagswelt abbildet, dann muss dies nicht unbedingt wie eine Bestätigung wirken, denn jedes dieser Bilder kann eingerahmt und aufgehangen werden. Mit anderen Worten: Man kann mit dieser alltäglichen Welt aktiv umgehen, es aufhängen, zeigen, wegschenken oder gar wegwerfen. Der Kunstliebhaber hat es in der Hand.

Die Frage stellt sich der Malgruppe, mit welchem Publikumsinteresse wird man wohl in Uslar rechnen können? Welche Vorlieben werden die eigenen Arbeiten ansprechen? Sensationell sind die eigenen Arbeiten für die Teilnehmer der Gruppe selbst, aber ihr momentaner gesellschaftlicher Wert ist leider sehr gering. Perfekt schön sollen sie nicht sein, sind sie wahrscheinlich auch nicht. Hintergründig sind viele Arbeiten, befassen sich mit dem eigenen Erleben beispielsweise der Brüchigkeit menschlicher Beziehungen. Doch will sich das potentielle Publikum in Uslar mit dieser Hintergründigkeit auseinandersetzen? Zweifel kommen auf. Vielleicht kann man dies positiver sehen, wenn man dieses Publikum kennengelernt hat. Bleibt die Zielgruppe jener Einwohner von Uslar, die in der Kunst eine Erhöhung der eigenen Alltagserfahrungen suchen.

Bei diesen Gesprächen in der Malgruppe, die wie meistens während der künstlerischen Arbeit erfolgen, also nicht so wohlgeordnet wie in einer Seminargruppe, kommt der Aspekt immer deutlicher heraus, dass man mit dem Publikum ins Gespräch kommen müsste. Dazu wäre es sehr vorteilhaft, wenn die Zusammenstellung der ausgestellten Arbeiten unter einem Oberthema stände. Dieses Thema sollte mehrere Funktionen übernehmen:

Es sollte ein Kriterium für die Auswahl der Arbeiten darstellen, die durch die Einbeziehung der VHS-Gruppe noch schwieriger wird, weil sich das Volumen hierdurch deutlich erhöht.

Es sollte Anlass geben, noch spezielle Arbeiten zu erstellen, um das Thema deutlicher herauszuarbeiten.

Es sollte Publikum anlocken, weil es sich besser in seinen Interessen angesprochen fühlt.

Es sollte Stoff bilden, Gespräche mit dem Publikum anzuregen. Das Gespräch sollte vor allem durch eine Vernissage ermöglicht werden, mit der die Ausstellung eröffnet würde.

Ein mögliches Thema für die Ausstellung könnte sein: Heimat Uslar. Das spricht zunächst einmal die Alltagserfahrungen aller Einwohner dieser Stadt an. Wenn man aber auch die Biographie des Publikums in den Blick nimmt, dann sollte man auch jenes Uslar berücksichtigen, das sich den älteren Einwohnern in ihrer Kindheit geboten hat. Viele der VHS-Teilnehmer sind Einheimische, die zu Hause noch über alte Fotos verfügen, die man als Vorlage heranziehen könnte. Da ist zum Beispiel das frühere Ilse-Möbelwerk, in dem viele Uslarer gearbeitet haben, und das leider schon viele Jahre nicht mehr existiert. Der Zusammenbruch dieses Betriebes hat in Uslar vieles verändert. Vielleicht entdeckt man noch Fotos aus dieser „guten“ Zeit, die man künstlerisch verarbeiten könnte. Das gäbe viel Stoff für Gespräche mit dem Publikum. Vielleicht käme dann auch manches Hintergründige zur Sprache und damit jene Dimension von Kunst, mit der die Malgruppe gut umzugehen weiß.

Für den Besuch der VHS-Gruppe in der Reha-Malgruppe haben sich in der Zwischenzeit viele Erkenntnisse und Ideen entwickelt, die reichlich Stoff für

Gespräche geben. Ziel dieser Begegnungen ist eine gemeinsame Aktion mit einer gemeinsamen Thematik und der Möglichkeit, gemeinsam in Uslar ein Publikum zu erreichen, das nur so gefunden werden kann.

Mit der Dimension des gesellschaftlichen Austausches wird die Notwendigkeit der sozialen Rehabilitation angesprochen, den Prozess der Gemeinschaftsbildung zu nutzen, um als Gruppe mit dem offenen gesellschaftlichen Umfeld in Kontakt zu treten. Da sich der Prozess der Gemeinschaftsbildung um einen gemeinsamen sachlichen Inhalt herum bildet und entwickelt, entsteht das Interesse an der Öffnung der gruppeninternen Aktivitäten über das gemeinsame Thema. An dem Beispiel der Malgruppe wird deutlich, dass die Qualität dieser Kontaktaufnahme sehr unterschiedlich sein kann.

Die Präsentation in einem Schaufenster der Innenstadt schafft eine Kontaktsituation, der es an Interaktivität mangelt. Diesem Mangel könnte man abhelfen, indem man diese Bilderausstellung in die Filiale einer Bank verlegt und mit einer Vernissage eröffnet. Da käme es zu einem erfahrbaren Feedback durch die Ausstellungsbesucher. Doch dieser Effekt würde sehr rasch wieder verpuffen. Er könnte nachhaltig wirken, wenn aufgrund der Ausstellung eine dauernde Nachfrage nach den Objekten der beteiligten Künstler einsetzen würde. Doch damit kann man leider nicht rechnen. Verkäufe finden nur selten statt, erfreuen die jeweilige KünstlerIn, aber haben wenig Einfluss auf das Gruppengeschehen.

Das Beispiel zeigt, dass ein zweiter Gesichtspunkt in die Gestaltung des gesellschaftlichen Austausches einbezogen werden sollte, nämlich die Beziehungsanbahnung. Diese wird durch den Zwischenschritt der Kontaktaufnahme mit der VHS-Gruppe erreicht. Dabei benutzt das zielgerichtete Vorgehen denselben Ansatz, wie er im gesamten Programm vorherrscht. Das sachliche Interesse, hier die gemeinsame Lust am Malen ist das einleitende Bindeglied von Kontakt und Beziehung. Dem Interesse am Malen ist das Interesse an der Ausstellung des Geschaffenen immanent. Durch die gemeinsame Aktivität der beiden Gruppen, eine Ausstellung auf die Beine zu stellen, entstehen zwischen den Beteiligten auf beiden Seiten so viele positive Begegnungsmöglichkeiten, dass hieraus persönliche Beziehungen entstehen können.

Beobachten wir beide Gesichtspunkte, Interaktivität und Beziehungsanbahnung, auch an dem zweiten Beispiel, das sich in der Gruppe „Pferde und Natur“ entwickelt hat.

Die Aktivitäten der Pferdegruppe drehten sich in der ersten Gruppenphase um die Begegnung mit den Tieren. Diese Begegnung löste eine Phase der Gruppenbildung aus, in der sich stabile Beziehungen herausbildeten. Dann entstand aus der eigenen Erfahrung mit den Tieren heraus der Wunsch, auch anderen Menschen diese Begegnungsmöglichkeiten zu ermöglichen. Über persönliche Kontakte eines Gruppenmitgliedes kam es zu Absprachen mit einem Altenpflegeheim in Bad Gandersheim. Lange wurde überlegt, mit welchem Pferd man den ersten Kontakt mit den HeimbewohnerInnen unternehmen sollte. Auch war der weite Transport von Tier und Gruppe zu organisieren.

Dann wurde diese Aktion durchgeführt. Sie fand im Heim große Beachtung, und die Heimleitung bat um eine baldige Wiederholung. Doch die interne Auswertung durch die TeilnehmerInnen der Gruppe kam zu dem Ergebnis, dass dem sehr positiven Eindruck von der Reaktion mancher HeimbewohnerInnen der hohe organisatorische Aufwand und das Episodenhafte der Begegnung zwischen allen Beteiligten entgegenstanden. Bei dem Gedanken, diese Aktion nun alle paar Wochen zu wiederholen, kam nicht so recht Begeisterung auf.

Kurze Zeit später frug die Leiterin einer Kindertagesstätte aus der Gegend die Moderatorin, ob sie mal mit ihren Kindern bei den Pferden vorbeischauen dürfte. Auf die Gegenfrage, ob es ihr recht sei, wenn diese Begegnung während des Gruppentreffens stattfinde, ergaben sich keine Bedenken. Die Gruppe beriet diese Anfrage und sprach hiernach die Einladung an die Kinder zu einem Besuch von Pferden und Gruppenmitgliedern aus.

Aus diesem einmalig gedachten Besuch wurde dann sehr rasch eine häufige Begegnung. Die Gruppenmitglieder begannen, zu einzelnen Kindern eine Beziehung zu entwickeln, indem sie zu einer Art BezugsbegleiterInnen wurden. Sie kannten schon bald die besonderen Interessen und Vorlieben der Kinder, berücksichtigten ihre Ängste und körperlichen Unsicherheiten und verwöhnten sie auch gelegentlich mit kleinen Geschenken.

Mit der Leitung der Kindertagesstätte wurden nachgehende Gespräche geführt, bei denen sich der Eindruck verstärkte, dass dieser laufende Umgang mit den Pferden eine positive Wirkung auf die pädagogische Arbeit zeigt. Besonders die etwas verhaltensschwierigen Kinder hätten sehr von diesen Begegnungen mit den Tieren profitiert. Auch aus der Elternschaft kämen sehr positive Rückmeldungen.

Bei einem Gruppengespräch mit der Erzieherin entstand der Gedanke, ob man nicht neben dem bisher gewohnten Sommerfest ganz gezielt ein Sommer-Camp über ein ganzes Wochenende veranstalten sollte, das die Pferde, die Gruppenmitglieder, die Kinder und deren Eltern und Geschwister zusammenbringen würde. Dann hätten auch die Eltern ein ganz unmittelbares Bild von dem Beziehungsgeschehen zwischen Pferd, Kind und Erwachsenen. Sie hätten sogar die Möglichkeit, sich selbst hierbei aktiv einzubringen.

Das dann tatsächliche stattfindende Sommer-Camp litt ein wenig unter regnerischem Wetter. Doch alle Beteiligten stimmten ohne Abstriche darin überein, dass es ein außerordentlicher Gewinn war, ein ganzes Wochenende diese Begegnungsmöglichkeiten zu erleben. Die Veranstaltung stärkte die begonnene Praxis, dass die Kinder regelmäßig zu den Gruppentreffen dazu kommen und die Gruppenteilnehmer verschiedene Aufgaben wahrnehmen, damit die Kinder großen Spaß dabei haben.

An diesem Beispiel bestätigt sich die Notwendigkeit, dass die Reha-Gruppe ihre Kontaktaufnahme mit dem gesellschaftlichen Umfeld so gestaltet, dass eine möglichst breite Interaktivität, also ein Kontaktfeld entsteht, aus dem heraus sich engere Beziehungen entwickeln können. Auch hier finden sich wieder die drei Ebenen der Begegnungen: die Ebene der Kinder, zu denen sich Beziehungen entwickeln (getragen von der gemeinsamen Zuneigung zu den Pferden), und die Ebene der Eltern, zu denen Kontakt aufgebaut wird, der sich in größeren zeitlichen Abständen wiederholen lässt.

Kapitel 6.8 Integration neuer TeilnehmerInnen

Bevor ich die Darstellung der zweiten Gruppenphase abschließe, möchte ich noch auf die Notwendigkeit zu sprechen kommen, neue TeilnehmerInnen in die Gruppe zu integrieren. Die alleinige Ausrichtung der Gruppenbildung auf das gemeinsame Thema und nicht auf den Stand des individuellen Rehabilitationsprozesses bedeutet zwangsläufig, dass Menschen aus thematischen Gründen in eine Gruppe drängen, die schon mehrere Jahre miteinander arbeitet und inzwischen schon mehr teilt als nur das Thema.

Für die ModeratorIn, die im Gruppenprozess mitgewachsen ist, ist ein neu hinzukommender Teilnehmer die Rückkehr in die Anfangsphase des Gruppenbildungsprozesses. Denn den Neuen beruhigt es keineswegs, in eine Gemeinschaft zu kommen, die sich ganz offensichtlich miteinander wohlfühlt. Er hat die Frage für sich noch nicht entschieden, ob eine Gruppenteilnahme irgendwelche Vorteile für ihn bringt. Und er erwartet vor allem, dass man seine Unsicherheit und Unentschlossenheit ernst nimmt und ihr die nötige Beachtung schenkt.

Wenn aber die Gruppe gerade vor einer wichtigen Veranstaltung steht, ist sie ganz gefangen von den hierfür notwendigen Vorbereitungen. Da besteht wenig Interesse, sich um die Unsicherheit eines Neuen zu kümmern, der möglicherweise ständig im Wege steht. In dieser Konstellation kommt vieles auf die ModeratorIn an, ihr Einfühlungsvermögen in die Situation der neuen KlientIn und ihre Fähigkeit, praktische Unterstützung zu geben.

Damit diese besondere Aufmerksamkeit von den Gruppenmitgliedern akzeptiert wird, bedarf es eines vorangehenden Gespräches in der Gruppe. Es kommt darauf an, dass in der Gruppe ein Bewusstsein entsteht über die Gefühlslage des neu hereinkommenden Menschen. Das ist wie eine Rückbesinnung auf die eigenen Erfahrungen. „Ihr wisst doch noch, wie es Euch ergangen ist, als wir uns die ersten Male getroffen haben. Erinnert Ihr Euch an die Gefühle, die Euch damals beherrscht haben?“ Und dann kann man darüber sprechen, dass für einen Neuen der gute Zusammenhalt, der in der Gruppe gewachsen ist, wie eine Mauer wirken kann, die ihn draußen lässt. Sie macht ihm erst so richtig bewusst, wie allein er eigentlich lebt und wie schwer es ihm fällt, sich anderen Menschen gegenüber zu öffnen, sich auf sie einzulassen.

Die ModeratorIn stimmt die Gruppe auf die gemeinsame Aufgabe ein, das neue Mitglied auf seinem beschwerlichen Weg in die Gruppe zu begleiten. Zunächst wird sich die ModeratorIn selbst um diese

Aufgabe kümmern, doch bezieht sie dabei immer mehr einzelne Gruppenmitglieder mit ein. Wieder zeigt das Sachthema am ehesten, wo sich Verbindungen geradezu anbieten. Da ist beispielsweise ein Mitglied der Pferdegruppe, das am liebsten die Pferde am Zügel führt und nicht reiten möchte, das der neuen KlientIn zeigt, wie man durch das Führen den ersten Kontakt zum Tier findet. Da ist ein Mitglied der Gartengruppe, der dem Neuen das Beschneiden eines Obstbaumes zeigt, weil er diese Kunst auch den meisten anderen Gruppenmitgliedern schon vermittelt hat.

Haben einzelne Gruppenmitglieder damit begonnen, Kontakt mit dem neuen Mitglied aufzunehmen, zeigen sich die großen Vorteile, die eine bereits gefestigte Gemeinschaft einem noch sehr unsicheren Menschen bieten kann. Die soziale Wärme, die in einer aktiven, die eigenen Interessen auslebenden Gemeinschaft entsteht, wirkt auf den Neuen anziehend, wenn er ausreichende persönliche Aufmerksamkeit findet. Findet er diese Aufmerksamkeit nicht, kippt seine Stimmung sehr rasch. Dann empfindet er die Anderen als überheblich und abstoßend und zieht sich rasch zurück. Bahnen sich aber persönliche Beziehungen zu einzelnen Gruppenmitgliedern an, so beschleunigt sich der eigene Integrationsprozess, weil die Anderen so gute Beispiele hierfür geben.

Schnell lernt man, dass man in der Gruppe nicht perfekt sein muss, dass man offen über seine Gefühle reden kann, dass man sich etwas trauen kann, dass man richtig Spaß haben darf. Da die Gruppe vieles in ihrem Gruppenleben selber regelt, sogar einen Etat verwaltet und ihre Außenkontakte selbst gestaltet, wird ein selbstbestimmtes Leben eine Perspektive, die realistische Elemente enthält.

Diese Ermutigung zu mehr Offenheit und Selbstwirksamkeit bringt aber auch Wünsche und Bedürfnisse zum Vorschein, die von den Gruppenmitgliedern nicht akzeptiert werden. Da möchte beispielsweise ein junger Mann die Rolle eines Schürzenjägers ausleben, der bei allen Frauen Erfolg hat und in seinem Testosteron-Rausch nur schwer begreift, dass sein Bedrängen als äußerst unangenehm und inakzeptabel zurückgewiesen wird. Da ist die lebenserfahrene Frau, die sich endlich sicher genug fühlt, ihre perfekten Näh- und Strickkenntnisse in den Mittelpunkt der Unterhaltung zu stellen und nun auch begonnen hat, in großen Taschen die realen Beweise für ihre Kunst zum Gruppentreffen mitzubringen.

Die ersten Gefühle von Zugehörigkeit aktivieren alte Gemeinschaftserfahrungen, und das sind zumeist die Erfahrungen aus der Kindheit und aus dem familiären Zugehörigkeitsgefühl. Diese sind geprägt von Rollen, die zumeist von den Eltern oder älteren Geschwistern eingenommen wurden. Vielfach hat man diese für die eigene Charakterbildung entscheidenden Bezugspersonen in der familiären Gemeinschaft als dominant und wenig einfühlsam erlebt. Diese Charakterbilder werden in dem Maße wieder lebendig, wie die menschliche Wärme in der Gruppe verspürt wird und die Bereitschaft, das neue Mitglied darin aufzunehmen. Und dieses Verhalten des neuen Mitgliedes, das aus dem Gruppenalltag heraus nicht verständlich ist, erzeugt Spannungen und, wenn ein bestimmtes Maß überschritten wird, Abwehrmaßnahmen.

Für die ModeratorIn kommt es zunächst darauf an, den eigenen Ärger über die eintretenden Störungen in Zaum zu halten. Dies gelingt am ehesten, wenn sie sich klar macht, dass diese Aktivierung früherer familiärer Vorbilder das Zeichen dafür ist, dass die Gruppe für das neue Mitglied begonnen hat, emotional bedeutsam zu werden. Und dies ist ein gutes Zeichen. Der Gruppenprozess beginnt auch bei dem neuen Mitglied zu wirken. Es nimmt das Gruppengeschehen wichtig, es stellt es sogar auf einer Stufe mit der familiären Gemeinschaft. Damit zeigt es, dass es jetzt ähnlich beeinflussbar geworden ist.

Wenn dieser Zusammenhang nicht nur rational verstanden , sondern auch gefühlsmäßig akzeptiert werden kann, öffnet sich ein Repertoire an Eingriffsmöglichkeiten, das vor allem folgende Leitlinien verfolgt:

Die ModeratorIn ist gerade in diesen Situationen Vorbild,

die Gruppe nimmt die Aufgabe einer guten Familie wahr,

das störende Gruppenmitglied darf das Gefühl der Zugehörigkeit in keiner Phase des Konfliktes verlieren,

der Konflikt darf nicht vertuscht werden,

die Lösung des Konfliktes muss von allen bewusst erlebt werden.

Auch wenn die Gruppe inzwischen eine gewisse Routine bekommen hat im Umgang mit Störungen durch neu hinzukommende Mitglieder, so behält die ModeratorIn allein schon deshalb eine Sonderstellung, weil sich das neue Gruppenmitglied noch in gewohnter Weise an den „Autoritäten“ orientiert. Und „Autorität“ ist nun einmal die hauptamtlich Tätige, die Professionelle, von der man Führung und Schutz erwartet. Vergleicht man die Gruppe mit der Familie (und die Gruppenmitglieder sprechen sehr oft von „ihrer Familie“, wenn sie von der Gruppe sprechen), so ist die Moderatorin die „gute Mutter“, der Moderator der „gute Vater“, der Vorbild ist für den richtigen Umgang mit der eingetretenen Spannungssituation. Die übrigen Gruppenmitglieder sind die Geschwister, die ganz verschiedene Rollen einnehmen können, Unterstützer, Konkurrenten, Neutral-Passive usw.. Unter den „Geschwistern“ sind dann auch diejenigen, die Aufgaben von Mutter und Vater übernehmen können und dies auch (nicht immer) gerne tun.

Die ModeratorIn ist klug beraten, sich der Gruppe in diesen Störungssituationen nicht aufzudrängen. Wenn einzelne Gruppenmitglieder umsichtig mit der Situation umgehen, dann wird sie sich zurückhalten. Potentiell kommt sie dann stärker in ihre Vorbildfunktion, wenn die Störung durch das einzelne Gruppenmitglied sehr verletzend auf Andere wirkt und eine sehr rasche und starke Intervention gefordert ist. Stellen wir uns eine Situation vor, in der ohne lange Vorrede ein Gruppenmitglied auf einen Anderen losgeht und ihn mitsamt seinem Stuhl umwerfen möchte. In dieser spontanen Situation ist die ModeratorIn gefordert, entschieden und unmissverständlich einzugreifen:

„Stopp! So geht das nicht!“ könnte sie rufen und dabei gleichzeitig aufspringen. „Du gehst jetzt mit mir vor die Tür!“ Jetzt spielt sie ihre ganze Autorität aus, um zu erreichen, dass die für beide in der Situation direkt Beteiligten die räumliche Nähe aufgehoben wird.

Außerhalb des Gruppenraumes stellt sie den fiktiven familiären Zusammenhang wieder her: „Wir sind hier wie in einer Familie. Und in einer guten Familie geht niemand auf einen Anderen los. Wir regeln unsere Konflikte so, dass niemand Angst haben muss.“ Sie verfolgt jetzt zwei Anliegen: Einmal signalisiert sie dem störenden Gruppenmitglied, dass sie weiß, dass dieser seine Ursprungsfamilie so erlebt hat, dass man sehr wohl aufeinander körperlich aggressiv losgegangen ist. Und dieser Erfahrung setzt sie die Gruppe als „gute Familie“ gegenüber. Hier ist eine neue Art von Familie entstanden, in der Gewalt verboten ist. Und dieses Verbot gilt auch für ihn.

Gleichzeitig gibt sie ihm die Gewissheit, dass er selbstverständlich weiterhin zur Familie gehört. Ohne diese ganz selbstverständliche innere Haltung der weiteren Zugehörigkeit könnte sich das Gefühl einer wirklichen Akzeptanz der neuen „guten Familie“ nicht einstellen. Die gute Familie muss solche Angriffe aushalten, sie muss der Aggression einzelner Mitglieder standhalten können, sonst bietet sie keinen Schutz. Und dies ist eine der basalen Vorteile, die „gute Familien“ bieten: Schutz vor allen Arten von Existenznöten.

Wenn die ModeratorIn mit dem „Störer“ wieder in die Gruppe zurückgeht, könnte sie an die Gruppe die Frage stellen, ob sie inzwischen klären konnte, wie sich dieser drastische Konflikt vorbereitet hat. Häufig kann dies kurz nach einem überraschenden Gruppengeschehen nicht fundiert analysiert werden. Und es ist deshalb zweckmäßig, dass man diese Erörterung bis zur nächsten Gruppensitzung vertagt. Die ModeratorIn sollte dabei der Gruppe die Fragen mit auf den Weg geben, mit denen sie das nächste Treffen eröffnen wird: Was hat sich ereignet? Wie könnte sich dieses Ereignis vorbereitet haben? Welche Gedanken und Gefühle hat es ausgelöst? Welchen Sinn haben derartige Ereignisse?

Mit der offen gehaltenen Frage nach dem Sinn werden alle Meinungen und Ideen angesprochen, die eine Art Fazit darstellen könnten. Dabei sollte man das Formulieren einfacher guter Vorsätze vermeiden. Wenn sich die beteiligten Menschen gegenseitig ernst nehmen, dann weiß jeder, wie schwierig Charakteränderungen sind. Das sind lange Prozesse, die sich dann positiv entwickeln können, wenn die Gemeinschaft, mit der man lebt, dies zulässt. Und diese Akzeptanz muss immer wieder neu hergestellt werden.

Kapitel 7 Gemeinschaft oder Gesellschaft

Bevor ich von der zweiten Gruppenphase („unter dem Aktivierungsthema“) zur dritten Phase („im Teilhabemodus) überleite, möchte ich mich mit zwei Begriffen befassen, die zum Verständnis beider Gruppenphasen wichtig sind, mit den Begriffen „Gemeinschaft“ und „Gesellschaft“

Diese beiden Begriffe werden im Zusammenhang mit Aufgaben der „Teilhabe“ immer wieder verwandt. Es heißt entweder „Teilhabe am Leben in der Gemeinschaft“ oder „Teilhabe am Leben in der Gesellschaft“. Dieser synonyme Gebrauch von Gemeinschaft und Gesellschaft findet sich beispielsweise im Sozialgesetzbuch IX an verschiedenen Stellen. Von „Teilhabe am Leben in der Gemeinschaft“ ist immer dann die Rede, wenn von sozialer Rehabilitation im engeren Sinne gesprochen wird, so in den §§ 5 und 55 SGB IX. „Teilhabe am Leben in der Gesellschaft“ heißt es dagegen dann, wenn alle Arten von Rehabilitation angesprochen werden, also auch die medizinische und berufliche Reha, so in den §§ 1, 2 und 3 SGB IX.

Ferdinand Tönnies, der in den Jahren 1880 bis 1887 dem Thema „Gemeinschaft und Gesellschaft“ das erste soziologische Buch in deutscher Sprache widmete, fand bereits, „dass die gewählten Namen im synonymischen Gebrauche deutscher Sprache begründet sind. Aber die bisherige wissenschaftliche Terminologie pflegt sie ohne Unterscheidung nach Belieben zu verwechseln.“[76] Da ich beide Begriffe keineswegs synonym verwenden möchte, sondern in ihnen ganz verschiedene soziale Gegebenheiten sehe, die beim Gruppenprogramm eine hohe Bedeutung haben, lohnt es sich, sich genau an dieser Stelle der Programmdarstellung die Zeit zu nehmen, beide Begriffe näher zu untersuchen.

Tönnies versucht zunächst, sich der Begriffsunterscheidung hermeneutisch zu nähern, also

[76] Ferdinand Tönnies: Gemeinschaft und Gesellschaft, Darmstadt: Wissenschaftliche Buchgesellschaft 1979, S. 3

durch Untersuchung des allgemeinen Sprachgebrauches: „Alles vertraute, heimliche, ausschließliche Zusammenleben (so finden wir) wird als Leben in der Gemeinschaft verstanden. Gesellschaft ist die Öffentlichkeit, ist die Welt. In Gemeinschaft mit den Seinen befindet man sich, von der Geburt an, mit allem Wohl und Wehe daran gebunden. Man geht in die Gesellschaft wie in die Fremde. Der Jüngling wird gewarnt vor schlechter Gesellschaft; aber schlechte Gemeinschaft ist dem Sprachsinne zuwider. Von der häuslichen Gesellschaft mögen wohl die Juristen reden, wenn sie nur den gesellschaftlichen Begriff einer Verbindung kennen; aber die häusliche Gemeinschaft mit ihren unendlichen Wirkungen auf die menschliche Seele wird von jedem empfunden, der ihrer teilhaftig geworden ist. Ebenso wissen wohl die Getrauten, dass sie in die Ehe als vollkommene Gemeinschaft des Lebens (communio totius vitae) sich begeben; eine Gesellschaft des Lebens widerspricht sich selber. Man leistet sich Gesellschaft; Gemeinschaft kann niemand dem andern leisten. In die religiöse Gemeinschaft wird man aufgenommen; Religions-Gesellschaften sind nur, gleich anderen Vereinigungen zu beliebigem Zwecke, für den Staat und für die Theorie, welche außerhalb ihrer stehen, vorhanden. Gemeinschaft der Sprache, der Sitte, des Glaubens; aber Gesellschaft des Erwerbes, der Reise, der Wissenschaften. So sind insonderheit die Handelsgesellschaften bedeutend; wenn auch unter den Subjekten eine Vertraulichkeit und Gemeinschaft vorhanden sein mag, so kann man doch von Handels-Gemeinschaften kaum reden. Vollends abscheulich würde es sein, die Zusammensetzung Aktien-Gemeinschaft zu bilden. Während es doch die Gemeinschaft des Besitzes gibt: an Acker, Wald, Weide.

Die Güter-Gemeinschaft zwischen Ehegatten wird man nicht Güter-Gesellschaft nennen. So ergeben sich manche Unterschiede. Im allgemeinsten Sinne wird man wohl von einer die gesamte Menschheit umfassenden Gemeinschaft reden, wie es die Kirche sein will. Aber die menschliche Gesellschaft wird als ein bloßes Nebeneinander von einander unabhängiger Personen verstanden."[77]

Kapitel 7.1 Gemeinschaft

Wenn man wie Tönnies Gemeinschaft als eine besondere soziale Form der Verbundenheit betrachtet, dann wird klar, dass wir Menschen schon unsere ersten Entwicklungsprozesse im Körper unserer Mutter in engster Verbundenheit erleben. Auch nach der Geburt wären wir nicht überlebensfähig, würden wir nicht Mutter, Vater, weitere Verwandte voraussetzen können, die sich mit uns verbunden fühlen. Die Familie ist für jeden Menschen die erste Gemeinschaft, in die er hineinwächst. Alle seine Potenziale entfalten sich innerhalb dieser sozialen Situation. Oder sie werden in dieser Gemeinschaft gehemmt, umgelenkt, vereinseitigt.

Die familiäre Gemeinschaft hinterlässt, wie die Psychoanalyse herausgearbeitet hat, tiefe Spuren im Charakter jedes Menschen. Auch wenn die daran beteiligten Personen aus dem Lebenskreis des Einzelnen verschwunden sind, so wirken sie weiterhin fort. Viele Einstellungen und Verhaltensweisen hat das Kind übernommen, sie sind das Muster geworden, mit

[77] Ferdinand Tönnies, a.a.O. S. 3/4

dem der erwachsene Mensch seine neuen Lebensanforderungen zu meistern versucht.

Gute Gemeinschaften zeichnen sich durch das Maß an gegenseitigem Verständnis aus, das in ihnen herrscht. Verständnis „ist die besondere soziale Kraft und Sympathie, die Menschen als Glieder eines Ganzen zusammenhält.“[78] Aus diesem Grunde ist es durchaus angemessen, dass die Reha-Gruppen in unserem Programm ausnahmslos aus psychisch erkrankten Menschen zusammengesetzt sind. Psychisch Kranke erleben sich gerade in ihrem verwandtschaftlichen Umfeld als Außenseiter, denen man wenig Verständnis entgegen bringt. Diese manchmal schon langjährige belastende Erfahrung hat dazu beigetragen, dass sich gemeinschaftliche Verbindungen gelöst haben und soziale Isolierung eingetreten ist.

Verständnis für die Erkrankung und ihre Folgen ist daher eine ganz wichtige Forderung, die psychisch erkrankte Menschen auf der Suche nach neuen Gemeinschaften an die Mitglieder einer Gruppe stellen. Leidensgenossen können diese Anforderung sehr gut verstehen, sie teilen sie selbst. Die hieraus resultierende hohe Verständnisbereitschaft zeigt sich bei auftretenden Konflikten sehr deutlich. Für alle krankheitstypischen Verhaltensprobleme wie Nichterscheinen ohne Absage, Verweigerung von eigenen Aktivitäten, Scheu vor Verantwortung, starke Selbstbezogenheit besteht ein hohes Maß an Toleranz und Geduld. Man weiß voneinander, wie schwer es ist, sich wieder an die selbstverständlichen Regeln und sozialen Erwartungen in Gemeinschaften zu gewöhnen.

---

[78] Ferdinand Tönnies, a.a.O. S. 20

Die Zusammenarbeit mit den überwiegend schon viele Jahre schwer erkrankten Mitglieder der Reha-Gruppen hat in diesem Zusammenhang gezeigt, dass die Suche nach neuen Gemeinschaften auch dann nicht erstirbt, wenn man manches Unglück insbesondere in der familiären Gemeinschaft erfahren hat. Menschen sind nun einmal darauf angewiesen, ihr Glück gemeinsam mit Anderen zu finden.

„Wir brauchen dazu individualisierte Gemeinschaften, in denen es auf jede und jeden ankommt, in denen jedes Mitglied die in ihm angelegten besonderen Fähigkeiten zur Entfaltung des kollektiven Potentials beitragen kann, das in diesen Gemeinschaften verborgen ist. Möglicherweise ist es das Geheimnis dieser individualisierten Gemeinschaften, dass sie eine innere Organisation entwickeln, die der des menschlichen Gehirns in mehrfacher Hinsicht sehr nahe kommt. Tatsächlich funktionieren alle entwicklungsfähigen Gemeinschaften, die nicht durch Zwänge zusammengehalten werden, so ähnlich wie zeitlebens lernfähige Gehirne. Sie erlernen durch Versuch und Irrtum, sie entwickeln flache, stark vernetzte Strukturen, sammeln Erfahrungen und passen ihre innere Organisation immer wieder neu an sich ändernde Rahmenbedingungen an.“[79]

Hüther unterscheidet zwischen individuellem Potential und kollektivem Potential, das eine Gemeinschaft entwickelt. Diese Unterscheidung bestätigt die beiden bisher dargestellten Phasen des Gruppenprogramms.

[79] Gerald Hüther: Etwas mehr Hirn, bitte, Göttingen: Vandenhoeck & Ruprecht 2015, S. 126

Bei der ersten Phase (unter dem Zugangsthema) muss die Reha-Gruppe für jedes einzelne Mitglied die Qualität einer Gemeinschaft annehmen. Es findet seinen ganz persönlichen Platz in der Gruppe, hat immer mehr Lust und Freude, sich in die Treffen einzubringen. Die Gruppe wird emotional immer wichtiger. Sie gewinnt eine Bedeutung, die sie zur Gemeinschaft macht. Die Gruppenmitglieder benutzen, wenn sie über die Gruppe mit Außenstehenden sprechen, sehr oft die Charakterisierung: Sie ist wie eine Familie. Besser kann man die neue Gruppenqualität nicht beschreiben.

In der zweiten Gruppenphase (unter dem Aktivierungsthema) handelt die Gruppe als besonderes Ganzes, mit eigenständigen Zielen, Inhalten und Methoden der Umsetzung. Die Gruppenmitglieder bauen ein kollektives Potential auf. In der Welt des 19. Jahrhunderts, die Ferdinand Tönnies beobachtete, war die familiäre Gemeinschaft sehr oft an einen gemeinsamen landwirtschaftlichen Betrieb gebunden. Hier gab es also schon von den Vorvätern überkommendes Gemeinschaftspotential, das die aktuellen Familienmitglieder zu erhalten und zu mehren suchten. Die Mehrzahl der Menschen lebte noch im ländlichen Raum in Dörfern, in denen man noch eine lebendige Nachbarschaft vorfand. Auch hier gab es eine Vielfalt von nachbarschaftlichen Besitztümern und Einrichtungen, die zu optimieren nur im Rahmen enger gemeinschaftlicher Zusammenarbeit möglich war. Dazu kamen dann noch für Tönnies die Freundschaften, die „von Verwandtschaft und Nachbarschaft unabhängig als Bedingung und Wirkung einmütiger Arbeit und Denkungsart (entsteht); daher durch Gleichheit und

Ähnlichkeit des Berufes oder der Kunst am ehesten gegeben."[80]

Es ist also ein notwendiger Prozess für eine Gruppe, die für ihre Mitglieder die Qualität einer Gemeinschaft annehmen möchte, dass sie bestimmte Aktivitäten als Gemeinschaft nach außen, in die Gesellschaft hinein, entwickelt. Denn nur dann, wenn die Gruppe mehr ist als eine Gelegenheit, vom Alltagsleben abzuschalten, wenn sie selbst ein wesentlicher Teil des Lebens jedes einzelnen Mitgliedes werden möchte, dann kann sie als Gemeinschaft angesehen und gelebt werden. Nur dann wird sie kollektive Interessen entwickeln, nur dann wird sie die individuellen Potentiale zu einem kollektiven Potential vereinigen wollen und können.

Wenn der Reha-Gruppe diese Entwicklung gelingt, dann gibt sie jedem ihrer Mitglieder einen sozialen Ankerplatz, an dem es sich zugehörig fühlen kann. Hier weiß es sich verstanden, hier erfährt es Unterstützung, hier bringt es sich selbst helfend und ideenreich ein. Von hier aus nimmt seine Entwicklung eine neue Richtung. Der psychisch erkrankte Mensch gewinnt den Glauben an sich zurück. Er spürt neue Kräfte in sich wachsen. Er hat den sozialen Raum gefunden, sich auszuprobieren. Hier darf er auch einmal so sein, wie er sich selbst noch nie erlebt hat. Er kann etwas riskieren.

Kapitel 7.2 Gesellschaft

„Die Theorie der Gesellschaft konstruiert einen Kreis von Menschen, welche, wie in Gemeinschaft, auf friedliche

[80] Ferdinand Tönnies: a.a.O. S. 14

Art nebeneinander leben und wohnen, aber nicht wesentlich verbunden, sondern wesentlich getrennt sind, und während dort verbunden bleibend trotz aller Trennungen, hier getrennt bleiben trotz aller Verbundenheiten.“[81] Ferdinand Tönnies erlebt, während sein Buch entsteht, den großen wirtschaftlichen Aufschwung, den Deutschland und insbesondere Preußen erfasst hat. Sein Blick ist ganz gefangen von dem riesigen Ausmaß der sich entfaltenden Arbeitsteilung, die insbesondere durch die Produktion immer neuer Waren unumgänglich geworden ist. Immer mehr Menschen geraten existenziell in die Abhängigkeit von einem vielschichtigen Netz gegenseitiger Marktbeziehungen, bei denen das Geld die entscheidende Rolle spielt.

Das Geld drückt den Wert aus der Waren und Dienstleistungen, die miteinander ausgetauscht werden. Auf beiden Seiten des Tausches, beim Verkäufer wie beim Käufer herrscht dabei der gemeinsame Wille, miteinander ins Geschäft zu kommen. Dieser gleichgerichtete Willen ist die soziale Grundlage des Austausches. Der Wert, auf den sich ihr Handel bezieht, hat nichts mit der objektiven Qualität des jeweiligen Gegenstandes zu tun. Denn meistens sind die ausgetauschten Waren oder Dienstleistungen ganz unterschiedlicher Natur. Wenn der Landwirt einem Schuster Geld gibt für die Reparatur seiner Schuhe, dann vergleicht er den vom Schuster verlangten Preis mit dem Preis, den er für Eier oder Butter erzielt. Für die Qualität dieses Geld stehen beide Parteien nicht ein. Hierfür sorgt der Staat mit seinen dafür geschaffenen Institutionen.

[81] Ferdinand Tönnies, a.a.O. S. 40

Beide Parteien gehen ganz selbstverständlich davon aus, dass dieser Wert relativ stabil bleibt. Wenn Schuster und Bauer sich nicht hierauf verlassen würden, so könnten sie innerhalb einer Dorfgemeinschaft einen Weg finden, den Tausch auch ohne Geld zustande zu bringen. Doch wenn sich beide ganz fremd gegenüber stehen, wenn beide Handlungen gar nicht mehr in demselben Handlungszusammenhang geschehen (der Schuster bietet seine Dienste im Vorraum eines Handelsmarktes an, und der Bauer verkauft seine Milch nur noch an die Molkerei, stellt selbst keine Butter mehr her), dann wird die Fiktion einer stabilen Währung zur Überlebensgarantie.

Der Wert einer Ware oder einer Dienstleistung erscheint wie eine objektive Tatsache: „wie die Länge für Gesicht und Getast, die Schwere für Getast und Muskelsinn, so der Wert für gesellschaftliche Tatsachen anfassenden und begreifenden Verstand. Derselbige sieht Sachen darauf an, und prüft sie, ob sie rasch herstellbar sind oder viele Zeit erfordern, ob sie leicht sich beschaffen lassen, oder schwere Mühen kosten, er misst ihre Wirklichkeit an ihrer Möglichkeit und setzt ihre Wahrscheinlichkeit fest.“[82]

Im 19. Jahrhundert entwickelt sich eine Form der Warenproduktion, bei dem der kunstfertig-kreative Hersteller immer stärker hinter einem komplexen arbeitsteiligen Herstellungsprozess verschwindet. Es wird in Fabriken produziert, in denen die Arbeitsprozesse immer stärker in Teilabschnitte aufgeteilt werden, in denen der einzelne Mitarbeiter durch seine Reduktion

[82] Ferdinand Tönnies, a.a.O. S. 44

auf einfache Arbeitsgriffe leicht ersetzbar wird. Der Wert des hierbei entstehenden Kaufartikels drückt immer weniger eine bestimmte Herstellungsqualität aus, sondern immer stärker die Arbeitszeit, die zu seiner Herstellung benötigt wurde. Was unter gemeinschaftlichen Rahmenbedingungen eine Qualitätsfrage war, wird in gesellschaftlichen Verhältnissen zunehmend zu einer Quantitätsfrage.

Wenn ich heute einen PKW erwerbe, so steht mir kein Verkäufer gegenüber, dessen Stellung in unserer Gemeinschaft davon abhängt, dass er mir einen ordentlichen Wagen verkauft, für dessen Qualität er einsteht. Ich habe es mit einem Verkäufer zu tun, der selbst nur Teil einer Vertriebsorganisation ist, also mit dem eigentlichen Herstellungsprozess nichts zu tun hat. Die Hoffnung, dass dieser PKW die Leistungen vollbringt, die im Prospekt stehen, unterstelle ich deshalb, weil der Wagen einige Kontrollen durchlaufen hat, welche die Gesellschaft zur Vorbedingung der Marktzulassung gemacht hat. Dass der Hersteller diese Kontrollen nicht betrügerisch manipuliert hat, kann ich nur deshalb annehmen, weil ich wie die übrigen Käufer an die Fiktion glaube, dass sich alle gesellschaftlichen Teile an die geltenden Regeln halten. Tönnies nennt diese Regeln „Konventionen".

Ohne diese Konventionen könnten die Menschen den Verlust an qualitativen Kriterien für die Beurteilung von Waren und Dienstleistungen kaum ertragen. Man stelle sich vor, man würde nach einem Unfall in ein Krankenhaus eingeliefert und könnte sich nicht gläubig darauf verlassen, dass der eilig hinzukommende Mensch in grüner Chirurgen-Kluft auch wirklich ein Arzt ist. Unter gemeinschaftlichen Verhältnissen würde man erst einen bekannten und vertrauenswürdigen Menschen fragen, ob er tatsächlich weiß, dass dieser Mensch schon einmal erfolgreich einen Patienten behandelt hat.

Unter gesellschaftlichen Rahmenbedingungen kann man auch davon ausgehen, dass die in dieser Situation notwendigen medizinischen Leistungen durch eine Krankenkasse finanziell ausgeglichen werden. Auch geht man davon aus, dass diese Krankenkasse in etwa 4 Wochen, wenn das Krankenhaus diese Leistungen abrechnet, auch noch zahlungsfähig ist. Denn es werden doch sicherlich Regelungen gelten, die es einer Krankenkasse nicht gestatten, berechtigte Leistungsabrechnungen von Krankenhäusern nicht auszugleichen.

Das gesamte gesellschaftliche Leben ist darauf aufgebaut, dass zwischen den unabhängig voneinander agierenden Menschen Regelungen getroffen werden, die entweder direkt auf beidseitigem Vertrag beruhen oder durch allgemeine Übereinkünfte (Konventionen) gesichert werden. Der unmittelbar geschlossene Vertrag (von Tönnies als Kontrakt bezeichnet) beruht auf dem gemeinsamen Willen, eine bestimmte Angelegenheit auf übereinstimmende Weise zu erledigen. Dabei wird stillschweigend davon ausgegangen, dass beide Vertragspartner bei Verstand sind und deshalb auch die Folgen der Übereinkunft einschätzen können.

Die gesellschaftliche Seite des Lebens appelliert ständig an die menschliche Vernunft und die Einsichtsfähigkeit jedes Beteiligten. Da diese Verengung auf den vernunftbetonten Teil der menschlichen Persönlichkeit ohne einen emotionalen Rahmen nicht funktionieren würde, braucht es ideologische Glaubenssätze, welche die ansonsten unvermeidliche Verunsicherung kompensieren. Eine dieser gerade heute wieder häufig beschworenen Glaubenssätze betrifft den „Rechtsstaat“, in dem wir angeblich leben. Gemeint ist nicht nur, dass diese Gesellschaft für fast alle möglichen Fälle Regelungen getroffen hat, die irgendwo als Gesetz, Verordnung oder Richtlinie aufgeschrieben sind, sondern dass jedem Mitglied der Gesellschaft alle Türen offen stehen, sich Recht zu verschaffen, wenn man sich ungerecht behandelt fühlt.

Ohne dieses Gefühl wäre es sehr viel schwerer, irgendeinen Vertrag zu unterschreiben. Denn wenn jeder Vertragspartner für alle sich eventuell aus dem Vollzug des Vertrages ergebenden Interessendifferenzen schon vorab entsprechende Regelungen vereinbaren möchte, so kämen die Verhandlungen nie zu einem glücklichen Ende. Man verlässt sich darauf, dass spätere Auseinandersetzungen zur Not vor Gericht ausgefochten werden können und von einem Richter eine Entscheidung getroffen wird, die dem Rechtsempfinden beider Parteien entspricht. Dass diese Erwartungen unrealistisch sind, dürfte nicht strittig sein. Dennoch halten sich alle an die Konvention, sich in einem Rechtsstaat zu fühlen, und beschränken den Vertrag auf die entscheidenden Regelungen.

„Die Ideologie ist ein typisches Produkt des Zeitalters der Gesellschaft. Sie ist die ideell-rationale Rechtfertigung des Zusammenlebens. Bei ihr handelt es sich um jenen von außen herangetragenen Daseinsgrund des Zusammenlebens, der in der Gemeinschaft hingegen seine Rechtfertigung aus dem Fühlen der Gruppe selbst bezieht. D.h. die Gemeinschaft findet ihren Daseinsgrund in ihrer eigenen Wirklichkeit; die Gesellschaft braucht dagegen einen ideellen Entwurf, in dem sie sich als Einheit wiedererkennen kann. Jedoch ist dieser Entwurf ein Produkt des ordnenden Verstandes, wiewohl dieser sich auf Gefühle stützt und sich auf innere Werte und auf den Veränderungswillen beruft.

Dieselbe Funktion der Ideologien wird in den zeitgenössischen Gesellschaften durch die Bilder erfüllt. Diese können sogar als die modernen Formen der Ideologie bezeichnet werden. „In einer Gesellschaft, die einen derart hohen Beschleunigungsfaktor besitzt, dass die Zeit selbst in ihrer Funktion als Ordnungsinstitution für das kollektive Leben durch ihn zerrissen wird, verzichten die Gruppen auf Ideologien, die Stabilität, Dauerhaftigkeit und Verinnerlichung erfordern, und bedienen sich der einfachen Bilder als Identifikations-, Konventions- und soziale Kontrollformen. Die Bilder werden zum Identitätsausweis des Gesellschaftlichen. Selbstverständlich stehen diese im Vergleich zu den Ideologien in einer oberflächlichen und weniger dauerhaften Beziehung zum Individuum.“[83]

Eines der ergreifendsten Beispiele für diese Entwicklung lieferten die Medien im Jahre 2015 durch ein Foto eines dreijährigen Flüchtlingsjungen, den die Ägäis ans griechische Ufer gespült hatte. Das Foto platzte mitten in

---

[83] Carlo Mongardini: F. Tönnies und das Unbehagen des modernen Menschen, in: Soziologisches Jahrbuch 4.1988-I, Trento: Università degli Studi di Trento, Dipartimento die Teoria, Storia e Ricerca Sociale 1989, S. 54

eine europaweite Diskussion über europäische Werte, die sehr abstrakt und mit wenig Wirkung Einfluss zu nehmen suchte auf das Verhalten vieler Regierungen. Der englische Premier Camaron kündigte noch am Abend der Aussendung des Fotos an, dass seine Regierung die Zahl der aufzunehmenden Flüchtlinge erhöhen würde.

Auch der viel diskutierte „Islamische Staat IS“ macht sich von Anfang an nicht die Mühe, seine Anliegen durch eine durchgearbeitete Ideologie zu legitimieren. Die große Mehrzahl der islamischen Geistliche scheinen seine ideologischen Aussagen, soweit sie sich auf den Koran stützen, nicht als fundiert anzusehen. Aber er produziert über das Internet Bilder, die manchen jungen Mann dazu bringen, sich ihm anzuschließen. Auf diesen Bildern sieht man vermummte Gestalten unter schwarzen Fahnen, auf denen arabische Schriftzeichen zu erkennen sind. Diese Gestalten wirken äußerst jung und dynamisch, fahren auf Jeeps in geordneten Reihen, die Disziplin erkennen lassen. Manche Bilder zeigen sie schießend auf zumeist imaginäre Feinde. Wenn dann einmal Gegner gezeigt werden, dann in völlig gedemütigter Situation, einschließlich der Darstellung einer Köpfung.

Jung, wild und überlegen, dieses Bild wird verbreitet. Es wirkt ganz offensichtlich auf junge Leute, die sich gedemütigt und handlungsunfähig fühlen, wie eine Verheißung auf ein besseres Leben. Auf einen Schlag die Rollen tauschen, ohne langwierige schulische Vorbereitung, ohne Lernen und Üben, ohne Anpassung an Regeln, die viel Geduld und Konzentration verlangen. Du gehst nach Syrien und bist von jetzt auf gleich Teil einer siegreichen Maschinerie. Das einzige, was Du dazu brauchst, ist Hingabe an eine Sache, die Dein ganzes Engagement bis hin zum eigenen Tod verlangt. Das ist Ideologiebildung im Schnellverfahren, bildhaft gestaltet und im Internet weltweit verbreitet.

Kapitel 7.3 Dominanz des Gesellschaftlichen

Ferdinand Tönnies beobachtet die Veränderungen, die sich in der Gesellschaft des ausgehenden 19. Jahrhunderts ergeben. Sie betreffen vor allem das Arbeitsleben. Hier sieht er die Art von Tätigkeit immer mehr im Schwinden, in der sich die Individualität und die jeweilige persönliche Meisterschaft im Umgang mit der Aufgabe ausdrückt. Die Arbeit wird immer mehr zu einem Geschäft, bei dem es um die Erzielung von möglichst viel Geld geht: „möglichst hohen Gewinn mit möglichst geringen Kosten, oder: möglichst hohen Reinertrag! Und in Anwendung auf das Leben als ein solches Geschäft: die größte Menge von Lust oder Glück mit der geringsten Menge von Schmerz, Anstrengung und Mühsal“.[84] Die Arbeitsteilung und die damit verbundene Einbindung des arbeitenden Menschen in einen Bewegungsablauf, der nicht seinen natürlichen Bedürfnissen entspricht, schaffen eine immer größer werdende Distanz des beteiligten Menschen zu seiner Arbeit.

Die große Veränderung, welche die Industrialisierung bei den Arbeitsprozessen durch den massenhaften intelligenten Einsatz von Maschinen bewirkt, gestaltet die Verbindung der Menschen zu ihrer Arbeit ganz neu.

---

[84] Ferdinand Tönnies, a.a.O. S. 136

Sie wird etwas Fremdes, dem sich die Menschen unterwerfen, um Geld zu verdienen. Vielfach wird die Arbeit widerwillig erledigt. Man versucht, die von ihr erzeugte Unlust durch einen besseren Lebensstandard zu kompensieren. Dazu verlässt man das Land und geht in die Stadt. Die Stadt dokumentiert eine Ideologie des Fortschritts, besserer Lebensbedingungen, kollektiver Vergnügungsmöglichkeiten, die dem dörflichen Leben weit überlegen erscheint.

Die massenhafte Umgestaltung individueller und kreativer Arbeitsprozesse in leicht erlernbare Beschäftigungen macht es möglich, die Arbeit selbst zur Ware zu machen. Letztlich wird nicht einmal die Arbeit selbst verkauft und gehandelt, sondern die durchschnittliche Arbeitszeit. Diese Arbeitszeit kann man auch in Ländern einkaufen, in denen das Bildungswesen erst in den Anfängen steckt. Lesen und Schreiben ist nicht erforderlich, um die verlangten Handgriffe schon nach kurzer Zeit perfekt zu beherrschen. Wichtig ist allein der Preis, der für die Arbeitszeit an weit entfernten Orten zu zahlen ist, und ob die Einsparung nicht von den Transportkosten wieder aufgefressen wird.

In unseren heutigen Zeiten brauchen manche sog. Markenfirmen überhaupt keine Arbeitszeiten mehr kaufen, weil sie ganz aufgehört haben, selbst noch das zu produzieren, was sie weltweit vertreiben. Sie besitzen nur noch eine „Marke“ und eine Entwicklungs- und Vertriebsorganisation. Das genügt, um wirtschaftlich sehr erfolgreich zu sein.[85]

---

[85] Siehe hierzu beispielsweise Naomi Klein: No Logo! - der Kampf der Global Player um Marktmacht – ein Spiel mit vielen Verlierern und wenigen Gewinnern, München:

Die Gesellschaft hat in den letzten Jahrzehnten auch das Geld selbst zur privat genutzten Ware werden lassen. Die Banken und Börsen geben den Rahmen dafür ab, dass Geld allein mit Geld gemacht werden kann, ohne dass irgendjemand dazwischen tritt, der eine Arbeitsleistung damit ermöglichen will. Es werden Wetten geschlossen auf die Veränderungen bei Aktien- oder Währungskursen. Das erscheint als die abstrakteste Form des Wirtschaftens, sie bedarf keines Prozesses mehr, der irgendeinen Wert hervorbringt, sie ist ein spielerischer Selbstzweck mit extrem hohen Profitmöglichkeiten, allerdings mit hohen Risiken für das gesamte wirtschaftliche System. Dies hat die Bankenkrise ab 2007 gezeigt, die nur mit massiven Steuermitteln beherrschbar gemacht wurde. Wider alle Vernunft wurde das wirtschaftliche Grundverfahren, das Geld zur Ware machen kann, nicht verändert. Die Krise kann daher jederzeit erneut ausbrechen.[86]

Die Überlagerung gemeinschaftlicher Lebenswelten mit gesellschaftlichen Regelungen wird durch das allgemein anerkannte Prinzip der Gleichheit aller Menschen beschleunigt. Ein subjektiv empfindbares Gleichsein braucht Kriterien, die sich über die einmalig individuell gestaltete Persönlichkeit wie ein Tuch legen. Der Einzelne kann nicht in seiner qualitativen Besonderheit verglichen werden, sondern mit seinen quantitativen Eigenschaften, die sich am besten daran festmachen,

---

Riemann Verlag 2001

[86] Aus der zahlreichen Literatur über diese Vorgänge empfehle ich die gut verständlich geschriebene Darstellung von Günther Dahlhoff: Banken in der Krise: Niedergang mit System, Marburg: Tectum-Verlag 2014

was er hat, nicht was er ist. „Diese Reduktion der Qualität auf die Quantität wird durch das Geld symbolisiert, das für die Gesellschaft das ist, was für die Gemeinschaft der Boden ist."[87]

Der eigene Boden ist die typische wirtschaftliche Grundlage in ländlichen Gemeinschaften, im Dorf. Es leben im Dorf zwar auch Menschen, die keinen Boden besitzen, doch hängt ihre Lebensexistenz an jenen, die auf ihrem eigenen Grund Landwirtschaft betreiben. Und der Boden ist nicht vermehrbar. Man kann das Eigentum am Boden anders verteilen, doch hierdurch wird die insgesamt zur Verfügung stehende Fläche nicht größer. Ganz anders die Möglichkeiten des Geldes. Wir erleben gerade aktuell eine Geldpolitik der EZB, bei der die Menge des im Umlauf befindlichen Geldes wöchentlich um viele Milliarden vermehrt wird.[88]

Der Siegeszug des Gesellschaftlichen spielt sich daher notwendigerweise in den Städten ab. Es setzt ab dem Jahre 1800 in Deutschland eine ungeheure Wanderungsbewegung ein, weg vom Land in die Stadt. Während zu Beginn dieser Bewegung etwa 75% der Bevölkerung auf dem Land lebte und 25% in städtischen Gemeinwesen, dreht sich die Entwicklung bis heute genau um.[89] Heute weist das statistische Jahrbuch für 2015 des statistischen Bundesamtes einen Anteil der

---

[87] Carlo Mongardini, a.a.O. S. 54

[88] Einen typischen Kommentar hierzu liefert Günther Schnabl unter dem Titel: Warum gibt es keine Inflation? in der Ausgabe der Frankfurter Allgemeinen vom 04.01.2016

[89] Zu diesen Veränderungen empfiehlt sich Dieter Schott: Europäische Urbanisierung (1000-2000). Eine umwelthistorische Einführung. Köln: UTB 2014

ländlichen Bevölkerung an der Gesamtbevölkerung von 23,1% aus.

Das Leben in der Stadt hat sich vom selbst oder gemeinschaftlich genutzten Boden radikal entfernt. Die meisten Menschen wohnen zur Miete. Das Wohnen ist selbst zur Ware geworden. Die Mietpreise unterliegen den Marktgesetzen von Angebot und Nachfrage. Immer wieder fühlt sich der Staat aufgerufen, durch öffentliche Förderung in das Marktgeschehen einzugreifen, indem für die geförderten Wohnungen Mietobergrenzen festgesetzt werden.[90]

Die Frage, ob und wo man sich eine Wohnung leisten kann, die den eigenen Bedürfnissen entspricht, hängt entscheidend von der Höhe und der Stabilität des familiären Einkommens ab. Dies wird in der Regel durch den männlichen Erwachsenen durch abhängige Arbeit erzielt. Wenn sich dieses Einkommen verbessert oder verschlechtert, wird dies zum Anlass für einen Wechsel der Wohnung und damit des Lebensortes. Eine Identifikation mit der Wohnsituation, eine Art Beheimatung in einer Nachbarschaft, die gemeinschaftliche Qualitäten annehmen könnte, wird hierdurch schwierig.

Größere Industrieunternehmen, die in bestimmten Phasen ihrer Entwicklung ein Interesse an einer

---

[90] Einen guten Überblick über die enge Verbindung zwischen dem Wirtschaftssystem und dem Wohnen gibt Jürgen Münken: Kapitalismus und Wohnen. Ein Beitrag zur Geschichte der Wohnungspolitik im Spiegel kapitalistischer Entwicklungsdynamik und sozialer Kämpfe. Lich: Edition AV 2006

kontinuierlichen Stammbelegschaft empfanden, schufen für ihre Mitarbeiter und deren Familien größere Wohnungskomplexe, die in der Form der „Zechensiedlung“ insbesondere im Ruhrgebiet eine besondere Wohnkultur ausbildeten. Wie auf dem Lande herrschte hier durch die Verbindung von Arbeit und Wohnen nicht nur eine sehr viel größere Nähe zwischen den nachbarschaftlich lebenden Menschen, es gab auch die vom Lande gewohnte Kontrolle. Sie ergab sich allerdings nicht aus dem freiwilligen Vollzug der gemeinschaftlichen Werte, sondern wurde von den Betriebsleitungen organisiert und bestimmt. Wer seinen Arbeitsplatz verlor, musste auch seine Wohnung aufgeben, und umgekehrt. Das ergab in jeder Hinsicht große Abhängigkeiten.[91]

Diese Form der sozialen Kontrolle war einige Jahrzehnte später nicht mehr notwendig. Eine andere Eigenschaft der sich entwickelnden Gesellschaft hatte sich so durchgesetzt, dass äußere Einflussnahmen überflüssig wurden: Die gegenseitige Konkurrenz. Produzenten kämpften gegen andere Produzenten, Handelsunternehmen überboten sich. Banken und Versicherungen machten sich gegenseitig das Leben schwer. Und der einzelne Mensch setzt sich für bessere Einkünfte ein, die wiederum an berufliche Karriere gebunden sind, und die muss man sich gegen alle Anderen erkämpfen.

---

[91] Eine eindrucksvolle Darstellung mit vielen Beispielen gibt die Zusammenstellung der Route der Migranten: Die Zechensiedlung, unter www.routemigration.angekommen.com/themen/php?then

Auch die Gewerkschaften veränderten sich. Aus Solidargemeinschaften, die nicht nur um bessere Löhne und geringere Arbeitszeiten kämpften, sondern auch ihre abhängige Rolle im Wirtschaftssystem zu verändern suchten, wurden Arbeitsrecht-Vereine, welche ihre Kollegen dabei unterstützen, ihre individuellen Rechte vor Gericht durchzusetzen.[92] Die Öffentlichkeit reagiert inzwischen sehr verärgert, wenn Gewerkschaften ausnahmsweise mal wieder den Streik für Ihre Interessen einsetzen.[93]

In der wissenschaftlichen Sprache der Soziologie kann man die eingetretene Entwicklung so formulieren: „Die Errungenschaften der politischen und gewerkschaftlichen Arbeiterbewegung sind groß, so groß, dass sie auch ihre ehemals zukunftsweisende Rolle untergraben. Sie wird mehr zur Bewahrerin des Erreichten, an dem die Zukunft nagt, als zur Quelle politischer Phantasie, die die Antworten auf die Gefährdungslagen der Risikogesellschaft sucht und findet.“[94]

Das Gesellschaftliche dominiert mit der Ideologie, dass heute jeder die gleichen sozialen

---

[92] Ich habe selbst viele Jahre Projekte der Erwachsenenbildung mit gewerkschaftlich organisierten MitarbeiterInnen der Industrie durchgeführt und diesen Wandel sehr deutlich verspürt.

[93] So beispielsweise bei der Serie von 9 Streiks der Lokführergewerkschaft GDL in den Jahren 2014/2015.

[94] Ulrich Beck: Risikogesellschaft. Auf dem Weg in eine andere Moderne, Frankfurt am Main: Edition Suhrkamp 2015, S. 64

Entwicklungsmöglichkeiten hat, wenn er nur will und sich entsprechend anstrengt. Jeder wird aufgefangen, wenn er einmal strauchelt, jeder wird medizinisch versorgt, jeder hat ein Mindestauskommen, auch wenn er arbeitslos ist. Jeder kann lieben, wen er will, kann beten, was er will, kann fahren, wohin er will, kann erfolgreich sein oder sich lieber hängen lassen. Wer heute noch sagt, dass er keine Chancen hat, der ist für viele Menschen zu faul, sich nach seinem Glück zu strecken.

Wer sich beklagt, dass er zu wenig Gemeinschaft hat, der soll zu Facebook gehen. Dort gewinnt er im Handumdrehen so viele Freunde, die ihm immer nur sagen, dass sie „liken", was er tut und übermittelt. Wenn das keine Gemeinschaftsbildung ist, schnell, transparent und vor allem kostenlos. Das ist das Gleichheitsprinzip auf höchstem Niveau. Das im Hintergrund von Facebook laufende Verkaufssystem, mit dem diese Firma in wenigen Jahren zum Multimilliardär geworden ist, bemerkt man erst einmal nicht. Wer macht sich klar, dass Facebook sogar aus dem Bedürfnis nach Gemeinschaftlichkeit ein Geschäft macht? Gemeinschaft als Ware, das ist die Spitze des Sieges des Gesellschaftlichen über das Gemeinschaftliche.

Ferdinand Tönnies hat die Dichotomie Gemeinschaft/Gesellschaft so ausführlich ausgebreitet, weil es für ihn Kategorien einer „reinen Soziologie" sind, mit denen man sich bei der Erfassung der tatsächlichen sozialen Prozesse orientieren kann. Die Wirklichkeit ist natürlich nie rein gemeinschaftlich oder rein gesellschaftlich strukturiert. Auch setzt sich das Gesellschaftliche nicht so durch, dass von den gemeinschaftlichen Gebilden nichts mehr übrig bleibt.

Die Familie beispielsweise als bedeutende gemeinschaftliche Institution hat sich in den letzten hundert Jahren zwar sehr verändert, doch kann sich die Gesellschaft bisher nicht vorstellen, ohne diese Einrichtung zukunftsfähig zu sein.

Tönnies hat seinen Gedankengang auch auf den einzelnen Menschen bezogen. Wie Baruch de Spinoza vertritt er die Auffassung, dass der persönliche Wille das menschliche Verhalten bestimmt und es daher auf die Art des Willens ankommt, ob der Mensch sich eher gemeinschaftsbezogen oder eher gesellschaftsbezogen verhält. Er unterscheidet deshalb zwischen „Wesenwille" und „Kürwille". Wesenwille meint „den 'Willen, sofern in ihm das Denken', und Kürwille das 'Denken, sofern in ihm der Wille' enthalten ist. Dort erfolgt die 'gegenseitige Bejahung auf dem Grund vorwiegender Gefühlsmotive', hier aufgrund 'vorwiegender Denkmotive'. Wesenwille in seinen Modifikationen vegetativer, animalischer und mentaler Wille drückt sich aus in Gefallen, Gewohnheit und Gedächtnis – Kürwille als Gestalt des isoliert-autonomen mentalen Willens äußert sich in Bedacht, Belieben und Begriff. Im Wesenwillen ist zweckhaftes Denken nur enthalten, im Kürwillen dominiert es. Dort bilden Mittel und Zweck eine unaufhebbare Einheit, hier orientiert sich die Wahl der Mittel rational mit Blick auf autonome und situationsspezifische Zwecke."[95]

Der eben beschriebene gesellschaftliche Wandel bringt auf der Ebene des einzelnen Menschen eine ganz neue Art von Individualismus hervor. Sich stärker als

---

95 Alfred Bellebaum: Gemeinschaft und Gesellschaft – eine Analyse ihres theoretischen Gehalts, in Soziologisches Jahrbuch, a.a.O. S. 83

unverwechselbare Persönlichkeit in die Gesellschaft einzubringen, die soziale Beachtung und Respekt verdient, bedeutet zwangsläufig, dass man sich von seiner gemeinschaftsbezogenen Herkunft ein Stück absetzen muss. Vom Tellerwäscher zum Millionär, der sogenannte amerikanische Traum, bedeutet für den Glücklichen selbst nicht nur einen Berufswechsel, sondern die Ablösung von einer sozialen Zugehörigkeit, die ursprünglich die Arbeit als Tellerwäscher notwendig machte.

„Der Mensch der Neuzeit verfügt über einen vergleichsweise weiten Entscheidungsbereich, er ist dem Anspruch konkurrierender Institutionen und Werte ausgesetzt, und charakteristisch für seine Beziehungen zu den Mitmenschen ist ein Getrenntbleiben trotz aller Verbundenheiten. In dieser gesamtgesellschaftlich bedingten Situation ist die Möglichkeit persönlicher Beziehungen erheblich begrenzt. Und in den im Kürwillen gründenden sozialen Verhältnissen ist das rationale Moment stark ausgeprägt. Das ausgeprägt zweckhafte Denken und die miteinander konkurrierenden Verhaltenserwartungen bewirken, dass eingegangene Bindungen leicht auswechselbar sind und vergleichsweise unverbindlich bleiben.“[96]

Trotz oder vielleicht sogar wegen dieses weiten Entscheidungsbereiches fällt es vielen Menschen schwer, das zu wollen, was sie wollen. Das heißt, es ist ein Bruch entstanden in der Willensbildung. Für Tönnies besteht die Willensbildung aus den Momenten der sozialen Zugehörigkeit, der emotionellen Bedeutung und dem vernünftigen Bedenken. Überwiegt die

[96] Alfred Bellebaum, a.a.O. S. 90

Zugehörigkeit, so werden manche gedanklichen Entwicklungsmöglichkeiten verpasst. Überwiegt der zweckmäßige vernünftige Lebensaufbau, werden ursprüngliche Verbundenheiten aufgegeben bzw. in ihrer Bedeutung relativiert. Die Emotionalität versucht beide Seiten des Lebens miteinander zu versöhnen. Sie kompensiert auftretende Spannungen und fördert die Mitgestaltung von Lebensräumen, die trotz ihrer Zweckfreiheit gesellschaftlich akzeptiert werden (Sport, Hobbybereich) und gleichzeitig ein Gefühl von sozialer Zugehörigkeit vermitteln (Golfclub, spirituelle Gruppen).

Der Begriff des Willens ist seit Tönnies durch zwei geistige Entwicklungen erheblich erweitert worden. Karl Marx hat auf den Einfluss der gesellschaftlichen Strukturbedingungen aufmerksam gemacht, welche beide Seiten der Willensbildung umgestalten können. Es macht einen erheblichen Unterschied, ob der einzelne Mensch in eine Familie hineingeboren wird, die in gesicherten sozialen Verhältnissen lebt und die ihre eigene Lebensgrundlage langfristig selbst gestalten kann, oder ob die Familie in ihrer Existenz erheblich von den Interessen Dritter abhängt.

Die Willensbildung des Einzelnen nimmt unwillkürlich die existenziellen gesellschaftlichen Rahmenbedingungen auf. Ihre Analyse durch den eigenen Verstand kann blockiert werden durch das emotionale Bedürfnis, die Fiktion eigener Entscheidungsfreiheit trotz aller widriger Erfahrungen aufrecht zu erhalten. Der Mensch nutzt die sozialen Chancen, die er nicht hat.

Gerade unter kapitalistischen Wirtschaftsbedingungen verliert die Familie ihre frühere Bedeutung. Sie wird zur

Hervorbringung neuer Mitarbeiter-Generationen zwar weiter gebraucht, ihr wird aber die innere Verbundenheit als strukturelles Basiselement schwer gemacht. Diese gegenseitige soziale und emotionale Abhängigkeit stört die Einbindung in den Arbeitsprozess und behindert die wirtschaftliche Verwertbarkeit der menschlichen Arbeitskraft. Am liebsten sähe man sie als reine Zweckgemeinschaft, die neue Generationen hervorbringt und sie so qualifiziert, dass sie ohne zusätzliche eigene Anstrengungen in den Arbeitsprozess integriert werden können. Diese Einbindung aber verlangt absolute Flexibilität in Bezug auf Arbeitszeit, Arbeitsort und Arbeitsvergütung. Persönliche Bindungen aber bewirken emotionalen Widerstand gegen die betriebliche Flexibilität.

Bindungen sind nicht nur in Bezug auf einen konkreten Arbeitgeber unzweckmäßig, sondern ganz grundsätzlich. Menschen, die unter kapitalistischen Wirtschaftsbedingungen aufwachsen, vertreten selbst die Meinung, dass die Familie zurückstehen muss, wenn betriebliche Erfordernisse dies verlangen. Der als selbstverständlich empfundene Wechsel des Arbeitsortes wird von vornherein in die eigene Lebensplanung integriert. Da man ohnehin nicht dort wird arbeiten können, wo man sich mit der Familie vorübergehend niedergelassen hat, sollen die Arbeitsorte wenigstens attraktiv sein. Ein Job, der einen viel in das wärmere Ausland bringt, könnte doch zum eigenen Hobby (beispielsweise Surfen) passen.

Der zweite große Entwicklungsschub, der die Kategorien von Ferdinand Tönnies erheblich erweiterte, war die Erkenntnis der Psychoanalyse, dass sich hinter der sozialen Zugehörigkeit, hinter der Gefühlsempfindung und auch dem eigenen Denken verborgen eine lebensbestimmende Kraft existiert, die sich als 'Unbewußtheit' der subjektiven Wahrnehmung entzieht. Erst wenn wir uns in Schlaf begeben, traut sich dieses Unbewusste als Traum so aus seinen Verstecken, dass man seine Bildsprache wahrnehmen, aber noch keineswegs entschlüsseln kann. Im Alltagsleben jedoch zeigen sich die unbewussten Anteile an unserem Erleben in Form von Impulsstörung, unangemessenem Sozialverhalten und schlicht Unglücklichsein.

Die Psychoanalyse unterstützt den betroffenen Menschen dabei, jene biografischen Situationen wieder in Erinnerung zu bringen, welche diese Lebenserfahrungen erzeugt und dann verborgen haben. Da sind beispielsweise Situationen nicht mehr in Erinnerung, in denen man auf einen nahestehenden Menschen ungeheuer wütend war. Man wollte ihn verletzen, tief kränken, vielleicht sogar umbringen. Doch eine starke innere Hemmung verhinderte das Ausleben der Wut. Gleichzeitig entwickelten sich tiefe Schuldgefühle, die unaufgearbeitet die Verdrängung der ganzen Situation mit verursachen.

Entstehen nun ähnliche Kränkungssituationen, so findet der erfahrungsbelastete Mensch keine unverkrampfte Haltung, sich mit dieser konkreten Kränkung sozial angemessen auseinanderzusetzen. Seine Neigung ist stark, sein Bedürfnis nach Gegenwehr zu unterdrücken, damit nicht erneut Schuldgefühle entstehen. Wiederholen sich derartige Reaktionsweisen immer wieder, haben wir einen Menschen vor uns, den wir für konfliktscheu halten.

Für den Betroffenen hat diese Verhaltensproblematik zur Folge, dass er beginnt, Situationen aus dem Wege zu gehen, in denen er seine Interessen durchsetzen möchte. Denn jedes „Durchsetzen" kann Konflikte bei jenen hervorrufen, die selbst ihre Interessen vertreten wollen. Damit wird die Versuchung immer größer, im sozialen Raum sehr zurückhaltend mit eigenen Interessen umzugehen. Man geht dazu über, sich hinter anderen Personen einzureihen, die ähnliche Interessen zu vertreten scheinen. Man wird zum „Mitläufer", der in zweiter oder dritter Reihe von dem Kuchen noch etwas abbekommen will, den andere erkämpft haben.

Die Willenstätigkeit des Menschen, egal ob Wesen- oder Kürwille, durchläuft auf ihrem innermenschlichen Weg zur Tat, zur sozialen Aktivität, verschiedene Filtersituationen, in denen sich unverarbeitete frühere Lebenserfahrungen wie Magnetfelder ausgebreitet haben. Sie lenken den Willensimpuls mehr oder weniger stark von seinem eigentlichen Ziel ab. In dem hierdurch ausgelösten konkreten situationsbezogenen Verhalten kann man manchmal kaum noch den ursprünglichen Willen erkennen, so verändert erscheint er im konkreten Tun.

So erscheint die Willensbildung vielen inneren und äußeren Einflüssen ausgesetzt, die sich dem Bewusstsein des einzelnen Menschen nicht erkenntnismäßig aufdrängen. In dem konkreten Handlungszusammenhang, den die sich aktivierende Gruppe ihren Mitgliedern anbietet, kann sich in gemeinschaftlichen Aktivitäten diese Willensbildung wieder neu strukturieren. Die eigenen biographischen

Erfahrungen relativieren sich durch die vielen neuen Erlebnisse. Die gesellschaftlichen Rahmenbedingungen erweisen sich als Gegner oder Unterstützer für die sozialen Projekte, an denen man aktiv mitwirkt. Sie gewinnen eine soziale Gestalt, mit der man sich gemeinschaftlich auseinandersetzen kann.

Kapitel 7.4 Sieben Thesen zur Freisetzung des modernen Menschen

Wir haben im Anschluss an Ferdinand Tönnies gesehen, dass im Zuge der Industrialisierung und der sie begleitenden kapitalistischen Wirtschaftsform der Mensch immer mehr seine Bindungen an überkommende bzw. aus der sozialen Notlage geborene Gemeinschaften verliert. Er wird aus der Gemeinschaft seiner Wohnsituation, aus seiner Familie, aus seiner Zugehörigkeit zu einer bestimmten Klasse oder Schicht und sogar aus seiner Geschlechterrolle hinausgedrängt. Er steht allein da, ist sich selbst überlassen, vielfach schutzlos den inneren und äußeren Bedrängnissen ausgesetzt.

Diese tief greifenden Änderungen hat Ulrich Beck in sieben Thesen zu beschreiben versucht, die nachfolgend dargestellt werden sollen:[97]

1. Die These vom gesellschaftlich bedingten Individualisierungsschub

Seitdem es in der Bundesrepublik in den fünfziger und sechziger Jahren zu einer deutlichen Verbesserung der Einkommenssituation mehr oder weniger aller

[97] Ulrich Beck: a.a.O. Seite 116 ff.

Personengruppen (einschließlich der Sozialhilfeempfänger) gekommen ist, haben sich die offensichtlich entscheidenden Voraussetzungen gebildet, einen bisher unbekannten Freisetzungsprozess der Individualisierung in Gang zu bringen. „Der Prozess der Individualisierung wurde bislang vorwiegend für das sich entfaltende Bürgertum in Anspruch genommen. Er ist in anderer Form aber auch kennzeichnend für den 'freien Lohnarbeiter' des modernen Kapitalismus, für die Dynamik von Arbeitsmarktprozessen unter Bedingungen wohlfahrtsstaatlicher Massendemokratien. Mit dem Eintritt in den Arbeitsmarkt sind für die Menschen immer wieder aufs neue Freisetzungen verbunden – relativ zu Familien-, Nachbarschafts- und Berufsbindungen sowie Bindungen an eine regionale Kultur und Landschaft. Diese Individualisierungsschübe konkurrieren mit Erfahrungen des Kollektivschicksals am Arbeitsmarkt (Massenarbeitslosigkeit, Dequalifizierung usw.). Sie führen aber unter sozialstaatlichen Rahmenbedingungen, wie sie sich in der Bundesrepublik entwickelt haben, zur Freisetzung des Individuums aus sozialen Klassenbindungen und aus Geschlechtslagen von Männern und Frauen.“[98]

Die Lebenslage der Personengruppe, die in das Gruppenprogramm einbezogen waren, ist gekennzeichnet von der Unmöglichkeit, einen auskömmlichen Arbeitsplatz zu erreichen bzw. - wenn er einmal erreicht war – ihn zu halten. Nur in Einzelfällen besteht noch eine Verbindung zum Arbeitsmarkt, dann fast immer in der Form eines Minijobs. Nicht ein einziger Teilnehmer war beruflich voll integriert. Damit gehörten sie zur Gruppe der Dauerarbeitslosen. Die Mehrheit von

[98] Ulrich Beck, a.a.O. Seite 116

ihnen waren nach den einschlägigen Gutachten mindestens 3 Stunden täglich arbeitsfähig. Sie standen daher theoretisch dem Arbeitsmarkt zur Verfügung und bezogen dementsprechend Leistungen des ALG II. Die übrigen waren entweder FrührentnerInnen (in der Regel befristet als vorübergehend Erwerbsunfähige) oder Bezieher von Grundsicherung.

Fast alle Betroffene lebten nicht in familiären Zusammenhängen, die ihnen soziale Sicherheit geboten hätten. Soweit sie verheiratet gewesen waren und sogar Kinder besaßen, hatten sich diese Bindungen durch Scheidung und durch negative Sorgerechtsregelungen inzwischen gelöst.

Auch das schon lange bestehende Leben als psychisch erkrankte Menschen brachte keine neuen soziale Verbindungen hervor. Die nach den Regeln der Eingliederungshilfe gewährten professionellen Betreuungsbeziehungen dienten der Einordnung in das sich stetig weiterentwickelnde Wohlfahrtssystem. Es ergaben sich hieraus keine Sozialbeziehungen, welche verlässliche menschliche Bindungen bewirken konnten.

So hatte das Projekt ohne Ausnahme mit Menschen zu tun, welche der Arbeitsmarkt ausgesondert hatte und die deshalb an oder unter der Armutsgrenze lebten. Gleichzeitig erzeugte die allgemein anzutreffende Bindungslosigkeit (Apathie) eine dauerhaft als besonders niederdrückend erlebte Vereinsamung. Die seelische Wirkung dieser Doppelproblematik von arm und einsam drückte sich in einer psychischen Symptomatik aus, bei der oft nicht zu erkennen war, ob hierin mehr eine besondere Krankheitsrealität oder die bedrückende soziale Lebenslage zum Ausdruck gebracht wurde.

Durch den engen Zusammenhang mit dem Arbeitsmarkt und den bestehenden Schwierigkeiten, darin psychisch erkrankte Menschen zu integrieren, ist also gerade auch bei dieser Personengruppe die starke Vereinzelung gesellschaftlich bedingt. Nicht nur die Krankheit selbst führt in die prekäre Lebenslage, sondern die Reaktion des Arbeitsmarktes auf die Erkrankung. Damit bestätigt sich die erste These bei dieser Personengruppe.

2. Die These vom Fortbestehen sozialer Ungleichheit
Obwohl sich die wirtschaftliche Lage der westdeutschen Bevölkerung innerhalb der ersten 2 Jahrzehnte nach dem letzten Krieg auf breiter Ebene subjektiv spürbar verbessert hat, sich nun viele Menschen einen Fernseher, ein Telefon, einen Kühlschrank, ja sogar einen PKW und Urlaubsreisen leisten können, hat sich der Einkommens-Abstand zwischen den Unternehmern, Freiberuflern, den Spitzenmanagern der großen Unternehmungen und der Verwaltung und der großen Masse der Lohnempfänger und Leistungsempfänger wohlfahrtsstaatlicher Zuwendungen nicht verändert. Die schon vorher bestehende Ungleichheit ist auf höherem Niveau geblieben.

Parallel hierzu „tritt für das Handeln der Menschen die Bindung an soziale Klassen eigentümlich in den Hintergrund. Ständisch geprägte Sozialmilieus und klassenkulturelle Lebensformen verblassen. Es entstehen der Tendenz nach individualisierte Existenzformen und Existenzlagen, die die Menschen dazu zwingen, sich selbst – um des eigenen materiellen

Überlebens willen – zum Zentrum ihrer eigenen Lebensplanungen und Lebensführung zu machen.“[99]

Auch der in das Gruppenprogramm einbezogene Kreis von psychisch Erkrankten hatten immer wieder Gelegenheit, die enormen gesellschaftlichen Ungleichheiten immer wieder subjektiv stark wahrzunehmen. Schon die Suche nach einer neuen Wohnung machte klar, dass man sich am unteren Ende des sozialen Ansehens befand. Nicht nur dass für soziale Leistungsempfänger klare Obergrenzen hinsichtlich der Größe und der Mietkosten bestehen, auch hinsichtlich der Lage der Wohnung und ihrer Ausstattung mussten die Teilnehmer erhebliche Nachteile akzeptieren. Vielfach mussten sie außerhalb städtischer Wohnsiedlungen verbleiben, ländliche Standorte akzeptieren und deshalb erhebliche Fahrprobleme hinnehmen.
Damit bestätigt sich auch die zweite These vom Fortbestehen sozialer Ungleichheit. Sie drängt sich den Betroffenen in einer Gesellschaft, die sich stark über den Konsum definiert, jeden Tag neu auf. Anschaffungen beispielsweise eines Handys müssen wohl überlegt sein. Soll man sich ein Vertragshandy zulegen? Wird man die hierdurch entstehenden Kosten wirklich Monat für Monat tragen können? Aber ganz ohne Handy geht's gar nicht. Und so entgeht keiner der permanenten Wahrnehmung, dass es vielen Anderen deutlich besser geht.
Gleichzeitig entwickelt sich kein Gefühl, einer bestimmten gesellschaftlichen Gruppe der psychisch Kranken oder der Sozialhilfeempfänger anzugehören. Man ist nirgendwo zugehörig, sondern steht allein da.

[99] Ulrich Beck, a.a.O. Seite 116/117

3. Die These von der Projektion gesellschaftlicher Krisen auf den Einzelnen

Die Krisen in der Lebensführung des einzelnen Menschen werden durch die eigene Situation am Arbeitsmarkt ausgelöst bzw. überwunden. Seit etwa 40 Jahren verzeichnen wir mehr als zwei Millionen Menschen, die als „Arbeitslose" in der Statistik geführt werden. Dies kann man nach der klassischen Begrifflichkeit der Soziologie als „Massenarbeitslosigkeit" bezeichnen. Diese Bezeichnung verdient die Arbeitsmarktsituation umso mehr, als bei den als arbeitslos registrierten Personen eine hohe Fluktuation herrscht. Man muss davon ausgehen, dass jeder dritte Erwerbstätige ein- oder mehrmals arbeitslos gewesen ist.

„Gleichzeitig wachsen die Grauzonen zwischen registrierter und nichtregistrierter Arbeitslosigkeit (Hausfrauen, Jugendliche, Frührentner) sowie zwischen Beschäftigung und Unterbeschäftigung (Flexibilisierung von Arbeitszeit und Beschäftigungsformen). Die breite Streuung mehr oder weniger vorübergehender Arbeitslosigkeit fällt also zusammen mit einer wachsenden Zahl von Dauerarbeitslosen und neuen Mischformen zwischen Arbeitslosigkeit und Beschäftigung. Dem entsprechen keine klassenkulturellen Lebenszusammenhänge. Verschärfung und Individualisierung sozialer Ungleichheiten greifen ineinander. In der Konsequenz werden Systemprobleme in persönliches Versagen abgewandelt und politisch abgebaut. In den enttraditionalisierten Lebensformen entsteht eine neue Unmittelbarkeit von Individuum und Gesellschaft, die Unmittelbarkeit von Krise und Krankheit in dem Sinne, dass gesellschaftliche Krisen als individuelle erscheinen und in ihrer Gesellschaftlichkeit nur noch sehr bedingt und vermittelt wahrgenommen werden."[100]

Die Wirkung der dritten These, dass gesellschaftliche Krisen auf den Einzelnen projiziert werden, erfährt gerade der psychisch schwer erkrankte Mensch sehr direkt. Er erlebt sie in vielen Lebenszusammenhängen und dabei auch im Zusammenhang mit der ihm zuteil werdenden psychiatrischen Behandlung.

Das medizinische Behandlungssystem ist nicht gewohnt, beim Vorliegen psychischer Problemlagen zwischen Reaktionen auf die sozialen Bedrängnisse und den Folgen von Krankheitsprozessen zu differenzieren. Die Tendenz, die Symptomatik ganz auf die PatientIn zu projizieren, die Ursachen allein bei ihr zu suchen, ist typisch für die klassische psychiatrische Behandlung. Die Argumentation scheint plausibel: Die PatientIn leidet an einer psychischen Erkrankung, deshalb ist sie nicht berufsfähig, deshalb ist sie arm. Wird sie erfolgreich behandelt, wird sie wieder berufsfähig und ihre wirtschaftliche Situation bessert sich.

Leider zeigen alle Erfahrungen, dass psychiatrische Behandlungserfolge vor allem dann nicht mehr zu einer berufliche Reintegration führen, wenn die berufliche Tätigkeit schon längere Zeit zurück liegt. Für den einzelnen Erkrankten ist eine Rückkehr in frühere Teilhabe sehr schwer geworden.

4. Die These von der 'Verhandlungsfamilie auf Zeit'

[100] Ulrich Beck, a.a.O. Seite 117/118

Die einzelne Persönlichkeit wird in unserer modernen sozialen Welt nicht nur freigesetzt von den früher subjektiv bedeutsamen Zugehörigkeit zu bestimmten sozialen Milieus, in denen man vielfältigen Rückhalt erfuhr, sondern es tritt auch eine Freisetzung ein in Bezug auf die geschlechtsspezifischen Rollen, in denen insbesondere die Frauen eigene soziale Sicherheit gefunden haben. Wenn heute Frauen in Armut fallen, so sind nicht fehlende Ausbildung oder soziale Herkunft hierfür ausschlaggebend, sondern die Ehescheidung. In der hohen Scheidungsrate „drückt sich der Grad der Freisetzung aus der Ehe- und Hausarbeitsversorgung aus, die nicht mehr revidierbar ist. Damit greift die Individualisierungsspirale auch innerhalb der Familie: Arbeitsmarkt, Bildung, Mobilität – alles jetzt doppelt und dreifach. Familie wird zu einem dauernden Jonglieren mit auseinanderstrebenden Mehrfachambitionen zwischen Berufserfordernissen, Bildungszwängen, Kinderverpflichtungen und dem hausarbeitlichen Einerlei. Es entsteht der Typus der 'Verhandlungsfamilie auf Zeit', in der sich verselbständigende Individuallagen ein widerspruchsvolles Zweckbündnis zum geregelten Emotionalitätsaustausch auf Widerruf eingehen.“[101]

Die allermeisten Teilnehmer am Gruppenprogramm wünschten sich eine Partnerschaft, aus der sich eine neue Familie bilden könnte. Vor allem die jüngeren Frauen dachten an die Möglichkeit, mit dem neuen Partner Kinder zu bekommen. Die Gründung einer Familie schien vielen Betroffenen ein Weg zu einer relativen Sicherheit zu sein, der mit ein wenig Glück noch selbst gegangen werden könnte. Dies war ein

[101] Ulrich Beck, a.a.O. Seite 118

Lebensziel, das im Bereich des sozial Machbaren zu liegen schien.

Doch der Bekanntenkreis, in dem man geeignete PartnerInnen finden konnte, beschränkte sich sehr stark auf weitere psychisch erkrankte Menschen, die ebenfalls keiner beruflichen Tätigkeit nachgehen. Die wenigen Partnerschaften, die sich im Laufe des Projektes bildeten, standen daher unter ungünstigen wirtschaftlichen Rahmenbedingungen. Sie waren von vornherein mit einer Vielzahl von Problemen wie die Suche nach einer größeren Wohnung konfrontiert, was die beginnende Liebesbeziehung hohen Belastungen aussetzte.

Wenn die vierte These von einer „Verhandlungsfamilie auf Zeit" spricht, welche immer mehr zum Standardmodell des Zusammenlebens geworden ist, dann muss man für die Gruppe der psychisch erkrankten TeilnehmerInnen sagen, dass ihre „Verhandlungen" mit möglichen PartnerInnen unter sehr ungünstigen Vorzeichen stehen. Da müssen existenzielle soziale Probleme überwunden werden, bevor die Verhandlungen so richtig losgehen können. Und deshalb enden viele Bemühungen trotz bester Absichten nicht in einem neuen Ehebündnis. Während der Projektphase von 3 Jahren kam es zu keiner einzigen neuen Eheschließung.

Die wirtschaftliche Situation wurde zusätzlich durch gesetzliche Regelungen belastet, durch die es einträglicher ist, wenn Partner nicht zusammenziehen, sondern weiterhin getrennt leben.[102] Diese Standards

[102] So beispielsweise die Regelungen der §§ 19 ff. SGB II mit

honorieren nicht die Versuche, die bestehende Vereinsamungssituation zu überwinden. Wenn man dennoch zusammenzieht, dann ist die Tendenz spürbar, diese Tatsache den zuständigen Behörden zu verheimlichen. Damit gerät die neue soziale Verbindung in die paradoxe Lage, einerseits mehr Sicherheit gewinnen zu wollen und andererseits hierdurch neue Unsicherheit auszulösen.

An diesem Beispiel wird deutlich, dass die gesetzlichen Standards für den Personenkreis der „psychisch Behinderten" besonders reibungslos angewendet werden können, wenn der Betroffenenkreis so ist und bleibt, wie wir ihn angetroffen haben: arm, arbeitslos und einsam. Dann passen alle Versorgungsmuster. Verändert sich an einer dieser wichtigen Parameter etwas, treten sofort komplexe Einordnungsprobleme auf. Dann muss erheblich mehr Zeit in die Fallbearbeitung investiert werden.

Nimmt beispielsweise der Bezieher von Grundsicherung einen Minijob an, so kann sich hieraus eine ganz komplizierte Situation ergeben. Der Betroffene ist der Grundsicherung zugeordnet worden, weil ein ärztliches Gutachten ihm bescheinigte, dass er keiner Tätigkeit von 3 Stunden täglich nachgehen kann. Jetzt muss also ein neues Gutachten in Auftrag gegeben werden. Was passiert, wenn dieses Gutachten erneut zur Auffassung kommt, dass eine Tätigkeit von mindestens 3 Stunden täglich aus medizinischer Sicht nicht in Betracht kommt? Kann oder muss man jetzt den Minijob verbieten? Oder muss man das Gutachten ignorieren?

---

den Regelungen über den Regelbedarf, Mehrbedarfe und für Unterkunft und Heizung bei „Bedarfsgemeinschaften".

In der Praxis wird dieser Konflikt in der Regel so „gelöst", dass die Behörde dem Betroffenen ausmalt, welche Folgen seine berufliche Tätigkeit für ihn haben kann. Dann wird er überlegen, von sich aus diese Arbeitsgelegenheiten zu meiden.

5. Die These von der Eingliederung der Familien in den Industrialisierungsprozess

„Was sich in die private Form des 'Beziehungsproblems' kleidet, sind – gesellschaftstheoretisch gewendet – die Widersprüche einer im Grundriss der Industriegesellschaft halbierten Moderne, die die unteilbaren Prinzipien der Moderne – individuelle Freiheit und Gleichheit jenseits der Beschränkung von Geburt – immer schon geteilt und qua Geburt dem einen Geschlecht vorenthalten, dem anderen zugewiesen hat. Die Industriegesellschaft war und ist nie als Nurindustriegesellschaft möglich, sondern immer nur als halb Industrie- halb Ständegesellschaft, deren ständische Seite kein traditionales Relikt, sondern industriegesellschaftliches Produkt und Fundament ist. Mit der Durchsetzung der Industriegesellschaft wird insofern immer schon die Aufhebung ihrer Familienmoral, ihrer Geschlechtsschicksale, ihrer Tabus von Ehe, Elternschaft und Sexualität, ja die Wiedervereinigung von Haus- und Erwerbsarbeit betrieben."[103]

So wie sich der Industrialisierungsprozess gemäß der fünften These der Familie bemächtigt und sie so umgestaltet, dass sie zu den Anforderungen des Arbeitslebens passt, so ordnet sich das Leben der

[103] Ulrich Beck, a.a.O. Seite 118

langfristig psychisch Erkrankten dem Sozialwesen unter. Es wird gesetz- und richtlinienkonform.

Damit der Einzelne die Rahmenbedingungen versteht, die sein Leben seit seinem Ausscheiden aus dem Erwerbsleben bestimmen, wird er beraten, begleitet und betreut. Die ständige Erfahrung, dass jede Lebensentscheidung, und sei sie noch so unbedeutend, zunächst auf ihre Einordbarkeit in die vorgegebenen Standards und Regeln überprüft werden muss, legt ihm ein Verhalten nahe, bei dem er schon seine Handlungsimpulse seinen Begleitkräften offenlegt. So vermeidet er es, Schritte zu tun, die nachher auf Kritik stoßen könnten, und die er daher womöglich rückgängig machen muss.

6. Die These von den neuen Abhängigkeiten

Die moderne Form der Individualisierung (gegenüber den zu früheren Zeiten aufgetretenen Formen der Renaissance, in der höfischen Kultur des Mittelalters, in der innerweltlichen Askese des Protestantismus und in der Befreiung des Bauern aus ständischer Hörigkeit) unterscheidet sich vor allem durch die besonderen Konsequenzen, die sich in diesem Prozess bilden. Es fehlen die gesellschaftlichen Einrichtungen, welche früher den einzelnen Menschen aufgefangen haben, also die Stände, sozialen Klassen bzw. die Familie. Individualisierung ist nicht zu verwechseln mit Emanzipation und der Fähigkeit, sich das gesellschaftliche Umfeld nach eigenen Bedürfnissen zu gestalten.

Die Individualisierung „geht vielmehr einher mit Tendenzen der Institutionalisierung und

Standardisierung von Lebenslagen. Die freigesetzten Individuen werden arbeitsmarktabhängig und damit bildungsabhängig, konsumabhängig, abhängig von sozialrechtlichen Regelungen und Versorgungen, von Verkehrsplanungen, Konsumangeboten, Möglichkeiten und Moden in der medizinischen, psychologischen und pädagogischen Beratung und Betreuung. Dies alles verweist auf die besondere Kontrollstruktur „institutionenabhängiger Individuallagen", die auch offen werden für (implizite) politische Gestaltungen und Steuerungen."[104]

Wie wir gesehen haben, entstehen auch für den nicht beruflich tätigen Menschen zahlreiche und sehr weitgehende Abhängigkeiten. Dabei zielen die massiven behördlich veranlassten Einflussnahmen letztlich alle darauf ab, den Betroffenen wieder in den Arbeitsprozess einzugliedern. Weshalb dies überwiegend nicht gelingt, werde ich im nächsten Kapitel etwas näher beleuchten.

7. Die These von den soziokulturellen Gemeinsamkeiten
Die heute auftretenden Individualisierungsprozesse können einhergehen mit der Bildung von neuen Formen der Vergesellschaftung. Das setzt voraus, dass sich die Menschen der Widersprüche bewusst werden, in denen sie einen Platz für ihr eigenes Leben finden müssen. Wenn sich ein Austausch über die besonderen inneren und äußeren Bedingungen des eigenen Lebens mit anderen herstellen lässt, kann dies zur „Entstehung neuer soziokultureller Gemeinsamkeiten führen.... Sei es dass sich entlang von Modernisierungsrisiken und Gefährdungslagen Bürgerinitiativen und soziale Bewegungen herausbilden. Sei es, dass im Zuge von

[104] Ulrich Beck, a.a.O. Seite 119

Individualisierungsprozessen Erwartungen auf 'ein Stück eigenes Leben' (materiell, räumlich, zeitlich und entlang der Gestaltung sozialer Beziehungen gedacht) systematisch geweckt werden, die jedoch gerade im Prozess ihrer Entfaltung auf gesellschaftliche und politische Schranken und Widerstände treffen. Auf diese Weise entstehen immer neue Suchbewegungen, die zum Teil experimentelle Umgangsweisen mit sozialen Beziehungen, dem eigenen Leben und Körper in den verschiedenen Varianten der Alternativ- und Jugendsubkultur erproben."[105]

Das Gruppenprogramm zur sozialen Rehabilitation stellt sich zur Aufgabe, über das gemeinsame Interesse an bestimmten Tätigkeiten eine Verständigung unter den TeilnehmerInnen über die eigene Situation zu erreichen. Wir haben gesehen, dass die Aktivierungsphase vielfältige Möglichkeiten bietet, die eigene soziale Situation zu reflektieren und dies als Betroffenheitsphänomen zu begreifen. Die psychische Erkrankung und ihre Behandlung individualisiert die Betroffenen. „Personenorientiert" bedeutet die Berücksichtigung der ganz persönlichen Entstehungsgeschichte der Erkrankung, wobei die gesellschaftliche Bedingtheit meistens übergangen wird. Die Behandlung erfolgt weitgehend in Einzelgesprächen, die der PatientIn die Aufgabe zuweisen, die einzelnen Behandlungsmaßnahmen (Einnahme bestimmter Medikamente, Veränderungen im Tagesablauf, Klärung von Konflikten mit bestimmten Personen) selbständig auszuführen. Hierbei wird sie beraten, erinnert und in besonderen Fällen auch begleitet. Immer bleibt sie dabei aber auf sich selbst bezogen. Es entstehen keine

[105] Ulrich Beck, a.a.O. Seite 119/120

Lebenssituationen, in denen die eigene Problematik als Teil eines gesellschaftlichen Prozesses erfahrbar wird.

Dies will das Gruppenprogramm ändern. Wie in der siebten These dargestellt, sollen die soziokulturellen Gemeinsamkeiten der TeilnehmerInnen offenbar werden. Dadurch entsteht die Chance zu neuen Gemeinschaftsbildungen, die weder familienorientiert, noch symptom- und damit behandlungsorientiert angelegt sind, sondern die neuen gesellschaftlichen Wandlungsprozesse einbeziehen. Hierdurch haben sie eine Chance, bestandskräftig zu werden und den beteiligten Menschen langfristig Rückhalt zu geben.

Kapitel 8 Von der Krankengemeinschaft zur Leistungsberechtigung

In den Anfängen der Psychiatrie in Deutschland ließ man die angehenden Klinikdirektoren manchmal vor ihrem Dienstantritt lange Informationsreisen machen. Sie sollten sich bei Ihren deutschen und ausländischen Kollegen über die verschiedenen Behandlungsansätze informieren und auf diesem Wege auch verschiedene Anlagen kennenlernen. Schließlich sollten in einigen Fällen die Klinikgebäude ganz neu errichtet werden.

Albert Zeller beispielsweise, der künftige ärztliche Leiter der Heilanstalt Winnenthal im Württembergischen, bereiste vor Eröffnung des neuen Krankenhauses im April 1834 über ein Jahr lang alle bekannten deutschen Standorte sowie dann im Ausland Frankreich, England, Schottland und die Tschechei. Seine Reiseeindrücke hat er in einem umfangreichen Bericht wiedergegeben, aus dem sich gut ablesen lässt, wie sich sein eigenes Behandlungskonzept entwickelt hat.

So besuchte Albert Zeller in Frankfurt am Main das 1785 erbaute sog. Kastenhospital, das Teil des Frankfurter Armenkastens war und sich in einem beklagenswerten baulichen Zustand befand. Es schien ihm „beklagenswert in seinen Mängeln, wenn da nicht der 'herrliche Verwalter Antoni' gewesen wäre, 'der schon lange der Anstalt vorsteht und mit bewundernswerter Ruhe, Kraft, Liebe und Einsicht das Vertrauen der Kranken zu erhalten und festzuhalten weiß (....), durch sanften psychologischen Zwang, durch Geben und Nehmen allerlei Annehmlichkeiten, durch eigenes Beispiel alle zur Arbeit zu bringen' versteht. 84 Kranke beherbergt das Hospital, Epileptiker eingeschlossen, '10-12 Kranke werden jährlich aufgenommen, mehr Männer als Weiber und von diesen zwei Drittel geheilt entlassen, bald definitiv, bald provisorisch. Die meisten sind Säufer'."[106]

Neben diesem 'Verwalter' werden die Kranken durch einen externen Arzt versorgt, der zum Heilig-Geist-Spital gehört sowie durch den Pfarrer Blum, der die seelische Genesung betreibt. „Der Verwalter Antoni lebt mit seiner Familie ganz unter den Irren, mit einigen von ihnen sitzt er gemeinsam am Tisch. Abends wird meist vorgelesen aus Büchern heiteren Inhalts, religiösen, historischen, naturgeschichtlichen, geographischen, poetischen Werken. Arbeit und Spiele wechseln miteinander ab. Der wohlgeordnete Tageslauf schließt Zeitungslesen ein und

[106] Dietrich Geyer: Trübsinn und Raserei. Die Anfänge der Psychiatrie in Deutschland, München: Verlag C.H.Beck 2014, S. 145

fördert den geistigen Verkehr mit der Außenwelt. Durch stündlichen Umgang mit Irren, notiert Zeller, 'hat Antoni schon oft das Geheimnis ihres Wahnsinns den Kranken entlockt und damit den Schlüssel zur Heilung gefunden. Sie lieben ihn auch wie einen Vater, und selbst im Augenblick der höchsten Wut macht seine Erscheinung einen momentanen beruhigenden Eindruck auf die Tobenden, bei denen er jetzt kein Tretrad, keinen Drehstuhl, keinen Zwangsstuhl mehr anwenden lässt.' Die Anstalt als große Familie unter einem gütigen, aber führungsstarken Vater, dazu Beten und Arbeiten, Zuwendung und wenig Zwang: diese Notizen verweisen darauf, wie Zeller seine eigene künftige Rolle in Winnenthal modellierte.“[107]

Die anschauliche Schilderung des Genesungsgeschehens in der Frankfurter Anstalt offenbart zwei ganz entscheidende Aspekte: Einerseits bedeutet Genesung die Integration in ein funktionierendes Gemeinschaftskonstrukt, das von einem Patriarch festgelegt und mit sozialem Leben erfüllt wird. Andererseits wird diese Krankengemeinschaft, die als „Familie“ bezeichnet wird, von der umgebenden Gesellschaft isoliert gehalten. Der Verkehr mit der Außenwelt findet „geistig“ über das Zeitungslesen statt.

Ein etwas anderes Konzept fand Albert Zeller im schottischen Perth (James Murray's Royal Asylum for Lunatics). Hier gab es einen sehr angenehm gestaltetes Krankenhaus, in dem der leitende Arzt die medizinische Behandlung ganz individuell ausrichtete. Die Patienten aus besseren Kreisen fanden in der Einrichtung behaglich eingerichtete Wohnungen. Die gesamte

[107] Dietrich Geyer: a.a.O., Seite 146

Haustechnik fand er modern und bestens gewartet. Kein familiäres Leben wurde angetroffen, eher die Atmosphäre eines Kurhotels, wenn auch die Türen und Fenster gut gesichert waren.

Der ärztliche Direktor Dr. Malcolm „ist ein intelligenter Kopf, ein Mann von Begabung und Charakter. 'Seine Behandlung in medizinischer Hinsicht ist sehr einfach, aber doch nicht so wie in vielen Anstalten für Geisteskranke: Er glaubt, dass alle Störungen des Körpers unter bestimmten Umständen eine Störung des Hirns hervorrufen und er heilt die Störungen des Körpers ganz individuell."[108]

Der Weg Albert Zellers führte nicht an York vorbei und damit am Retreat der Quäker, das ich schon vorher einmal erwähnt habe. Zeller war in jeder Hinsicht von dieser Einrichtung tief beeindruckt., insbesondere „von den Erfolgen der behutsamen Behandlungsmethoden, von der fast 'unbegrenzten Macht der Freundlichkeit im Umgang mit den Patienten und von der erstaunlichen Vielfalt ihrer Tätigkeiten: Tägliche, von Wärtern begleitete Spaziergänge in der bezaubernden Landschaft, Mitarbeit der Männer in Haus und Garten, ein Großteil der Frauen bei der Hausarbeit, beim Stricken oder Nähen, Mitwirkung am Aufbau einer Naturaliensammlung, dazu – je nach Vermögen – Lesen, Schreiben und andere rationale Beschäftigungen,' lebhafte Teilnahme an den Bibellesungen des Superintendenten in familiärem Rahmen mit Gästen von draußen, ungefähr ein Zehntel der gesamten Belegschaft waren regelmäßig beim sonntäglichen Gottesdienst in der Stadt. Kurzum: das Asyl als

[108] Dietrich Geyer: a.a.O., Seite 163

Simulation einer Lebensgemeinschaft, die – von einer unantastbaren Hausordnung geleitet – niemanden ausschließt, der mitmachen kann. Im Grad der Teilnahmefähigkeit des einzelnen Kranken spiegeln sich die Stadien des Heilungsprozesses."[109]

Nach seiner mehr als einjährigen Studienreise durch halb Europa schließlich in der neuen Psychiatrischen Heilanstalt[110] Winnenthal angekommen, zieht Albert Zeller mit seiner Familie in den „ersten Stock des Mittelbaus, im Zentrum der zweiflügeligen Anlage. Zeller meinte, dass seine Anstalt einem Staat im Staate gleiche, einer kleinen Welt für sich. Seine Autorität wurde auch dadurch gestärkt, dass alle bei der Anstalt beschäftigten Personen das Recht hatten, von ihm kostenfrei ärztlich behandelt zu werden. So war er zugleich Direktor, Pater familias und Hausarzt seiner Leute und – nach protestantischem Verständnis – Seelsorger ohnehin."[111]

Am Beispiel von Albert Zeller wird nachvollziehbar, wie sich nicht nur in Deutschland ein neuartiger Typus von Krankenanstalt herausbildete. Er ordnet die Krankenhausstruktur so, dass sie dem einzelnen Patienten eine Welt erfahrbar macht, in dem er einen wertgeschätzten Platz innehat. Er erlebt sich über den ganzen Tag hin als gebraucht für ganz bestimmte

---

[109] Dietrich Geyer: a.a.O., Seite 168

[110] Man unterschied zu dieser Zeit zwischen heilbaren und unheilbaren Patienten. Die Heilbaren behandelte man in einer Heilanstalt, die Unheilbaren in einer Pflegeanstalt. Waren beide Gruppen gemeinsam untergebracht, sprach man von einer Heil- und Pflegeanstalt.

[111] Dietrich Geyer a.a.O., Seite 194

Aufgaben, ohne die das Leben im Hause nicht funktionieren würde. Die tägliche Ernährung, die Reinigung von Räumen und Wäsche, die Durchführung von Reparaturen und Instandhaltungen, die Sorge für die persönlichen Dinge. Alles gehört zur regelmäßigen Tagesgestaltung. In der Regel ist der Einzelne dabei nie allein, sondern bewegt sich in arbeitsbezogenen Gruppen, begleitet von „Wachpersonal". Überall gründeten sich in der Nähe der Anstalten landwirtschaftliche Betriebe, welche die benötigten Lebensmittel erzeugten und teilweise verarbeiteten.

Der Preis für diese wertschätzende Beschäftigung und Begleitung war die vollständige Unterordnung unter ein hierarchisches System, das vom Anstaltsdirektor ohne Duldung von Widerspruch regiert wurde. Und rings um die Anstalt wurde eine Mauer aufgerichtet, die als Sinnbild wirkt für die tatsächliche Abschottung, in dem das Leben innerhalb der Mauern stattfand.

Betrachtet man diese Kliniksituation unter dem Gesichtspunkt der vorher diskutierten Entwicklung von der Gemeinschaft zur Gesellschaft, so wird deutlich, dass diese frühe Anstaltsstruktur noch ganz unter dem für heilend gehaltenen Bild einer patriarchalisch geführten Gemeinschaft stand. Die gesellschaftlichen Einflüsse versuchte man, weitgehend vom Innenleben der Anstalt fern zu halten. Sie drangen nur über die Patienten selbst und deren Biographien nach und nach in die Krankenhäuser, tauchten bei der Anamnese auf und erfuhren dort eine Einordnung, die noch bis in die 60ger Jahre des letzten Jahrhunderts auf den Bestand des internen Sonderlebens ausgerichtet war. Über dieser Kontinuität einer gemeinschaftlichen Sonderwelt könnte das Motto gestanden haben: Gemeinschaft ist heilend, wenn sie klare Strukturen besitzt und den Patienten fern hält von dem Stress des Alltagslebens draußen.

Aber auch dieser Krankenhaustyp rechtfertigte seine Arbeit durch die Entlassung geheilter Patienten. Der Aufenthalt in der Anstalt dauerte zwar oft sehr lange, doch irgendwann sollte das Bett frei gemacht werden für neue Patienten. Doch wie jemanden entlassen, der so lange von den Lebensverhältnissen „draußen" abgeschottet gehalten worden war? Wie sollte er in dieser ganz anders geordneten Welt zurecht kommen?

Die psychiatrische Krankenanstalt reagierte auf diese Problematik, indem sie Patienten zunächst einmal auf Probe entließ. Und damit die Probe, die zumeist mindestens 1 Jahr umfasste, auch positiv bestanden werden konnte, führte man einen ambulanten Dienst ein, der vom Krankenhaus aus die entlassenen Patienten in ihrem neuen Alltagsleben begleitete. Diesen Dienst bezeichnete man als „offene Fürsorge" im Gegensatz zur „geschlossenen Fürsorge", die innerhalb der Anstalten zur Anwendung kam.

Zu Beginn des 20. Jahrhunderts wurde dieser offene Fürsorgedienst nach dem sog. „Erlanger Modell" einheitlich organisiert. „Das Erlanger System beruht auf der Überzeugung, dass geschlossene und offene psychiatrische Fürsorge untrennbare, weil zunehmend durch fließende Übergänge verbundene, der einheitlichen Durchführung bedürftige, sich gegenseitig ergänzende Teile der Irrenfürsorge sind; die offene Fürsorge wird ausgeübt durch Ärzte und Pflegepersonen der örtlichen Heil- und Pflegeanstalt, die im Irrendienst praktisch erfahren und vom zuständigen Wohlfahrts- und Gesundheitsamt gemäß Vereinbarung mit der Anstalt mit gewissen Ermächtigungen ausgestattet sind."[112] Hierbei handelt es sich ganz offensichtlich um die Vorläufer der heutigen Psychiatrischen Institutsambulanz.

Im Kontrast zu dieser vom Krankenhaus ausgehenden offenen Fürsorge hat sich ab dem Jahre 1920 im Ruhrgebiet das sog. Gelsenkirchener Modell entwickelt, bei dem die offene Fürsorge allein vom kommunalen Fürsorgeamt aus, also einer Kombination des heutigen Sozial- und Gesundheitsamtes organisiert wurde. Es ging dabei um eine als notwendig empfundene Erweiterung der Aufgaben. Nicht mehr allein die Begleitung der Patienten nach der Entlassung stand im Mittelpunkt dieser Form der offenen Fürsorge, sondern auch die Erfassung möglichst aller Personen in der Stadt bzw. im Landkreis mit Anzeichen von psychiatrischen Erkrankungen, mit geistiger Beeinträchtigung, mit Psychopathien, mit Anzeichen von Schwererziehbarkeit, Epilepsie und Alkoholkrankheit. Außerdem bearbeitete man das gesamte Anstaltsaufnahmeverfahren, um so Fehlplazierungen zu vermeiden.

Ferner wollte man die Kommunikation des in der Anstalt aufgenommenen Patienten mit der Außenwelt, insbesondere mit den Angehörigen verbessern. Dabei stehen die MitarbeiterInnen der offenen Fürsorge den Angehörigen auch zur laufenden Beratung in Fragen des

---

[112] G. Kolb: Die offene psychiatrische Fürsorge, in: O. Bumke, G. Kolb, H. Roemer, E. Kahn: Handwörterbuch der psychischen Hygiene und der psychiatrischen Fürsorge, Berlin/Leipzig: Verlag von Walter de Gruyter 1931, S. 119

richtigen Umgangs mit der Krankheit und seinen Folgen zur Verfügung.[113]

Im Rahmen des Gelsenkirchener Modells holt sich die Kommune die Zuständigkeit für die psychisch Erkrankten wieder vom Krankenhaus zurück. Damit wird strukturell die Abgeschlossenheit der Anstaltswelt durchbrochen. Denn die vom Krankenhaus organisierte Begleitung des entlassenen Patienten in seine Herkunftswelt sieht ihn immer noch als Mitglied der Anstaltsgesellschaft. Weiterhin sind MitarbeiterInnen des Krankenhauses für ihn zuständig, holen ihn zurück, wenn sie zur Auffassung kommen, dass er im Alltag überfordert ist.

Die Praxis dagegen, die Aufnahme in der Anstalt zu einem Verwaltungsakt der Kommune zu machen, dreht das Verhältnis zwischen dem realen Leben und dem Leben im Krankenhaus geradezu um. Der Betroffene verlässt für eine gewisse Zeit seine normale Lebenssituation. Die für diesen Ort zuständige Kommune behält ihn im Blick, kümmert sich darum, dass er möglichst bald wieder entlassen wird und seinen Platz im normalen Zusammenleben wieder einnimmt.

Mit dem Gelsenkirchener Modell kommt eine Sichtweise zum Ausdruck, die viel mit dem Wirksamwerden gesellschaftlicher Prozesse zu tun hat. Es ist daher sicher auch kein Zufall, dass diese Änderung im Ruhrgebiet ausgelöst wurde und nicht im fränkischen Erlangen. Im „Pott“ hatte sich eine Lebenswelt entwickelt, die sehr stark von der Kohle- und

[113] F. Wendenburg: Offene psychiatrische Fürsorge vom kommunalen Fürsorgeamt aus, in: Handwörterbuch, a.a.O. S. 134 ff.

Stahlindustrie geprägt war. Hier kamen aus vielen ländlichen Gebieten nicht nur Deutschlands Tausende von Menschen zusammen, die alle mehr oder weniger bindende gemeinschaftliche Lebensformen aufgegeben hatten. Hier lebte inzwischen schon die zweite Generation von Arbeitsmigranten, die sich den neuen Lebensbedingungen schon gut angepasst hatte.

Wer von diesen arbeitenden Menschen krank wurde, fehlte in mehrfacher Hinsicht: Er fehlte der Familie als Bezugsperson und Geldverdiener, er fehlte am Arbeitsplatz, wo er möglicherweise eine wichtige Funktion ausübte, und er fehlte als Kumpel/Kollege in seiner Clique. Auch der psychisch Erkrankte wurde jetzt so gesehen, denn der zunehmende Arbeitsdruck und die Unsicherheit des Arbeitsplatzes und damit der gesamten sozialen Existenz wirkten sich verständlicherweise auf die psychische Konstitution der Beteiligten aus. Der soziale Zusammenhang von Krankheitsentstehung und Genesung wurde immer klarer.

Die kommunalen Instanzen kümmerten sich daher nicht mehr allein deshalb um psychisch Erkrankte, um die Gesellschaft durch Separierung vor ihnen zu schützen (das war bei den psychisch bedingten Kriminaldelikten immer noch notwendig). Nun kam es zunehmend auf eine möglichst effektive und kurze Behandlung an, in dessen Verlauf auch das Krankenhaus eine bestimmte Aufgabe zu übernehmen hatte, aber nicht mehr „alternativlos“. Die kommunale Gesundheitsbehörde sah auch für sich ein Behandlungsfeld, bei dem insbesondere die offene Fürsorge die entscheidende Komponente darstellte, und das hieß die Begleitung der Patienten in ihrer häuslichen Lebenssituation.

Kapitel 8.1 Vom Patriarch zum Dienstleister

Die ersten 100 Jahre der deutschen Psychiatrie-Geschichte waren vom Handeln in psychiatrischen Heil- und Pflegeanstalten bestimmt. Die innere Organisation folgte vielfach den Vorstellungen ihrer jeweiligen ärztlichen Direktoren. Alle Klinikleiter waren noch ganz geprägt von gemeinschaftlichen Vorstellungen des menschlichen Lebens. Einige Direktoren waren wie Albert Zeller von der Vorstellung eingenommen, dem psychisch Erkrankten eine geschützte Gemeinschaft anzubieten, in der er wieder Halt und Orientierung finden konnte. In diese Gemeinschaft bezogen sich die Ärzte ebenso ein wie alle übrigen Mitarbeiter und Patienten. Unter dem Patriarchat des Direktors sollten alle einen gemeinschaftsdienlichen Platz finden und einnehmen. Dies schien die beste Methode zu sein, um den wirren Verstand wieder zu klären und eine positive psychische Entwicklung in Gemeinschaft mit Anderen anzugehen.

Aber es gab auch die andere Reaktion der Gemeinschaften auf Menschen, die sich nicht so recht einordnen wollten oder konnten. Seit vielen Generationen wurden alle, die sich nicht den gemeinschaftlichen Gepflogenheiten entsprechend verhielten, als Außenstehende behandelt. Dabei unterschied man nicht zwischen psychisch oder dauerhaft somatisch Kranken, geistig Behinderten und Kriminellen. Man sperrte sie weg oder ließ sie auf Schiffen die Flüsse rauf und runter fahren („Narrenschiffe"). Sie bevölkerten die finstersten Gefängnisse, in denen sich insbesondere die Kriminellen darüber beschwerten, mit den Verrückten in denselben Sälen untergebracht zu sein.

Nicht wenige psychiatrische Krankenhäuser blieben dieser speziellen Linie der Orientierung am Gemeinschaftlichen treu. Zwar waren nun Gefängnisse und Irrenanstalten getrennte Einrichtungen, doch die Verhältnisse in diesen Krankenhäusern entsprach vielfach den alten Gepflogenheiten. Selbst im „Königlichen Charité-Krankenhaus“ zu Berlin, in dem der berühmte Christoph Wilhelm Hufeland als Klinikdirektor fungierte, traf sein ärztlicher Vertreter Anton Ludwig Ernst Horn bei seinem Amtsantritt folgende Situation vor:

„Die Insassen waren in überfüllten Räumen zusammengedrängt und über drei Stockwerke verteilt. In Sachen Lüftung, Reinlichkeit und Exkrementenabfuhr gab es schwere Defizite. Bei dem chronischen Platzmangel ließ sich eine wirksame Geschlechtertrennung so wenig erzwingen wie die Abschirmung von anderen Patienten. An die Unterbringung der Irren nach Maßstäben der Verträglichkeit war nicht zu denken. Am ärgsten war die räumliche Nähe zu den Haut- und Geschlechtskrankheiten, die damals 'Krätzige' hießen und auch zu Horns Klientel gehörten. Ein großer Teil der Plätze wurde mit unheilbar 'Blödsinnigen' belegt. Über die Aufnahme in die Charité entschied der Ökonomie und Verwaltung steuernde Inspektor vom Armen-Direktorium. Unter diesen Umständen war Horn mit seinen wenigen Assistenten dem Zustrom präsumtiver Geisteskranker hilflos ausgesetzt. Die miserable

Ernährung überschritt zeitweilig gar die Hungergrenze."[114]

Nur mit Spenden gelang es Horn, die ihm notwendig erscheinenden therapeutischen Mittel zu beschaffen: Zwangsstühle, Zwangsjacken, Dreh- und Trillmaschinen, Spritz- und Duschbäder. Hiermit ließen sich die extremsten Patienten-Reaktionen auf die unmenschlichen Lebensbedingungen im Krankenhaus unterdrücken. „Nur die Kranken zu prügeln oder in Ketten zulegen, war dem bei der Behandlung ansonsten allmächtigen Arzt verboten."[115]

So orientierte sich auch dieser Typus der psychiatrischen Anstalt am Gemeinschaftssinn der damaligen Zeit. Sie unterwarfen die Erkrankten einer Tortur, welche sie an ihr Ausgesondertsein täglich erinnerte. Hier war der andauernde Verlust von Gemeinschaft das angesagte Mittel, unter unmenschlichen Lebensbedingungen ein gewisses Maß an „Ordnung" aufrecht zu erhalten. Dass diese Zustände nicht der Person Horns allein angelastet werden können, zeigt der Umstand, dass es auch unter seinen Nachfolgern Karl Georg Neumann und Karl Wilhelm Ideler zu keinen konzeptionellen und praktischen Veränderungen in der Charité kam.[116]

Doch wie wir schon bei Ferdinand Tönnies gelernt haben, veränderte sich das gesellschaftliche Leben im Zuge der Industrialisierung ganz gewaltig. Das ländliche Leben in Gemeinschaft löste sich zusehends auf. Die

---

[114] Dietrich Geyer, a.a.O. Seite 104/105
[115] Dietrich Geyer, a.a.O. Seite 105
[116] Sie hierzu Dietrich Geyer, a.a.O. Seite 107

Menschen wanderten in die großen Städte, wo Industriebetriebe ihre Arbeitskraft dringend benötigten. Diese Entwicklung wandelte auch die psychiatrischen Heil- und Pflegeanstalten. Die Vorstellung, dass die Anstalt eine Gemeinschaft bildet, welche heilende Wirkung auf ihre Mitglieder hervorbringt, bzw. in welche die Kranken und Unheilbaren keinen Schaden mehr im normalen gemeinschaftlichen Leben außerhalb der Mauern anrichten konnten, passte sich in langsamen Wellen diesen Veränderungen an.

Die erste große Änderungswelle erfolgte im Zuge der Einführung der sog. Bettbehandlung. „Um die Bedeutung der Bettbehandlung für das Anstaltsganze recht erfassen und würdigen zu können, ist es notwendig, sich zu vergegenwärtigen, wie vorher, vor der Bettbehandlungszeit, mit den Kranken verfahren wurde, welches Bild die Anstalt bis dahin geboten hat: Es genügt zur Kennzeichnung darauf hinzuweisen, dass ein großer Teil, vielfach bis 10% des Krankenbestandes und darüber, in sogenannten Tobzellen isoliert waren, und dass 20 bis 40% sich untätig, stumpf, oder aufgeregt durcheinander wirbelnd in den Krankenräumen und den Korridoren umhertrieben. Welche üblen Zustände aber sich bei den in Zellen isolierten und dadurch der fortlaufenden Pflege entzogenen Kranken entwickelten, davon kann sich der keine richtige Vorstellung machen, der nicht einmal in einer richtigen Zellenabteilung alten Stils am frühen Morgen die Kranken in ihren vollgeschmierten Räumen selbst gesehen hat.“[117]

[117] C. Neisser: Bettbehandlung, in: Handwörterbuch, a.a.O. Seite 106

Die zahlreichen Verfechter der neuen Bettbehandlung sehen sie allerdings nicht als neue Heilmethode an. Sie gilt aber als wichtige Voraussetzung, um Therapie möglich zu machen. „Mit der Bettbehandlung ist die Atmosphäre der psychischen Hygiene in die Irrenanstalten eingezogen. Die persönliche Fühlung von Arzt und Patient ist vertieft und erleichtert, und eine fortlaufende klinische Beobachtung und Untersuchung der Kranken ist in vorher unbekanntem Ausmaß ermöglicht und die Angleichung der Psychiatrie an die anderen medizinischen Disziplinen angebahnt worden."[118]

Der letztgenannte Aspekt, die Angleichung der Anstalt an die übrigen Krankenhäuser ist ein ganz wichtiger Beleg für die grundlegende Veränderung, die sich im Selbstbild der in der Anstalt tätigen Menschen vollzogen hat. Die gemeinschaftsbezogenen Aspekte werden aufgegeben zugunsten eines Verhältnisses zwischen Arzt und Patient, das von der gesundheitlichen Dienstleistung geprägt ist, die der Arzt dem Erkrankten gegenüber erbringt. Die frühere Vorstellung, dass der Arzt die entscheidende gemeinschaftsbildende Instanz darstellt, welche dem Kranken ein neues Zuhause ermöglicht, in dem er entweder seine Würde wiederfindet oder aber eindringlich seine Störung der gemeinschaftlichen Ordnung erfährt, verschwindet. Der Alltag in der Anstalt wandelt sich, nähert sich den allgemeinen Krankenhäusern an. Die Anstalt ist keine Heimat mehr, auch der dauernde Aufenthalt der geistig Behinderten wird zunehmend als anachronistisch empfunden. Die „Langzeit-Abteilungen" sind

[118] C. Neisser, a.a.O. Seite 106

Überbleibsel einer Zeit, die sich in einem grundlegenden Wandel befindet.

Auch diejenigen psychiatrischen Anstalten, die sich die Vorstellung bewahrt hatten, dass ein respektvoller Umgang mit den Kranken der beste therapeutische Weg sei, sie für eine Entlassung zurück in das normale Leben vorzubereiten, erfuhren seit dem Beginn des letzten Jahrhunderts eine deutliche Veränderung. Was in den ersten psychiatrischen Anstalten ganz selbstverständlich war, dass die PatientInnen in die Versorgung der Menschen aktiv einbezogen waren, gewann nun den Rang einer Therapie. Vorher gehörte Arbeit zum Alltag der Anstaltsgemeinschaft, schuf sinnvolles Leben, war nötig zur Unterhaltung von Gebäude, Garten und landwirtschaftlichem Betrieb. Jetzt wird es zur „Tagesstruktur" und damit zum Bestandteil des klinischen Behandlungskonzeptes.

Typisch und maßgebend für weitere Entwicklungen wird das Konzept von Albrecht Paetz, das er als Direktor der sächsischen Anstalt Alt-Scherbitz umsetzte. Für ihn war die „Agrikole Kolonie", also der von der Anstalt aus initiierte landwirtschaftliche Betrieb in Verbindung mit dem „Offen-Tür-System" ein bedeutendes therapeutisches Mittel, um den Patienten wieder normalen sozialen Boden zu schaffen. Die offene Tür gehörte zu einer Lebenswelt, die wie das normale Leben draußen auf eigene Entscheidungen beruhte. Wer diese Kolonie nicht wollte, konnte wieder zurück ins Krankenhaus, das wie die „Kolonie" ebenfalls ohne Mauern und Sicherungszäune auskam.[119]

---

[119] Einzelheiten und Hintergründe seines Konzeptes veröffentlichte Albrecht Paetz 1893 unter dem Titel: Die

Der Ausbau des Systems täglicher aktiver Teilhabe an der Unterhaltung der Anstalt und ihrer Menschen zur „Beschäftigungstherapie“ wurde in den folgenden Jahren insbesondere von Hermann Simon betrieben. Er war Gründungsdirektor der Westfälischen Heil- und Pflegeanstalt Gütersloh, wo er 18 Jahre lang an der Entwicklung seiner „aktiveren Krankenbehandlung“ arbeitete, bevor er sie 1929 veröffentlichte.[120]

Die Besonderheit der Arbeit von Hermann Simon liegt darin, dass er der täglichen Beschäftigung der Patienten eine theoretische Fundierung schuf, die ihm half, die aktive Betätigung sehr individuell zu gestalten und sie an sozialen Prozessen auszurichten. Für ihn bedeutete jede Behandlung einen Eingriff in persönliche Lebensvorgänge. „Alles Lebende vermag nicht nur auf Bedingungen und Einwirkungen, unter denen es lebt, zu reagieren, sondern es strebt auch fortgesetzt, sich den Bedingungen und Forderungen der Umwelt anzupassen.“[121]

Jeder Mensch hat eigene Wünsche, Interessen und ein Bestreben, denen er in seiner Umwelt Achtung und Entfaltung ermöglichen will. Dazu muss er sich an den gesellschaftlichen Gepflogenheiten orientieren, sich „anpassen“. Simon versteht unter „Anpassung“ eine aktive Form, die man eher als „Einpassung“ bezeichnen

---

Kolonisierung der Geisteskranken in Verbindung mit dem Offen-Thür-System.

[120] Hermann Simon: Aktivere Krankenbehandlung in der Irrenanstalt, Berlin: Verlag de Gruyter 1929

[121] Hermann Simon: Beschäftigungsbehandlung, in: Handwörterbuch, a.a.O. Seite 109

könnte. Dieses menschliche Bedürfnis muss praktisch realisiert werden, will der Mensch zu einer Lebenszufriedenheit kommen. Und damit sich die hierzu notwendige Geschicklichkeit bilden kann, muss der Mensch von diesen Bemühungen häufigen Gebrauch machen. „Entwicklung der Leistungsfähigkeit aus der Leistung! Falsch und verhängnisvoll ist die Lehre vom Aufbrauch der Kräfte durch tüchtige Arbeit und Leistung. Das Gegenteil entspricht den biologischen Tatsachen. Auch in Krankheitszuständen körperlicher und seelischer Art behält das Gesetz der Anpassung seine Geltung. 'Ausruhen' und noch so kräftige Ernährung schaffen allein niemals eine 'Kräftigung'. Auch Nichtgebrauch und länger dauernde Schonung vorhandener Kräfte bewirken auf dem Wege der Anpassung Abnahme und schließlichen Verlust der Kraft. In der Geisteskrankheit können Kräfte und Fähigkeiten auf den verschiedensten Gebieten mehr oder minder geschädigt sein; so gut wie niemals sind sie aber vollständig aufgehoben; und auf dem verbliebenen Rest von Kraft und Anpassungsfähigkeit beruht alle psychische Therapie und vor allem auch die Beschäftigungstherapie.“[122]

In dieser grundsätzlichen Sicht auf den wirkungsvollen Ansatzpunkt der Therapie in den noch vorhandenen Resten von Lebensenergie ist sich das Gruppenprogramm zur sozialen Rehabilitation mit Hermann Simon einig. Auch seine Erkenntnis, dass man sehr genau differenzieren muss zwischen den einzelnen Persönlichkeiten, damit keine Überforderung eintritt, gilt auch für das Gruppenprogramm. Denn die Erfahrung, einer Anforderung nicht entsprechen zu können,

[122] Hermann Simon: Beschäftigungsbehandlung, a.a.O. Seite 109

schränkt jede Motivation zum aktiven Handeln wieder ein.

Anders als im Gruppenprogramm entwickelt er die Differenzierung nicht aus den von jedem Patienten mitgebrachten Interessen und Erfahrungen, sondern aus den in einer Anstalt zu findenden Betätigungsmöglichkeiten. In diesem Vorgehen sah er keinen Widerspruch zu seinem Ziel, das Krankenhaus möglichst so zu gestalten wie die umgebende Gesellschaft. Zu Beginn des vorigen Jahrhunderts wurde die Gesellschaft als ein Prozess aufgefasst, der von Eliten geführt und unter als gegeben betrachteten politischen und wirtschaftlichen Rahmenbedingungen stattfand. Insofern war auch sein Begriff „Anpassung" nicht falsch gewählt, denn ohne die Bereitschaft, die patriarchalische Gesellschaftsstruktur zu akzeptieren, konnte sich Hermann Simon die gesellschaftliche Teilhabe nicht vorstellen. Also waren ganz selbstverständlich die realen Strukturen seiner Anstalt Gütersloh der Ausgangspunkt seiner „aktiveren Behandlung".

Innerhalb dieses vorgegebenen Rahmens entwickelte Simon ein fünfstufiges Konzept der allmählichen Steigerung von Beschäftigungsanforderungen:

Unterste Stufe. Nur einfachste Betätigung ohne jede Anforderung an Selbständigkeit und Aufmerksamkeit (Anfassen beim gemeinsamen Tragen eines Korbes, beim Essenholen, einfachste Hausarbeit wie Staubwischen),

Zweite Stufe. Mechanische Arbeit mit geringen Anforderungen an Aufmerksamkeit und Regsamkeit (einfache Erdarbeiten, Umsetzen der Komposthaufen, einfache Handarbeiten wie Stopfen)

Dritte Stufe. Arbeiten, die mäßige Aufmerksamkeit, Regsamkeit und Intelligenz verlangen (Kolonnenarbeit in Gärtnerei und Landwirtschaft, Arbeit in Bügelstube und Wäscherei)

Vierte Stufe. Arbeiten die gute Aufmerksamkeit und halbwegs normales Nachdenken verlangen (selbständiges Füttern der Tiere im Stall, Anfertigen neuer Wäsche und Kleider in der Nähstube)

Fünfte Stufe. Volle normale Leistungsfähigkeit eines Gesunden mit gleichem Bildungsstand.[123]

Die große Stärke dieses Beschäftigungsprogramms lag darin, dass es möglichst alle Patienten einzubeziehen versuchte. Und bei diesem Ziel ist Simon sehr weit gekommen. In einer Aufstellung vom 06.08.1927 heißt es: „Bei einem Krankenbestand von 329 Männern waren beschäftigt 317 (davon 155 in Gärtnerei und Landwirtschaft). Unbeschäftigt waren 12, davon 8 wegen körperlicher Behinderung, 4 aus psychischen Gründen, Bei den Frauen sind die Zahlen: Bestand 446, beschäftigt 428, unbeschäftigt 18, davon 11 wegen körperlicher Unfähigkeit, 7 aus psychischen Gründen. Es

[123] Hans Merguet: Psychiatrische Anstaltsorganisation. Arbeitstherapie, Milieugestaltung, Gruppentherapie, in: E.K. Cruickshank et al. (eds.): Soziale und angewandte Psychiatrie, Berlin-Heidelberg: Springer-Verlag 1961, S. 79

waren also nach Abzug der körperlich Arbeitsunfähigen 98 – 99% der Kranken beschäftigt!"[124]

Für Hermann Simon gab es zwei Grundsätze für die Gestaltung der Beschäftigungstherapie: Sie musste sinnvoll sein und sie musste in Gruppen ausgeführt werden. Der Sinnzusammenhang jeder Beschäftigung musste sich dem einzelnen Patienten ohne Schwierigkeiten offenbaren. Auch wenn sein eigener Arbeitsbeitrag noch so einfach war, so konnte er täglich erleben, dass sich sein praktischer Beitrag mit dem Wirken der übrigen Beteiligten zusammen zu einem anerkennungswürdigen Gesamtwerk entwickelte.

Jede Arbeit vollzog sich in Gruppen, die von Pflegekräften begleitet wurden. Die Einteilung der Gruppen handhabte Simon von oben herab und ganz intuitiv. Das galt für die Erledigung der Arbeiten ebenso wie für die Freizeit. In den einzelnen Stationen, die 35 und mehr Patienten umfasste, saßen sie „verteilt in Tischgemeinschaften und in der Freizeit bei ihren Spielen und in ihrer Lektüre. Diese Freizeitbeschäftigung war besonders wichtig, um das gefürchtete teilnahmslose Absinken und Verstumpfen zu verhüten."[125]

Die Zuordnung der Patienten zu den einzelnen Stationen erfolgte nicht nach dem Zufallsprinzip, sondern nach dem sozialen Verhalten. „Alphabetisch bezeichnet gingen sie von „A" mit dem bescheidensten Niveau bis zur gehobenen und offenen Abteilung „P" und normalerweise sollte der Patient mit zunehmender

[124] Hans Merguet, a.a.O. S. 80
[125] Hans Merguet, a.a.O. S. 82

Besserung so von Abteilung zu Abteilung aufsteigen bis zur Entlassung. Genügte ein Kranker in einer gehobenen Abteilung mit gepflegterem Milieu den Anforderungen nicht, so wurde er sofort und ausnahmslos in eine andere Abteilung versetzt, deren Niveau seinem Verhalten entsprach. Besserte sich sein Verhalten, so wurde dies ebenso prompt mit Rückversetzung, Gewähren größerer Freiheit, Teilnahme an Vergnügungen usw. beantwortet.

Diese Art Versetzungen in eine „schlechtere“ Umgebung sollte keinesfalls den Charakter einer Strafe annehmen. Es waren deshalb alle Auseinandersetzungen über die Notwendigkeit oder ähnliches verboten; was geschehen sollte, musste vom Personal mit gleichbleibender Freundlichkeit und ganz sachlich als notwendig zum Schutz der allgemeinen Ruhe und Ordnung, also als bedingt durch die Rücksicht auf die anderen, durchgeführt werden.“[126]

Das therapeutische Konzept Hermann Simons bestätigte dem einzelnen Patienten anhand seiner täglichen Erfahrung, dass er in einer Krankenhausgemeinschaft lebt, die nach sozialen Regeln funktioniert, die er zwar nicht selbst beeinflussen kann, die ihm aber ein klar gegliedertes Entwicklungsangebot unterbreitet. Diese patriarchalische Lebenssituation lässt ihn zu keinem Zeitpunkt allein und lenkt ihn fortwährend zu Beschäftigungen, die innerhalb dieser Situation sinnvoll sind. Dabei wird sein Bedürfnis nach Gemeinschaft ebenso befriedigt wie sein Wunsch, sozial aufzusteigen. Der erreichbare höchste Punkt des Aufstiegs vollendet sich dann durch die Entlassung.

---

[126] Hans Merguet, a.a.O. S. 82

Die nach der Veröffentlichung der „Aktiveren Behandlung“ im Jahre 1929 folgende auf 1000 Jahre angelegte nationalsozialistische Zeit steigerte den Patriarchalismus in einer radikal rückwärts ausgerichteten Wendung zum Führerkult, der in seinem Rassenwahn die deutsche Psychiatrie in die Rolle einer Tötungsmaschine drängte. Damit trat für ein medizinisches System der schlimmste denkbare Zustand ein: Die deutsche Psychiatrie gab den Heilungsgedanken vollständig auf und benutzte das Vertrauen, das die betroffenen Patienten den beteiligten Ärzten entgegenbrachte, um sie ohne Gegenwehr zu vernichten.

Nach dem Kriege wurde in denselben Anstalten, mit einigen übrig gebliebenen Patienten und den vielen Neuen, welche das Elend des zweiten Weltkrieges hervorbrachte, wieder Psychiatrie betrieben. Man knüpfte wieder dort an, wo 1933 die politische und fachliche Wendung stattgefunden hatte. Das lag schon allein daran, dass noch immer viele Ärzte und Pfleger zur Verfügung standen, die sich durch den nationalsozialistischen Zeitgeist deformiert hatten. Die fünfziger Jahre des letzten Jahrhunderts waren die Jahre der Verdrängung, auch in der Psychiatrie. Bettbehandlung und Beschäftigungstherapie auf dem Niveau der zwanziger Jahre waren wieder die angesagten Therapieprogramme.

Die politische Öffnung der neu gegründeten Bundesrepublik nach Westen schuf zunehmende Kontakte zu den dort tätigen Arzneiherstellern und damit vor allem zu den neu entwickelten Psychopharmaka.

Lithium (1949 erstmals eingesetzt bei manischen Symptomen), Chlorpromazin (seit 1952 bei Psychosen wirksam), Imipramin (1957 erstmals bei depressiven Symptomen verwendet) und Haloperidol (seit 1958 ein viel verwendetes Neuroleptika) sind die ersten Standardmedikamente, die seitdem eine ganz bedeutende Rolle in der Psychiatrie auch Deutschlands gespielt haben.

Ganz im Geiste der Bettbehandlung verstärkte der zunehmende Einsatz der Psychopharmaka insbesondere den Wunsch der beteiligten Ärzteschaft nach Krankenhaus-Verhältnissen, die den somatischen Abteilungen entsprachen. Die ganze überkommende Struktur von Heil- und Pflegeanstalten mit sehr vielen Patienten, die eigentlich keiner ständigen ärztlichen Aufsicht bedürfen (beispielsweise geistig behinderte Menschen) schien veränderungswürdig. Nicht nur die Insassen der Anstalten litten unter der Diskriminierung der psychischen Erkrankung, auch das Personal, das in den Anstalten tätig war.

Es waren insbesondere die Direktoren der psychiatrischen Anstalten, die ihre politischen Kontakte dazu benutzten, damit der Deutsche Bundestag eine Enquete-Kommission zur Lage der deutschen Psychiatrie einsetzte. Dabei kam man zu folgender Einschätzung:

Die psychiatrische Versorgungssituation „ist gekennzeichnet durch:

- beträchtliche Lücken in der Versorgung auf allen Gebieten, vorwiegend aber in folgenden Bereichen:

a) komplementäre Dienste (z.B. Übergangseinrichtungen sowie Heime und beschützende Wohnangebote vor allem für chronisch Kranke und Behinderte, Tagesstätten),

b) ambulante Dienste (z.B. niedergelassene Nervenärzte, besonders in ländlichen und kleinstädtischen Gebieten, ambulante Dienste an Krankenhauseinrichtungen und anderen Institutionen, Beratungsdienste),

c) gemeindenahe stationäre Dienste (z.B. Abteilungen an Allgemeinkrankenhäusern);

- weitgehende Ausklammerung der Versorgung psychisch Kranker aus der allgemeinen Medizin und damit deren Benachteiligung gegenüber körperlich Kranken;

- Mangel an qualifiziertem Personal in allen Diensten und Berufsgruppen, vor allem als Folge unzureichender Aus-, Weiter- und Fortbildung."[127]

Dieser Lagebericht erfolgt auf der Grundlage eines gegenüber der früheren Denkweise geänderten medizinischen Wertesystems. Es geht jetzt um eine Individualisierung des Behandlungsprozesses. Wie in den somatischen Fächern wird der Erkrankte als Individuum gesehen, das sich in ein Krankenhaus begibt, um dort geheilt zu werden. Deshalb gehören in

[127] Bericht über die Lage der Psychiatrie in der Bundesrepublik Deutschland, Bonn: Deutscher Bundestag, Drucksache 7/4200 1975, S. 6

ein Krankenhaus auch keine Dauerfälle, die nur noch aufbewahrt werden. Das psychiatrische Krankenhaus ist um alle diese „Langzeit-Stationen“ zu entlasten. Die dort untergebrachten Menschen sollen nun in Heime und andere Betreuungseinrichtungen. Hiermit wird das Ende der Heil- und Pflegeanstalten eingeläutet. Es geht nur noch um Heilung, die Pflege muss an einem anderen Ort stattfinden.

Der Aufenthalt im Krankenhaus ist nicht mehr „alternativlos“. Ambulant tätige Fachärzte sollen landesweit wie die übrigen Fachärzte für eine flächendeckende Normalversorgung der Erkrankten sorgen. Sie sollen durch ambulante Dienste unterstützt werden, um den Patienten auch zu Hause aufsuchen zu können.

Die „Heilanstalt“ selbst wandelt sich in diesem Lagebericht um in ein Fachkrankenhaus, das auch als Fachabteilung in ein Krankenhaus der allgemeinen Versorgung integriert werden könnte. Die Aufenthaltszeit passt sich dank der neuen Medikamente immer mehr den Zeiten in den somatischen Fächern an. Für die Durchführung eines langdauernden Gemeinschaftsprogramms fehlt nicht nur das neu ausgerichtete fachliche Verständnis, sondern schlicht die Zeit. Natürlich braucht jeder psychisch Kranke ein Leben in selbst gewählter Gemeinschaft, doch das Krankenhaus schafft hierfür keinen Ersatz. Hier erhält man bestenfalls durch geeignete Therapien Anstöße, selbst im privaten Leben für gemeinschaftliche Lebensformen zu sorgen. Und natürlich wird der Patient in seiner Alltagswelt von entsprechenden Diensten hierbei beraten.

Die Psychiatrie-Enquete schafft 1975 den Wandel in der deutschen Psychiatrie von einer gemeinschaftsorientierten Grundsicht auf die moderne gesellschaftsbezogene Individualsicht. Hierzu liefern die Psychopharmaka das geeignete Heilmittel. Das Krankenhaus dient immer mehr als Einrichtung, in der jener Medikamenten-Cocktail zusammengemixt wird, der individuell die größte Wirkung bei geringsten Nebenwirkungen verspricht. Man kann es bei oberflächlicher Betrachtung als Medizinlabor mit Hotelkomfort bezeichnen. In Wirklichkeit macht jeder Patient eine Menge persönlicher Erfahrungen im psychiatrischen Krankenhaus, manche sehr förderliche, manchmal zusätzlich traumatisierend.

Die Entflechtung der pflegenden von den eigentlich behandelnden Krankenhausstationen führte zu einem teilweise dramatischen Bettenabbau in der Psychiatrie, der bis 2007 ging. Durch die veränderte Behandlungskonzeption nahm aber die Zahl der stationären Behandlungen erheblich zu, von 1994 bis 2008 von jährlich 770.514 auf 1.127.971, eine Zunahme um 46,4%. Entsprechend sank die durchschnittliche Verweildauer von 50,9 Tagen im Jahre 1990 auf 23,2 Tage in 2009.[128]

Parallel hierzu baute die Sozialhilfe ein gewaltiges Betreuungssystem auf, das zunächst die früheren Insassen der Pflegeanstalten aufnahm und sodann immer mehr Patienten, die trotz der neuen

---

[128] Frank Schneider, Peter Falkai, Wolfgang Maier: Psychiatrie 2020 plus. Perspektiven, Chancen und Herausforderungen, Berlin-Heidelberg: Springer Verlag 2011, S. 3

Behandlungskonzepte in der stationären und ambulanten Psychiatrie weiterhin unter erheblichen sozialen Gestaltungseinschränkungen lebten. Hierdurch wurden die jeweiligen Verwaltungen zu Trägern des langfristig angelegten Rehabilitationssystems für den schwierigsten Teil der betroffenen Patientenschaft.

Für die neue Aufgabe schien eine eigene rehabilitative Behandlungskonzeption entbehrlich. Man arbeitete vor allem mit Trägern der Sozialarbeit und Sozialpädagogik zusammen, denen man zutraute, ein eigenes Behandlungskonzept zu entwickeln. Doch weder für die neu entstandenen Wohnheime, noch für die Tagesstätten und ambulanten Dienste kam die Entwicklung eines eigenen Rehabilitationskonzeptes richtig voran. Den Ausweg schien der gesellschaftliche Zeitgeist zu liefern in Gestalt des allgemeinen Bedürfnisses nach Individualität und Selbstverantwortlichkeit.

Jeder ist seines Glückes Schmied, und das muss doch auch für die Genesung von psychischer Erkrankung gelten. Es wurden Hilfeplanverfahren entwickelt, in denen mit dem jeweiligen Betroffenen die eigene soziale Situation analysiert wurde, um hieraus einen Plan mit kurzfristigen und langfristigen Zielen zu formulieren. Als willkommener Nebeneffekt wurde dabei die Beratungszeit festgelegt, die der einzelne Klient benötigt, um die abgestimmten Ziele erreichen zu können. So konnte man Hilfebedarfsgruppen bilden in der Hoffnung, hierbei Kosten zu sparen.

Da dieser Versorgungsaspekt spätestens seit Verabschiedung des Sozialgesetzbuches IX im Jahre

2001 unter den Druck geriet, den Betroffenen Teilhabe in der Gemeinschaft bzw. Gesellschaft zu ermöglichen, bedurfte es zumindest eines Rahmenkonzeptes, das den Anforderungen an eine soziale Rehabilitation gerecht werden konnte. Der IBRP (Individueller Behandlungs- und Rehabilitationsplan) entstand, entwickelt durch die Aktion psychisch Kranker im Auftrage des Bundesgesundheitsministeriums. Später wurde dieses Planungsinstrumentarium durch die Fachöffentlichkeit wie von den länderspezifischen Sozialhilfeträgern fortentwickelt.

Petra Grohmann, Manfred Cramer und Reinhard Peukert entwickelten eine Online-Lehreinheit IBRP, die vor allem deshalb aus vielen anderen Arbeiten heraussticht, weil sie die gesellschaftlichen Realitäten auch aus Sicht der Betroffenen in ihre Überlegungen und Vorschläge einzubeziehen sucht. Die AutorInnen unterscheiden drei Gruppen von Patienten, die als „behinderte" Menschen[129] in den Genuss dieser sozialen Rehabilitation kommen: ehemalige Langzeitpatienten aus den früheren Heil- und Pflegeanstalten, Drehtürpatienten, die relativ häufig die kurzzeitige stationäre Behandlung aufsuchen, sowie psychisch Erkrankte, die überwiegend mit den ambulanten Behandlungsangeboten auskommen, aber langfristig daran gehindert sind, selbständig zu leben. „Die auffallendsten Probleme aller Gruppen sind die hohe soziale Isolation, die hohe Arbeitslosigkeit und der Mangel an tragfähigen oder noch belastungsfähigen Beziehungen im engeren Lebenskreis."[130]

[129] Im Sinne des § 2 SGB IX

[130] Petra Grohmann, Manfred Cramer, Reinhard Peukert: Online-Lehreinheit IBRP, www. ibrp-online.de, ohne Seitenangabe

Die sich in der „Gemeindepsychiatrie" herausgebildete Abfolge von Hilfeformen vom Krankenhaus bis zur Selbständigkeit sehen sie sehr kritisch. „Das weit verbreitete Modell der „Therapeutischen Kette" sieht Rehabilitation als einen linearen, stetigen Fortschritt: von der klinischen Behandlung zur teilstationären Behandlung, zur beruflichen und sozialen Rehabilitation in einem Übergangswohnheim, dann einer Wohngemeinschaft usw., bis die Person selbständig lebt und arbeitet. Weil viele Klienten die „unabhängige" Stufe nie erreichen, hat das Modell nur einen begrenzten Wert und demotiviert viele Mitarbeiter."

Statt dessen fordern die drei Autoren Realismus in der Einschätzung der Rehabilitationsmöglichkeiten. „Psychiatrische Rehabilitation hat eine weniger intensive Behandlungskomponente (und die Behandlungen sind schwieriger auszuführen und zu kontrollieren) und eine viel stärkere Anpassungskomponente, wobei die Anpassung hier durch die Anwendung „prothetischer" Umwelten z.B. von gewünschten Lebensorten, Arbeitsplätzen mit besonderen Bedingungen u.ä. erfolgt.

Begleitung und Behandlung im psychiatrischen Bereich ist nicht nur deshalb schwierig, weil man die ganze Person behandelt, man muss vor allem auch mit der Umwelt dieses Menschen arbeiten, speziell im sozialen Netzwerk, wenn Rehabilitationserfolge anhalten sollen.

Aus diesem Grund sind Ergebnisse im psychiatrischen Bereich meist nicht anhaltend, Anpassungen an soziale Umgebung sind generell ständig zu verändern, da sich der soziale Kontext immer wieder verändert. Menschen kommen und gehen und Lebensereignisse haben eindrückliche Auswirkungen auf die Anpassungsfähigkeit speziell von Menschen mit psychischen Beeinträchtigungen.“[131]

Dies bedeutet nichts anderes als den Vorschlag, die soziale Rehabilitation auf neue Grundlagen zu stellen. In ihrer heutigen Gestaltung kann sie nur als Anpassungsprozess gesehen werden an eine Gesellschaft, die wenig Neigung zeigt, Menschen mit eingeschränkten Möglichkeiten, dem ständigen Druck auf die individuelle Leistungsfähigkeit standzuhalten, entgegenzukommen. Dieser Anpassungsprozess kann nur scheitern.

Erst wenn man grundsätzlich die Gesellschaft als einen Komplex begreift, der auch andere Lebensweisen akzeptiert, können die handelnden Personen ihr eigenes Leben auf ihre eigene Weise in der Gesellschaft etablieren. Dazu müssen sie jedoch in der Lage sein, ihr unmittelbares gemeinschaftliches Umfeld mitzubringen. Sie können nicht erwarten, dass man Einzelnen eine Sonderwelt baut. Diese Individuen müssen zunächst allein mit Unterstützung des sozialen Sicherungssystems ihr eigenes Lebensmodell entwickeln.

Die soziale Rehabilitation kann einen solchen Entwicklungsprozess ermöglichen. Damit das geschieht, müssen an dem bisherigen Rehabilitationskonzept zwei grundlegende Änderungen vollzogen werden: Wir dürfen nicht weiter nur an die Einschränkungen, Störungen und sonstigen Defizite denken, wenn wir ein System sozialer

[131] Petra Grohmann, Manfred Cramer, Reinhard Peukert, a.a.O. ohne Seite

Rehabilitation aufbauen wollen. Die noch vorhandenen individuellen Potenziale müssen mindestens gleichwertig in den Fokus der Arbeit rücken. Die zweite Änderung bezieht sich auf die Überwindung der Einzelfallhilfe und die Besinnung auf die Initiierung von Gruppenprozessen, welche genau diese Gemeinschaften hervorbringen, die selbstbestimmt Kontakte mit dem gesellschaftlichen Umfeld aufbauen. Der neue Grundsatz muss lauten: „Erst in Gruppen integrieren, dann sozial rehabilitieren."

Mit dem Gruppenprogramm zur sozialen Rehabilitation soll versucht werden, genau diese Änderungen herbeizuführen.

Kapitel 8.2 Gemeinschaft als gesellschaftlich integrierte Lebenssituation

Es macht an dieser Stelle Sinn, bei der letzten im psychiatrischen Krankenhaus in Deutschland ausgeformten sozialen Rehabilitationsmethodik nochmals anzusetzen, bei der ganz zielbewusst versucht wurde, die Heilung psychisch Erkrankter im Rahmen von Gruppenprozessen anzubahnen. Und das war die „aktivere Behandlung" von Hermann Simon. Sieht man einmal von den forensischen Sonderformen der stationären Behandlung ab, kann dieses Konzept schon aus zeitlichen Gründen in einem Krankenhaus nicht mehr durchgeführt werden.

Manche Elemente der therapeutischen Arbeit von Hermann Simon finden sich auch im Gruppenprogramm wieder:

Anspruch, alle PatientInnen zu erreichen

Simon hat es geschafft, fast alle PatientInnen seiner Gütersloher Anstalt in das Beschäftigungsprogramm zu integrieren. Mit Integration ist gemeint, dass wirklich alle einen therapeutischen Vorteil davon hatten. „Wie tiefgreifend solche Behandlung auch auf scheinbar ganz unzugängliche Kranke einzuwirken vermag, zeigte das Beispiel der Katatonen. Bis dahin konnte man in jeder Anstalt und in jeder Klinik die Bilder des vollständigen und langdauernden katatonen Stupors antreffen, Kranke, die statuenhaft herumstanden oder bewegungslos im Bett lagen, monate-, ja jahrelang mit der Sonde gefüttert wurden und schließlich mit Kontrakturen und Gelenkversteifungen in ihr Endstadium kamen. Allgemein wurde das für die Symptomatik schwerster Formen von Katatonie gehalten, als unvermeidlich angesehen und hingenommen. In Simons Anstalt haben sich – bei gleichartigen Kranken – solche Bilder niemals entwickelt und seit seine aktivere Behandlung mehr oder weniger vollständig überall eingeführt worden ist, kennen wir auch in den schwersten Fällen von Katatonie diese Bilder nirgends mehr; wir haben gelernt, ihre Entwicklung zu verhüten."[132]

Auch in diesem Gruppenprogramm zur sozialen Rehabilitation ergaben sich hinsichtlich der Teilnahme keine Unterschiede hinsichtlich der Dauer der Erkrankung, der Indikationen oder der stationären, teilstationären oder ambulanten Versorgungsform. Die aktive Mitarbeit in den Gruppen fiel zwar den WohnheimbewohnerInnen vielfach am Anfang schwer. Ihr Interesse am Thema wurde sehr oft von Ängsten blockiert, das Haus zu verlassen, Verkehrsmittel zu

[132] Hans Merguet, ebenda S. 83

benutzen, mit zunächst unbekannten Menschen in Tuchfühlung zu sein, sich im eigenen Tun mit anderen abzustimmen. Doch zeigten sich keine Kriterien, die vorhersehen ließen, ob KlientInnen am Programm nach Überwindung der Anfangsprobleme voll mitwirken oder nicht.

Diese Offenheit für die eigene Entwicklung hing allerdings davon ab, wie die bisher vertrauten Bezugspersonen und damit die MitarbeiterInnen auf das Programm-Angebot persönlich reagierten. Wenn sie das Programm aus welchen Gründen auch immer ablehnten, konnte dies dazu führen, dass alle ihre KlientInnen keine Initiative ergriffen, wenigstens die sie vom Thema interessierende Gruppe kennenzulernen. Da die Mitarbeit im Gruppenprogramm für KlientInnen wie für die Angestellten ganz freiwillig war, bestanden bei jenen MitarbeiterInnen, die das ganze Programm für Unfug hielten, keine Interessen, trotz ihrer eigenen Haltung ihren KlientInnen einen persönlichen Zugang zu ermöglichen. Über die Gründe kann man nur spekulieren, untersucht wurden sie nicht.

Für das Gruppenprogramm blieb es ein ganz wesentliches Ziel, wirklich alle Erkrankten zu erreichen. Um auch fern stehende MitarbeiterInnen erreichen zu können, wurde mit sehr viel organisatorischem Aufwand eine dreitägige Fortbildung für alle MitarbeiterInnen der sozialpsychiatrischen Abteilung organisiert. Für manche war diese Veranstaltung Anlass, ihre negative Haltung zu revidieren, manche blieben dabei.

Grundsatz, dass jeder Erkrankte einen eigenen aktiven Beitrag leisten kann

Fast jede KlientIn konnte bei den Aktivierenden Gesprächen über eigene Interessen sprechen, die manchmal lange nicht mehr umgesetzt wurden, aber immer noch gedanklich erreichbar waren. Die wenigen Personen, die sich beim ersten Gespräch nicht zu erinnern schienen, kamen einige Zeit später darauf. Manchmal genügte die Erfahrung, dass es in ihrem Umkreis Mitmenschen gab, die sich durch das Programm angesprochen fühlten.

In der aktiveren Behandlung Hermann Simons erfolgte die Einbeziehung durch die freundlich vorgebrachte Aufforderung, sich dem allgemeinen Therapieprogramm anzuschließen. Diesem Anstoß konnte man sich im Prinzip entziehen, doch schien es den meisten PatientInnen nicht ratsam. Man lief eben in der Herde mit. Der Unterschied zur „Bettbehandlung“ sowie zur medikamentösen Einzelbehandlung der neuen Psychiatrie war eindeutig: Besserung des Gesundheitszustandes bedeutet eigene Tätigkeit, ohne aktives Mittun in einem Beschäftigungszusammenhang entwickelt sich keine Heilung.

Grundsatz, dass jede PatientIn Gemeinschaft braucht

Das allgemein verbreitete Verhaltensbild der PatientInnen in den psychiatrischen Heilanstalten vor 100 Jahren entsprach dem aktuellen Bild in den stationären Altenpflegeheimen heute: Die Betroffenen hockten vereinzelt herum oder verkrochen sich ins Bett, stierten stumpfsinnig vor sich hin, brabbelten vor sich hin, ohne an irgendeinem anderen Menschen interessiert zu sein. Hier herrschte eine Apathie, über die man quasi als MitarbeiterIn fallen musste. Sie war durch nichts zu überdecken.

Dieser völlige Verlust an zwischenmenschlichen Beziehungen forderte Hermann Simon dazu heraus, ein Beschäftigungs- und Freizeitprogramm zu entwickeln, das dem einzelnen Patienten keine Chance mehr ließ, sich allein zurückzuziehen. Ausgangspunkt war dabei nicht gegenseitige Sympathie oder Interesse aneinander, sondern ein sich von außen ergebendes Arbeitsprogramm. Sie gab den Rahmen her für das gemeinschaftliche Erledigen von Aufgaben. Die professionelle Zuwendung des Pflegepersonals war darauf gerichtet, dass man gemeinschaftlich diese Aufgaben bewältigen konnte. Das Erlebnis der eigenen Leistung war hierdurch gleichzeitig ein Anstoß, die Gemeinschaft als nützlich und auch angenehm zu erleben.

Im Gruppenprogramm haben wir ähnliche Verhaltensformen vorgefunden wie damals Hermann Simon. In der eigenen Häuslichkeit des ambulant begleiteten Kranken zeigten sie sich an fehlenden Kontakten zu anderen Menschen, am Desinteresse, die Wohnung so herzurichten, dass sich ein Gast wohlfühlen konnte, am fehlenden Interesse, sich körperlich zu pflegen und geistig zu beschäftigen. Im Wohnheim traf man sich zwar zu den Mahlzeiten im „Saal“, doch hockte dort jeder an seinem Platz, ohne von den Anderen Notiz zu nehmen. Nur die wenigen, meist jüngeren BewohnerInnen, die gemeinsam eine Werkstatt für Behinderte besuchten, schienen sich untereinander zu kennen.

Im Gruppenprogramm kam es darauf an, Impulse bei den einzelnen Erkrankten auszulösen, ihre Isolierung aufzugeben und sich gemeinsam mit anderen zur Umsetzung eigener Interessen zu treffen. Wie im Simonschen Konzept die äußere Aufforderung, die von außen gestaltete Alltagssituation Gemeinschaft ermöglichte, bildete im Gruppenprogramm der innere Impuls, ein schon länger bestehendes Interesse gemeinsam mit ähnlich motivierten Menschen zu verwirklichen, die Brücke zum Zusammensein. Die Verbindung von persönlichem Interesse mit dem Vollzug des Interesses in konkreter Gemeinschaft stellt einen wesentlichen Baustein in unserem Konzept dar.

Grundsatz der sinnvollen Beschäftigung

Für Hermann Simon kam es sehr darauf an, dass jede Beschäftigung in einem sinnvollen Zusammenhang stand. Damit dies gerade bei den einfachsten Arbeiten erfahrbar wurde, platzierte er die PatientInnen so, dass sie die weiterverarbeitenden Arbeitsprozesse unmittelbar sehen konnten. Anders als in vielen Werkstätten für Behinderte wurden nicht nur einfache Steckarbeiten durchgeführt, die dann von den Auftragsfirmen wieder abgeholt werden. Dabei bleibt der weitere Gang des Prozesses und damit ihr eigener nützlicher Beitrag für die Gesamtentwicklung eines Produktes den MitarbeiterInnen verborgen.

Aus Sicht des Gruppenprogramms ist eine räumlich-sinnhafte Verbindung nur dann notwendig, wenn es sich bei den Arbeiten um Tätigkeiten handelt, die vorgegeben sind. Kommt der Beschäftigungsimpuls jedoch – wie im Gruppenprogramm angelegt – von innen bzw. aus dem

Gruppenprozess heraus, ist jeder einzelne Handgriff Teil eines Entwicklungsprozesses, den man selbst anzielt und daher in seinen Teilschritten selbst strukturiert hat. Hier bildet sich die Sinnhaftigkeit bereits in der Planung der Arbeit. Häufig entwickeln sich die einzelnen Bearbeitungsschritte von hinten, vom Ziel her. Was müssen wir in der Gruppe tun, damit wir ein bestimmtes Vorhaben vollenden können? Womit fangen wir an, und wer macht was mit wem zusammen?

Diese Darstellung bestimmter gemeinsamer Grundeinstellungen hat bereits angedeutet, dass sich trotz gemeinsamer Grundeinsichten vieles zwischen der aktiveren Behandlung bei Hermann Simon und dem Gruppenprogramm zur sozialen Rehabilitation stark unterscheidet. Hierüber soll im Weiteren berichtet werden:

Beschäftigung aus eigenem Interesse

Die therapeutische Wirkung von Beschäftigung hängt ganz wesentlich davon ab, ob sich die einzelne PatientIn mit der Aufgabenstellung identifizieren kann. Diese innere Verbindung stellt sich eher ein, wenn die Tätigkeit einem Interesse entspricht, das die Beteiligten schon vor Arbeitsbeginn verspürten.

Die Arbeitsinhalte der aktiveren Behandlung ergeben sich aus der Organisation der psychiatrischen Anstalt. Böden und Fenster reinigen, Wäsche waschen, Gemüse und Kartoffeln erzeugen, Früchte ernten und verarbeiten, Reparaturen an Haus und Gerät durchführen, können nur dann eine ähnliche Lust an der Mitarbeit auslösen, wenn sich PatientInnen mit ihrer unmittelbaren Anstaltsumgebung sehr identifizieren. Doch diese Einstellung dürfte nur bei wenigen entstanden sein.

Wenn dennoch eine therapeutische Wirkung entsteht, Menschen sich leichter zu einem aktiven Mittun entschließen können, Verbesserungen in der Arbeitsausführung gezeigt werden und insgesamt die Leistungsfähigkeit steigt, so stehen diese Phänomene in einem starken Wechselspiel mit der Dynamik, die bei einer gruppenmäßigen Struktur immer auftritt. Jeder möchte geschätzt werden, möchte sich hervortun und hierdurch Anerkennung gewinnen. Da diese Verbesserung der eigenen sozialen Position in der Gruppe vor allem über das konkrete Tun gestaltet werden muss, wird auch der ungeliebte Arbeitsinhalt als Medium akzeptiert.

Die therapeutische Wirkung steigt allerdings beträchtlich, wenn sich die Arbeitsinhalte nicht aus dem vorhandenen Apparat ergeben, sondern aus einem Gesprächsprozess, in dem über die eigenen Interessen jeder KlientIn gesprochen wurde. Schon die Einladung zu einer Gruppe, die wegen der Klienteninteressen gebildet wird, ist ein Kompliment für die beteiligten Persönlichkeiten. Die Gruppenbildung zeigt, wie stark auf die vorhandenen Potenziale jedes einzelnen Klienten eingegangen wird. Sie drückt Vertrauen aus in die Entwicklungsfähigkeit der neu gebildeten Gruppe.

Die Frage des persönlichen Interesses bestimmt auch die Auswahlgespräche mit möglichen Moderatoren für die jeweilige Gruppe. Wenn die Beschäftigungsinhalte der Gruppe auch die persönlichen Interessen der

MitarbeiterIn berühren, kann sie sich sehr viel stärker mit der Gruppenentwicklung identifizieren. Von den KlientInnen wird sie nicht nur als zuständige VertreterIn der Betreiberorganisation des Programms erlebt, die einen dienstlichen Auftrag erfüllt, sondern als ein Mensch, der durch das gemeinsame Tun emotional berührt ist. Dies baut Hierarchie ab, die therapeutische Beziehungen eher stören würde.

Persönliche Entscheidungsfreiheit

Die aktivere Behandlung findet bei Hermann Simon in einer Welt statt, die von den PatientInnen als gegeben akzeptiert werden soll. Die in ihr notwendigerweise entstehende Arbeit muss gemacht werden. Es wird von den Verantwortlichen nicht als persönliches Unglück aufgefasst, bei der Beschäftigung mitzumachen. Ganz im Gegenteil hält man sie für therapeutisch wirkungsvoll und damit für geboten. Hierüber wird nicht diskutiert. Wer als PatientIn in der Anstalt ist, hat sich einzuordnen.

„Einordnen“ heißt nicht „unterordnen“ in dem Sinne, dass jemand Befehle erteilt, denen man zu gehorchen hat. Hiergegen wäre ja Widerspruch denkbar, persönliche Verweigerung. „Einordnen“ geschieht als Realitätsbezogenheit: Der Patient befindet sich in der psychiatrischen Anstalt zu seiner gesundheitlichen Besserung. Wie das zu geschehen hat, bestimmen die Ärzte, letztlich der Anstaltsdirektor. Gegen die eigene Heilung zu argumentieren, ist unvernünftig, Unvernunft ist ein Symptom der psychischen Erkrankung. Unvernunft ist daher zu überwinden. Alles geschieht zum gesundheitlichen Nutzen der PatientIn, Widerstand dagegen macht noch kränker.

Im Gruppenprogramm wird ein ganz anderes Welt- und Selbstbild des Menschen vertreten. Die Welt hier und anderswo ist nicht unverrückbar. Die Verhältnisse sind von Menschen gemacht, sie können prinzipiell auch von Menschen wieder verändert werden. PatientInnen denken sehr oft darüber nach, weshalb ausgerechnet sie selbst psychisch erkrankt sind. Die Wenigsten beschränken sich dabei auf eine Erklärung, die ihr Hirn für die Misere verantwortlich macht. Viele erkennen Belastungen und unglückliche Verhaltensweisen in ihrem Leben, die eine ungünstige Entwicklung eingeleitet oder beschleunigt haben.

Alles Nachdenken über die Entstehungsbedingungen der eigenen Erkrankung führt nicht zum Impuls, das Leben noch einmal in die eigene Hand zu nehmen. Es fehlt der Antrieb dazu, es fehlen Menschen, die einen aus menschlichen, nicht professionellen Gründen hierbei begleiten wollen. Es ist sogar fast eine Überforderung, etwas mit Anderen zusammen zu tun, was man selbst wirklich gern tun würde. So viele Ängste sprechen dagegen und die Gewohnheit, Andere für die eigene Heilung arbeiten zu lassen. Sollen doch die Profis dafür sorgen, das ich mitmache.

Wenn die erste Entscheidung, sich probeweise auf eine Gruppe im Programm einzulassen, wirklich vom Klienten selbst getroffen wird, ist eine ganz wesentliche Voraussetzung für eine erfolgreiche Rehabilitation geschaffen. Diese Entscheidung kann durchaus mit Bedingungen verknüpft sein (Transportunterstützung, Begleitung durch eine vertraute Person), aber sie darf keine Gefälligkeit sein (beispielsweise für eine

BetreuerIn). Bezugspersonen der KlientIn dürfen sie auf das Programm oder bestimmte Gruppen aufmerksam machen, doch es muss dabei unüberhörbar vermittelt werden, dass das Ausschlagen dieses Angebotes eine akzeptierte Option darstellt.

Die Freiheit jeder KlientIn, am Programm teilzunehmen, ist ein Schatz, der über die weitere Gruppenarbeit hinweg immer gehütet werden muss. Niemand wird getadelt, wenn er (beispielsweise als Reaktion auf einen Konflikt in der Gruppe) die Gruppe verlässt und auch bei den nächsten Treffen nicht dabei ist. Kehrt er nach einiger Zeit wieder in die Gruppe zurück, setzt keine Diskussion ein, was zu dieser Trennung geführt hat. Seine Gefühle und Verhaltensweise werden nur dann thematisiert, wenn er selbst hierauf zu sprechen kommt.

Gerade in Konfliktsituationen bildet sich bei allen Gruppenbeteiligten sehr viel Selbstvertrauen, wenn sich bei den Nachgesprächen herausstellt, dass jeder die volle Freiheit hat, sich in die Gruppe einzubringen oder sie zu verlassen. Natürlich löst das Fernbleiben eines Gruppenmitglieds Unruhe aus. Die Frage wird besprochen, was ihn hierzu gebracht haben könnte und wie man diesen Zustand wieder reparieren könnte. Gerade in diesen Situationen ist die Erklärung wichtig, dass es völlig in Ordnung ist, wenn man sich der Gruppe entzieht, solange man sie nicht ertragen kann oder will. Steht nach der Wiederkehr die offensichtliche Freude der Gruppenmitglieder im Mittelpunkt des emotionalen Geschehens, so haben alle das Gefühl, einen wichtigen Schritt gemeinsam vollzogen zu haben.

Gesellschaftsbezogenheit

Die Entstehung der aktiveren Behandlung fällt in die Zwanziger Jahre des letzten Jahrhunderts und damit in eine Zeit voller gesellschaftlicher Auseinandersetzungen. Wirtschaftlich, kulturell und politisch befindet sich vieles im Umbruch. In der Heilanstalt Gütersloh ist unter Hermann Simon von diesen gesellschaftlichen Konflikten wenig zu verspüren. Die Welt innerhalb der Anstalt ist fest gefügt, hat eine Ordnung, die nicht zu hinterfragen ist.

Diese klar strukturierte Ordnung vermittelt Sicherheit. Die Werte, die in der Anstalt gelten, unterliegen keinen gesellschaftlichen Schwankungen. Jede PatientIn sieht sich in einer sozialen Rangordnung einsortiert, in der sie auf- und absteigen kann. Die Kriterien für die Veränderung der sozialen Position sind transparent. Die PatientIn hat das Gefühl, dass es allein von ihr abhängt, ob sie auf- oder absteigt. Damit liegt die eigene soziale Position im Bereich der eigenen Handlungsfähigkeit. Die PatientIn kann nicht nur die jeweilige Arbeit bewältigen, sie kann auch aus eigener Kraft ihr soziales Ansehen vermehren. In dieser Erfahrung liegt ein wesentliches Element der positiven therapeutischen Wirkungen der aktiveren Behandlung von Hermann Simon.

Die ganze Problematik dieses Therapieansatzes wird der einzelnen PatientIn spätestens dann deutlich, wenn sie auf dem Höhepunkt des Therapieprozesses in die gesellschaftliche Wirklichkeit außerhalb der Anstalt entlassen wird. Was innerhalb dauerhaft und sicher schien, erweist sich außerhalb als stark in Frage gestellt. Die eigene soziale Position ist allein schon durch den langen Anstaltsaufenthalt stark gefährdet. Ihre eigenen

Möglichkeiten, diese Lage durch berufliches Fortkommen, durch vorteilhafte Beziehungen zu verbessern, erweisen sich anders als im Krankenhaus als sehr begrenzt. Wir kennen keine Katamnese über die ehemaligen PatientInnen der Anstalt Gütersloh zu jener Zeit, auch nicht die Zahl der Wiederaufnahmen, doch dürfte den PatientInnen die Übertragung ihrer therapeutischen Erfahrungen in die gesellschaftliche Wirklichkeit des Alltags sehr schwer gefallen sein.

Doch hätte Hermann Simon dies vermeiden können? Hat nicht jeder therapeutische Prozess, wenn er ausreichend Zeit zur Entfaltung bekommt, die Neigung, eine eigene Welt aufzubauen? Entsteht nicht immer ein Gegensatz zwischen dem Innenleben einer Gruppe und dem Alltagsleben?

Dieser Gegensatz scheint sogar für das Entstehen einer therapeutischen Entwicklung essentiell zu sein. Wenn ein Mensch neue Einstellungen und neue Verhaltensweisen ausprobieren will, braucht er ausreichende soziale Sicherheit. Er muss das Vertrauen haben, dass seine Gruppe Fehlleistungen erträgt, ihn nicht niedermacht. Er wird sich Sicherheit darüber verschaffen, dass die Gruppe ihm Platz lässt, sich mit seinen Ideen, Fähigkeiten und Zielen aktiv einzubringen. Wenn dabei etwas schief geht, braucht er das Gefühl, nicht sein soziales Ansehen zu verlieren.
Dies aber sind Qualitäten, die in der Alltagssituation allerhöchstens in kleinen Gemeinschaften wie Familie oder Freundeskreis entstehen.

Es ist daher angemessen, diese therapeutischen Gruppen als Gemeinschaften aufzufassen, die sich aus mindestens zwei Gründen bilden: Der eine Grund findet sich in der Tatsache, dass jedes Gruppenmitglied seit längerer Zeit psychisch erkrankt ist. Ohne diese negative Voraussetzung wäre es nicht zu einer Maßnahme der sozialen Rehabilitation und somit zur Gruppenbildung gekommen. In dem hier geschilderten Gruppenprogramm kommt als zweiter Grund hinzu, dass man mit den übrigen TeilnehmerInnen ein gemeinsames Beschäftigungsinteresse teilt.

Die gemeinsame Tatsache, psychisch erkrankt zu sein, verstärkt die Tendenz der Therapiegruppe, ein von der Gesellschaft abgeschottetes Leben zu führen. Denn psychisch Kranke genießen gesellschaftlich kein besonderes Ansehen. Insbesondere in beruflichen Zusammenhängen beeinträchtigt die Erkrankung die Erwartung an einen hoch belastbaren Mitarbeiter. Eine Öffnung zur Gesellschaft kann daher erst einmal nur über das gemeinsame Sachinteresse entstehen. Denn dieses Interesse hat auch gesellschaftlich einen bestimmten Stellenwert. Viele Menschen, die nicht erkrankt sind, beschäftigen sich ebenfalls mit diesen Tätigkeiten.

Das Gruppenprogramm versucht, genau diese Situation zu initiieren. Psychisch Erkrankte bilden über das gemeinsame Sachinteresse eine Gruppe, die durch Entwicklung eines sozialen Eigenlebens Gemeinschaftscharakter annimmt. Hierdurch entsteht einerseits Geborgenheit, andererseits schottet man sich von der übrigen Gesellschaft ab. In dem Maße jedoch, wie sich diese Gruppe nicht nur auf gemeinsame sachliche Inhalte ihrer Zusammenarbeit einigt, sondern auch die Ergebnisse dieser Arbeit nach außen präsentieren will, öffnet sie sich auf selbst kontrollierte Weise gegenüber der Gesellschaft.

Die Selbstkontrolle ist dabei am Anfang ein wesentliches Moment. Die Gruppe braucht das Gefühl der Freiheit, diesen Öffnungsprozess jederzeit wieder zu beenden.Gleichzeitig wirken Erfolge bei den Aktivitäten außerhalb der Gruppe auf den Zusammenhalt und die Zufriedenheit in der Gemeinschaft zurück. Es gibt eine Wechselwirkung zwischen dem Gefühl von Zusammengehörigkeit und positiven Rückmeldungen aus dem gesellschaftlichen Umfeld. Die Gruppe wird keineswegs überflüssig, aber ihre nach draußen gerichteten Aktivitäten gehören immer mehr zum Gruppenleben dazu.

Unterordnung, Einordnung, „Mitordnung"

Die einzelnen Patienten in der Anstalt Gütersloh haben die aktivere Behandlung bei Hermann Simon als einen Prozess der Einordnung erlebt. Das System von Arbeitsinhalten, von Gruppenzugehörigkeiten, von sozialem Auf- und Abstieg, von Arbeitszeiten und Freizeitaktivitäten war das einzig denkbare soziale Gerüst. Es war „alternativlos". Doch diese Vorgabe war in Wirklichkeit nur eine Fiktion. Nichts an diesem System war unveränderbar. Die Sicherheit, die von ihm ausging, kam aus einer Als-ob-Situation. Alle in der Anstalt taten so, als wenn dies die Welt wäre.

Schon wenige Jahre nach dem Erscheinen der „Aktiveren Behandlung" verwandelte sich auch die Anstaltswelt in Gütersloh in eine Anstalt von „minderwertigem Menschenmaterial", von dem sich eine angeblich intakte Menschheit trennen sollte. Die Ideologie der Herrenrasse kannte auch in ihrem inneren Gefüge keine Barmherzigkeit. Und spätestens jetzt erwies sich das therapeutische Konzept der aktiveren Behandlung doch als eine Form der sozialen Unterordnung. Die Patienten ordneten sich bestimmten Ärzten unter, die im Auftrage der öffentlichen Verwaltung ein System der sozialen Einordnung entwickelten, mit dessen Hilfe zumindest ein Teil der Insassen als geheilt entlassen werden konnte.

Mit den Patienten selbst fand hierüber in der Anstalt nie ein Gespräch statt. Dabei waren sie als unmittelbar Beteiligte doch erfahren genug, einen konstruktiven Beitrag zu dieser therapeutischen Methodik beizusteuern. Sie blieben während der gesamten Zeit der Behandlung psychisch Kranke, die nicht ernst zu nehmen sind. Es wurde zwar als Behandlungserfolg angesehen, wenn sich eine PatientIn zu einem voll belastbaren Handwerker, Hauswirtschafterin oder Landwirt entwickelte, doch diese Anerkennung bezog sich nicht auf ihre Rolle als PatientIn und damit als PartnerIn im Genesungsprozess. Partnerschaft zwischen Ärzten und Pflegepersonal auf der einen und Patienten auf der anderen Seite schien eine völlig abwegige Überlegung zu sein.

Das Gruppenprogramm zur sozialen Rehabilitation braucht ebenfalls ein Heilklima aus Ordnung und Sicherheit. Es soll möglichst rasch ein Gefühl der Zugehörigkeit zu einer ganz bestimmten Gruppe entstehen. Um dieses Gefühl herzustellen, braucht man Gemeinschaft mit mehreren anderen Menschen. Das Gemeinschaftliche braucht Inhalte, die angenehme

Gefühle hervorrufen. Es muss Lust machen, zur Gruppe zu gehen. Gegenseitiges Verständnis, Akzeptanz, gemeinsame Erlebnisse, gegenseitige Unterstützung und das Gefühl sozialer Sicherheit sind die Elemente, in denen Geborgenheit wächst.

Jede dieser Gruppen entwickelt ihre eigene Ordnung. Jede bringt eigene Rituale hervor, jede findet ihren eigenen Rhythmus von Arbeit und Entspannung, jede hat ihren eigenen Treffpunkt und bestimmt ihre Zeit mit, wie häufig und wie lange sie zusammenkommt. Das Prinzip der Selbstorganisation ermutigt permanent, die Ordnung der Gruppe in eigener Entscheidung den jeweiligen Situationen anzupassen.

Diese Form der therapeutischen Behandlung wird in den Gesprächen mit den KlientInnen von Beginn an als wesentliches Element der gemeinsamen Arbeit an der Heilung dargestellt. Die eigene Heilung kann sich nur in Situationen entwickeln, in denen jeder verantwortlich bleibt für seine eigene Gesundheit und aus dieser Verantwortlichkeit eine kleine Gemeinschaft mit aufbaut, die ihn hierbei unterstützt und für die er selbst seine Unterstützung einbringt. An der Gestaltung dieser Situationen wirkt jeder in einer Weise mit, die seiner Motivation und seinem Handlungsvermögen entspricht. Diese Situationen können jederzeit verändert werden. Jeder kann auch zu jeder Zeit aus dieser Form der Therapie aussteigen, eine andere Form wählen oder sich ganz zurückziehen.

Die Ordnung, die hierbei entsteht, kann man weder als Unterordnung noch als Einordnung bezeichnen, sie wird als „Mitordnung“ am besten charakterisiert. Ohne

Ordnung entsteht keine Sicherheit, aber nur die Mitordnung verschafft dem Einzelnen ausreichende soziale Erfahrungen, um außerhalb kleiner Gemeinschaften flexibel auf fremde Anforderungen zu reagieren. Es entwickeln und festigen sich die sozialen Fertigkeiten, sozial chaotische Situationen, in die Menschen beispielsweise durch berufliche Auftragssituationen geraten, so zu strukturieren, dass in einem für den Einzelnen wichtigen Teilbereich eine Form von Ordnung entsteht. Er hat gelernt, in seiner Umgebung diejenigen Menschen zu identifizieren, mit denen eine verlässliche Form des miteinander Umgehens hergestellt werden kann.

Genesung als Gemeinschaftsleistung

Die aktivere Behandlung setzt darauf, dass jede beteiligte PatientIn betroffen auf eine Rücksetzung in der Zugehörigkeit zur Arbeitsgruppe reagiert. Die jeweilige Gruppe drückt den Grad an Leistungsverbesserung aus, der bis dahin erreicht ist. Sie hat konzeptionell keinen Gemeinschaftscharakter, sondern repräsentiert eine bestimmte Funktionsfähigkeit in einem vorgegebenen Arbeitszusammenhang. Es wird unterstellt, dass jede PatientIn ihre Funktionsfähigkeit verbessern möchte und deshalb bestrebt ist, in eine höhere Kategorie aufzusteigen. Funktionsfähigkeit schafft Ansehen bei den Ärzten und Pflegekräften, eine Rückversetzung kostet Ansehen.

In den Gruppen des Reha-Programms wird je nach den selbst gesetzten Zielen ebenfalls eine bestimmte Funktionsfähigkeit zu erreichen versucht. Hierbei geht es aber um die Leistungskraft der ganzen Gruppe und nicht um die Einzelleistung. Diese ist verständlicherweise unterschiedlich, sie schwankt sogar häufig je nach der aktuellen Befindlichkeit. Dies bedingt permanente gegenseitige Ausgleichsbemühungen. Manchmal reicht praktische Hilfe, manchmal muss man die Aufgaben mit übernehmen.

Immer bleibt die individuelle Leistungsfähigkeit unterschiedlich. Es ist auch wenig effektiv, dies ändern zu wollen. Besser ist die gegenseitige Akzeptanz und die Herstellung einer Balance zwischen den Projektzielen der Gruppe, dem Umsetzungspotenzial der Gruppe als Gesamtheit und der Rolle des einzelnen Gruppenmitgliedes. Eine KlientIn ist hervorragend in der sachlichen Umsetzung, die Andere kann sachlich nicht mithalten, sorgt aber für eine gute Stimmung und fühlt sich für ihre MitklientInnen in der Pause verantwortlich.

Immer wieder ergeben sich Gelegenheiten, um dieses Gruppengeschehen in Zusammenhang mit dem individuellen Ziel der Genesung zu stellen. Was würde geschehen, wenn jetzt der Kostenträger seine Förderung dieser Gruppe einstellen würde, wenn die Moderation kein Geld mehr bekäme, wenn die Fahrtkosten nicht mehr bezahlt würden? Würde die Gruppe sofort ihre Tätigkeit einstellen? Bliebe nichts als die Erinnerung an eine erfüllte Zeit?

Diese Frage schlägt den Bogen zur Situation, in der die individuelle Lebenssituation keiner rehabilitativen Zuwendung mehr bedarf. Sie löst zunächst Unsicherheit aus und die Erkenntnis, dass diese konkrete Gemeinschaft gebraucht wird, auch wenn man wieder voll im Beruf steht. Denn nach wie vor hat sich weder im familiären noch beruflichen Bereich eine Gemeinschaft gebildet, welche auch nur annähernd diese Sicherheit vermittelt.

Aus Klientensicht müsste man die Gruppe unter Rahmenbedingungen fortsetzen, die auch ohne finanzielle Förderung von dritter Seite auskommt. Sie müsste in jedem Falle offen bleiben für jene, die „es geschafft haben“ und wieder ihren Lebensalltag selbst finanzieren können. Denn eine Erfahrung vermittelt das Gruppenprogramm jeder KlientIn: Die eigene Genesung ist keine Einzelleistung, sondern braucht eine Gemeinschaft. Im Verlaufe dieses Genesungsprozesses sind einige weiter als andere, es bleibt die gemeinsame Verantwortlichkeit und die Kraft, die aus der gegenseitigen Unterstützung kommt.

Aus diesem Grunde endet in diesem Programm die Mitarbeit in der Gruppe nicht mit der Beendigung der öffentlichen Förderung. Wer nach Auffassung der Kostenträger das Rehabilitationsprogramm nicht mehr braucht, der hat deshalb nicht aufgehört, zu seiner Gruppe zu gehören. Ob er sich zusehends aus ihr herauslöst, weil er inzwischen beispielsweise eine neue familiäre Gemeinschaft gebildet hat, das entscheidet er selbst und die Gruppe. Welcher Nachteil sollte entstehen, wenn mit zunehmender Dauer des Programms alle Gruppen mehr Teilnehmer haben, als der Träger refinanzieren kann? Ganz im Gegenteil: Die Ermutigung, die ehemalige KlientInnen durch ihre weitere Gruppenzugehörigkeit allen Beteiligten geben, die noch mehr oder weniger in ihr Krankheitserleben verstrickt sind, ist unbezahlbar.

Kapitel 9 Gruppenphase im Teilhabemodus

Wir haben die Beschreibung der Gruppenentwicklung an einer Stelle unterbrochen, bei der jede Gruppe auf ihre besondere Weise ein eigenes Bedürfnis entwickelt hat, mit ihrer Aktivität an die Öffentlichkeit zu gehen. Damit erweiterte sich die vorherige Frage: Brauchen die Gruppenmitglieder diese Gruppe? zu der neuen Frage: Braucht irgendjemand im Umfeld die Gruppen-Aktivität?

Das soziale Umfeld war dabei für fast alle Gruppenteilnehmer eine unbekannte Gegend. Hier zeigten sich die Auswirkungen des isolierten Lebens. Wer jahrelang keine spontanen Kontakte mehr gepflegt hat, wer nur noch mit Ärzten und Sozialarbeitern verkehrt, der lebt in einer abgesonderten Welt. Nicht einmal die eigene Wohnung mitten in einem Wohnblock, in einem belebten Stadtviertel von Göttingen ist Ausgangs- und Sammelpunkt von sozialen Wahrnehmungen, geschweige denn von sozialen Kontakten. Die Welt ist immer draußen und wird wie durch eine Milchglasscheibe wahrgenommen.

Entsprechend hilflos verhielten sich die Gruppen zunächst bei ihren Versuchen, die neue Frage zu beantworten. Typisch für diese Situation war die erste Aktivität der Gartengruppe in Hardegsen. Sie stellte einen Tisch neben den Ausgang aus dem Gartengelände, legte die übrig gebliebenen Gartenerzeugnisse drauf und platzierte eine Spardose daneben. Das sollte damit ausgedrückt werden: „Was hier liegt, ist frisch aus dem Garten. Ihr könnt es mitnehmen, doch legt ein wenig Geld dafür in die Dose.“

Und zu ihrer großen Freude wurde die Botschaft verstanden. Gemüse und Salat waren weg, Geld lag in der Spardose.

Diese Aktivität erzeugte bei den Gruppenteilnehmern Neugierde. Sie wollten mehr wissen über und von ihren Kunden. Zum Glück führte sie ihre Gartenarbeit immer wieder in die Nähe des Ausgangs. Und tatsächlich stand eines Tages jemand am Tisch, packte etwas in eine Tüte, öffnete das Portemonnaie und legte Münzen in die Dose. Und bei dieser positiven Gelegenheit konnte man dann tatsächlich das spontane Gespräch suchen. Und so erfuhr die Gruppe, dass es vor allem Besucher von AltenheimbewohnerInnen sind, die diesen abgelegenen Fußweg benutzen. Weiter am Gartengelände vorbei und damit am Rande der Stadt lag dieses Heim.

Diese Kontakte und Informationen lösten in der Gruppe Überlegungen darüber aus, wie man den Absatz der eigenen Erzeugnisse etwas planbarer machen könnte. Ihre gelegentlichen KäuferInnen hatten sie auf die Tatsache gestoßen, dass in nicht allzu großer Entfernung ein Altenpflegeheim bestand. Dort gab es sicher einen Küchenbetrieb, der auch Produkte verarbeitete, die sie im Garten produzierten. Der Gedanke kam auf, mit dem dortigen Küchenchef Kontakt aufzunehmen. Und siehe da: Er war gerne bereit, mit der Gruppe ein Gespräch zu führen.

Es blieb für die Gartengruppe nicht bei diesem ersten Gespräch. Doch alle weiteren Überlegungen scheiterten letztlich daran, dass die Küche verlässliche Mengen bestimmter Gemüsen oder Salate benötigte, um selbst solide planen zu können. Und das konnte die Gruppe nicht zusagen, zu unprofessionell war ihre Arbeitsweise, zu schwankend ihre Ergebnisse. Doch löste diese Erfahrung ganz wichtige Grundsatzgespräche darüber aus, worin die Hardegser Gartengruppe mittelfristig ein Angebot findet, das im gesellschaftlichen Umfeld gebraucht wird. Sollte sie einen Marktstand entwickeln, bei dem sie fehlende eigene Produkte durch Zukauf von anderen Erzeugern ergänzte? Oder sollte sie einen ganz anderen Weg gehen und eher jenen Menschen ein Mitarbeitsangebot machen, die schon lange davon träumen, einen eigenen Garten zu bestellen?

Mit diesen Planungsüberlegungen bewegte sich die Gruppe aus der Aktivierungsphase in die Phase im Teilhabemodus. Während der Aktivierung entsteht das sozial ganz angemessene Bedürfnis, die eigene Tätigkeit in den allgemeinen Gesellschaftsprozess einzubringen, sie zu dort zu platzieren, wo sie möglichst langfristig gebraucht wird. Im Teilhabemodus probiert sie zunächst ganz praktisch aus, wie mehr oder weniger zufällig Menschen aus dem gesellschaftlichen Umfeld auf die Gruppenaktivität reagieren, und hierdurch einen Ansatz zu finden, sich im Umfeld längerfristig zu platzieren.

Kapitel 9.1 Teilhabeprobleme in der Gesellschaft

Ebenso wie der Gartengruppe ging es den meisten Gruppen, die aus der Aktivierungsphase heraus eine gesellschaftlich sinnvolle Beschäftigung entwickeln wollten. Die Computergruppe in Bad Gandersheim eröffnete ein Internet-Café, in die sie schon bald Stammgäste aus der älteren Bürgerschaft willkommen heißen konnte. Die Freizeit-Gruppe musste schon ein Programm herausgeben, um die Interessenten auf die unterschiedlichen Freizeitangebote aufmerksam machen zu können. Die Fahrrad- und Moped-Gruppe bezog eine neue Werkstatt mitten in der Altstadt von Northeim. Schon das Öffnen des Werkstatt-Tores zog erste Kunden an, die ihr defektes Vehikel mit sich führten.

Die Gruppe „Süß und Herzhaft", die Brotaufstriche, Pralinen und sonstige Leckereien herstellte, tauchte mit ihrem Verkaufsstand auf verschiedenen Festen auf und verhandelte mit Geschäften, um dort ihr Angebot dauerhaft zum Verkauf anzubieten. Die Musik-Gruppe hatte ein Mitmach-Programm entwickelt, das bei den Bad Gandersheimer Festspielen mit großem Erfolg ausprobiert wurde. Aus der Malgruppe Uslar heraus wurden Gruß-Karten produziert, für die man einen größeren Absatz suchte. Und so ließe sich diese Aufzählung noch lange fortsetzen.

Alle diese Gruppenansätze waren nicht in irgendwelche gemeindepsychiatrische Beschäftigungsprogramme eingebunden. Sie waren in sofern frei gestaltet, als es entscheidend auf die Gruppenimpulse ankam, die sich in der Aktivierungsphase bildeten und nach gesellschaftlicher Gestaltung drängten. Doch diese Gesellschaft wartete nicht darauf, dass Gruppen eine Geschäftsidee haben. Wenn ein Altenheimbesitzer die Pferde-Gruppe einlud, mit einem Pony jede Woche vorbei zu kommen, um seinen HeimbewohnerInnen eine Abwechslung zu bieten, dann hielt er das für eine „soziale Tat", für die er kein Geld bezahlen wollte. Schließlich hatten die „Behinderten" ja selbst einen therapeutischen Vorteil davon.

Aus Sicht der Gruppenmitglieder teilte sich die Wirtschaftswelt in den „Konsum“ und in das „Verdienen am Konsum“. Die einen legen was ins Geschäftsfenster, die anderen kaufen das Ausgestellte. Was angeboten wird, kann selbst oder von Fremden hergestellt sein. Zwischen dem Hersteller und der KundIn steht der Händler. Die Herstellung kann auch eine Dienstleistung sein, die aber meistens nicht im Geschäft angeboten wird, sondern im Internet. So stellte sich die Wirtschaftswelt dar, in welche die Gruppen nun einsteigen wollten.

Diese Welt reagierte verständlicherweise „normal“ auf die Versuche der Gruppen, mit ihr Kontakt aufzunehmen. Zu der Normalität gehörte immer wieder, dass man möglichst nichts für das Angebot zahlen wollte. Wenn man schon von Behinderten kauft oder sich etwas machen lässt, dann darf das im Prinzip nichts kosten. Denn die Gesellschaft ist daran gewöhnt, dass Kontakte mit Außenseitern wie den psychisch Kranken als Ausdruck sozialen Engagements aufzufassen sind. Wer das über längere Zeit macht und nicht vergisst, hierüber seinem Umfeld zu berichten, bekommt sogar einen Verdienstorden überreicht.

Es gehört zu dieser Normalität unseres Wirtschaftssystems, dass die Einkaufsmöglichkeiten im ländlichen Raum immer mehr verschwinden. Der Handel lohnt sich nach diesem Denken nur noch bei bestimmten Mindestumsätzen, und die werden abhängig von den zur Verfügung stehenden Verkaufsflächen gesehen. 800 qm Verkaufsfläche gelten durchaus als Minimum für ein Lebensmittelgeschäft. Diese Größenentwicklung führt zur Einkaufsmarktbildung in günstig gelegenen Mittelpunktsorten. Hier sollten die Straßen sich kreuzen, um möglichst viele Ortschaften anbinden zu können.

Eddigehausen ist ein langsam wachsender Ortsteil von Bovenden und gehört zum Wohngürtel um Göttingen herum. Er dürfte etwa 1.800 Einwohner umfassen. Es existieren eine Grundschule, ein Kindergarten sowie eine Kirchengemeinde. Noch vor wenigen Jahren gab es Bankfilialen, einen Lebensmittelladen, Kneipen. Doch diese Versorgungseinrichtungen verschwanden alle bis auf einen Bäckereibetrieb, in dem man neben dem selbst hergestellten Backwaren auch Artikel des täglichen Bedarfs bis zur Tageszeitung kaufen konnte.

Mitten in der Projektzeit kündigte dieser Backbetrieb an, aus Altersgründen aufhören zu wollen. Der Versuch, einen anderen Bäcker zur Übernahme zu bewegen, scheiterte. Deshalb wurde die Bäckerei an einen Privatmann verkauft und der Laden geschlossen. Nunmehr war auch die letzte Einkaufsmöglichkeit verschwunden.

Eine Moderatorin des Gruppenprogramms erlebte diesen Prozess als Einwohnerin von Eddigehausen hautnah mit. Die Entwicklung wurde in der Moderatoren-Konferenz diskutiert und dabei vereinbart, die Informationen auch mit in die Gruppenarbeit zu nehmen. Es zeigte sich, dass Gruppen mit einem Aktivitätsprogramm sehr interessiert reagierten, bei denen der Verkauf eigener Produkte (beispielsweise in den Gruppen „Süß und Herzhaft“ und „Stich und Masche“) im Mittelpunkt stand.

Ergebnis dieser Diskussionen war die Gründung einer neuen Gruppe „Backladen“, die sich vorwiegend aus Gruppenmitgliedern schon vorhandener Gruppen zusammensetzte. Um dieser Gruppe eine realistische Zielvorstellung für ihre Absicht zu geben, in Eddigehausen einen Backladen zu betreiben, wurde mit Unterstützung des Ortsbürgermeisters eine Einwohnerversammlung durchgeführt. Auf dieser erstaunlich gut besuchten Veranstaltung wurden die Gründe besprochen, die ein Fortbestehen eines Ladens im Ort notwendig machten.

Ergebnis der öffentlichen Veranstaltung war die Gründung eines Vereins aus ortsansässigen Bürgern, der nicht nur ein geeignetes Gebäude für diesen Laden ausfindig machen sollte, sondern auch dafür sorgen wollte, die Bewohner von Eddigehausen zur tatsächlich Nutzung des Ladenangebotes zu motivieren. Naheliegendes Ziel sollte sein, den bisher vorgehaltenen Laden vom neuen Eigentümer anmieten zu können. Dann hätte man sehr rasch weitermachen können. Ein angesehener Bäcker aus der Gegend war bereit, den Laden mit seinen Produkten zu beliefern.

Die Mitglieder der Backladen-Gruppe könnten den Laden betreiben. Eine erfahrene bisherige Verkäuferin war bereit, für eine gute Einarbeitung zu sorgen und das Geschäft noch längere Zeit zu begleiten. Die Gruppe wollte neben dem Verkauf auch eigene Konditorei-Produkte selbst herstellen und im Laden verkaufen.

Aufgrund der guten Resonanz in der Bürgerschaft gründete sich im August 2012 der „RIN (Respekt, Inklusion, Nachbarschaftlichkeit) Eddigehausen e.V.“

Der neue Verein mit zunächst 15 Mitgliedern wurde durch einen Vorstand geleitet, dem neben angesehenen Bürgern auch der Leiter des Gruppenprogramms angehörte. Es wurde ein ortsansässiger Architekt gewonnen, der eine kleine Erweiterung des bisherigen Ladens um eine Backstube plante, in der die eigenen Produkte von der Gruppe hergestellt werden könnten.

Die Gespräche mit dem neuen Eigentümer erwiesen sich als sehr konstruktiv. Er wohnte selbst in Eddigehausen und wollte dem Willen der Bevölkerung nicht im Wege stehen. Er unterstützte den Architekten, der inzwischen die Bau- und gewerblichen Aufsichtsbehörden kontaktierte, um seine Planungsüberlegungen auch rechtlich abzusichern.

Bis zu diesem Entwicklungsschritt zeigte das gesellschaftliche Umfeld die Bereitschaft und das Interesse, eine wichtige soziale Einrichtung zu erhalten und hierfür auch eigene Zeit und emotionale Unterstützung aufzubringen. Allen schien es ganz realistisch und vorteilhaft, den letzten Laden im Ort aufrechtzuerhalten und hierbei durch einen mutigen Kreis von psychisch Erkrankten entscheidend unterstützt zu werden. Viele bekundeten ihre Entschlossenheit, diesen Laden durch ihren eigenen Einkauf zu unterstützen, damit er nicht aus wirtschaftlichen Gründen aufgeben muss. Dabei wurde nie in Frage gestellt, dass auch die mitarbeitenden Erkrankten eine angemessene Vergütung erhalten müssten.

Es treten ganz offensichtlich immer wieder Ereignisse ein, in denen wider die wirtschaftlichen Marktgesetze Entwicklungen von der Bevölkerung erwartet werden, bei denen sie bereit sind, aktiv für das Gelingen der gesellschaftlichen Abweichung tätig zu werden. Allein schon die Bereitschaft, das eigene Konsumverhalten etwas zu variieren, stellt einen solchen aktiven Beitrag dar. Die Chance zu einer solchen Sonderentwicklung tritt aber nur dann ein, wenn vorher und begleitend eine intensive Informations- und Kommunikationspolitik rund um das Projekt betrieben wird. Nur auf einer solchen Welle der breiten Sympathie kann sich eine solche Entwicklung ergeben.

Der beteiligte Architekt hatte zuerst diese Wahrnehmung: Die Abstimmung mit dem Eigentümer des Ladens wurde immer schwieriger. Er versuchte ganz offensichtlich, Zeit zu gewinnen. Zeit für was? Zeit für das Entstehen eines gesellschaftlich weit verbreiteten Phänomens, des kollektiven Gefühls, „Es wird sowieso nichts!“ Man hat das Gefühl, alles schon tausendfach erlebt zu haben. Jemand hat einen tollen Plan, allen finden den ganz wunderbar. Es wird viel darüber geredet, einige Protagonisten schmücken sich mit dem Plan, suchen gesellschaftliche Anerkennung. Und dann versandet alles irgendwo. Niemand weiß so recht, woran es gelegen hat. Die Protagonisten sind verschwunden, haben schon längst eine neue Idee, die sie nun öffentlichkeitswirksam verfolgen.

In der Bürgerschaft ist das Gefühl sehr leicht hervorzurufen, dass es mal wieder ist wie immer, nämlich nichts. Und dieses Gefühl stellt sich dann besonders leicht ein, wenn man längere Zeit von einem Vorhaben nichts mehr hört oder liest. Auf diesen Effekt setzte der Eigentümer. Später stellte sich heraus, was ihn bewogen hatte, den Vermietungsplan aufzugeben. Er hatte die gewerblichen Gebäude der ehemaligen Bäckerei erworben, um Oldtimer-Fahrzeuge unterzustellen. Anfänglich hatte er die ehrliche Überzeugung, dass ihn die Vermietung eines schmalen Streifens für den Backladen nicht an diesem Vorhaben hindern würde. Doch dann zeigte ihm die inzwischen erstellte Bauplanung, dass er genau diese Fläche benötigte, um sein Vorhaben umzusetzen. Und hiernach ging es nur noch um die richtige Taktik, dies öffentlich zu machen. Und dabei setzte er erst einmal auf Zeit.

Die Backladen-Gruppe hatte großen Wert darauf gelegt, auch ohne Laden ihre Treffen nach Eddigehausen zu verlegen. Zunächst fand sie eine Bleibe im TAP (Treffpunkt Altes Pfarrhaus), einem Bürgerhaus, in dem früher die Sparkassen-Filiale untergebracht war. Da der Ort seine letzte Kneipe verloren hatte, gründete sich ein Verein, um dieses schmucke alte Fachwerkhaus zu einem Bürgerhaus herzurichten, wo zumindest an jedem Wochenende ein Cafébetrieb ehrenamtlich aufrecht erhalten wurde. Mit den Erlösen zahlte man die Miete an die Kirchengemeinde, der das Gebäude immer noch gehörte.

Doch da die Küche im TAP sehr beschränkte Arbeitsmöglichkeiten bot, zog die Gruppe ins benachbarte kirchliche Gemeindezentrum um. Zum Erstaunen vieler Menschen riefen die Verzögerungen und schließlich das erste Scheitern der Backladen-Baupläne bei den Gruppenmitgliedern weder Resignation noch Depressionen hervor. Sie boten vielmehr der Nachbarschaft zum Ende ihrer Treffen die Ergebnisse ihrer Backarbeiten an, und einen Kaffee bekamen die Gäste selbstverständlich auch. Dieser

Werktagskaffee ergänzte das TAP-Angebot und hatte schon bald seine festen Stammgäste, darunter vor allem auch Mitglieder des RIN-Vereins.

Auch der Verein zeigte sich fest entschlossen, sich vom Scheitern des ersten Anlaufes nicht schocken zu lassen. Ein neuer Standort wurde gesucht und dann auch in einem Teil der sog. Domäne gefunden, eine ehemalige geräumige Scheune, die als bloßer Abstell- und Lagerraum verwendet wurde. Der Architekt hatte noch nicht sein Engagement verloren. Eine neue Bauzeichnung wurde entwickelt und mit dem Verein und der Backladen-Gruppe abgestimmt. Der Brandschutz wurde auf das Gelände gebeten, um dessen Anforderungen in die Planungen einbeziehen zu können.

Doch auch dieser Ansatz scheiterte schließlich am Willen der Eigentümer, die unerwartet ihre Bereitschaft zurückzogen, die Scheune zum Teil zu verkaufen. Ein neuer Standort wurde gefunden und so drehte sich das Planungsrat immer weiter. Die Backladen-Gruppe litt in dieser Zeit weniger wegen der baulichen Umsetzungsprobleme, sondern daran, dass sie im kirchlichen Gemeindehaus offensichtlich störte. Zur Gruppen-Zeit wurde das Haus zum Üben von verschiedenen musizierenden Gemeindemitgliedern gebraucht. Man versuchte es zunächst, beide Interessen unter einen Hut zu bringen, doch irgendjemand musste die Initiative ergreifen und eine räumliche Veränderung herbeiführen.

Es war bezeichnenderweise die Gruppe mit den psychisch Erkrankten, welche die Initiative ergriff und nach deutlich besseren Arbeitsbedingungen suchte.

Hierzu mussten sie dann zwar von Eddigehausen nach Göttingen umziehen, doch schon die ersten Treffen bewiesen den Mitgliedern, wie richtig diese Entscheidung gewesen war. Jetzt waren sie zwar von den Ereignissen in Eddigehausen räumlich getrennt, doch war für sie der Ort Eddigehausen nicht so entscheidend als vielmehr die Möglichkeit, mit ihren Potenzialen ganz normal in der Gesellschaft tätig zu sein. Sie waren offen für neue Umsetzungsmöglichkeiten. Die Gruppe selbst funktionierte im inneren Gruppengeschehen sehr gut. Man entwickelte bestimmte Angebote (beispielsweise das Herstellen des Weihnachtsgebäcks für eine Feier) und suchte nach geeignetem Absatz.

Eine ähnliche Entwicklung ergab sich aus dem Kommunikationszusammenhang der Pferde-Gruppe heraus. Dort, wo ihre Pferde ihr Winterquartier bezogen, in Wahmbeck an der Weser diskutierte der Ort sehr heftig über die Entscheidung des Ev. Kirchenkreises, sein seit vielen Jahren betriebenes Freizeitheim aufzugeben. Und auch dieser Ort war es gewöhnt, dass eine Einrichtung nach der Anderen schloss und Wahmbeck immer mehr zu einem Schlafplatz wurde, wo man weder Arbeit findet, noch eine soziale Infrastruktur, die den immer älter werdenden Bewohnern gesellschaftliche Teilhabe sichert.

Die TeilnehmerInnen der Pferde-Gruppe waren ganz elektrisiert von dem Gedanken, dieses Freizeitheim von der Kirche zu übernehmen, dort kleine Wohnungen für sich selbst einzurichten und auch eine Verkaufsinitiative zu gründen, damit die ältere Bevölkerung das Dringendste einkaufen kann. Die Gruppenmitglieder und ihre Moderatorinnen redeten natürlich über ihre Ideen, und schon bald wussten alle anderen Gruppen auch davon. Spätestens bei der monatlichen Moderatorenkonferenz war die Wahmbecker Teilhabe-Idee auch bei der Projektleitung angekommen.

Erste Gespräche mit dem Kirchenkreis bestätigten die Informationen. Die Kirche zeigte sich sehr erfreut, ihr Freizeitheim möglicherweise weiter betreiben zu lassen. Sie hatten einen Beschluss des Kirchenparlamentes auszuführen und das Gebäude zu verkaufen. Selbstverständlich würde dieser Kaufpreis der künftigen Verwendung angepasst. Würde der Erwerber zusichern, dass das Haus weiterhin als Freizeitheim auch dem Kirchenkreis zur Verfügung stehen könnte, ließe sich auch über ein preiswertes Verkaufsangebot sprechen.

Diese Nachricht löste erst einmal in mehreren Gruppen (darunter auch in der Backladen-Gruppe) großes Interesse aus. Manche sahen sich schon die Küche nicht nur übernehmen, sondern das Essen auch an den Kindergarten in der Nähe liefern und ein Angebot auch für die Menschen im Ort zu machen. Was ihre Gedanken sehr stark von den bisherigen Betreibern unterschied, war die Offenheit, mit der sie an mögliche Nutzer und Kunden im gesamten Umfeld dachten. Die bisherige Leitung des Heimes hatte eigentlich nur für den Kirchenkreis gearbeitet und an andere Nutzer überhaupt nicht gedacht. Dies hatte auch die Erträge geschmälert und angesichts anstehender Instandhaltungen und Brandschutzmaßnahmen beim Eigentümer den Entschluss erzeugt, sich vom Haus zu trennen.

Die internen Diskussionen in den interessierten Gruppen führten ganz eindeutig zu dem Entschluss, alle Einwohner von Wahmbeck zu einer Versammlung im Freizeitheim einzuladen. Der Kirchenkreis stimmte diesem Vorschlag zu, und der Superintendent eröffnete selbst diese Versammlung, an der auch viele Gruppenteilnehmer teilnahmen. Die anwesenden Wahmbecker unterstrichen nicht nur ihr Interesse an einem Fortbestehen des Freizeitheims, sondern überraschten auch mit vielen Vorschlägen, das Haus auch für und von den Wahmbeckern selbst zu nutzen. Man wusste nur zu gut, dass im Hause immer wieder Zeiten entstehen, in dem keine Gäste vorhanden sind, vor allem in den Wintermonaten. Hier sah man eine Möglichkeit, Angebote für die örtliche Bevölkerung zu machen, beispielsweise Tanzen für die Älteren, Yoga für die Jüngeren, kunsthandwerkliche Angebote. Es sollte einen Mittagstisch geben. Einige Frauen wären bereit, ehrenamtlich einen kleinen Laden im Hause zu betreiben, wo man das Alltägliche einkaufen könnte.

Die sehr angeregte Diskussion bei dieser Versammlung führte zu dem Entschluss, einen Betreiberverein für das erneuerte Freizeitheim zu gründen, an dem sich möglichst viele Wahmbecker und viele Gruppenmitglieder beteiligen sollten. Am 22. Juli 2014 fand im Freizeitheim die Gründungsversammlung zu diesem Verein statt, der den Namen erhielt „Weser-Haus Wahmbeck e.V.“. Der Vorstand setzte sich ganz gemischt aus Gruppenmitgliedern und Moderatoren zusammen, die Mehrheit aber waren Bürger aus Wahmbeck und Umgebung. Der Verein sollte gemeinnützige Ziele verfolgen, als Zweck war in der Satzung verankert: „Zweck des Vereins ist die Förderung der Jugend- und Behindertenhilfe. Der Satzungszweck wird verwirklicht durch die Betriebsträgerschaft über das Weser-Haus in Wahmbeck als Bildungseinrichtung für junge Menschen und als Wohn- und Arbeitsort zur sozialen und beruflichen Rehabilitation behinderter Personen."

Mit der Erwähnung der Jugendhilfe und der Bildungseinrichtung für junge Menschen sollte die bisherige Zielgruppe des Freizeitheimes weiter im Blick behalten werden. Mit der Reduzierung aller bevölkerungsbezogenen Nutzungen auf den „Wohn- und Arbeitsort zur sozialen Rehabilitation behinderter Personen" wird ein Konzept von Sozialarbeit mit diesem Personenkreis aufgenommen, das eben darin besteht, Teilhabe zu ermöglichen. Und Teilhabe bedeutet, sich in die Bearbeitung der konkreten gesellschaftlichen Problemen im Umfeld einzubringen.

Kapitel 9.2 Ausweitung des Teilhabe-Ziels

Alle Leistungen für behinderte Menschen dienen in Deutschland dem gesetzlichen Ziel, „Selbstbestimmung und gleichberechtigte Teilhabe am Leben in der Gesellschaft zu fördern".[133] Der Teilhabe vorgeordnet sind daher die Begriffe „Behinderung" und „Gleichberechtigung". Als behindert wird ein Mensch angesehen, dessen körperlicher, geistiger oder seelischer Gesundheitszustand länger als 6 Monate von „dem für das Lebensalter typischen Zustand" abweicht und hierdurch in seiner Teilhabe am Leben in der

[133] § 1 SGB IX

Gesellschaft beeinträchtigt ist.[134] Maßstab für die Behinderung ist daher der als typisch anzusehende normale Zustand der Menschen in einer bestimmten Gesellschaft.

Der gleiche relative Maßstab gilt auch für die Forderung nach Gleichberechtigung. Rechte, die dem normalen Bürger nicht zustehen, stehen auch dem Behinderten nicht zu. Was für alle gilt, soll auch für den Behinderten gelten. Es gibt also für das Ziel der „Teilhabe“ keine objektiven Kriterien, die weltweit Geltung haben könnten. Sie beziehen sich vielmehr immer auf das gesellschaftliche Umfeld des Einzelnen und als Rechtsziel gilt Teilhabe nur in dem staatlichen Gebiet, in dem die Gesetze Beachtung finden.

Dennoch haben sich die Vereinten Nationen daran gemacht, den Behinderten globale Menschenrechte zu geben, die von allen nationalen Gesetzgebern zu beachten sind und in nationale Gesetze implementiert werden sollen. Dieses „Übereinkommen über die Rechte von Menschen mit Behinderungen“ vom 13. Dezember 2006[135] erhielt am 21. Dezember 2008 durch entsprechende Beschlüsse von Bundestag und Bundesrat auch in Deutschland Rechtskraft. Es ist daher für die weiteren Programmüberlegungen von Bedeutung, dieses Übereinkommen hinsichtlich seiner Definitionen des Begriffes „Teilhabe“ näher zu untersuchen.

---

[134] § 2 Abs. 1 SGB IX

[135] Siehe unter www.un.org/Depts/german/uebereinkommen/ar61106-dbgbl.pdf

Schon in der Präambel des Übereinkommens wird auf die Wechselwirkung zwischen Behinderung und den gesellschaftlichen Umfeldbedingungen eingegangen. Dort wird von der Erkenntnis gesprochen, „dass das Verständnis von Behinderung sich ständig weiterentwickelt und dass Behinderung aus der Wechselwirkung zwischen Menschen mit Beeinträchtigungen und einstellungs- und umweltbedingten Barrieren entsteht, die sie an der vollen, wirksamen und gleichberechtigten Teilhabe an der Gesellschaft hindern“.[136] An dieser Beschreibung der Teilhabe muss vor allem das Adjektiv „wirksam“ auffallen. Die „volle“ und „gleichberechtigte“ Teilhabe kann man sich durchaus in einer passiven Rolle vorstellen. Man denkt an den Fahrstuhl im Bahnhof, mit dem der Rollstuhlfahrer den richtigen Bahnsteig erreicht. Hierdurch nimmt er voll und gleichberechtigt am öffentlichen Verkehrswesen teil, in der gleichen passiven Rolle wie alle übrigen Nutzer der Bahn. Doch was mag unter „wirksamer Teilhabe“ verstanden werden?

Es bedarf großer Geduld, um in dem umfangreichen Übereinkommen schließlich unter Artikel 29 (Teilhabe am politischen und öffentlichen Leben) einen ersten Hinweis zu finden, was denn unter „Wirksamkeit“ verstanden werden könnte. Hier wird unter Abschnitt b) von der „Mitarbeit in nichtstaatlichen Organisationen und Vereinigungen, die sich mit dem öffentlichen Leben ihres Landes befassen, und an den Tätigkeiten und der Verwaltung politischer Parteien“ gesprochen sowie von der „Bildung von Organisationen von Menschen mit Behinderungen, die sie auf internationaler, nationaler,

[136] Bundesgesetzblatt Jahrgang 2008 Teil II Nr. 35, S. 1420

regionaler und lokaler Ebene vertreten, und den Beitritt zu solchen Organisationen".[137]

Aber erst im Zusammenhang mit der Teilhabe am kulturellen Leben (Artikel 30 des Übereinkommens) wird im Absatz 2 eine genauere Definition von „wirksamer Teilhabe" gegeben: „Die Vertragsstaaten treffen geeignete Maßnahmen, um Menschen mit Behinderungen die Möglichkeit zu geben, ihr kreatives, künstlerisches und intellektuelles Potenzial zu entfalten und zu nutzen, nicht nur für sich selbst, sondern auch zur Bereicherung der Gesellschaft."[138]

In diesen beiden zitierten Zusammenhängen wird gezeigt, dass Behinderung nicht nur als Einschränkung gesehen werden kann, sondern auch als Erfahrungszusammenhang, aus dem heraus bedeutungsvolle Beiträge zur allgemeinen gesellschaftlichen Entwicklung gegeben werden. Es geht bei der Teilhabe selbstverständlich um den Abbau von Barrieren, die sich behinderungsbedingt ergeben und den Behinderten daran hindern, das alles zu konsumieren, was sich auch nicht behinderte Menschen erschließen. Doch über diese passive Konsumentenrolle hinaus bedeutet Teilhabe auch die Möglichkeit, sich aktiv in das gesellschaftliche Leben einzubringen, „wirksam" zu werden, Einfluss zu nehmen, Bedeutung zu erlangen.

Wie das Programm zur sozialen Rehabilitation spätestens in der „Phase im Teilhabemodus" erfährt, ist die gesellschaftliche Situation, die dem Behinderten zur Teilhabe offen stehen soll, selbst ein sehr komplexes

[137] Bundesgesetzblatt, ebenda S. 1442
[138] Ebenda S. 1443

Konstrukt. Die Gruppen, die sich mit ihren Aktivitäten einbringen wollen und gesellschaftlich wirksam werden möchten, stoßen auf Bevölkerungsgruppen, die zwar nicht behindert, jedoch selbst ganz offensichtlich Teilhabeprobleme empfinden. In Wahmbeck und Eddigehausen beispielsweise folgen Infrastrukturentscheidungen ganz offensichtlich nicht den Interessen jener Bevölkerungsteile, die aus Geldmangel oder aus bewusster Entscheidung kein eigenes Fahrzeug halten, um für den alltäglichen Einkauf und weitere Besorgungen in andere Orte und Städte zu fahren.

Beide Orte sind nur pro forma an den öffentlichen Nahverkehr angeschlossen. Eine Buslinie, die nur morgens und abends einmal verkehrt, taugt nur zum Nachweis, dass eine Verkehrslizenz erteilt wurde. Teilhabe ermöglicht dieses Angebot nicht.

Diese dritte Gruppenphase zeigt ganz klar, dass sich das Teilhabeproblem nicht auf Behinderte beschränkt. Das hat für jene Behinderten, die sich mit ihren eigenen Interessen als Gruppe aktivieren, einige Vorteile. Es schafft Anknüpfungspunkte, um gemeinsame Interessen herauszufinden und sich mit anderen Bevölkerungsgruppen zu verbinden. Dabei ist ganz erstaunlich, mit welcher Sensibilität die Gruppenmitglieder jene Gruppen in ihrem sozialen Umfeld identifizieren, die ein Teilhabeproblem aufweisen könnten.

Die Computergruppe beispielsweise richtet ihr Internet-Café Angebot zielsicher auf die älteren Menschen, denen die Kinder möglicherweise ein Laptop zu

Weihnachten geschenkt haben, aber keine Zeit, sie in deren Bedienung einzuweisen. Oder die Pferde-Gruppe, die sich mit einem Kindergarten und deren Eltern verbinden, wohl erkennend, dass es nicht zu den Standards der vorschulischen Erziehung gehört, den jungen Menschen Naturerlebnisse zu vermitteln. So lädt die Backladen-Gruppe die Nachbarschaft zum Kaffee ein mit Selbstgebackenem, weil sie erkannt hat, dass diese Nachbarn den ganzen Werktag allein verbringen, bis am Abend ein Haushaltsmitglied von der Arbeit kommt. Und die Musikgruppe bietet Darbietungen, die zum Mitsingen und Mitmusizieren animieren, weil sie aus eigener Erfahrung weiß, dass das eigene kreative Potenzial von der Gesellschaft nicht angeregt wird. Die Menschen sollen sich als brave Konsumenten verhalten, und die Musik als Platte oder CD/DVD kaufen. Die auf Mitmachen ausgerichteten Darbietungen der Musikgruppe zeigen, wie gern das Publikum auch selbst musikalisch aktiv wird.

Eine Bürgerversammlung in Wahmbeck diente dem Ziel, die spontanen Ideen der anwesenden Bürger aus Wahmbeck zu sammeln, die man im neu geplanten „Weser-Haus“ umsetzen könnte. Hier die Vorschläge:

Initiatorin N. H.:
Es könnten Kurse mit bestimmten Inhalten (Gesundheit und Entspannung) für verschiedene Zielgruppen angeboten werden.
Des weiteren seien Tanzkurse für Senioren und für andere Altersgruppen denkbar.

Initiatorin: M. P.

Es könnte zusätzlich zum bestehendem Konzept ein Lädchen mit Treffpunkt und Mittagstisch eingerichtet werden.

Initiator: U. M.
Es könnte ein Weihnachtsessen mit besonderen Aktivitäten angeboten werden.

Initiatorin: B. L.
Es könnten Betriebsausflüge für Betriebe als rundum sorglos Paket angeboten werden (Planung der Feier mit eventuellen Unternehmungen wie Kutschfahrten, Wanderungen usw.).

Initiatorin: K. G.
Die Räumlichkeiten des Weserhauses könnten Familien und Vereinen für größere Feiern zur Verfügung gestellt werden.

Initiator: H. P.
Die Räumlichkeiten des Weserhauses könnten Tanzschulen als Räumlichkeiten für den Unterricht zur Verfügung gestellt werden.

Initiatorin: I. R.
Es könnte ein Jugendraum für die Jugendlichen des Dorfs und den umliegenden Dörfern eingerichtet werden

Initiator: M. T.
Es könnte ein Ferienfreizeitangebot erarbeitet werden, welches Kindern, die nicht in den Urlaub fahren, die Möglichkeit bietet, auch ein besonderes Erlebnis in den Ferien zu haben.

Des Weiteren sei es denkbar, bestimmte Events wie ein Rittergastmahl, Krimi-Dinner, Musik oder Candle Light Dinner, kleines Theater und Kabarett sowie Kochkurse, Garten-Workshops oder andere kreative Workshops anzubieten. Eventuelle Kinovorführungen oder Public Viewing seien ebenfalls Veranstaltungen, die im Weserhaus denkbar wären.

Man erkennt sofort, welche Nachfrage nach Teilhabe hier besteht. Und ähnliche Ergebnisse wird man in den meisten ländlichen Regionen Deutschlands in unzähligen Ortschaften erzielen können. Dabei wird klar, dass die Interessen sehr stark darauf abzielen, selbst etwas zu tun und sich nicht mit der Konsumentenrolle zu begnügen. Es geht den Menschen um „Selbstwirksamkeit". Und diese Selbstwirksamkeit wird nicht in Einzelaktionen gedacht, sondern im Zusammenhang mit Aktivitäten, die in Gruppen hervorgebracht werden. Keine der an diesem Wahmbecker Abend vorgebrachten Bürgerideen lässt sich allein und losgelöst von gleichgestimmten Menschen verwirklichen. Alle suchen neue Gemeinschaften, die sich an vorhandenen Interessen orientieren.

Es gibt daher offensichtlich ein natürliches Bewusstsein darüber, was Teilhabe bedeutet. Es hat etwas mit Interessen zu tun, die man gemeinschaftlich verfolgt. Es bringt Fähigkeiten und Kenntnisse hervor, die eine bessere Sicht der eigenen Persönlichkeit erlauben, weil es viele Anlässe schafft, um sich von Anderen bestätigt und respektiert zu fühlen.

Das Gruppenprogramm bringt daher kein wirklich neues Konzept hervor, sondern greift nur auf, was in der Gesellschaft ohnehin vorhanden ist. Es schafft keine besondere oder gar andere Welt, sondern gibt der Gesellschaft nur gemeinschaftsbildende und potenzialfördernde Impulse zurück, die es selbst ständig von ihr erhält. Diese wirklichkeitsnahe Seite des Programms zeigt sich spätestens in ihrer „Phase im Teilhabemodus".

Kapitel 9.3 Teilhabe in der Kommunikations- Gesellschaft

Viele Jahrzehnte war die Diskussion über gesellschaftliche Entwicklungen geprägt durch die globalen Auseinandersetzungen im Rahmen des Ost-West-Konfliktes. Für die Einen waren moderne Industriegesellschaften gekennzeichnet durch die Möglichkeiten jedes einzelnen Bürgers, sich aktiv in das gesellschaftliche Geschehen einzubringen und durch entsprechenden wirtschaftlichen Erfolg Einfluss zu gewinnen auf die Entwicklung des Gemeinwesens. Noch heute scheinen viele Bürger der USA daran zu glauben, dass jedem Bürger dieses Landes nicht nur prinzipiell, sondern auch ganz konkret der Weg zum gesellschaftlichen Erfolg offen steht, sei er behindert oder nicht.

In Europa steht man schon länger diesen klassischen liberalen Überzeugen skeptisch gegenüber. In vielen Ländern des „alten" Kontinents herrschte über viele Jahrzehnte das Gegenmodell vor, dass nur konkrete

Arbeit in verstaatlichten Betrieben einen gesellschaftlichen Aufstieg bewirken könne. Nicht die Kreativität und die Entschlusskraft des Einzelnen konnte nach dieser Vorstellung Einfluss und Aufstieg schaffen, sondern die tätige Einordnung ins Kollektiv.

Auch diese Sichtweise hat spätestens seit dem Zusammenbruch der sozialistischen Länder in Europa an Anziehungskraft verloren. Heute stehen wir nicht mehr unter dem Einfluss der antagonistischen politischen Systeme, sondern unter dem Eindruck umwälzender Veränderungen auf dem Gebiet der Informationen und der Kommunikationstechnologie. Spätestens seit Ausbreitung des Fernsehens, seit der Mobilisierung des Telefonwesens und seit der Minimalisierung der Computertechnik ist eine gesellschaftliche Atmosphäre entstanden, in der alle früheren Institutionen an gesellschaftlichem Einfluss verlieren.

Es scheint sinnvoll zu sein, die heutige Gesellschaft in erster Linie als Kommunikationsraum zu sehen, in dem jeder mit jedem in Kontakt tritt, jeder mit jedem eine Aktivität entfalten kann, jeder sich mit jedem zu einer gesellschaftlichen Gruppierung verbinden kann. Und was für unsere Fragestellung so wichtig erscheint: Jeder kann an dieser Art Gesellschaft teilnehmen. Die meisten Behinderungen scheinen in ihr ihre Einschränkungen zu verlieren. Wer die Medien benutzen kann, wer ein Handy und ein Laptop sein eigen nennt, hat seine Behinderung verloren. Brauchen wir da überhaupt noch Gesetze und ein UN-Übereinkommen, um Teilhabe zu sichern? Hat die gesellschaftliche Entwicklung nicht schon ohne diese internationalen Absprachen das Behindertenproblem überwunden?

Gesellschaftliche Kommunikation ist nun wahrlich kein neues Phänomen. Die Menschen haben zu aller Zeit untereinander eine Möglichkeit gefunden, sich auszutauschen und abzusprechen. Dies geschah sicherlich auch schon zu einer Zeit, als die Sprache noch nicht entwickelt war. Jede Familie, jeder Klan, jedes Dorf hatte seine eigene Kultur. Die Kommunikationstheorie definiert Kultur als eine Lebensweise, mit deren Hilfe es gelingt, Informationen zu sammeln, zu speichern, sie in das tägliche Leben einzubauen und an Andere weiterzugeben. „Kommunikologie ist die Lehre von der menschlichen Kommunikation, jenem Prozess, dank welchem erworbene Informationen gespeichert, prozessiert und weitergegeben werden. Kultur ist jene Vorrichtung, dank welcher erworbene Informationen gespeichert werden, um abgerufen werden zu können.“[139]

Das älteste Instrument zur Speicherung von Informationen ist das menschliche Gedächtnis. Später hat man Möglichkeiten gefunden, Informationen auch außerhalb des menschlichen Körpers zu speichern, in Form von Höhlenbildern beispielsweise, nach Einführung der Schrift durch das Aufbewahren von Tafeln oder sonstigen Schriftstücken. Die Bibliothek ist ein typischer Speicherort, heute nutzen wir Festplatten, um Informationsdaten zu speichern und können diese per Internet weltweit zur Verfügung stellen.

---

[139] Vilém Flusser: Kommunikologie weiter denken – Die Bochumer Vorlesungen, Frankfurt am Main: S. Fischer 2009, S. 35

Um diese gespeicherten Informationen auszutauschen, braucht es einen Dialog zwischen mindestens zwei Personen. Dieser Dialog hat das Ziel, weitere Informationen zu erhalten. Ich füge meiner Erfahrung noch die Erfahrung des Andern hinzu und speichere sie ebenfalls bei mir. Doch welche Bedingungen braucht dieser Dialog, um sein Ziel zu erreichen? „Wenn die Informationen in zwei gegebenen Gedächtnissen einander sehr ähneln, dann ist der Dialog redundant. Leute, die ungefähr die gleichen Informationen haben, können nicht miteinander dialogisieren. Die zweite: Wenn vollkommen unähnliche Informationen in zwei Gedächtnissen gelagert sind, dann sind Dialoge unmöglich, weil jede Information des einen Geräusch für das andere ist. Wenn ich ausschließlich Tschechisch spreche, und Sie ausschließlich Suaheli, dann werden wir einander nicht verstehen können."[140]

Dialoge sind daher immer dann besonders ergiebig und auch für die Beteiligten interessant, wenn das richtige Maß an neuen Informationen ausgetauscht werden kann. Wenn Paare zwanzig Jahre alles gemeinsam machen und keiner eigenständige Erfahrungen und damit Informationen sammeln kann, erstirbt das Gespräch zwischen ihnen. Eine Gruppe von psychisch Erkrankten, die sich monatelang von ihren Depressionen erzählen, verlieren das Interesse an dem Gruppenangebot. Umgekehrt haben sich durch die beruflich geprägte Aufsplitterung der modernen Gesellschaft so eigentümliche und berufsspezifische Kommunikationsweisen herausgebildet, dass zwischen ihnen ein unverkrampfter Dialog kaum noch möglich ist.

[140] Vilém Flusser, ebenda S. 39

Eine typische Beispielsituation hierfür ist die Chefarzt-Visite im Krankenhaus: Bevor die Tür aufgeht, unterhalten sich die beiden Patienten im Zimmer über die Informationsbedürfnisse, die sie mit dem bevorstehenden Arztgespräch verbinden. Dann tritt die Arzt-/Pfleger-Gruppe ans Bett, noch dialogisch mit dem Patienten davor beschäftigt, eine hoch spezialisierte Berufssprache benutzend, die Patientenfrage in der Alltagssprache noch gerade aufgreifend, dann aber wieder als professionelle Anweisung auf für den Patienten nicht nachvollziehbare Weise verarbeitend oder auch nicht verarbeitend. Der Patient hat nach Schließen der Tür keinen festen Anhaltspunkt, ob ein Dialog tatsächlich zustande gekommen ist.

Wenn Menschen Informationen weitergeben, werden aus Dialogen sog. Diskurse. „Dialog erzeugt Informationen, Diskurs erhält sie. Es ist deutlich, dass Diskurs und Dialog miteinander gekoppelt sein müssen, damit die Kommunikation vor sich geht. Denn im Diskurs werden Informationen verteilt, die vorher im Dialog ausgearbeitet wurden, und im Dialog werden Informationen getauscht, die vorher dank einem Diskurs ins Gedächtnis gedrungen sind. Ein wichtiges Moment der Kulturkritik ist das Verhältnis von Dialog und Diskurs. Überwiegt der Dialog, dann entstehen sehr schnell Eliten. Die Masse wird immer weniger informiert. Das ist charakteristisch für unsere Zeit. Es gibt einen Dialog, vor allen Dingen in den Disziplinen der Naturwissenschaften, von dem der größte Teil der Menschheit ausgeschlossen ist. Daher kann in unserer Situation von einer Demokratie überhaupt keine Rede sein. Diese Behauptung ist reine Demagogie. Selten war die Kultur so elitär strukturiert wie gegenwärtig. Wir können das sagen, denn wir zählen uns ja alle zur Elite. Wenn wir uns demokratisch aufführen, dann ziehen wir uns Masken an. Wenn der Dialog vorherrscht, dann wird die turba ingrata[141] zu einer turba ignara[142]. Wenn der Diskurs vorherrscht, wie zum Beispiel zur Zeit des Nazismus oder des Stalinismus, verbrauchen sich die Informationen sehr schnell und verfallen. Bei der Vorherrschaft des Diskurses verarmt die Kultur rapide. Das außerordentlich schwierige Gleichgewicht zwischen Dialog und Diskurs ist gegenwärtig nur dank Apparaten zu leisten."[143]

Unter „Apparaten" verstehen wir vor allem die Medien und das Internet mit allen Technologien, die sich hiermit verbinden. Doch betrachten wir, da wir uns weniger um die allgemeinen Erkenntnisse der Kommunikologie interessieren als um deren Bedeutung für unser Programmanliegen, zunächst einmal die verschiedenen uns geläufigen Möglichkeiten, einen Diskurs zu organisieren. Die älteste Form könnte man im Kreis sehen, den Menschen um einen anderen Menschen bilden, der etwas Interessantes zu erzählen hat. Drücken wir diese Situation in der Sprache der Kommunikationstheorie aus, so kann man mit Flusser sagen: „Der Sender sitzt in der Mitte, er ist umgeben von Empfängern, und die Empfänger sind in der Lage, dem Sender zu antworten, sodass der Diskurs immer wieder in Dialog umschlägt."[144]

[141] Undankbare Menge
[142] Unwissende Menge
[143] Vilém Flusser, ebenda S. 39/40
[144] Vilém Flusser, ebenda S. 44

Im alten Griechenland hat man diese Kreisform erweitert, indem man den erzählenden Menschen in der Mitte nicht mehr mit allen Zuhörern ins Gespräch kommen lässt, sondern ihm einen Widerpart gegenüberstellt, der mit ihm dialogisiert, während die Mehrheit der Beteiligten nur noch zuhört. Dies ist die Form des Amphitheaters. In ihm wird der Sender zum Dialog, der sich den Empfängern vermittelt.

Die altrömische Republik hat der Geschichte des Diskurses die Pyramidenform geschenkt. Man findet sie noch heute in Strukturen wie der Bundeswehr oder den öffentlichen Verwaltungen. Der Bürgermeister einer Stadt möchte beispielsweise seine Innenstadt attraktiver machen. Er sendet nun aber keine Botschaft an seine Bürger, sondern bespricht in der Dezernenten-Konferenz seine Idee und führt mit Ihnen einen Dialog über die Möglichkeit, seine Vision umzusetzen. Damit verwandelt sich der Bürgermeister von einem Sender in einen Autor. Die Dezernenten sind Relais, die diesen Gedanken aufgreifen, miteinander dialogisieren und an ihre Amtsleiter weitergeben, die ebenfalls als Relais tätig werden. Die Dezernenten geben dem Bürgermeister über die Informationsform, mit der sie seine Idee weitergegeben haben, eine Rückmeldung. Je niedriger die Relais in der Pyramide stehen, um so weniger Kontakt haben sie noch mit dem Autor, also mit dem Bürgermeister. Ein Dialog zwischen den Bürgern, den Empfängern, und dem Bürgermeister, dem Autor, kann nicht stattfinden. Sie sind auf die Empfänger-Rolle reduziert.

Ein typisches Beispiel für eine Situation, bei der diese Pyramidenform des Diskurses bei den Empfängern auf

Kritik gestoßen ist, findet sich aktuell beim Projekt „Stuttgart 21". Hier wird auch deutlich, wie man versuchen kann, bei den Empfängern eine gewisse Beruhigung zu erreichen. Man schafft unter Einschaltung eines Vermittlers eine dialogische Situation, bei der insbesondere die verschiedenen Relais-Ebenen in Erscheinung treten. Damit dieser Dialog öffentlich wahrgenommen werden kann, wird er vom Fernsehen übertragen.

Durch die Einschaltung des Fernsehens wird versucht, den Eindruck einer elitären Diskursstruktur, in der alle Projektentscheidungen unter Ausschluss der Empfänger, also der Öffentlichkeit stattgefunden haben, zu mildern. Weil diese Dialoge live, also ohne verändernde Schnitte von Film- oder Video-Material verbreitet werden, wird zwar der Eindruck erweckt, als würden Empfänger-Meinungen in die Projektentscheidungen einbezogen, doch geht es dabei nur darum, die Tätigkeit der Relais zur Disposition zu stellen. Der Autor mit seiner Entscheidung, den Bahnhof tiefer zu legen, bleibt dabei außen vor. Es geht nur noch darum, verschiedene Einzelheiten der Umsetzung zu dialogisieren. Durch die ganze Veranstaltung hat sich an der Pyramidenform des Diskurses nichts verändert.

Auch die pharmakologische Therapie kann man als Ausdruck einer pyramidenförmigen Kommunikationsstruktur ansehen. Der Autor eines neuen Medikamentes ist dabei ein oder mehrere Wissenschaftler. Sie müssen nicht Angestellte des Pharmaunternehmens sein. Es kann sich um einen jungen Wissenschaftler handeln, der in seiner eigenen Garage am neuen Wirkstoff gearbeitet hat, bis ihm der

Kundschafter des Pharmaunternehmens sein Produkt mit allen Verwertungsrechten abkauft.

Das neue Produkt wird im Unternehmen produktionsreif gemacht. Dazu gehört eine Anwendungsforschung, die der Marktzulassung als Heilmittel vorausgehen muss. Die entsprechende Abteilung nimmt Kontakt auf mit Medizinern in Krankenhäusern und Praxen, die sich gemeinsam mit ihren Patienten an diesen Studien beteiligen. Die Ärzte arbeiten in diesem Falle als Relais, die Patienten sind Empfänger, die zwar über die Studie informiert werden, hierzu auch eine Einverständniserklärung abgeben müssen, ohne jedoch in der Regel mit den Relais und erst recht nicht mit dem Autor einen Dialog über Heilungsaussichten und Risiken führen zu können. Die Patienten kommen über eine Empfängerrolle nur hinaus, wenn der Arzt seine Rolle überschreitet und versucht, dem Patienten die Eigenschaften des neuen Medikamentes verständlich zu machen. Die beteiligten Ärzte melden ihre Erfahrungen zurück an die Firma, vollenden damit ihre Rolle als Relais.

Alle bisher betrachteten Diskursformen können also, wenn auch manchmal nur unter erschwerten Bedingungen, in Dialoge umschlagen. Bei den Medien wie beispielsweise beim Fernsehen ist dies nicht mehr möglich. Das Fernsehen sendet Informationen in Form von Bündeln, die innerhalb der Sender in Redaktionen zusammengestellt werden. Innerhalb der Redaktionen finden Dialoge statt. Sie bleiben aber für die Empfänger unsichtbar. Die Frage, welche Informationen in der „Tagesschau“ ausgesendet werden sollen, beschäftigt die entsprechende Redaktion. Hierüber kann es zu kontroversen Diskussionen kommen. Der Zuschauer bekommt hiervon nichts mit. Er empfängt ein Nachrichtenbündel, das er nicht hinterfragen kann.

Die Sender sind daran interessiert zu wissen, wer von den Empfängern welche Sendung gesehen hat. Sie interessiert nicht die Meinung der Empfänger, sondern ihre Entscheidung unter verschiedenen Sendern. Es geht nicht um „Dialog“, sondern um „Feedback“. Davon hängen die Werbeeinnahmen ab und die Karriere der Redaktionsleiter. Die Fähigkeit, Bild und Ton weltweit zu verbreiten, schafft der Diskursform Bündelung eine globale Verbreitung. „Da sitzen Leute, schauen hin und empfangen die gleiche Botschaft. Sie sehen gewissermaßen durch das Bild hindurch, blind. Da sitzt einer in Düsseldorf, einer in Ankara, und einer in Ulan Bator, alle schauen sie durch. Gerade weil sie am selben Punkt zusammenkommen, sind sie blind füreinander. Das meine ich mit bündeln. Die Blicke werden immer schärfer zum Sender und blind füreinander. Dann unterhalten sie sich: Ich habe gesehen, wie der Spieler Soundso „fintiert“ hat. - Ich habe das anders gesehen. - Das ist ein Reden unter Blinden. Wenn Leute beim Bier sitzen, unterhalten sich alle über die gleichen Informationen. Infolgedessen gibt es eine totale Redundanz, und das Niveau sinkt. Die Verachtung dem Volk gegenüber kann nicht groß genug sein. Die Leute haben den Eindruck, sie manipulieren etwas, dienen tatsächlich aber nur dem Sender der Sportsendung als Feedback.“[145]

Die Folgen dieser gesellschaftlichen Entwicklung, bei der die Weitergabe der Kultur nicht mehr in Formen erfolgt,

[145] Vilém Flusser, ebenda S. 55/56

an denen jeder nach eigenem Belieben aktiv teilhaben kann, sind gravierend. „Unsere sozialen Kategorien, die wir von unseren Eltern und Großeltern geerbt haben und die im Unterschied zu den erkenntnistheoretischen stark emotionell geladen sind, also Kategorien wie Familie, Beruf, Staat, Nation, Heimat, politische Partei, Gewerkschaft, Klasse, sogar Begriffe wie Ehe und Kinder, sind ins Wanken geraten. Diese Kategorien greifen nicht mehr, sie funktionieren nicht mehr. Von diesem Standpunkt aus ist die Gesellschaft im Verfall. Wir können sie nicht mehr fassen. Hingegen sind neue Strukturen im Entstehen. In unserem Bewusstsein und in unserer Umwelt sind neue Konstellationen dabei zu emergieren, aber wir haben noch keinen begrifflichen Apparat, um sie zu formulieren."[146]

Die KlientInnen in unserem Programm zur sozialen Rehabilitation spüren diese Veränderungen sehr stark. Sie stehen noch persönlich in der Tradition dieser Begriffe, verbinden beispielsweise mit „Familie" viele starke emotionale Erwartungen, doch sehen sie ihre eigene Situation mitten hinein in einen Zerfallsprozess gestellt. Was sich begrifflich nicht mehr fassen lässt, kann auch nicht mehr gelebt werden.

Die Kommunikationsbedürfnisse, die sich nicht mehr in den tradierten sozialen Zusammenhängen befriedigen lassen, richten sich auf die Medien. Dies lenkt den Blick immer stärker auf den Bildschirm oder das Smartphone und macht die Menschen noch unfähiger, die Kommunikation beim Nachbarn zu suchen. Dies beschleunigt die Vereinsamung, in die hinein zwar über den ganzen Tag und die halbe Nacht irgendwelche

[146] Ebenda S. 189

Sender Nachrichten, Unterhaltung und Zerstreuung geben, die sich dadurch aber immer mehr verdichtet und ohne dialogische Einwirkung von außen kaum noch überwunden werden kann.

Die Medien gehorchen einer inneren Dynamik, die ihnen auferlegt, aus jedem Thema ein Erlebnis zu machen. Der Zwang, vom Nutzer eingeschaltet zu werden, bringt die Redaktionen dazu, jede einfach strukturierte Nachricht und sei es auch nur eine simple Rechenaufgabe so aufzubereiten, als handele es sich um eine Kriminalgeschichte oder eine ähnlich spannende Handlung. Dabei kann nicht vermieden werden, „dass die Trennung zwischen den drei Typen von Modellen – Erlebnismodelle, also Ästhetik, Verhaltensmodelle, also Ethik-Politik, und Erkenntnismodelle, also Erkenntnistheorie-Wissenschaft – nicht durchführbar ist. Die Massenmedien vermischen mit Absicht die Sachen so, dass die Botschaften wie Erlebnismodelle erscheinen. Aber diese Erlebnismodelle sind in Wirklichkeit Verhaltensmodelle. Die Leute verhalten sich diesen Modellen entsprechend. Sie kaufen danach ein, reisen so, d.h. machen diesen Tourismus, wählen danach politisch, erziehen ihre Kinder entsprechend oder bilden sich das, was man fälschlicherweise eine Meinung nennen könnte. Es ist natürlich keine Meinung, sondern eine Reaktion.“[147]

Wenn die Menschen beginnen, ihr Wissen allein aus diesen Medien zu beziehen und damit aus gebündelten Diskursen, dann werden aus den Erlebnismodellen nicht nur Verhaltensmodelle, die mir sagen, wie ich am liebsten zu leben habe, sondern auch

---

[147] Vilém Flusser, ebenda S. 191

Erkenntnismodelle. Der Zuschauer nimmt dabei bewusst nur das dargestellte Erlebnis wahr. Wenn er sich als Konsument entsprechend verhält, kann er den Zusammenhang mit dem Erlebnis manchmal noch wahrnehmen, aber dass sich hierdurch auch seine Art, sein Leben geistig zu verarbeiten, prägt, entgeht seiner Selbstwahrnehmung.

Wenn bei der psychosozialen Arbeit neben der großen Einsamkeit der meisten Klienten auch die wirtschaftliche Dürftigkeit ihrer Lebensverhältnisse wahrgenommen wird, dann kann man sich vorstellen, in welche ausweglose seelische Situation die Klienten geraten. Sie sind auf die gebündelte Kommunikation der Medien angewiesen, weil sie sonst an dem Mangel an Kommunikation zugrunde gehen würden. Sie sind hierdurch permanent den unterschwelligen Aufforderungen ausgesetzt, sich in bestimmter Weise konsumierend zu verhalten, was sie aber mangels finanzieller Möglichkeiten nicht können. Hierdurch vermittelt sich die mitgelieferte Erkenntnis, dass nur die eigene desaströse Persönlichkeit daran Schuld sein kann, die volle Teilhabe am allgemeinen gesellschaftlichen Diskurs zu verpassen.

Damit wären wir wieder am Ausgangspunkt dieses Ausfluges in die Kommunikationstheorie angekommen: Was heißt denn nun volle, gleichberechtigte und wirksame Teilhabe am gesellschaftlichen Leben? Gibt es denn keinen Ausstieg aus diesen Verfallsprozessen? Heißt Teilhabe wirklich nur das Zuschauen eines gesellschaftlichen Geschehens, bei dem ein Teil der Bevölkerung sich in vollen Zügen der Illusion hingeben kann, eigene Lebensvorstellungen zu realisieren, während man sich selbst immer mehr verstrickt in ein Krankheitsgeschehen, das immer weniger als Begründung dafür taugt, an dem allgemeinen Desaster nur noch indirekt beteiligt zu sein?

Die Kommunikationswissenschaft hat große Schwierigkeiten, auf diese Fragen außer vagen Hinweisen eine befriedigende Antwort zu geben. Sie sieht Lösungsansätze in den Netzdialogen, wie sie schon seit Menschengedenken praktiziert werden und auch heute noch bestehen, weil sie für die Funktionalität der Medien noch gebraucht werden. Beispiele für Netzdialoge „sind Gerede, Geschwätz, Plauderei, Verbreitung von Gerüchten. Die Post und die Telefonsysteme stellen die „entwickelteste" Form dieser Kommunikationsstruktur dar. Man kann dabei eigentlich nicht von einer Absicht sprechen, neue Information aus vorhandenen zu synthetisieren. Vielmehr entstehen die neuen Informationen spontan, und zwar als Verformung der verfügbaren Information durch das Eindringen von Geräuschen. Diese sich ständig verändernden neuen Informationen nennt man die „öffentliche Meinung", und sie lassen sich neuerdings teilweise messen."[148]

Die Kommunikationstheorie sieht Tendenzen zur Ausbildung einer „telematischen" Gesellschaft, die sich aus einer globalen Vernetzung herausbildet, deren Funktionsmuster das menschliche Gehirn ist. „Es ist eine Vernetzung im Gang, die sich wie ein Gehirn um die Erdkugel ausbreitet, wobei die Kanäle die Nerven sind und die Knoten Menschen und Apparate: dieses Netz,

---

[148] Vilém Flusser: Kommunikologie, Frankfurt am Main: Fischer Taschenbuch Verlag 1998, S.32

das sich über die Biosphäre legt wie die Biosphäre über die Hydrosphäre, dieses kollektive, im Entstehen begriffene Gehirn, das weder Geographie und Geschichte kennt, denn es hat die Geographie und Geschichte in sich aufgehoben. Seine Funktion ist nichts anderes als eine Überkreuzung von Kompetenzen, um neue Informationen zu sekretieren und die Gesamtkompetenz des Gehirns zu erhöhen."[149]

Was die Aufgabe unseres Programms ganz wesentlich von jener der Kommunikationstheorie unterscheidet, ist die Notwendigkeit, mit den Klienten gemeinsam wirksam an den Prozessen in der Gesellschaft teilzunehmen und dabei alles zu vermeiden, was die vorhandene Hilfsbedürftigkeit noch steigern könnte. Wir können nicht abwarten, welche Netzstrukturen sich global entwickeln, um uns mit ihnen irgendwann einmal, wenn sie von den Wissenschaftlern ausreichend erklärt und beschrieben wurden, zu vernetzen. Wir müssen hier und jetzt entscheiden, auf welche Weise wir an den gesellschaftlichen Prozessen lokal wie global teilnehmen wollen.

Wenn wir den bei der Programmentwicklung unternommenen Weg unter kommunikationstheoretischen Gesichtspunkten betrachten, so sind wir in der Tat damit beschäftigt, eine Netzstruktur aufzubauen, an der zunächst psychisch erkrankte Menschen und deren professionelle Begleiter beteiligt sind. Die von den Klienten ins Netz gegebenen Informationen beziehen sich auf Themen, die sie biografisch erworben haben. Damit stammen sie aus

[149] Vilém Flusser: Kommunikologie weiter denken, ebenda S. 211

den unterschiedlichsten Kommunikationsstrukturen. Die Lust zu singen hat sich beispielsweise schon in frühester Kindheit in der Familie herausgebildet, die Stimmbildung erfolgte in der Schule und in der kirchlichen Jugendgruppe, die Lieblingslieder kommen vielfach aus den Medien. Die vom Projekt angebotene Möglichkeit, frühere Vorlieben zu praktizieren, bringt die Beteiligten mit Anderen zusammen, die ähnliche Motive mitbringen.

In den Gruppen sammeln sich auf diese Weise Menschen, die durch die gemeinsame Erfahrung der psychischen Erkrankung verbunden sind. Würden sie nur in dieser Rolle miteinander kommunizieren, würde der Informationsaustausch früher oder später redundant und das Gruppenangebot würde an nachlassendem Interesse der Beteiligten scheitern. So aber kommt das miteinander Musizieren hinzu, das auch subjektiv alle anderen Kommunikationsinteressen überlagert. Dieses Interesse realisiert sich nicht nur in immer neuen Musikstücken, sondern drängt aus eigenem spielerischen Antrieb in den öffentlichen Raum. Die Musikgruppe will auftreten, ihr erworbenes Material präsentieren. Damit wird nicht nur Redundanz vermieden, sondern die Gruppenkommunikation durch die öffentliche Ebene erweitert.

Durch den Auftritt werden weitere Klienten auf die Gruppe aufmerksam. Die Gruppe nimmt neue Interessenten auf, sie erweitert ihre Kommunikationsmöglichkeiten. Im Publikum waren aber nicht nur andere psychisch Kranke, sondern auch ein Sozialarbeiter der Wohnungslosenhilfe in der Stadt. Da er selbst gerne Musik macht, fühlt er sich durch die Begegnung mit der Musikgruppe animiert, mit seinen interessierten Klienten ebenfalls eine Musikgruppe zu gründen. Beide Gruppen beschließen, gemeinsam ein kleines Konzert zu geben.

Nach dem Konzert feiert man gemeinsam den gelungenen Auftritt. Dabei erfährt der Kollege aus der Wohnungslosenhilfe von seinem ASF-Kollegen, dass es im Gruppenprogramm auch eine Baugruppe gibt, die sich auf den Weg gemacht hat, gemeinsam neue Wohnungen für Klienten zu errichten. Namen und Telefonnummern werden ausgetauscht, es kommt zu einer ersten Begegnung zwischen den am Thema interessierten Kollegen.

So ließe sich der Aufbau einer Netzstruktur endlos weiter spinnen, wobei die ersten Impulse stets aus dem laufenden Programmzusammenhang ausgehen. Diese Impulse finden jedoch auf dem Wege in den offenen Kommunikationsraum Menschen, welche die Informationen (in Form von Aktivitäten bzw. Anregungen zu Aktivitäten) selbstständig aufgreifen und an andere weitergeben. Sie bleiben also nicht im Programmzusammenhang. Es wäre auch völlig sinnlos, sie dort in Form eines Kreisdialoges gefangen halten zu wollen. Vielmehr gehen die Programmimpulse über Kanäle nach draußen, die bewusst auf Menschen treffen wollen, die sie so umwandeln, dass sie auch für andere Gruppen als Impuls für eigene Aktivitäten genutzt werden können.

Dieser Prozess auf eine zunächst lokale bzw. regionale Netzstruktur zu bedarf selbstverständlich der Apparate und der Bilder. Es wäre beispielsweise ein Internet-Portal nützlich, das einmal die innerhalb des Netzes gesammelten Erfahrungen zu Informationen umkodiert, um sie allen Interessierten zugänglich zu machen. Sie könnte gleichzeitig als Plattform dienen, auf der sich spontan geäußerte Informationen dialogisch begegnen können. Dieses Medium wäre auch eine Schaltstation, mit deren Hilfe von medialer Kontaktaufnahme auf persönliche Begegnung umgeschaltet werden könnte. Welche Aktivitäten entwickeln die einzelnen Gruppen, bei denen eine persönliche Kontaktaufnahme erwünscht ist?

Diese Überlegungen, die im Zusammenhang mit dem Grundauftrag der Eingliederungshilfe allgemein und dieses Gruppenprogramms speziell stehen, nämlich der Teilhabe von Behinderten an der Gesellschaft zu dienen, sind noch viel zu allgemein und zu abstrakt, um auf der konkreten Ebene der laufenden Gruppenarbeit ohne weiteres wirksam werden zu können. Es bedarf noch weiterer Differenzierungen, um ganz praktisch sagen zu können, wo sich die Gruppe gerade befindet und was jetzt als nächstes zu tun ist. Um hierfür ein brauchbares Begriffsgerüst zu gewinnen, scheint es zweckmäßig, zusätzlich die Begriffe „privat“ und „politisch“ einzuführen.

Hierbei muss man sich jedoch vor der Illusion hüten, dass beide Begriffe in der gesellschaftlichen Wirklichkeit noch eine unumstrittene Stellung einnehmen. Gerade in der Kommunikationsgesellschaft scheinen diese beiden Begriffe ihre landläufige Eindeutigkeit verloren zu haben. „Politik beruht darauf, dass man aus dem Privaten ins Öffentliche ausstellt und das Ausgestellte abholt, um es wieder zu privatisieren. Das geht nicht mehr. Es gibt keinen öffentlichen Raum mehr, und es gibt keinen

Privatraum mehr. Die Kommunikationsrevolution besteht im Grunde daraus, dass sie Kanäle geschaffen hat, die quer durch den öffentlichen Raum Privaträume miteinander verbindet. Wenn Sie zu Hause sitzen und Radio hören, dann hören Sie einen privaten Sender als Privatempfänger und haben keinen politischen Raum. Natürlich können sich die Leute im Sender so gebärden, als seien sie in einem öffentlichen Raum. Das ist nur eine Maskerade. In Wirklichkeit sind das Privatsender. Wenn Ihr Präsident oder Vizepräsident in der Television in Ihrer Küche erscheint, dann ist das keine öffentliche Persönlichkeit. Das ist ein Schauspieler in einem Privatraum, der sich wie ein öffentlicher Mensch gebärdet. Die Kanäle, sichtbar oder nicht sichtbar, verlegen den öffentlichen Raum, sodass der öffentliche Raum hinter den Kanälen verschwindet. Sie verwandeln den Privatraum in einen Emmentaler Käse; sie durchlöchern ihn, sodass der Wind der Kommunikation wie ein Orkan durch die Privaträume weht. In so einer Situation kann von Politik nicht gesprochen werden....Die Politik ist noch nicht verschwunden, aber sie ist völlig überflüssig geworden."[150]

Die immer wieder gemachte persönliche Erfahrung, dass die Politik von Lebensmöglichkeiten spricht, denen man ganz vergeblich zu begegnen sucht, gebiert eine enorme Unsicherheit. Es gibt ganz offensichtlich eine Welt, die zu mir gehört, in der ich morgens aufwache und nach Gründen suche, das Bett zu verlassen. Und es gibt eine Welt, die mir durch die Medien begegnet, die angeblich meine öffentlich geformte Welt ist, die ich aber nicht greifen kann. Dann gibt es die Welt des Kontroll- und

---

[150] Vilém Flusser: Kommunikologie weiter denken, ebenda S. 159/160

Hilfeapparates, in der ich registriert bin, mich melden muss, Anträge stellen und Nachweise vorlegen soll, begleitet und betreut werde, die Rolle des Hilfsbedürftigen spielen muss, der dankbar ist.

Das Gruppenprogramm zur sozialen Rehabilitation will in genau dieser Welt einen Neuanfang möglich machen, aufbauend auf dem bisherigen Leben, seinen Schwächen und vor allem seinen starken Interessen, die deshalb unerledigt sind, weil sie keine Gemeinschaft gefunden haben, sie privat wie öffentlich zu leben. Das Programm braucht eine Erklärung für das „Private" und das „Politische", das so konkret ist, dass es in den Gruppen gelebt werden kann. Ein umsetzbares Beispiel könnte aus folgendem Bild entstehen:

Stellen wir uns die Abflughalle eines Flughafens vor: Wir kommen mit unseren Koffern und finden eine lange Schlange von Mitreisenden vor, die offensichtlich vor einem Abfertigungsschalter warten. Die erste Frage lautet: Auf welchen Flug warten die? Wollen die auch nach Hannover? Das klären wir durch einen direkten Dialog mit einem gleichfalls Wartenden. Prima, das ist geklärt!

Wir sind für eine Stunde vor Abflug bestellt; jetzt sind es nur noch 45 Minuten, und die Schlange bewegt sich keinen Zentimeter. Die vorher sehr schweigsamen Leute in der Schlange fangen an, untereinander Kontakt zu suchen. Was denken Sie, ist das normal? Es vergehen weitere zehn Minuten. Die Schlange ist noch etwas länger geworden, aber nach vorne tut sich nichts. Erste Wartende lassen ihre Koffer stehen und gehen mal nach vorne zur Abfertigung, kommen zurück mit der

Nachricht, dass dort niemand in professioneller Kleidung zu sehen ist.

In der Abflughalle werden alle paar Minuten über Lautsprecher Nachrichten durchgegeben. Man soll auf das Gepäck aufpassen, die Maschine nach München würde sich verspäten, weil sie immer noch nicht eingetroffen sei; aber vom Hannover-Flug kein Wort. Wieder sind 10 Minuten vergangen, die Wartenden sind zusehends nervöser geworden. Man diskutiert, welche Ursachen diese Verzögerung haben könnte; Ärger über die fehlende Information wird laut. Einer in der Schlange bietet sich an, den Schalter der Fluggesellschaft zu suchen, um dort dafür zu sorgen, dass es weitergeht oder doch zumindest die Ursache für die Warterei in Erfahrung gebracht wird. Die Umstehenden sind einverstanden, und er macht sich auf den Weg.

Nach 5 Minuten ist er wieder da mit der hoffnungsvollen Nachricht, dass man zwar bei der Fluggesellschaft nicht wisse, ob und warum es eine Verzögerung gegeben habe, dass man aber veranlassen werde, dass es sofort weitergeht. Wieder vergehen 10 Minuten, und es bewegt sich nichts. Ein Mitarbeiter des Flughafenbetreibers geht zufällig durch die Halle. Gleich stürzt sich der Kundschafter und mehrere weitere Wartenden auf ihn, schildern ihm die Lage und fordern ihn auf, sofort eine Klärung der Situation herbeizuführen. Der Angesprochene verspricht Aufklärung, öffnet neben dem geschlossenen Schalter eine Tür und ist verschwunden. Nach 5 Minuten ist er immer noch nicht wieder aufgetaucht, und der Schalter ist weiterhin unbesetzt.

Eine Dame aus dem Kreis der Wartenden bittet um die Aufmerksamkeit der Anderen und stellt fest, dass es so nicht weitergehen kann. Es habe sich als zwecklos herausgestellt, Mitarbeiter der Fluggesellschaft bzw. des Flughafenbetreibers um Aufklärung und Lösung der Problematik zu bitten. Nun müsse man die Angelegenheit in die eigenen Hände nehmen. Sie schlägt vor, eine kleine Delegation zu bilden, die nun systematisch die in Betracht kommenden Stellen kontaktieren soll und sich solange nicht abwimmeln lassen darf, bis es endlich weitergeht oder wirklich klar ist, welche Gründe für die Verzögerung maßgebend sind. Eine Gruppe von Damen und Herren erklären sich hierzu bereit, beraten sich kurz, wohin sie zuerst gehen sollen, um schon bald in der Tiefe des Terminals zu verschwinden.

Während die Gruppe ihre Aufgabe zu lösen versucht, haben zwei junge Leute ihr Laptop herausgeholt und beginnen, im Internet zu recherchieren, ob die Fluggesellschaft eine Nachricht über den verspäteten Abflug der Hannover-Maschine bekannt gegeben hat. Doch die Website der Gesellschaft gibt hinsichtlich des Abflugtermins der Maschine keine Veränderung an. Nachdem sie diese Nachricht an die Wartenden weitergegeben haben, suchen sie über Google ein Portal, über das sich Flugreisende mit Beschwerden oder Vorschlägen austauschen. Da sie leider immer noch Zeit haben (von der Delegation noch keine Spur), berichten sie im Portal über die aktuelle Situation der wartenden Gruppe.

Zu ihrer Überraschung meldet sich ein Herr aus der Nähe von München und erläutert, dass eine wirklich fundierte Auskunft über die Lage nur beim Flugdienstleiter des Flughafens zu erhalten sei. Er solle gefragt und gleichzeitig gebeten werden, die Rufstelle des Flughafens, welche die Lautsprecher-Durchsagen veranlasst, mit der laufenden Unterrichtung der Wartenden zu beauftragen. Eine Dame aus der Wartenden-Gruppe unterrichtet ihren Mann, der zur Delegation gehört, per Handy über diesen Tipp. Es dauert noch einige Minuten, bis die Lautsprecheranlage die Verspätung der Hannover-Maschine ansagt und die voraussichtliche neue Abflugzeit bekannt gibt.

Reflektieren wir dieses Beispiel aus kommunikationstheoretischer Sicht: Eine Abflughalle wird informatorisch durch eine Lautsprecheranlage versorgt. Das ist eine typische Amphitheater-Situation. Ein Sender informiert, Profis rufen die Rufstelle an, wenn die durchgegebenen Informationen unzutreffend sind, die Fluggäste (die Empfänger) nehmen die Informationen auf, ohne eine Möglichkeit der Antwort oder gar des Dialoges zu haben. Weil sich die Erwartungen der Wartenden nicht erfüllen, beginnen private Dialoge über die möglichen Ursachen und die befürchteten Folgen (Verspätung). Private Aktivitäten entfalten sich, um durch Überprüfung des Abfertigungsplatzes die erhoffte Verbesserung der Situation erkennen zu können. Das negative Ergebnis wird durch privaten Dialog weitergegeben.

Bis zu diesem Moment sieht jeder in der Wartenden-Gruppe zunächst einmal nur sich selbst. Der Dialog mit Nebenleuten dient weniger der Vorbereitung oder Koordinierung einer Gruppen-Aktivität, als der Bestätigung, dass man mit den eigenen Einschätzungen und Gefühlen nicht allein ist. Mit der Aussendung eines Kundschafters, der mit „zuständigen“ Profis reden soll, verändert sich die soziale Situation. Aus wartenden Einzelmenschen wird eine Gruppe von Wartenden, die ein gemeinsames Anliegen haben und sich in der Lage fühlen, gezielte Handlungen vorzunehmen.

Diese Handlungen nehmen zunächst den vorgegebenen Handlungsrahmen auf. Die Fluggäste sind Menschen, die vor Schaltern warten und auch sonst nur das tun, was man von ihnen erwartet. Der Kundschafter hält sich an diese Regel und macht sich auf, Zuständige für die Problemlösung, also Profis zu kontaktieren. Auch die Ansprache des Mitarbeiters des Flughafenbetreibers folgt dieser Sichtweise. Erst als auch dieser Versuch fehlschlägt, überschreitet die Gruppe den gewohnten Handlungsrahmen. Die Bildung der Delegation, die selbst und unmittelbar Aufklärung und Situationsverbesserung erreichen will, ist als Versuch anzusehen, Fluggästen ein neues Handlungsfeld zu eröffnen.

Die Nutzung des Internets vernetzt diese kleine lokale Situation mit der ganzen deutschsprachigen Welt und deren gespeicherten Informationen. Der hierdurch gewonnene Hinweis lässt die Gruppe der Wartenden über ihre Delegation Einfluss nehmen auf den Sender, der sich vorher jedem Dialog mit den Wartenden entzogen hat.

Wenn wir den Begriff des „Politischen“ und des „Privaten“ trotz seiner früher dargestellten Problematik nicht ganz aufgeben wollen, so können wir das Abflughallen-Beispiel in eine private und eine politische

Situation aufgliedern. Privat waren die Aktivitäten bis zur Aussendung des Kundschafters. Jedem Handelnden ging es nur darum, seine eigene wachsende Ungeduld zu besänftigen. Das Problem wurde noch nicht als ein öffentliches und damit politisches erkannt. Die Tätigkeit des Kundschafters ist bereits als politische Aktivität anzusehen, da er zwar immer noch für sich selbst, nun aber auch schon ganz eindeutig für alle Wartenden in Bewegung ist.

Diese Aktivität des Kundschafters bleibt jedoch strukturkonform. Er begibt sich nicht aus seiner Rolle als wartender Fluggast heraus. Erst die Bildung der Delegation und deren weitreichender Auftrag, selbst an die Quelle der Informationen, nämlich an den Sender vorzustoßen, überwindet die vorgegebenen Rollen, öffnet die Struktur für Informationen, die bisher durch die bestehenden Kanäle nicht rückgekoppelt werden konnten.

Der Einsatz des Internets nutzt per Apparat das globale Informationsnetz, macht Ansätze für eigene Aktivitäten verfügbar, die aus dem eigenen Erfahrungsraum der Beteiligten nicht abgerufen werden können. Die Sphäre des politischen Handelns ist somit zweigeteilt: der Teil aus vorgeformten Rollen, die den Erwartungen aller Beteiligten entsprechen, und der Teil selbst entwickelter Rollen, die sich erst allen Beteiligten vermitteln müssen. Erst der zweite Abschnitt politischer Aktivitäten führt in eine Gegenposition zur eben geschilderten Auflösung des politischen Raumes und der Politik insgesamt. Erst wenn die allseits angebotene Konsumenten-Rolle in wichtigen Lebensfeldern überwunden wird, kann sich eine neue Kultur und ein neues Politikverständnis entwickeln.

Beziehen wir dieses Bild auf die konkreten Situationen in den Programmgruppen, so wird es einzelne geben, in denen die Gruppenteilnehmer noch darüber rätseln, ob sie wirklich in der richtigen Warteschlange stehen. Ist das wirklich mein Thema und meine Gruppe? Andere werden darauf warten, dass die Moderatoren endlich ihr Programm abspulen, damit man in Ruhe reizvolle Aktivitäten konsumieren kann. Andere Gruppen haben schon gemerkt, dass man auf den Beginn der Profi-Vorstellung ganz schön lang warten muss. Die Teilnehmer unterhalten sich darüber, was mit den Moderatoren bloß los sein könnte. Eine andere Gruppe hat einen Kundschafter zum Projektleiter geschickt, um zu fragen, wann es denn endlich mit dem Gruppenprogramm losgeht. Und die ersten Gruppen haben erkannt, dass sie tatsächlich selbst das Programm in die Hand nehmen müssen. Sie haben sogar begonnen, Kontakte nach draußen zu knüpfen, denn wahrscheinlich beschäftigen sich noch andere Gruppen mit ähnlichen Ideen und Aktivitäten.

Mit der Erkenntnis, dass diese Gruppe nicht die Aufgabe hat, die bisherige Rolle als Kranker oder Behinderter zu bestätigen, und auch der beteiligte Moderator nicht seine „Helfer-Rolle" pflegt, überwindet der Einzelne seine bisherige Beschränkungen. Inklusion beginnt mit der Überschreitung der gesellschaftlich zugewiesenen Betroffenen-Rolle. Die Suche nach Partnern im öffentlichen Raum auf der Grundlage gemeinsamer Interessen ist der Anfang einer Netzwerkbildung. Dieser Prozess wird von den Beteiligten als Erlebnis empfunden. Es erzeugt eine neue Haltung, in der sich der psychisch Kranke nicht mehr über seine Hilfsbedürftigkeit definiert, sondern über sein Interesse, Ziele für sich und Andere zu erreichen. Und es verschafft die Erkenntnis, dass der öffentliche Raum durch die Netzwerke, an denen die Gruppen unmittelbar beteiligt sind, umgestaltet werden kann. Hier entsteht in der Tat politisches Handeln.

9.4 Formen selbstbestimmter Berufstätigkeit

Das Ziel des Gruppenprogramms, durch mehr Selbstbestimmung und wirksame Teilhabe an gesellschaftlichen Prozessen Selbstheilungspotenziale bei psychisch erkrankten Menschen anzuregen, verlangt nicht nur nach veränderten Betreuungsmethoden, sondern auch nach einer Arbeitsförderung, die eine nachhaltige berufliche Tätigkeit in Aussicht stellt. Die medizinische Akutbehandlung kann diese frühe Berufsbezogenheit der sozialpsychiatrischen Begleitung vorbereiten, indem sie ergotherapeutische Elemente einbezieht und die Patienten ermutigt, eigene Interessen und auch berufsuntypische spielerische Vorerfahrungen ins Bewusstsein zu holen.

Gerade die schwere psychische Erkrankung, die den Patienten von allen seinen sozial verantwortlichen und selbst gestalteten Erfahrungen zu trennen scheint und ihn in der Tat aller seiner normalen sozialen Funktionen (Familien- und Erwerbsleben) auf unvorhersehbare Zeit beraubt, wird allzu leicht allein als Notstand begriffen. Sie kann jedoch wie jede Phase längerer Arbeitsunterbrechung auch als Chance angesehen werden.[151] Denn die Ausübung einer bestimmten beruflichen Tätigkeit sagt noch nichts über den persönlichen Wert aus, den der Berufstätige aus ihm zieht.

Im positiven Falle verbindet der Berufstätige eine innere Begeisterung mit den Arbeitsinhalten, die den Beruf prägen. Und er erwartet darüber hinaus eine soziale Anerkennung, die sich mit einer gelungenen Wahrnehmung der beruflich gestellten Aufgaben verbindet. Sie kann durch eine angemessene Entlohnung ihren Ausdruck finden oder durch positive Resonanz aus gesellschaftlichen Kreisen, die dem Arbeitenden wichtig sind. Doch bei der Berufswahl stehen innere Einstellungen sehr oft nicht im Fokus der Entscheidungen. Viele junge Menschen fallen zum Abschluss ihrer Schulzeit in tiefe Ratlosigkeit, wenn es um die Klärung des eigenes Berufswunsches geht. Ist es dann endlich zu einer Wahl gekommen, gestaltet sich die Berufswirklichkeit manchmal noch einmal ganz anders als erwartet und erhofft.

Nicht selten hat eine unglückliche Berufsausübung etwas damit zu tun, dass es von Anbeginn an keine wirkliche persönliche Beziehung zu den Inhalten, Aufgaben und zur gesellschaftlichen Bedeutung des

---

151 Es ist das Verdienst Frithjof Bergmanns, diesen Aspekt von Arbeitslosigkeit konsequent beschrieben und durch verschiedene eindrucksvolle Aktionen mit Leben erfüllt zu haben. Siehe hierzu Frithjof Bergmann: Neue Arbeit, Neue Kultur, Freiamt: Arbor Verlag 2004

gewählten Berufes gegeben hat. In diesen Fällen kann eine längere Arbeitslosigkeit die Chance bedeuten, die Ursprungsfrage nach der „richtigen“ Berufswahl erneut zu stellen. Diese Chance kann aber erst dann genutzt werden, wenn sich die apathische Grundstimmung, in der die KlientInnen vielfach abgesunken sind, einem neuen Interesse an der eigenen Entwicklung gewichen ist. Sie stellt sich also nicht am Beginn der aktivierenden Gruppenarbeit, sondern erst dann, wenn über das „Zugangs-Thema“ ein positiver Gruppenprozess in Gang gekommen ist, der die Bereitschaft weckt, als Gruppe gemeinsame bedeutungsvolle Aktivitäten zu entwickeln.

Wenn sich dann aus diesem Gruppenprozess ein „Aktivierungs-Thema“ herausbildet, das von beruflicher Relevanz sein könnte, stellt sich für die Moderation die Aufgabe, nach Perspektiven Ausschau zu halten, die eine reale Chance zu einer langfristigen sinnvollen und befriedigenden Beschäftigung bieten. Dieses Entwicklungspotenzial soll nachfolgend am Beispiel der Baugruppe verdeutlicht werden.

Die Urzelle der Baugruppe in Bad Gandersheim war eine Gruppe von Bewohnern des Albert-Schweitzer-Rehazentrums, die den Hausmeister bei laufenden Instandhaltungsarbeiten unterstützten. Für diese Mitarbeit erhielten die Klienten ein kleines Taschengeld, das unterhalb der Grenze eines Einkommens lag, das eine Heranziehung durch die Sozialbehörden ausgelöst hätte.

Zwischen der aufgewendeten Arbeitszeit der KlientInnen und ihrem monatlichen Taschengeld bestand also von Anfang an kein lohnähnliches Verhältnis.

Selbstverständlich ist auch ein kleiner zusätzlicher Beitrag zur eigenen Kasse besser als keine Zuwendung, doch ist es kaum möglich, dass diese Motivation allein gereicht hätte, die Gruppe so lange bei dieser Beschäftigung zu halten. Es kamen ganz offensichtlich weitere Motivationen hinzu, die mit den Arbeitsinhalten und den sozialen Folgen der Hausmeisterunterstützung zu tun hatten.

Einige der Klienten-Mitarbeiter hatten einschlägige berufliche Vorerfahrungen, die nicht als problembehaftet erinnert wurden. Für sie war die Tätigkeit in der Hausmeister-Crew eine willkommene Gelegenheit, wieder an frühere berufliche Erfahrungen anzuknüpfen und damit fachliche Qualitäten aufzufrischen. Andere fanden die erweiterte Hausmeistertätigkeit interessant und eine gute Gelegenheit, sich über diese breite Berufspalette zu informieren. Für sie hatte die Mitarbeit die Funktion einer Berufsorientierung.

Selbstverständlich genossen die Mitglieder der Hausmeister-Crew bei MitklientInnen wie MitarbeiterInnen großes Ansehen. Immer wenn der Hausmeister nicht zur Verfügung stand, zeigten sie sich durchaus in der Lage, auch in bedeutungsvollen Problemsituationen, wenn beispielsweise plötzlich der Strom ausfiel oder die Heizung aussetzte, eine rasche Lösung herbeizuführen. Die Gruppe machte quasi aus der arbeitsrechtlich begrenzten Anwesenheit des Hausmeisters eine handwerkliche Dienstleistung, die rund um die Uhr an 7 Tagen in der Woche zur Verfügung stand.

Durch ein aktivierendes Gespräch mit einem Klienten aus der Hausmeistergruppe wurde die Projektleitung auf diese offensichtlich recht stabile Arbeitssituation aufmerksam. Dieses Gespräch verdeutlichte insbesondere, dass zumindest dieser Klient durch die Mitarbeit ganz wichtige persönliche Interessen realisierte. Gezielte Gespräche mit den übrigen Gruppenmitgliedern bestätigten diesen Eindruck. Es lag daher nahe, mit dem Hausmeister über die Möglichkeit zu sprechen, seine Crew als rehabilitative Gruppe in das Projekt einzubringen.

Zur fundamentalen Struktur einer rehabilitativen Gruppe gehört ihre Zugänglichkeit für prinzipiell alle KlientInnen des Albert-Schweitzer-Familienwerkes, unabhängig davon, welchem Betreuungsbereich sie angehören. Da sich die neu gebildete Bau-Gruppe täglich trifft und meistens am Vormittag einige Stunden einer sinnvollen Arbeit nachgeht, stellte sich sofort die Frage, wo sinnvolle Arbeitsaufträge für eine zahlenmäßig größere Gruppe herkommen könnten. Ganz sicher war, dass die laufenden Instandhaltungs- und Wartungsaufgaben in den Immobilien des ASF-Bereiches hierfür nicht ausreichen würden. Was auf den ersten Blick als bloße Arbeitsbeschaffungsmaßnahme aufgefasst werden konnte, berührte bei näherer Betrachtung jedoch fundamentale Fragestellungen, die aufzufächern einer intensiven und kreativen Gestaltung bedurften.

Wenn eine Gruppe von 6 – 10 Männern und Frauen Bauarbeiten täglich ausführen, dann entsteht eine beträchtliche Arbeitskapazität, die nur über Aufträge von außen aktiv gehalten werden kann. Mit dem Hinaustreten aus der internen Hausmeisterfunktion stellt sich aber unmittelbar die Frage, in welcher wirtschaftlichen und rechtlich abgesicherten Gestalt diese Gruppe nach außen tätig werden soll. Welche soziale Form könnte gefunden werden, bei der das Projektanliegen, ein hohes Maß an Selbstbestimmung der Klienten zu verwirklichen, umsetzbar ist. Folgende Formen boten sich an:

Die Bildung eines wirtschaftlich selbständigen Geschäftsbetriebes innerhalb des Albert-Schweitzer-Familienwerkes e.V. mit besonderen steuerrechtlichen Rahmenbedingungen. Doch auch wenn man diesem Zweckbetrieb von der Leitung ein gewisses Eigenleben zubilligt, wird er immer eingebunden bleiben in die Entscheidungsstrukturen des Muttervereins. Diese Strukturen korrespondieren mit dem deutschen Vereinsrecht und überweisen wesentliche Entscheidung in die Versammlung der Vereinsmitglieder, zu denen die KlientInnen nicht gehören.

Die Gründung eines eigenständigen Vereins mit den KlientInnen und ModeratorInnen der Bau-Gruppe als Mitglieder. Doch bei dieser Lösung bestand die Gefahr, dass sich der Verein weiteren Unterstützern der Gruppe öffnet, was vereinsrechtlich nicht verhindert werden kann. Ein Verein kann sich nicht grundsätzlich nach außen abschotten. Damit ergibt sich aus der Vereinsform die Gefahr, dass die Mitgliederversammlung des neuen Vereins schon bald Mehrheiten gestattet, die sich nicht am Selbstbestimmungsrecht der mitarbeitenden KlientInnen orientieren.

Die Errichtung einer Gesellschaft mit beschränkter Haftung. Doch diese Gesellschaftsform ist an ein gesellschaftliches Stammkapital von mindestens € 25.000 gebunden, was von den Beteiligten der Baugruppe nicht aufgebracht werden kann.

Die Bildung einer Personengesellschaft, zu der jeder Beteiligter ohne Einbringung eines Stammkapitals gleichwertig gehören würde. Doch diese Organisationsform haftet im Außenverhältnis nicht mit einem vorhandenen oder nicht gegebenen Gesellschaftskapital, sondern jeder Gesellschafter übernimmt für die ganze Gruppe die wirtschaftliche Verantwortung. Diese Haftung überfordert jedes Gruppenmitglied.

Die Gründung einer Genossenschaft. Sie agiert wie ein Verein, beschränkt die Mitgliedschaft jedoch auf diejenigen, die sich am Genossenschaftskapital aktiv beteiligt haben. Über die Höhe der Beteiligung bestehen keine Mindestvorschriften, man kann auch bei der Festsetzung der Höhe die jeweilige Einkommenssituation berücksichtigen. Auch kann man vorsehen, dass die Genossenschaftseinlage nicht in bar geleistet werden muss, sondern beispielsweise in Form der Mitarbeit bei Projekten der Genossenschaft (Sacheinlage).

Die Genossenschaft haftet nach außen allein mit ihrem Genossenschaftsvermögen. Das Privatvermögen der Mitglieder bleibt geschützt. So werden KlientInnen durch die Rolle als Genossenschaftsmitglieder wirtschaftlich nicht überfordert, und die Mitgliedschaft kann so gesteuert werden, dass KlientInnen langfristig immer die Mehrheit besitzen und damit ihr Selbstbestimmungsrecht sichern können.

Wie wird jedoch im Rahmen der Genossenschaft der Übergang von einer aktivierenden Taschengeld-Gruppe zu einer wirtschaftlich auskömmlichen Berufstätigkeit möglich? Dieser Weg kann sich nur unter ganz schwierigen Rahmenbedingungen zielgerecht beschreiten lassen. Die erste Schwierigkeit liegt in der Erkrankung der einzelnen KlientInnen. Um sie positiv zu beeinflussen, bedarf es einer starken Mobilisierung der gesunden Potenziale. Diese kann gelingen durch eine hohe Übereinstimmung der im Rahmen der Bau-Genossenschaft anfallenden Arbeiten mit den persönlichen Interessen der Mitarbeitenden. Bei der Auswahl und Zuordnung der Arbeiten ist daher sehr sorgfältig auf die Interessenlage der Einzelnen zu achten. Lieber übergibt man bestimmte Arbeiten auswärtigen Handwerkern, als den Grundsatz hoher Interessenidentität aufzugeben.

Auch das Maß der täglich zu bewältigenden Aufgaben ist flexibel den individuellen Möglichkeiten anzupassen. Flexibilität drückt sich nicht darin aus, dass generell beispielsweise nur halbtags gearbeitet wird. Sie erkennt man vielmehr daran, dass sie individuell häufig wechselt, dabei auch durchaus einmal 10 Stunden am Tage umfassen kann, oder eine KlientIn steht nur eine Stunde herum und geht dann wieder.

Dann braucht es ein möglichst reizvolles, anspornendes und wenn es geht breit gefächertes Ziel. Für die Bau-Genossenschaft wurden als Ziel folgende Vision entwickelt:

Die Genossenschaft kauft mit Förderung einer Stiftung ein altes Anwesen in Bad Gandersheim oder in unmittelbarer Umgebung. Sie baut mit öffentlicher Förderung das hierauf liegende Wohnhaus um zu Einpersonen-Appartements mit jeweils rund 45qm Wohnfläche. Je nach Größe entstehen 4 – 6 Wohnungen, in die vorrangig Genossenschaftsmitglieder einziehen. Sie bilden auf dem Anwesen eine Hausgemeinschaft. In Nebengebäuden des Anwesens (ehemalige Scheune oder Stall) wird der Fuhrpark und die Geräte der Bau-Genossenschaft untergebracht. Sie befinden sich dadurch sicher unter sozialer Kontrolle der Genossenschaftsmitglieder.

Die Bau-Genossenschaft ist auf Dauer eingerichtet. Sie wird daher nicht nur einmalig ein Projekt ausführen, sondern diesem Projekt weitere folgen lassen. Wenn sie weitere KlientInnen aufnehmen kann, wird sie in 2 – 3 Jahren zwei Bauprojekte parallel ausführen können. Durch die laufende Mitarbeit entsteht immer mehr fachliche Kompetenz bei den einzelnen MitarbeiterInnen. Wenn sich gleichzeitig durch die Entfaltung der persönlichen Potenziale die krankheitsbedingten Einschränkungen mildern, entsteht eine qualifizierte und verlässliche Arbeitsleistung. Hierdurch wird es möglich sein, auswärtige handwerkliche Zusatzleistungen zu reduzieren und das hierdurch eingesparte Geld den eigenen MitarbeiterInnen auszuzahlen. Damit wechselt die MitarbeiterIn, ohne die Genossenschaft zu verlassen, aus einer Klientenrolle in die Arbeitnehmerrolle. Diese Arbeitnehmerschaft bleibt jedoch eine besondere, denn sie gehört als Genossenschaftsmitglied weiterhin ihrem Arbeitgeber an, behält daher weiterhin einen persönlichen Einfluss auf ihre eigenen Arbeitsbedingungen.

Bis zum Wechsel aus der Klientenrolle in die Arbeitnehmersituation entsteht bei der Bau-Genossenschaft eine ganz besondere Übergangssituation. Denn mit dem Beginn der Bauarbeiten am ersten Wohnhaus arbeiten die KlientInnen nicht nur mit, sondern sie übernehmen Arbeiten, die von der Genossenschaft sonst an Handwerksunternehmen vergeben werden müssten. Sie sparen daher der Genossenschaft Baukosten und erwirtschaften einen Teil des Gebäudewertes. Hierdurch erhöhen sie die Eigenkapitalquote der Genossenschaft, vermehren ihr Vermögen.

Diese Vermehrung des genossenschaftlichen Vermögens muss schon allein aus bilanziellen Gründen festgehalten werden. Eine aus der Genossenschaft muss laufend festhalten, welche der von Handwerkern angebotenen Leistungen mit der eigenen Gruppe eingespart wurden. Um diese Beträge erhöht sich in der Bilanz das Anlagevermögen. Auf der Passivseite werden diese Beträge zunächst den Verbindlichkeiten zugerechnet, denn irgendwann einmal muss die Genossenschaftsversammlung darüber beschließen, wem diese Wertschöpfung zugerechnet werden soll.

Theoretisch könnte sie der Genossenschaft insgesamt übertragen werden und damit das Stammkapital erhöhen. Man könnte sie aber auch als Sachleistung jedem einzelnen Mitarbeiter zuordnen. Dann würde sich je nach der individuellen Leistung (und nach Abzug von Lohnsteuer und Sozialabgaben) der

Genossenschaftsanteil der mitwirkenden Mitglieder erhöhen. Der Genossenschaftsanteil kann jedoch von jedem Mitglied gekündigt und damit in Bargeld verwandelt werden. Die Frage, ob dies sinnvoll und zielführend ist, kann entschieden werden, wenn die sachlichen Voraussetzungen für derartige Überlegungen geschaffen sind. Diese aber dürften frühestens zu dem Zeitpunkt vorliegen, wenn das erste Bauprojekt fertiggestellt und abgerechnet ist. Denn erst dann lässt sich definitiv dokumentieren, welche Wertschöpfung stattgefunden hat.

Die neue Genossenschaft, die nach dem Willen der Bau-Gruppe den Namen „Meine eigenen vier Wände eG" erhielt, musste zunächst die Frage der Gemeinnützigkeit mit dem Finanzamt klären sowie ihre Eintragung in das Genossenschaftsregister betreiben. Dann würden die Stiftungsmittel sowie die öffentlichen Darlehen für das erste Projekt beantragt. Die Zwischenzeit bis zur Bewilligung der finanziellen Förderung sollte sich die Bau-Gruppe um die baulichen Sorgen der übrigen aktivierenden Gruppen kümmern. Die Gartengruppe in Hardegsen benötigte beispielsweise ein Gartenhaus, um auch bei schlechtem Wetter und im Winter ein wetterfestes Quartier zu haben. Es gab daher auch vor Beginn der geförderten Bauarbeiten für eine sich erweiternde Gruppe Arbeit genug.

Nachdem sich in der Baugruppe nach mehreren Beratungssitzungen die einheitliche Meinung herausgebildet hatte, die Genossenschaft zu gründen, wurde zunächst die Satzung ausgearbeitet. Ihre Aufgabe wurde im § 3 wie folgt beschrieben:

3.1 Zweck der Genossenschaft ist die Förderung der Rehabilitation und Inklusion behinderter Menschen. Der Satzungszweck wird verwirklicht insbesondere durch die Errichtung oder Umgestaltung von Gebäuden mit dem Ziel, behinderten oder anderen notleidenden oder gefährdeten Mitmenschen eine sinnvolle Beschäftigung zu ermöglichen. Dabei liegt der Schwerpunkt der Tätigkeit der Genossenschaft in der beruflichen Qualifizierung, Umschulung oder der sozialen Betreuung der mitarbeitenden Menschen.
3.2 Werden im Rahmen der Bauarbeiten Wohnungen geschaffen, so sollen sie vor allem den behinderten oder anderen notleidenden oder gefährdeten Mitgliedern der Genossenschaft zur Nutzung überlassen werden.
3.3 Die Genossenschaft soll in das Genossenschaftsregister des Amtsgerichtes Göttingen eingetragen werden.
3.4 Die Genossenschaft kann bei Bedarf Zweigniederlassungen bilden.
3.5 Die Genossenschaft ist berechtigt, sich an anderen Unternehmungen zu beteiligen, wenn diese Beteiligung dem Satzungszweck entspricht.
3.6 Die Tätigkeit der Genossenschaft beschränkt sich nicht nur auf Genossenschaftsmitglieder.

Die Satzung der Genossenschaft war mit einem Genossenschaftsverband vorgeklärt, so dass man sicher sein konnte, dass sie im offiziellen Eintragungsverfahren nicht zu Beanstandungen führen würde. Nun legte man sie dem Finanzamt Bad Gandersheim vor mit der Bitte, die vorläufige Freistellung von der Körperschaftssteuer zu genehmigen. Die steuerrechtliche Prüfung dieses Antrages bezieht sich allein auf die Satzung der Körperschaft, denn eine Geschäftstätigkeit liegt noch nicht vor. Sie erfolgt auch nur vorläufig, denn erst im Zusammenhang mit der ersten Steuerklärung und einer Darstellung der tatsächlichen Tätigkeit kann die Gemeinnützigkeit der Körperschaft abschließend geprüft werden.

Dennoch benötigte das Finanzamt 12 Monate, bis die vorläufige Freistellung erfolgte. In dieser Bearbeitungszeit fanden mehrere persönliche Gespräche statt und wurden sehr lange Schriftsätze ausgetauscht. Es wurden seitens der Finanzverwaltung Fragen aufgeworfen, die vor Beginn der tatsächlichen Arbeit nur hypothetisch beantwortet werden konnten. Es ging ständig um Fragen wie: Wenn nun aber dies oder jenes passiert, ist das denn immer noch gemeinnützig? Unsere Bitte, einfach auf die erste Steuererklärung zu warten und dann diese hypothetischen Fragen anhand der Praxis abzuhandeln, wollte einfach nicht fruchten.

Auch der Hinweis darauf, dass der Freistellungsantrag des Vereins RIN Eddigehausen 18 Monate beim Finanzamt Göttingen bis zum positiven Bescheid benötigte, konnte die Gemüter der Beteiligten nicht wirklich trösten. Wahrscheinlich betrachtet die Finanzverwaltung ganz allgemein den zeitverzögernden Umgang mit Gemeinnützigkeitsanträgen als eine Art Test, wie ernst es die Antragsteller mit ihren gemeinnützigen Zielen meinen.

Das Warten auf diese steuerrechtliche Erklärung war leider nicht zu umgehen, da jede Stiftung und so auch die „Aktion Mensch“, bei der sich die Genossenschaft zu bewerben dachte, ohne eine entsprechende Erklärung keinen Antrag entgegennimmt. Als es dann endlich soweit war, zeigt sich erneut, dass man mit langen Bearbeitungszeiten zu rechnen hatte. Dann tauchte als erste Hürde die Rückmeldung auf, dass die Aktion Mensch keine Projekte fördert, die den Behinderten Arbeit und Wohnen in Kombination schaffen soll. Entweder geht es um Arbeit oder um Wohnen, da musste man sich also entscheiden. Ein Blick in die veröffentlichten Richtlinien zeigte, dass man Arbeitsprojekte nur dann förderte, wenn es sich um formelle „Integrationsfirmen“ handelt. Eine Integrationsfirma sollte nicht entstehen, sondern eine Genossenschaft. Also war eine Beantragung als Arbeitsprojekt sinnlos.

So wurde der Antrag neu als Wohnprojekt gestellt. Da die meisten Genossenschaftsmitglieder und damit späteren Mieter direkt aus einem Wohnheim in die selbständige Wohnung wechseln würden, schien der Antrag ganz optimal die Anforderungen der Stiftung zu erfüllen. Dennoch wurde der Antrag abgelehnt. Nachfragen ergaben, dass man sich daran gestört habe, dass „nur“ psychisch behinderte Menschen in die Wohnungen einziehen sollten und nicht prinzipiell alle Behinderten die Möglichkeit haben sollten, neue Mieter zu werden.

Bis zu dieser Ablehnung war erneut ein Jahr vergangen, also insgesamt zwei Jahre für eine Gruppe, die mit viel Dynamik ein für sie wichtiges Projekt in Angriff nehmen wollte. Inzwischen hatte man schon ein geeignetes Anwesen in der Altstadt von Bad Gandersheim gefunden. Es gab einen Umbauplan, es gab erste Kalkulationen. Ein Kreis von Handwerkern war gebildet, die es spannend fanden, mit Laien zusammenzuarbeiten. Hier erwarteten sie sich ganz neue Erfahrungen und auch neue Aufgaben, beispielsweise bei der Einarbeitung der Gruppe in ungewohnte Aufgaben.

Mit der Ablehnung der Anträge durch die Aktion Mensch war das Projekt der Bau-Gruppe nicht gestorben. In aller Eile wurden neue Kontakte geknüpft. Mit der Niedersachsen-Bank wurde ein neuer Partner gefunden, der durchaus in der Lage schien, eine neue tragfähige Finanzierung für das Projekt zu sichern. Doch durch den schrecklich langen Zeitablauf war an einer ganz anderen Stelle ein Problem immer größer geworden, dass mit Beginn des ursprünglich entwickelten Projektes sofort gelöst worden wäre.

Es ging um die Hausmeisterfunktion innerhalb des Wohnheims, die noch durch den Hausmeister mit Unterstützung durch die Bau-Gruppe gesichert wurde. Mit Beginn des Projektes sollte eine neue Rechtsbeziehung für die Hausmeisterfunktion entstehen. Der Hausmeister sollte seine Tätigkeit beim Wohnheim beenden und Mitarbeiter der Genossenschaft werden. Zwischen Wohnheim und Genossenschaft sollte ein Dienstleistungsvertrag geschlossen werden, durch den alle anfallen Hausmeisteraufgaben in Zukunft von der Genossenschaft erledigt werden.

Durch die an anderer Stelle auftretenden Verzögerungen konnte diese neue Struktur nicht umgesetzt werden, gleichzeitig aber wuchsen die Moderatoren-Aufgaben des Hausmeisters, da sich die Zahl seiner Gruppenmitglieder erhöhte. So entstanden unerwartete Spannungen, die um so schwieriger zu lösen waren, als der Hausmeister zwei Arbeitsbereichen und damit zwei Leitungen zugeordnet war, dem Wohnheim und dem Gruppenprogramm. Die Probleme verlagerten sich hierdurch immer wieder auf die Leitungsebene, was deren Bearbeitung nicht vereinfachte.

Eine schlichte personelle Lösung in Form eines Austausches des Moderators für die Bau-Gruppe scheiterte an dem klaren Votum der Gruppenmitglieder, an den bestehenden Beziehungen unter allen Umständen festzuhalten. Und da das Selbstbestimmungsrecht der Gruppenmitglieder ein sehr hohes Gut war, kam man an diesem Votum nicht vorbei.

Die „Lösung" des Problems schuf der Eigentümer des zu erwerbenden Anwesens. Er hatte nun mehr als zwei Jahre auf den Kauf durch die Baugenossenschaft gewartet. Jetzt hatte er einen anderen Käufer gefunden, und das Zielgrundstück war ganz plötzlich weg. Sofort tauchten Ideen für eine Alternative auf, Gruppenmitglieder zogen durch Bad Gandersheim und hatten jeden Tag neue Informationen. Doch die personelle Situation hatte einen Grad der Unauflösbarkeit erreicht, dass die Weiterverfolgung dieses Projektes erst einmal aufgegeben wurde.

Die Gruppenphase im Teilhabemodus stellt enorme Anforderungen an Moderation und Programmleitung. Es entsteht in den Gruppen eine Dynamik, welche die strukturgewohnten Professionellen immer wieder vor arge Probleme stellt. Welcher Sozialarbeiter ist daran gewöhnt, mit Aktivitäten aus dem Milieu seines Berufes an die Öffentlichkeit zu gehen. Die Sozialarbeiter/Sozialpädagogen reden sehr oft und sehr bedeutsam von den „geschützten Räumen“, welche ihre KlientInnen benötigen. Wenn die aber diesen „Schutz“ überwinden wollen, wird klar, dass dieser Schutz auch den Profis gegolten hat. Sie haben Wert darauf gelegt, mit ihren Aktivitäten nicht in der Öffentlichkeit zu stehen. Nicht dass sie Angst hätten, weil sie etwas Unrechtes getan haben, sondern weil ihnen der öffentliche Raum selbst Angst macht.

Sie heißen zwar „Sozial-Arbeiter“, doch das Soziale ist für sie ein der Öffentlichkeit weitgehend verborgener Arbeitsort. Die Aufmerksamkeit der Öffentlichkeit wird dank dieser Schutzhaltung immer nur dann erregt, wenn ungesetzliche und menschenunwürdige Vorgänge zu beklagen sind. Von der alltäglichen Sozialarbeit weiß man „draußen“ wenig. Beim Gruppenprogramm zur sozialen Rehabilitation ändert sich das nicht deshalb, weil man von oben herab eine neue Losung ausgegeben hat, sondern weil die Dynamik des Entwicklungsprozesses den Abriss der Schutzmauern unumgänglich macht.

Diese Dynamik wird manchem Träger von Sozialarbeit die Übernahme und praktische Umsetzung dieser Konzeption recht schwer machen. Angst ist ein schlechter Ratgeber, aber sie hat in unserer Zeit Konjunktur.

Kapitel 10 Genesung

Die bisherige Darstellung des Gruppenprogramms hat zwar sehr ausführlich über psychisch erkrankte Menschen gesprochen, aber dennoch nicht ernsthaft versucht, das Ziel dieser Bemühungen etwas näher zu beschreiben: die Genesung. Dabei sind wir gewohnt, diese Thematik nicht vom Zustand des Gesundseins anzugehen, sondern von ihrem anderen Ende, der Erkrankung.

Kapitel 10.1 Genesung als Überwindung von Krankheit

Ich möchte diese Sehgewohnheit nicht irritieren und beginne diesen Abschnitt über die Genesung mit dem Phänomen der Krankheit. Es ist mir dabei wichtig, zwischen jener Krankheit zu unterscheiden, die sich dem einzelnen Menschen in sein persönliches Erleben drängt, und jener, die sich mit dem Anschein der Objektivität aus diagnostischen Verfahren ergibt.

Krankheit erscheint subjektiv als ein Empfinden darüber, das etwas fehlt, was bis dahin vorhanden war. Da geht es beispielsweise um den Zustand der Schmerzfreiheit. Die rechte Hüfte beginnt zu schmerzen. Der Betroffene hält dies zunächst für eine belanglose Randerscheinung. Er verkürzt seine abendliche Laufstrecke, weil er die Schmerzen als Zeichen von Überanstrengung auffasst. Das hilft auch einige Zeit, doch dann treten die Schmerzen erneut auf, obwohl man das Laufbedürfnis schon stark eingeschränkt hat.

Es könnte am kaltnassen Wetter liegen, an einer Prellung, die man sich vor Monaten zugezogen hat und vielleicht nicht richtig ausheilte. Der Betroffene versucht, den Schmerz zu verdrängen. Er hat keine Zeit, seinetwegen einen Arzt aufzusuchen. Irgendwie ist er lästig, stört die Konzentrationsfähigkeit im Beruf. Er drängt sich in das Bewusstsein, will sich einfach nicht abweisen lassen. „Krankheit wird also vom Erkrankten in der Regel selbst als nicht mehr übersehbare Störung erfahren. Dass einem etwas fehlt, gehört in den Zusammenhang von Balance, und d. h. im besonderen: jener Wiederherstellung des Gleichgewichts aus allen Schwankungen des Befindens, die die Befindlichkeit des Menschen ausmacht. Innerhalb dieses Zusammenhangs stellt sie den Fall des Umschlags aus dem sich selbst herstellenden Gleichgewicht in das verlorene Gleichgewicht dar."[152]

Doch diese Art, die Krankheit subjektiv zu erleben, wiederholt sich nicht bei psychischen Erkrankungen. Bei ihr „ist nichts von der Aufsässigkeit des von Krankheit befallenen Leibes, da ist manchmal kein 'es tut weh', kein 'es versagt seinen Dienst'. All das mag man als Störung von Wohlsein beschreiben. Es ist eigentümlich genug, dass man sagt, man sei gut beieinander, und damit gerade meint, dass man ganz bei etwas anderem, bei allem, was man will, sein kann. Hier aber geht es um eine ganz andere Gestörtheit, eine andere, unheimliche Welt."[153]

Die Reaktion des Einzelnen auf die stärker werdenden Zeichen einer körperlichen Erkrankung führen früher oder später in eine Arztpraxis. Der Arzt soll die nicht zu verdrängende Störung des eigenen Körperbildes wegschaffen. Er weiß Medikamente richtig einzusetzen,

---

[152] Hans-Georg Gadamer: Über die Verborgenheit der Gesundheit. Aufsätze und Vorträge, Frankfurt am Main: Suhrkamp Verlag 1993, S. 77

[153] Ebenda S. 103

er entfernt Krankheitsherde operativ, er verordnet therapeutische Helfer, welche ihre spezielle Heilkunst ergänzend einsetzen. Der Arzt soll es richten, ihm überträgt man die Verantwortung für die Überwindung der Krankheit. Die PatientIn macht sich selbst zum Diagnosemittel, die beispielsweise auf einer Skala von 1 – 10 ihr eigenes Schmerzempfinden dokumentiert. Die richtigen Schlussfolgerungen hieraus soll der Arzt ziehen, nicht die PatientIn.

Das subjektive Erleben der psychisch Erkrankten führt keineswegs zwangsläufig zur Erkenntnis, dass eine Störung vorliegt, die von alleine nicht weggeht, also die fachliche Zuwendung des Arztes braucht. Die Ärzte sprechen in diesem Zusammenhang gerne von „Krankheitseinsicht" und meinen damit, dass der erkrankte Mensch seinen gesundheitlichen Zustand wie der Arzt sehen soll. Doch das setzt beim Kranken voraus, dass er zu sich selbst die gleiche Distanz einnehmen kann wie der Arzt.

Außerdem soll der Erkrankte das, was der Arzt an ihm als Störung wahrnimmt, nicht als dessen subjektive Meinung werten, sondern als Widerspiegelung der Realität. Doch widerspricht es nicht unserem Bild von psychischer Erkrankung, wenn wir gerade von ihr erwarten, dass sie die Wahrnehmung von Realität zulässt? Wie soll die PatientIn eine Wahnvorstellung, die sie massiv belastet, als irreal auffassen, wenn doch das Wesen des Wahns darin besteht, wie die Realität aufzutreten? „Man kann nicht Einsicht in das, was ist, als eine freie Möglichkeit des Menschen voraussetzen, in der sein eigentliches Wesen bestehe, und zu der er sich in überlegener Distanznahme jederzeit erheben könne, ohne in einen naiven Dogmatismus zu verfallen. Einsicht und Distanzmöglichkeit solcher Art bleiben vielmehr auf schwer beschreibbare Weise an die Person im ganzen ihrer Lebenssituation gebunden."[154]

Es ist daher nicht das Ziel des Gruppenprogramms, die Krankheitseinsicht zu verbessern, sondern diejenigen Kräfte der Erkrankten zu stärken, die eine Veränderung ihrer Lebenssituation bewirken können. Wenn sich diese Situation subjektiv verbessert, wenn mehr Erlebnisse stattfinden, in denen sich der Mensch eingebunden und geschätzt fühlt, dann ist er auch in der Lage, bestimmte Aspekte seines Lebens, die Ärzte oder Sozialarbeiter als wichtige Elemente der Realität auffassen, mit reflektorischer Distanz in den Blick zu nehmen. Die Lebenssituation muss sich wandeln, dann kann auch die Krankheit selbst besser als Störung wahrgenommen werden.

Wenn man über Krankheit spricht, muss man auch über jene quasi objektive Seite sprechen, die sich aus den diagnostischen Möglichkeiten der modernen Medizin ergibt. Dabei sind zwei Entwicklungen besonders hervorzuheben: das immer stärkere Auseinanderklaffen von Diagnostik und Therapie sowie das systematische Unmündigmachen und dann sich selbst Überlassen der PatientInnen.

Die medizinische Wissenschaft hat sich immer stärker darauf konzentriert, die verursachenden naturwissenschaftlichen bzw. psychodynamischen Zusammenhänge für die Erkrankungen herauszufinden,

---

[154] Ebenda S. 75

ohne danach zu fragen, ob diese Suche für die Therapie ausschlaggebend ist. Wenn aus dieser hochspezialisierten Diagnostik therapeutische Schlussfolgerungen gezogen werden, dann in aller Regel durch die Pharmaindustrie, welche auch in der Lage ist, die hierfür erforderlichen Geldmittel zur Verfügung zu stellen. Andere als medikamentöse oder medizintechnische Konsequenzen aus der Forschung können normalerweise nicht finanziert werden.

Diese seit vielen Jahrzehnten laufende Entwicklung hat zu einem enormen Anwachsen der chronischen Erkrankungen geführt. „In ihrem fortgeschrittensten Stadium produziert die Medizin von ihr selbst (vorläufig oder endgültig) als unheilbar definierte Krankheitslagen, die völlig neuartige Gefährdungs- und Lebenslagen darstellen und sich zu dem bisherigen System sozialer Ungleichheit querlegen: Zu Beginn dieses Jahrhunderts starben von 100 Menschen etwa 40 an akuten Krankheiten. 1980 machten diese nur noch ein Prozent der Todesursachen aus. Der Anteil derer, die chronischen Krankheiten erlagen, stieg dagegen im gleichen Zeitraum von 46 auf über 80% an. Dem Ende geht dabei immer häufiger ein langes Leben voraus. Von den 9,6 Millionen Bundesbürgern, die beim Mikrozensus 1982 als gesundheitlich beeinträchtigt registriert wurden, waren annähernd 70% chronisch krank. Eine Heilung im Sinne der ursprünglichen Absicht der Medizin wird im Zuge dieser Entwicklung mehr und mehr zur Ausnahme. Dennoch kommt darin nicht nur ein Versagen zum Ausdruck. Auch aufgrund ihrer Erfolge entlässt die Medizin die Menschen in die Krankheit, die sie hochtechnisch zu diagnostizieren in der Lage ist.“[155]

[155] Ulrich Beck, a.a.O. S. 330/331

„Diese Entwicklung enthält eine medizinische und gesellschaftspolitische Wende, die in ihren weitreichenden Folgen heute überhaupt erst in Ansätzen bewusst und wahrgenommen wird: Die Medizin hat mit ihrer professionalisierten Entwicklung im Europa des 19. Jahrhunderts den Menschen das Leiden technisch abgenommen, es professionell monopolisiert und verwaltet. Krankheit und Leiden wurden in expertenabhängiger Fremdbewältigung pauschal an die Institution der Medizin delegiert und ausgesondert in kasernierten 'Krankenhäusern', unter weitgehender Unkenntnis der Kranken von Ärzten auf die eine oder andere Weise 'wegoperiert'. Heute werden nun genau umgekehrt die Kranken, die im Umgang mit ihrer Krankheit systematisch unmündig gemacht und gehalten wurden, mit ihrer Krankheit sich selbst überlassen und den anderen, darauf ebenfalls völlig unvorbereiteten Institutionen: Familie, Berufswelt, Schule, Öffentlichkeit usw..“[156]

Die psychischen Erkrankungen sind von dieser Entwicklung keineswegs verschont worden, obwohl ihre naturwissenschaftliche Erforschung bis heute auf erhebliche Schwierigkeiten gestoßen ist. Auch bei diesen Erkrankungen hat die Medizin über viele Jahre die volle Verantwortung übernommen und sie vor allem in Heil- und Pflegeanstalten weggesperrt. Auch bei ihnen setzte dann spätestens in den Siebzigern des letzten Jahrhunderts die Entlasswelle ein und die große Verschiebung in die trügerische Selbständigkeit eines Lebens, das am Tropf der Sozialhilfe und der Sozialarbeit hängt.

[156] Ebenda S. 331

Dieser neu in die Verantwortung gekommene Verwaltungsbereich 'Eingliederungshilfe für psychisch Behinderte' müht sich redlich, den betroffenen Erkrankten ein am Minimum orientiertes gesellschaftliches Überleben zu sichern. Mit den Aufgaben einer sozialen Rehabilitation, wie vom Sozialgesetzbuch IX[157] gefordert, hat das wenig zu tun. Ausgehend von der als Realität unterstellten Selbstbestimmung des Erkrankten sieht man seine Aufgabe in erster Linie darin, professionelle Selbständigkeitsberatung zu sichern. Dieses 'Ambulant Betreute Wohnen' sieht sich nicht in ein ambulantes medizinisches Behandlungsgeschehen eingebunden. Statt dessen versucht es, das Absinken des von der Medizin weitgehend allein gelassenen Kranken in die soziale und psychische Verwahrlosung zu verhindern.

Das medizinische System selbst hat die 2000 und 2005 gesetzlich angebotenen Möglichkeiten, das Behandlungsgeschehen in die Lebenswelt der Patienten zu verlagern,[158] fast vollständig ignoriert. Soziotherapie und Ambulante psychiatrische Pflege wurden in Deutschland durch Ärzte und Krankenkassen massiv an ihrer Entwicklung gehindert.[159] Die Krankenkassen haben die fachlichen Anforderungen so hoch geschraubt, dass fast niemand sie erfüllen konnte, und gleichzeitig für diese hochqualifizierte Tätigkeit unannehmbar niedrige Vergütungen gezahlt. Die Ärzte

[157] §§ 5 und 6 SGB IX

[158] § 37a und die Richtlinien zu § 37 SGB V

[159] Siehe hierzu Hansgeorg Ließem: Soziotherapie in Deutschland. Arbeitsbuch für das Jahr 2016, Göttingen: Debux Verlag 2016

haben hierauf durch die Verweigerung von entsprechenden Verordnungen reagiert. Damit konnten die Krankenkassen darauf verweisen, dass die Kranken offensichtlich diese Behandlung zu Hause nicht brauchen. Die Erkrankten hatte man allerdings hierzu nicht befragt. Sie wurden in gewohnter Manier übersehen.

Die Tatsache, dass es die Eingliederungshilfe war, welche dieses Gruppenprogramm zur sozialen Rehabilitation von psychisch Erkrankten finanzierte und auch heute im Landkreis Northeim weiter anwendet, zeigt jedoch, dass sich die Grundeinstellung der Sozialhilfebehörden wandelt. Auch die Bereitschaft mancher Sozialhilfeträger, das Ambulant Betreute Wohnen zulasten der Soziotherapie zurückzunehmen, deutet in eine Richtung, welche Tendenzen in der psychiatrischen Behandlung verstärken könnte, die medizinische Behandlung besser mit der konkreten Lebenswelt der Betroffenen zu verbinden.

Kapitel 10.2 Genesung als Entwicklungsprozess

Was befähigt Menschen dazu, Erkrankungen zu überwinden, wieder Kraft zu schöpfen, das Alltagsleben aktiv mitzugestalten? Wenn wir die Krankheit als einen Zustand erleben, bei dem uns etwas fehlt (und wenn es das Wohlgefühl ist), so muss sich die subjektiv erlebte Lücke wieder schließen. Wie erreicht der Mensch diesen Zustand des guten Wachstums?

Es liegt nahe, sich zur Beantwortung dieser Frage auf die Ursituation jeder menschlichen Entwicklung zu besinnen, nämlich auf die früheste Entstehungsgeschichte innerhalb des Mutterleibes. Jedes Neugeborene erlebt, „dass es eine Fähigkeit nach der anderen erwirbt und jeden Tag ein kleines Stück über sich hinauswächst. Gleichzeitig ist es in diesem eigenen Wachstums- und Entwicklungsprozess aufs Engste mit der Mutter verbunden. Diese unbewusste Erfahrung wird tief in seinem Hirn verankert. Deshalb machen sich alle Neugeborenen mit der Erfahrung auf den Weg, dass Verbundenheit und eigenes Wachsen gleichzeitig möglich sind. Auch wenn es ihnen nicht bewusst ist, bestimmt diese Erfahrung, was sie fortan erwarten: dass es so weiter geht, dass sie auch weiterhin in enger Verbundenheit wachsen und neue Erfahrungen machen, Kompetenzen erwerben und Eigenständigkeit erlangen können.

Weil sich die neuronalen Vernetzungen im Gehirn eines jeden Kindes anhand der aus seinem eigenen Körper kommenden Signalmuster herausgebildet haben und weil sich dieser Körper von Kind zu Kind unterscheidet und unterschiedlich organisiert ist, kommen alle Kinder mit einem Gehirn zur Welt, das genau zu diesem, ihrem besonderen Körper passt. Jedes Neugeborene ist deshalb einzigartig und sucht schon von Anfang an auf seine ganz besondere Weise nach dem, was es braucht, nicht nur um einfach zu überleben, sondern um sein angeborenes Bedürfnis nach Zugehörigkeit und Autonomie zu stillen.“[160]

---

[160] Gerald Hüther: Etwas mehr Hirn, bitte. Eine Einladung zur Wiederentdeckung der Freude am eigenen Denken und der Lust am gemeinsamen Gestalten, Göttingen: Vandenhoeck & Ruprecht 2015, S. 102/103

Zugehörigkeit und Autonomie sind auch für dieses Gruppenprogramm die zentralen Begriffe, auf deren Grundlage sich soziale Rehabilitation entfalten kann. Zugehörigkeit setzt Gemeinschaft mit anderen Menschen voraus, Autonomie braucht einen gesellschaftlich garantierten Respekt vor der Individualität jedes Menschen.

Das Gruppenprogramm erleichtert es gerade diesen Menschen, die schon sehr lange das Gefühl der Zugehörigkeit entbehren mussten, wieder Gemeinschaften zu finden, die zu ihnen passen. Die Passung entwickelt sich aus dem Interesse heraus, das zur Gruppenbildung führt. Die Gemeinschaft hat daher von Anfang an einen Zusammenhang mit dem bisherigen Leben. Und dieser Zusammenhang hat nichts mit dem Leid zu tun, aus dem die psychische Krankheit gewachsen ist, auch nicht mit dem Unglück, das sich aus dieser Krankheit entwickelt hat, sondern knüpft wieder an Lusterlebnisse an, die mit der praktischen Anwendung der persönlichen Interessen verbunden waren.

Doch wie kann es sein, dass aus der bloßen Herstellung von Gruppenzusammenhängen um persönliche Interessen herum eine Entwicklung einsetzt, die wieder Wachstum hervorbringt? Dazu muss man sich bewusst machen, dass es viele Parallelen „ zwischen dem Gehirn und einer menschlichen Gemeinschaft gibt. So wie wir unsere Sprache verwenden, schütten Nervenzellen bestimmte Botenstoffe aus, um ihre Erregungen an andere weiterzuleiten oder deren Aktivität zu bremsen. Wie in unseren Gemeinschaften gibt es auch im Gehirn einzelne Mitglieder, also Nervenzellen, mit sehr weitreichenden Kontakten, die sie nutzen, um sehr viele andere zu beeinflussen. Es gibt regionale Netzwerke, die für bestimmte Aufgaben zuständig sind, und es gibt übergeordnete Vernetzungen, die deren Aktivitäten koordinieren. Genauso wie in einer menschlichen Gemeinschaft werden die einmal entstandenen Beziehungsmuster der Nervenzellen im Gehirn immer wieder gestört und müssen sich neu ordnen, wenn die Störung nicht abgestellt werden kann. Und natürlich kann es im Gehirn ebenso wie in einer Gesellschaft zur Herausbildung von Beziehungen kommen, die zwar kurzfristig geeignet sind, um irgendein Problem zu lösen, die sich jedoch langfristig als sehr hinderlich für jede Weiterentwicklung erweisen. Manchmal passt dann das, was im Frontalhirn passiert, nicht mehr so recht zu dem, was die Netzwerke im Hirnstamm brauchen, um ihre Aufgaben zu erfüllen. Bisweilen kann nicht nur in einer Gemeinschaft, sondern auch im Gehirn ein so großes Durcheinander entstehen, dass gar nichts mehr klappt und man nichts mehr geregelt bekommt."[161]

Was aber hält das Hirn bzw. eine Gemeinschaft zusammen? Wie wird dafür gesorgt, dass die Störungen beseitigt werden? Gibt es ein Prinzip, das der Gestaltung unserer Beziehungen und unseres Gruppenlebens wie auch unserem Gehirn zugrunde liegt?

„Dieses Prinzip wird gegenwärtig intensiv von Systemtheoretikern erforscht, also von Wissenschaftlern, die sich mit der Strukturierung komplexer Systeme befassen. Sie nennen es das 'Prinzip der Selbstorganisation' und in den letzten Jahren finden auch die Biologen immer mehr Hinweise dafür, dass sich

[161] Gerald Hüther, a.a.O. S. 12/13

die Herausbildung und Aufrechterhaltung lebender Systeme als ein sich selbst organisierender Prozess verstehen lässt. .....

Übertragen auf eine menschliche Gemeinschaft heißt das nicht nur, dass sich auch hier allmählich etwas herausbildet, was die Mitglieder gleichzeitig miteinander verbindet und sie in ihrer Autonomie stärkt. Es heißt auch, dass dieses Verbindende etwas sein muss, das diese Gemeinschaft im Prozess der Gestaltung der Beziehungen ihrer Mitglieder selbst erst hervorbringt und fortwährend weiterentwickelt. Wenn ihr das nicht gelingt, zerfällt sie. Dieser Zerfallsprozess beginnt meist damit, dass eine solche Gemeinschaft starr wird und ihre Kreativität und Entwicklungsfähigkeit verliert, weil sie ihren Mitgliedern sozusagen die Luft zum Atmen nimmt.“[162]

Eine wichtige rehabilitative Dynamik entsteht daher im Gruppenprogramm durch das hier gelebte Prinzip der Selbstorganisation und die Entwicklung der Gruppenphase mit dem Aktivierungsthema. In dieser Hervorbringung eines Gruppenthemas, das mehr ist als die Summe der Einzelinteressen, liegt der Anfang eines Prozesses, der ebenso Zugehörigkeit zur Gruppe bewirkt wie ein Bewusstsein der Eigenständigkeit, das sich insbesondere in der Gruppenaktivität realisiert.

In der Dynamik dieses Prozesses bekommt auch die psychische Erkrankung eine andere Bedeutung. War sie vorher vielfach eine willkommene Begründung dafür, dass ein normales Leben und damit ein Leben in gemeinschaftlicher Zugehörigkeit und persönlicher

[162] Ebenda S. 13/14

Autonomie nicht möglich war, so wird sie zunehmend zu einem lästigen Hemmschuh, der das Mittun schwerer macht, als sich der Betreffende das wünscht. Fühlte man sich vorher bestätigt, wenn Ärzte und Sozialarbeiter die tiefen Folgen der Erkrankung betonten, so fühlt man sich jetzt falsch eingeschätzt, wenn in gewohnter Fortschreibung früherer Untersuchungen schizophrene Störungen und schwere Depressionen diagnostiziert werden.

Es kam immer öfter dazu, dass die Mitwirkenden am Gruppenprogramm unsere Unterstützung erbaten bei Gesprächen mit Gutachtern des städtischen Gesundheitsamtes bzw. der Arbeitsagentur, um deren schriftliche Aussagen über den augenblicklichen Krankheitszustand zu korrigieren. Die Betroffenen fanden, dass ihre aktuelle Entwicklung nicht ausreichend gesehen worden ist. Die Aufgabe der ModeratorInnen bei diesen Rücksprachen bestand vorwiegend darin, die Gutachter über das Konzept des Gruppenprogramms zu informieren und damit über die Tatsache, dass die PatientIn nicht von einem Freizeitprogramm berichtet, an dem alle Welt gerne teilnimmt, sondern von einer sozialen Rehabilitation, das den TeilnehmerInnen einige Veränderungen und Entwicklungen abverlangt.

Manchmal erwies sich die Schwerfälligkeit, mit der Gutachter an den einmal getroffenen Feststellungen festhielten, eher als Beleg ihres eigenen Starrsinns und der Unfähigkeit, sich eine Genesung vorzustellen, die außerhalb der Wirksamkeit von Medikamenten stattfindet. Das aber liegt auch an dem Umstand, dass soziale Rehabilitation zwar ein gesetzlich abgesicherter

Begriff ist, dem aber noch ein adäquater Inhalt fehlt. Diesem Mangel will dieses Gruppenprogramm abhelfen.

Kapitel 10.3 Aktivierung und Stressvermeidung

Der Begriff der Aktivierung wird im weiten Feld sozialer Arbeit allein im Bereich der Altenpflege häufiger benutzt. 'Aktivierende Pflege' wird als Einstellung des Pflegepersonals verstanden, die vorhandenen Möglichkeiten der Gepflegten, sich selbst zu helfen, gezielt zu erweitern. Der Erhalt der Selbständigkeit wird als besonderes Ziel angesehen, ohne dabei aber den Aspekt gemeinschaftlicher Zugehörigkeit gleichermaßen zu beachten. Die Aktivierung in der Pflege meint zumeist einen professionellen Umgang mit dem einzelnen Pflegebedürftigen, der die professionelle Zuwendung möglichst überflüssig machen soll.

Da aber eine auf selbständige Körperpflege ausgerichtete Unterstützung zunächst einmal sehr viel zeitaufwendiger ist als die klassische Fremdpflege, die Pflegekraft ihre PatientIn schneller selbst gewaschen hat, als ihr geduldig beim eigenen Waschen zu helfen, unterbleibt in der Praxis die 'aktivierende Pflege', geht in der allgemeinen Zeitknappheit unter.

Mehr Beachtung findet 'aktivierende Pflege' in der Begleitung von demenzkranken Personen. Hier fordert das Verhalten der Betroffenen sehr viel stärker eine gruppenmäßige Zuwendung, weshalb dann auch der Umstand der Gruppenzugehörigkeit mehr Beachtung findet. Allerdings knüpfen die Gruppenaktivitäten nur selten an den individuellen Interessen der Betroffenen an, sondern eher an den räumlichen und personellen Möglichkeiten. Da wird gebastelt und gesungen, auch wenn es einzelnen Beteiligten überhaupt nicht danach ist. Aktivierung meint in diesem Zusammenhang eine Haltung der Betroffenen, die über den reinen Konsum von Zuwendung hinausgeht.

Für Richard und Hephzibah Hauser bedeutet „Aktivierung" die dritte, die „anti-negative" Phase in der Entwicklung aus der Apathie bzw. aus dem Zustand der Gewalttätigkeit zur sozialen und kreativen fünften Phase. Sie markiert damit die entscheidende Wende aus der antisozialen Haltung heraus zu einem Verhalten, das konstruktiv Anteil nimmt am sozialen Leben. Aktivierung ist dabei ein Prozess, der zunächst einmal von außen angestoßen wird, jedoch eine ganz besondere Grundeinstellung bei der Auslösung des Prozesses braucht. „In Vergangenheit und Gegenwart haben Führer aller Arten oft den Fehler gemacht, gewalttätige und apathische Menschen für irgendeine positive Aktion zu begeistern; sie mussten dann entdecken, dass die Sinnesänderung, die sie herbeizuführen hofften, oberflächlich und kurzlebig war. Sie hatten erwartet, bei Menschen, die meist vom Elend, von Hemmungen und Nöten fast erstickt waren, vom Leben tief enttäuscht und besorgt um sich selbst, eine revolutionäre, innere und äußere Veränderung zu erreichen, ohne ihnen die Mittel anzubieten, sich selbst von dem Kummer und der Angst zu befreien, die sie bisher gelähmt hatten."[163]

Der Anstoß von außen kann sich daher nicht darauf beschränken, den Klienten ein für sie „objektiv"

[163] Richard und Hephzibah Hauser: Die kommende Gesellschaft, München: Verlag J. Pfeiffer 1972, S. 297/298

nützliches Betätigungsangebot zu machen (beispielsweise sich um die pharmakologische Therapie ihrer Erkrankung zu kümmern oder sich regelmäßig körperlich zu bewegen). Ein derartiges Angebot führt erst dann zu einer wirklichen inneren und sozialen Bewegung der Betroffenen, wenn es auf ein persönliches Interesse stößt. Erst die Energie des subjektiven Bedürfnisses schafft die notwendige Bereitschaft, sich auf intensivere Gruppenprozesse einzulassen. Ansonsten versiegt die Anteilnahme an der Gruppenaktivität schon bald.

Aktivierung bietet nach Hauser apathischen bzw. gewalttätigen Menschen Hilfe an, „ihre Verletzungen, Stöße und Frustrationen loszuwerden. Dieser Vorgang der Gefühlsexplosion ist bekannt als „Katharsis“. Viele werden ein kümmerliches und doppelt verpfuschtes Leben gelebt haben, weil sie a) gefühlt haben, dass ihre Lebensbedingungen unerträglich waren, und weil sie b) gefühlt haben, dass es für sie aus Mangel an der nötigen Führung, keine Aktionen gab, durch die sie ihre Lage hätten verändern können. In der Gruppenarbeit sollte eine Katharsis natürlich nicht als Mittel zur persönlichen Erleichterung für private Individuen gefördert werden, sondern sie sollte begrüßt werden als ein erster verbindender Ausdruck der Anteilnahme der Gruppe an einem gemeinsamen Unternehmen, für das alle ihre wirklichen oder möglichen Glieder etwas tun wollen.“[164]

Katharsis als Ausdruck der Gruppenanteilnahme und nicht zur persönlichen Erleichterung? Was bedeutet diese Unterscheidung für die rehabilitative Gruppenarbeit?

---

[164] Richard und Hephzibah Hauser: ebenda S. 298

Die Gruppenthemen halten in der Regel einen gewissen Abstand zur Erkrankung, an der alle Beteiligten leiden. Die Zuwendung zu einem erfreulichen Thema, mit dem jeder biografisch angenehme Erinnerungen verbindet, schafft ein Klima der Entspannung, bei dem die Krankheit und ihre Folgen in den Hintergrund treten. In dem Maße jedoch, wie die Gruppen beginnen, ihre Gruppenaktivitäten in Austausch mit der umgebenden Gesellschaft zu bringen, wird ihr geringes soziales Ansehen als Gruppe schwerstbehinderter psychisch kranker Menschen unübersehbar. Diese Situation in rationaler Distanz zu analysieren, wäre für die Gruppen eine völlige Überforderung. Hauser ist jedoch der Auffassung, dass eine Ignorierung der tatsächlichen Situation eine nachhaltige Aktivierung verhindern würde.

Jetzt ist der richtige Zeitpunkt gekommen, sich der eigenen Erkrankung und ihren bedrückenden Folgen zu stellen. Jetzt kann man es wagen, nicht mehr wegzuschauen. Jetzt steht man dem individuellen sozialen Scherbenhaufen nicht mehr allein gegenüber. Jeder hat vielmehr schon einige Erfahrung damit gemacht, dass trotz der bedenklichen Ausgangslage eine positive soziale Entwicklung als Mitglied der Gruppe möglich ist. Das Eingehen auf alle negativen Gefühle, die sich vor, während und nach der Erkrankung gebildet haben, die Wut auf sich selbst und die Menschen, die nicht unterstützt, vielfach sogar den Schaden unnötig vergrößert haben, muss jetzt in der Gruppe artikuliert werden. Diese Katharsis dient aber nicht der persönlichen Erleichterung, sondern verdichtet den persönlichen Zusammenhang, den jeder mit seiner Gruppe bildet. Jetzt musiziere ich beispielsweise nicht mehr nur, weil mir Musik Erleichterung verschafft und ich mich in der Gruppe voll akzeptiert fühle, jetzt spiele ich auch bei öffentlichen Gelegenheiten, damit sich die Nachbarschaft ein neues Bild von mir, von uns und von psychisch Kranken allgemein machen kann.

„Man sollte darauf achten, dass sich die Empörung der Gruppe kräftig äußert und dass die Katharsis nicht durch oberflächliche Versprechungen oder Kompromisse geglättet wird. Sonst wird sie zu keiner schöpferischen Erfahrung werden können, und die Gruppe wird daraus nicht die notwendige Einsicht gewinnen können, um ihr wahres Ziel zu erfassen, noch die Energien befreien können, ohne die sie sich nicht zu einem dynamischen Ganzen zusammenschweißen kann. Hat die Katharsis sich einmal ereignet (je stärker, desto besser), werden die Gefühle befreit und die Gruppe wird befähigt, sich selbst aus der rein negativen Lage herauszuarbeiten und ihr bald – so hoffen wir – Widerstand zu leisten. Der Durchbruch von der rein negativen zur antinegativen Phase wird zur rechten Zeit geschehen, sobald die Menschen den Schmerz und das Vorurteil, die ihren Geist verwirrten, loswerden und sich nun selbstkritisch prüfen können. An diesem Punkt wird eine Gruppe, angeführt von ihrem eigenen Macht-Führer, in den Vollbesitz ihrer Gefühlskräfte (ein Ergebnis von Empörung) und ihrer intellektuellen Fähigkeiten (ein Ergebnis von Neugier und Zweifel) gelangen. Die bloße Tatsache, eine Katharsis hinter sich zu haben (z.B. den Anfall einer rein negativen Krankheit zu überwinden lernen), setzt sie instand, damit anzufangen, ihren Giften in sich selbst entgegenzuwirken.“[165]

---

[165] Richard und Hephzibah Hauser: ebenda S. 298

Die Notwendigkeit einer Katharsis in Form einer möglichst kräftigen emotionalen Auseinandersetzung mit den Krankheitserfahrungen, ihren Folgen und Voraussetzungen muss im Zusammenhang mit der medizinischen Behandlung gesehen werden, in der sich alle Gruppenmitglieder befinden. Jeder von ihnen hat eine mehr oder weniger starke Vertrauensbeziehung mit einem Arzt, der für die zumeist rein pharmakologische Therapie zuständig ist. Jeder ist damit fortlaufend Einflüssen ausgesetzt, die einmal von den Grundeinstellungen des Arztes zur Krankheit und zu seiner Therapie abhängen, zum andern aber auch von den Medikamenten mit ihren beträchtlichen Nebenwirkungen. Beide Einflussfaktoren werden in starkem Maße von den wissenschaftlichen Grundüberzeugungen geprägt, die aktuell an den deutschen Universitäten und in den wissenschaftlichen Fachgesellschaften gepflegt werden. Betrachten wir beispielhaft die medizinischen Überlegungen zur Entstehung und zur Therapie der Schizophrenie.

Für die Psychiatrie wird der Ausbruch einer schizophrenen Erkrankung umso wahrscheinlicher, je intensiver sich zwei Faktoren begegnen: eine körperlich, eventuell sogar genetisch bedingte erhöhte Verletzbarkeit, die man als „Vulnerabilität" bezeichnet, und persönliche Belastungssituationen, die Stress hervorrufen. Genauere Untersuchungen nach diesem „Vulnerabilitäts-Stress-Modell" haben jedoch ergeben, dass es weder Schizophrenie-spezifische Stressoren gibt, noch sich aus der negativen Qualität eines belastenden Ereignisses ein erhöhtes Risiko zum Krankheitsausbruch ergibt. „Denn äußere und leicht erfassbare Lebensveränderungen, z.B. Tod eines

Angehörigen, Arbeitsplatzverlust usw., müssen nicht zur Erkrankung führen. Einerseits finden sie sich auch bei Gesunden und werden oft nur dann, wenn man später erkrankt, zur subjektiven Krankheitserklärung gesucht und auch gefunden, ohne dass sie zahlenmäßig tatsächlich gehäuft sind. Andererseits haben lebensverändernde Ereignisse u.U. auch manchmal günstige Auswirkungen, z.B. kann der Verlust eines belastenden Arbeitsplatzes auch vorerst hilfreich sein."[166]

Genau betrachtet bewegen sich die Untersuchungen über die Ursachen der Erkrankungen noch sehr in einem „weiten Feld" möglicher Faktoren. Weder kann man sagen, welche körperlichen Voraussetzungen die Vulnerabilität tatsächlich herbeiführen, noch lassen sich die Stresssituationen nach Bedeutungs- bzw. Wirkungsklassen einteilen, die in mehr oder weniger starkem Maße den Krankheitsausbruch bewirken. Auf diesem unklaren Hintergrund erscheint es dann therapeutisch geboten, den Patienten zu empfehlen, jede Art von heftigen Gefühlsausbrüchen zu meiden, da sie leicht zu der schädlichen Sorte von Stress führen könnten. „Katharsis" außerhalb eines strikt therapeutisch kontrollierten Settings erscheint da als wenig geeignetes Instrument, die Stabilität des Patienten zu fördern. Entsprechend wird den Patienten im Rahmen der „Psychoedukation" [167]geraten, Stresssituationen nach Möglichkeit zu meiden.

Auch die medizinische Sicht auf die Schizophrenie-Erkrankten nimmt wahr, dass sie

---

[166] Peter Müller: Therapie der Schizophrenie, Stuttgart-New York: Georg Thieme Verlag 1999, S. 11

[167] Hierzu Peter Müller, ebenda S. 179 ff.

„in der Mehrzahl ledig (sind),
leben häufig allein und
haben oft wenig Kontakt zu anderen Menschen“.[168]

Das heißt, die Patienten leben zumeist weder in einer stabilen Partnerschaft, noch üben sie tatsächlich einen Beruf aus. Jedoch: „Beruf und Partnerschaft sind die wichtigsten Bereiche für

- materielle Lebensmöglichkeiten,
- die soziale Stellung in der Gesellschaft,
- das Selbstwerterleben,
- die Handlungskompetenz,
- das psychosoziale haltende „Netzwerk“ bei Krisen.“ [169]

Will man also die Vulnerabilität senken, braucht man stabile neue Partnerschaften und eine berufliche Tätigkeit, die gesellschaftlich anerkannt ist. Der Weg zu diesen Zielen soll durch sozialpsychiatrische Hilfen gestaltet werden, deren rechtliche und organisatorische Möglichkeiten beschrieben werden, ohne jedoch die entscheidende Frage auch nur zu streifen, wie denn ein Patient mit hoher Vulnerabilität diese Hilfen annehmen soll, da sie doch immer und überall mit der Bewältigung von Belastungssituationen zu tun haben. Da bildet sich schon auf theoretischer Ebene ein fataler Zirkelschluss von Ursache und Wirkung: Schizophrenie entsteht aus einer körperlich bedingten Verletzbarkeit, die mit früheren oder aktuellen Belastungssituationen nicht angemessen umgehen kann. Hierbei gehen

[168] Peter Müller, ebenda S. 127
[169] Ebenda S. 123

entscheidende Rahmenbedingungen für eine Absenkung der Verletzbarkeit, nämlich eine anerkannte Berufsausübung und eine stabile Partnerschaft verloren, die aber trotz sozialpsychiatrischer Hilfen nicht neu aufgebaut werden können, da die hiermit verbundenen neuen Belastungssituationen eher die Verletzbarkeit erhöhen und nicht senken.

Eine sozialtherapeutische Handreichung, wie man aus diesem Verschlimmerungsprozess herauskommen könnte, wird leider nicht gegeben. Das aber macht es schwierig, den von Hauser gezeigten Weg einer gruppenbezogenen Katharsis schlicht für Menschen, die an Schizophrenie erkrankt sind, abzulehnen. Ganz im Gegenteil fördert die offensichtliche medizinische Ratlosigkeit die Bereitschaft eines sozialpsychiatrischen Trägers wie des Albert-Schweitzer-Familienwerkes, auf dem Wege aus diesem Dilemma die Hauserschen Hilfen sehr ernst zu nehmen.

Auch die psychotherapeutische Einzeltherapie, wie sie gerade in Göttingen bei Schizophreniekranken entwickelt wurde, kann ihre Schwierigkeiten nicht leugnen, den Übergang aus der akuten Krankheitsphase in eine Lebenssituation, die von stabiler Partnerschaft und beruflicher Einbindung geprägt ist, ausreichend zu beschreiben. Dieses „Göttinger Stufenmodell“ umfasst folgende Teilschritte:

„1. Krankheitsverarbeitung (Coping-Hilfe)
2. Identifikation von Stressfaktoren und Frühwarnzeichen
3. Bewältigung psychosozialer Krisen
4. Realitätsprüfung fördern (Verbesserung von Ich-Funktionen)

5. Identitätskonturierung fördern, tiefenpsychologische Selbst-Stabilisierung
Ziel: Reduktion der Vulnerabilität“[170]

Von Bleuler stammt die folgende Schilderung: „Was man in der schizophrenen Erkrankung erleidet, ist etwas Unerhörtes: Man erlebt die Hölle und den Himmel, man erlebt, wie man verloren geht, im geistigen Sinne stirbt, wie man ein Anderer, Fremder in alter Gestalt wird. Man wird in seiner sozialen Stellung erschüttert. Man wird in seinem Ansehen, seiner Ehre, in seiner Stellung in Beruf und in der Familie bedroht.“ [171] Menschen, die nach ihrer ersten Erkrankung erneut einen Rückfall erleiden, die nach und nach mit ansehen müssen, wie ihre soziale Existenz nicht nur bedroht ist, sondern in wichtigen Aspekten zusammenbricht, haben nicht nur das Krankheitserleben zu verarbeiten, sondern auch deren Folgen.

Die Göttinger Erfahrungen zeigen, dass die Krankheitsverarbeitung „mehr von persönlichkeitsspezifischen Verarbeitungsstilen ab(hängt) als von Krankheitsvariablen“.[172] Diese Feststellung ist von fundamentaler Bedeutung. Sie bedeutet nichts anderes, als dass die Erkrankung eine von der jeweiligen Person biografisch entwickelte Möglichkeit darstellt, mit Belastungen fertig zu werden. Sie ergibt sich also keineswegs zwingend aus einer

[170] Peter Müller, ebenda S. 156

[171] M. Bleuler: Die schizophrenen Geistesstörungen im Lichte langjähriger Kranken- und Familiengeschichten, Stuttgart-New York: Georg Thieme Verlag 1972, S.53f., zitiert nach Peter Müller, ebenda S. 162

[172] Peter Müller, ebenda S. 164

bestimmten körperlichen Disposition. Sie nutzt lediglich ein körperliches Angebot, könnte sich aber auch anderer körperlicher Ressourcen bedienen. Wenn dies so ist, hat jede Form des Austausches mit dem Patienten, sei sie psychotherapeutisch angelegt oder im Rahmen eines aktivierenden Prozesses, eine Chance, diejenigen Kräfte des Patienten anzuregen, die in der Lage sind, seine künftigen Belastungssituationen anders als durch Ausbildung einer schizophrenen Symptomatik durchzustehen.

Welchen Weg bietet die Göttinger Psychotherapie den Patienten an, um ihnen die für die Verarbeitung der Erkrankungserlebnisse notwendige Selbstsicherheit zu geben? Nach Herstellung einer Vertrauensbeziehung mit dem Patienten wird vom Therapeuten die Frage der Diagnose angesprochen. Es erscheint sinnvoll, dem Patienten das Gefühl zu nehmen, dass er an dem Krankheitsgeschehen eine Mitschuld trägt. Er leidet vielmehr an einer Erkrankung, die von 1% der Bevölkerung geteilt wird und die medizinisch behandelt wird wie andere Krankheiten auch. Hierdurch tritt in der Tat vielfach Erleichterung ein. Schließlich müssen viele Menschen mit der Diagnose Krebs klar kommen und die ist immer mit baldigem Tod bedroht. Da geht es dem an Schizophrenie Erkrankten doch relativ besser.

Welchen Weg gehen wir in diesem rehabilitativen Gruppenprogramm, um den Patienten/Klienten die Möglichkeit zu geben, ihre Krankheitserfahrungen und deren Folgen zu verarbeiten? Wir folgen der medizinisch begründeten Einsicht, dass nicht Krankheitsvariablen die Verarbeitung prägen, sondern die persönlichkeitsspezifischen Verarbeitungsstile. Wir teilen die psychotherapeutische Auffassung, dass jeder betroffene Patient seinen eigenen Weg finden muss, mit diesem seinem Leben fertig zu werden. Auch wir sehen die Notwendigkeit, den Menschen zunächst einmal zu entlasten, ihm seelisch Luft zu verschaffen und damit den Freiraum zu geben, ohne äußeren Druck grässliche Erfahrungen zu verarbeiten.

Unser Weg ist das Aufgreifen von subjektiven Lebensaspekten, die ihm bei anderer Gelegenheit und in anderen Zusammenhängen gute Erfahrungen ermöglicht haben. Wir sagen ihm nicht, dass seine Erkrankung ein ganz normales Leiden darstellt, um das sich die Medizin kümmert. Denn das entspricht nicht der Realität. Die Göttinger Psychotherapie bietet ihren Patienten eine Fiktion an, auf die sich beide Partner einigen. Wir tun jetzt so, als ob Deine Schizophrenie allein eine körperliche Seite hätte, die wir mit Medikamenten wieder zum Funktionieren bringen.

Natürlich haben Fiktionen Wirkungen und dienen in vielen Zusammenhängen als Handlungsorientierungen. Es kann daher kein Zweifel bestehen, dass diese Vorgehensweise zur Erleichterung bei vielen Betroffenen führt. Doch wie komme ich aus dieser Fiktion wieder in die Realität zurück, wenn ich beispielsweise wahrnehme, dass meine soziale Umgebung die ganz andere Auffassung bevorzugt, dass nämlich überwiegend persönliche Eigenschaften die Krankheit verursacht haben? Hat die Medizin versagt, wenn mein Arbeitgeber meint, dass ich für die berufliche Tätigkeit nicht belastungsfähig genug bin? Wie will die Therapie ihr fiktives Versprechen einlösen, die persönlich geprägte Problematik pharmakologisch aufzulösen?

„Nachdem mit dem Patienten über Psychose-Rezidive und erhöhte Vulnerabilität gesprochen werden kann, sind die Voraussetzungen von Rückfällen zu erörtern. Individuelle Stressfaktoren müssen im Einzelfall identifiziert werden: Welche gingen früher einer Psychose voraus und können damit auch später eventuell Rezidive auslösen, wenn Stressoren stärker wirken als neuroleptischer Schutz."[173]

Bei dem Versuch, Rückfällen vorzubeugen, die – wie der Therapeut natürlich weiß - durch die pharmakologische Therapie allein nicht verhindert werden können, muss man nun von der reinen Fiktion abrücken, dass alles rein körperlich bedingt sei. Um aber das vorher mit dem Patienten gefundene Erklärungsschema nicht grundsätzlich zu verlassen, wird von den realen Belastungssituationen wie beispielsweise der Partnerlosigkeit jener situative Teil abgespalten, der dann als Stressfaktor bezeichnet werden kann. Besuchen Sie nicht wie früher die Veranstaltungen des örtlichen Tanzclubs, weil sie dann in die Gefahr geraten, wegen fehlender Partnerin nicht mitmachen zu können. Was Sie in männlicher Gesellschaft ohne Schwierigkeiten, im Alleinsein zu Hause mit Hilfe der Medikamente so gerade noch verkraften, bricht in dieser typischen Begegnungssituation mit einer Frau möglicherweise über Sie zusammen. Meiden Sie also diesen Stressfaktor.

Mit der Identifikation von Stressfaktoren und Frühwarnzeichen wird die Fähigkeit des Patienten trainiert, besonders belastende situative Aspekte seiner

[173] Peter Müller, ebenda S. 166

bedrückenden Lebenslage herauszufinden, die zu erleben eine persönliche Katharsis auslösen könnten mit hoher Gefahr einer Dekompensation. Auch diese Lebenstechnik kann dazu beitragen, den betroffenen Menschen längere Zeit in einer Bewusstseinslage zu halten, die keiner neuen schizophrenen Symptome bedarf. Doch kann das eine langfristige Perspektive für den Betroffenen sein? Geht es ihm nicht darum, sein Leben nach der bedrückenden Krankheitserfahrung psychisch wie sozial so neu zu strukturieren, dass er wirklich befriedigende Lebensziele angehen kann? Dieses Ziel bedarf jedoch neuer Erfahrungen, die das Selbstwertgefühl steigern und die mit Menschen gemeinsam herbeigeführt werden, die sich als Gruppe der Krankheit und ihren Folgen stellen wollen.

„Die beiden vorhergehenden Stufen Krankheitsverarbeitungshilfe und Identifikation von Stressfaktoren und Frühwarnzeichen gehören zu jeder Nachsorge, auch wenn sie nur befristet zeitaufwendige Gespräche vorsieht und ansonsten eine langfristige medikamentöse Rezidivprophylaxe im Vordergrund stehen soll.“ [174] Aus diesem Grunde ist es wichtig, sich im Rahmen des Gruppenprogramms mit dieser Einflussnahme zu beschäftigen. Auch wenn die Klienten nur noch pharmakologisch begleitet werden, so kommt es doch mindestens einmal im Quartal zu einem ärztlichen Kontakt. Hierbei erschöpft sich die Kommunikation zwar sehr oft in der Erörterung der Wirkung und Verträglichkeit der verordneten Medikamente, doch berichtet der Klient verständlicherweise auch von anderen wichtigen

[174] Peter Müller, ebenda S. 170

Lebensereignissen und erfährt dabei zumindest eine kurze Kommentierung des Gesprächspartners.

Nach den vorliegenden Erfahrungen handelt es sich bei den Klienten durchgehend um Menschen, deren Gesundheitszustand schon längere Zeit instabil ist, so dass sie häufiger Rückfallsituationen zu überstehen hatten. Da sie durchgehend gesetzlich versichert sind, kommt für sie schon aus Kostengründen keine längeren psychotherapeutischen Behandlungen in Betracht. Sie würden in der Regel 3 – 5 Jahre benötigen mit Gesprächsintervallen zwischen einer Woche und einem Monat. Aus diesem Grunde konnten wir darauf verzichten, uns mit den weiteren drei Stufen des Göttinger Stufenmodells der „langfristigen strukturierenden Psychotherapie“ auseinanderzusetzen. Sie wird nach den bisherigen Erfahrungen keinen Einfluss auf die in das Programm einbezogenen Klienten ausüben.

Kapitel 10.4 Aktivierung und Hilfebedarf

Weshalb begegnet uns der Begriff „Aktivierung“ so selten in therapeutischen und medizinischen Zusammenhängen? Der Grund hierfür dürfte in der Symptombezogenheit des Denkens und der therapeutischen und rehabilitativen Arbeit zu suchen sein. „Aktivierung“ setzt voraus, dass etwas im Menschen vorhanden ist, das es wert ist, lebendig gemacht zu werden. Es wird niemand leugnen, dass sich diese inneren oder äußeren Werte finden lassen, doch sie stehen nicht im Fokus der Betrachtung. Bei der Behandlung von erkrankten Menschen geht es immer um die Krankheit, woran man sie erkennt, wie man die Erkennungszeichen bestimmten Krankheitsbildern zuordnet und wie man sie heilt oder doch zumindest bessert. Immer geht es um Symptome, die man keineswegs „aktivieren“ möchte. Und wenn Symptome „produktiv“ sind, dann ist das äußerst bedenklich.

Dabei ist der Gedanke keineswegs fremd, dass letztlich die „aktivierten“ Seiten der menschlichen Einheit von Körper und Seele dafür verantwortlich sind, wenn sich der Krankheitszustand des Patienten bessert. Das einzelne therapeutische Mittel wirkt nur im Zusammenhang mit der Ganzheit der betroffenen Persönlichkeit in seinem Lebenszusammenhang. Egal ob ein Medikament verabreicht, ein gutes Gespräch geführt oder eine innige menschliche Zuwendung erfahren wurde, erst die funktionierenden Teile des körperlichen und psychischen Stoffwechsels sorgen dafür, dass die Therapie die beabsichtigte Wirkung erzielen kann. Es ist eine allgemein anerkannte Binsenwahrheit, dass die Aktivierung der gesunden Teile des erkrankten Menschen für seine Besserung unerlässlich ist. Und dennoch beschäftigt sich die Wissenschaft nur am Rande mit der Frage, wie man diese Aktivierung methodisch verbessern könnte.

Die Gründe hierfür sind nur teilweise bei der Wissenschaft selbst zu suchen, auch ihre gesellschaftlichen Rahmenbedingungen tragen hierzu bei. Betrachten wir zunächst die rechtlichen Gegebenheiten in Deutschland:

Im Sozialgesetzbuch V geht man zunächst von einer sehr weit gefassten Beschreibung des Aufgabenfeldes aus: „Die Krankenversicherung als Solidargemeinschaft hat die Aufgabe, die Gesundheit der Versicherten zu erhalten, wiederherzustellen oder ihren Gesundheitszustand zu bessern. Die Versicherten sind für ihre Gesundheit mit verantwortlich, sie sollen durch eine gesundheitsbewusste Lebensführung, durch frühzeitige Beteiligung an gesundheitlichen Vorsorgemaßnahmen sowie durch aktive Mitwirkung an Krankenbehandlung und Rehabilitation dazu beitragen, den Eintritt von Krankheit und Behinderung zu vermeiden oder ihre Folgen zu überwinden."[175] In diesen beiden Eingangssätzen des Gesetzes wird nicht weniger als fünf Mal von „Gesundheit" und nur zwei Mal von „Krankheit" gesprochen.

Doch wenn es dann um die Leistungsarten geht, die von den Krankenkassen erwartet werden können, taucht der Begriff „Gesundheit" nicht ein einziges Mal mehr auf. Bestenfalls wird von „"Verhütung von Krankheit" gesprochen.[176] Aber diese Art von Verhütung setzt den Bezug zu einer bestimmten Krankheit bereits voraus. Liegen alle statistischen Voraussetzungen für eine bestimmte Erkrankung vor (Übergewicht, Rauchen, keine ausreichende Bewegung, Bluthochdruck), dann kann man Leistungen zur Vorbeugung der drohenden Herz-Kreislauf-Erkrankung erwarten (Beiträge zu einem Bewegungstraining, zum Raucherentwöhnungskurs). Wenn es um die konkrete Leistung der Krankenkassen geht, ist von krankheitsunabhängiger „Erhaltung der Gesundheit" keine Rede mehr.

---

[175] § 1 Abs. 1 SGB V

[176] § 11 Abs. 2 SGB V

Die konkrete, vom Arzt festgestellte „Krankheit“ ist das Maß aller Dinge. Sie gilt es keineswegs zu „aktivieren“, sondern ganz im Gegenteil zu bekämpfen. „Alle am Gesundheitssystem Beteiligten führen den Begriff der Gesundheit im Munde, können aber nicht sagen, was sie damit meinen.“[177]

Diese gesetzlichen Rahmenbedingungen werden noch durch wirtschaftliche Interessen verstärkt. Eine ganz bedeutende Rolle fällt dabei den gesetzlichen Krankenkassen zu. Ihnen stehen jedes Jahr Finanzmittel in einer Höhe von rund € 160,9 Mrd. zur Verfügung[178], die sie nach den Vorgaben des SGB V zu bewirtschaften haben. Durch die Bindung des Kassenhandelns an die gesetzlichen Vorgaben schlagen die eben beschriebenen rechtlichen Bedingungen voll auf die Leistungsvergütungen aller am Behandlungsprozess Beteiligten durch. Geld gibt es im wesentlichen Umfang nur für Behandlungsleistungen, die sich an Krankheitssymptomen orientieren und sich danach bewerten lassen, wie sie die Symptomatik abbauen. Die Aktivierung von gesunden Persönlichkeitsanteilen kann in der unbedeutenden Nische der „Prophylaxe“ ein kümmerliches Dasein fristen. Als zentrales Behandlungselement taugt es nicht, weil es bisher nicht möglich ist, der Überwindung bestimmter Krankheitssymptome genau definierte Aktivierungsschritte zuzuordnen.

Diese Zuordnung wird möglicherweise nie möglich sein, weil die Aktivierung gesunder Kräfte eine andere

---

[177] Markus Köhl: Zehn Thesen zur Krise der Gesundheitssysteme, CoMed 05/2011, S. 50

[178] Laut Statischem Bundesamt im Jahre 2009

Beeinflussungsebene des körperlich-psychischen Gesamtkomplexes anspricht als jene, in der das einzelne Krankheitssymptom entstanden ist. Man kann beispielsweise eine starke depressive Symptomatik in Zusammenhang bringen mit lang andauernden Stressfaktoren. Sie sind im Rahmen eines anspruchsvollen Studiums und angstvoll erlebten Prüfungen im Kontext mit einem hohen Anspruchsniveau des Betroffenen selbst und seiner engsten Bezugspersonen entstanden. Vielleicht besitzt der Patient zusätzlich auch eine körperlich bedingte Grunddisposition zur Austragung der entstehenden Konflikte in Form depressiver Symptome. Im Verlauf der psychosozialen Therapie könnte sich herausstellen, dass die Zuwendung zu künstlerischen Tätigkeiten einen starken Abbau der Symptomatik und eine Neuorientierung der Lebensentwicklung ermöglicht. Doch wird man wissenschaftlich allergrößte Schwierigkeiten haben, einen direkten Zusammenhang zwischen beiden Phänomenen herzustellen. Es ist sogar nicht auszuschließen, dass sich zwischen beiden Seiten des gegebenen Zusammenhangs nie eindeutige kausale Wirkungsketten beschreiben lassen. Man erkennt die erzielten Veränderungen, doch könnte man weder bei einer anderen Patientin, noch bei derselben Patientin im Falle eines Rückfalles sicher voraussagen, dass sich der einmal erlebte Zusammenhang wieder herstellen ließe.

Doch bedarf es dieser eindeutigen Kausalketten überhaupt, um ein wirkungsvolles Gesundheitswesen aufzubauen und wirtschaftlich zu unterhalten? Hat das jetzt bestehende System jemals den Beweis geführt, dass es die beste Methode gefunden hat, die zur Verfügung stehenden wirtschaftlichen Möglichkeiten optimal für die Bevölkerung einzusetzen? Diese Frage muss man schon aus diesem Grunde verneinen, weil diese Frage noch nie ernsthaft gestellt worden ist. Und auch diese Darstellung des Gruppenprogramms wird sich nicht vornehmen, diese Frage – sei sie auch noch so wichtig – ernsthaft zu untersuchen.

Auch das Sozialgesetzbuch XII widmet sich der „vorbeugenden Gesundheitshilfe: Zur Verhütung und Früherkennung von Krankheiten werden die medizinischen Vorsorgeleistungen und Untersuchungen erbracht, wenn ohne diese nach ärztlichem Urteil eine Erkrankung oder ein sonstiger Gesundheitsschaden einzutreten droht."[179] Also auch hier nur die Erhaltung der Gesundheit unter dem Definitionsdiktat einer konkreten drohenden Erkrankung.

Ist die Erkrankung eingetreten, und hat sie sich durch ihre Dauer und ihre sozialen Auswirkungen zu einer „Behinderung" entwickelt, treten die Voraussetzungen für die Gewährung von Eingliederungshilfe ein. Zu ihren Aufgaben gehört, den von Behinderungen betroffenen Menschen „die Teilnahme am Leben in der Gemeinschaft zu ermöglichen oder zu erleichtern, ihnen die Ausübung eines angemessenen Berufs oder einer sonstigen angemessenen Tätigkeit zu ermöglichen".[180] Mit dieser Zielsetzung verlässt die Eingliederungshilfe die engen Grenzen der Krankenhilfe. Hier wird ganz eindeutig auf die Kräfte gesetzt, die sich neben Krankheit und Behinderung im Betroffenen erhalten haben. Behinderte haben nicht nur ein Menschenrecht auf Teilhabe und Selbstverantwortung, sondern der

---

[179] § 47 SGB XII
[180] § 53 Abs. 3 SGB XII

Gesetzgeber hält sie ganz offensichtlich auch für grundsätzlich fähig, eigene Potenziale unter dieser Zielsetzung zu aktivieren.

Diese andere Sicht auf die Betroffenen drückt sich auch bei der Beschreibung der Leistungen aus, die von der Eingliederungshilfe erbracht werden. Hier ist ausnahmslos von „Hilfe" die Rede.[181] Während im Gesundheitswesen der Arzt und seine Helfer einen großen Teil der Verantwortung für die Behandlung übernehmen, und der Patient lediglich „mit"-verantwortlich gemacht wird, steht der Behinderte in voller und ungeteilter Verantwortung für sich selbst und seine Entwicklung. Die Leistungen nach SGB XII helfen ihm bei seinen eigenen Bemühungen, ohne ihn durch diese Hilfe aus seiner Verantwortung zu entlassen.

Auf diesem rechtlichen Hintergrund ist es folgerichtig, wenn die Eingliederungshilfe versucht, diese „Hilfe" bei aller Individualität doch verwaltungstechnisch operationalisierbar zu machen, so dass allgemein anwendbare Hilfe-Kategorien entstehen. Nur so kann man zurzeit der rechtlichen Notwendigkeit entsprechen, die einzelnen Hilfsmaßnahmen nachvollziehbar, untereinander vergleichbar und auch gerichtlich überprüfbar zu machen. Kernbegriff der Umsetzung der Eingliederungshilfe wird der „Hilfebedarf" des behinderten Menschen.

Der Hilfebedarf als Arbeitsprinzip lenkt den Blick auf die Defizite der betroffenen Klienten. Das gilt nicht nur für die Mitarbeiter bei den Kostenträgern, sondern auch für diejenigen, die wesentlich dazu beitragen sollen, den

[181] § 57 SGB XII

Zustand der Hilfsbedürftigkeit zu überwinden. Denn die Eingliederungshilfe richtet sich bisher nur indirekt an die Menschen mit dem Hilfebedarf selbst. Sie kommt direkt jenen Leistungserbringern zugute, die sich zur Aufgabe gemacht haben, die Betroffenen bei der Überwindung ihrer Defizite zu unterstützen.

Diese indirekte Form der Hilfegewährung sollte durch die Einführung des „Persönlichen Budgets“ überwunden werden. Dies ist bis heute nicht wirklich gelungen. So beherrschen nach wie vor Leistungserbringer das Feld der Hilfegewährung und beeinflussen auch die Hilfeplanverfahren. Viele Kostenträger sahen sich deshalb genötigt, eigenes sozialpädagogisches Personal zu beschäftigen, um sich mit den Leistungserbringern besser auseinandersetzen zu können.

Die Hilfeplanverfahren verteilen die Betroffenen auf die am Ort angebotenen „Maßnahmen“. Da hierbei zunehmend zwischen den angebotenen Maßnahmen differenziert wird, fällt es in der Selbstwahrnehmung der Beteiligten relativ leicht, dies als „personenorientiert“ aufzufassen. Die Kostenträger beklagen, dass trotz aller Differenzierungen zu wenige Wirkungen in dem Sinne entstehen, dass die Hilfemaßnahmen zu einer größeren Selbständigkeit der Betroffenen führen, die sie unabhängiger macht von der Eingliederungshilfe.

Die Gründe für diese problematische Entwicklung sind im Nachrichtendienst des Deutschen Vereins von Petra Gromann und Gerhard Kronenberger dargestellt worden: „Fehlende individuelle Sinnhaftigkeit und Zukunftsorientierung von Maßnahmen sind für Betroffene deutliche Barrieren bei der Akzeptanz von

Hilfen und der Motivation, sich selbst zu beteiligen. Die Frage des Wohlverhaltens in der Gruppe wird zu einem zentralen Bezugspunkt für die Konzeptionierung von Hilfen und die Ausgestaltung von Gruppenregeln. Biografische Probleme von Klienten werden zur Begründung für den erforderlichen Umfang professioneller Hilfen (Ausmaß von Behinderung als Begründung für umfassende und verrichtungsorientierte Angebote). Lebensgeschichte und traumatische Erfahrungen werden so nicht zum Anlass für die gezielte Unterstützung der eigenen Lebensbewältigung, sondern dienen lediglich als Begründung für ein umfassendes Standardangebot von Hilfen."[182]

Die ersten Erfahrungen bei der Programmentwicklung haben gezeigt, dass einer verstärkten Selbstbestimmung und einer besseren Teilhabe an gesellschaftlichen Prozessen neben den Problemen der Hilfegewährung vor allem die apathische Grundhaltung der Betroffenen entgegensteht. Es fehlt die soziale Erfahrung, dass eigene Anstrengungen eine Verbesserung des eigenen Lebens und seiner Rahmenbedingungen bewirken können. Es fehlt das Zutrauen, dass Lebensziele erreichbar sind. Die eigene besonders durch die psychische Erkrankung bestimmte Wirklichkeit erscheint nur so ertragbar, indem man neue Ziele erst gar nicht in den Blick nimmt. Dies ist auch ein wesentlicher Grund dafür, dass ohne ständige intensive Assistenz das „Persönliche Budget" nicht in Gang kommt.

Die Lebenswirklichkeit der Betroffenen besteht aus Anpassungsprozessen an Behandlungs- und

[182]Petra Gromann, Gerhard Kronenberger: Eingliederungshilfe und Wirkungsorientierung, NDV Mai 2011, S. 217

Betreuungsmaßnahmen, die allein schon sehr schwer fallen. Doch wenn die hierbei tätig werdenden Betreuer ihre Maßnahmen so gestalten, dass sie auf die Anpassungsprobleme der Betroffenen ausreichend Rücksicht nehmen, sind sie in der Lage, den vorgefundenen Zustand langfristig zu stabilisieren. Wenn dies gelingt, treten zwischen Betroffenen und Betreuern nur geringe Spannungen auf. Dies hat sich auch bei den Erstgesprächen mit den Klienten gezeigt. Es fehlten manifeste Äußerungen darüber, dass man sich nicht ausreichend unterstützt fühlt. Dies ist ein ganz wesentlicher Grund dafür, dass die derzeitige Praxis der Hilfegewährung im Kreis der Betroffenen auf wenig Widerstand stößt. Gerade Konflikte und Spannungen, aus denen heraus die Betroffenen Widerspruch und eigene Interessen formulieren könnten, fehlen.

Doch diese „Ruhe“ drückt lediglich Apathie aus, nicht Akzeptanz. Dies ist ein ganz entscheidender Aspekt, den man bedenken und berücksichtigen muss, wenn an eine ernsthafte Reform der Eingliederungshilfe gedacht wird. Die Anpassung an die angebotenen Maßnahmen bedeutet für jeden einzelnen Betroffenen schon eine große Leistung. Gelingt sie, gibt sie ihm Sicherheit und Stabilität. Er wird sich gegen eine Veränderung solange wehren, wie ihm nicht überdeutlich wird, dass von jetzt an tatsächlich an seinen eigenen Erfahrungen, Einstellungen und Bedürfnissen angesetzt werden soll. Dann allerdings ist er zu einer aktiven Mitwirkung bereit.

Wenn die Betreuungsmaßnahmen insbesondere bei psychisch Behinderten den Grundgedanken des Hilfebedarfes auch zum Ausgangspunkt der Bemühungen machen, diesen zu überwinden, werden sie aus den dargelegten Gründen ihre Ziele nur unzureichend erreichen können. Denn die betroffenen Menschen benötigen angesichts ihrer apathischen Grundhaltung neue Erfahrungen, die nicht von ihrem Hilfebedarf geprägt sind, sondern von ihren Entwicklungsfähigkeiten. Der Hilfebedarf ist die Grundfrage der Gewährung öffentlicher Mittel, aber nicht Ausgangspunkt einer Aktivierung der noch verbliebenen sozialen Fähigkeiten, den Zustand der Hilfsbedürftigkeit zu überwinden. Es braucht ab dem Zeitpunkt, an dem der Hilfebedarf definiert ist, einen weiteren Schritt, der umschaltet vom „Hilfebedarf" auf „Aktivierung".

Diese Aktivierung ist möglich, weil Menschen in der Lage sind, „in ihrem Innern Potentiale anzulegen und bereitzuhalten, die zunächst noch keine praktische Bedeutung für die Lebensbewältigung haben. Ein Potential ist ja etwas, was nur als Möglichkeit angelegt, aber noch nicht als Merkmal ausgebildet ist. Deshalb ist es so schwierig, die in einer Lebensform angelegten Potentiale zu erkennen. Sie treten erst dann zutage, wenn sie irgendwann einmal tatsächlich zur Herausbildung bestimmter Strukturen oder Fähigkeiten genutzt werden. Wenn sie also zur Entfaltung gekommen sind."[183]

Der Zugriff auf diese Potenziale ist nur dem Betroffenen selbst möglich. Dies kann er nicht bewusst vollziehen, denn er kennt seine eigenen Potenziale nicht ausreichend genug. Er muss sich in eine neue Lebenssituation begeben, welche diese Potenziale anspricht. Dieser Schritt ist ihm vor allem dann möglich, wenn er von ihm einen Lustgewinn erwartet. Deshalb die

[183] Gerald Hüther, a.a.O. S. 70/71

Frage des „Aktivierenden Gespräches“ nach seinen persönlichen Interessen. Wenn sich die Umsetzung seines Interesses nach lustvoller Betätigung mit der Möglichkeit verbindet, hierbei in Gemeinschaft mit Anderen zu sein, entsteht eine Situation, die vorhandene Potenziale aktiviert.

Die praktischen Möglichkeiten der Aktivierung soll durch folgendes Beispiel erläutert werden:

Ein Wohnheimbewohner bittet vor Beginn der Fußballweltmeisterschaft seine Betreuer, ihm ständig Zugang zu den Fernsehübertragungen der Spiele zu gewährleisten. Ferner brauche er wie gewohnt seine Medikamente und seine Mahlzeiten. Auf alle weiteren betreuerische Maßnahmen möchte er für die Dauer der Weltmeisterschaft verzichten. Unter Beachtung des Selbstbestimmungsrechtes des Betreuten würde sich also der Hilfebedarf für diesen Zeitraum deutlich verringern. Er würde nach Beendigung der Sportereignisse wieder ansteigen, weil die dem Bewohner ganz wichtige und damit auch wirksame Ablenkung von den alltäglichen Problemen nicht mehr zur Verfügung steht.

Wenn „Hilfebedarf“ die Grundlage der sozialpsychiatrischen Arbeit im Heim bildet, wird man dem Wunsch des Betreuten entsprechen und sich über wenig beanspruchende Betreuung während dieser Zeit freuen. Bildet „Aktivierung“ die Grundlage der Arbeit wird man sich über das offensichtlich starke Interesse des Betreuten an Fußball und an der Weltmeisterschaft freuen. Man wird ihn aber nicht in der Lethargie des Fernsehkonsums allein verharren und hierdurch weiter seine Apathie pflegen lassen, sondern ihn zu motivieren versuchen, für das Mitverfolgen der Fußballspiele die Gemeinschaft mit weiteren fußballinteressierten Betreuten zu suchen. Man wird die Idee aus diesem Kreis (oder ähnliche Vorschläge) unterstützen, dem gemeinsamen Schauen durch die Vorhersage der Spielergebnisse etwas mehr Würze (und damit mehr sozialen Austausch) zu geben. Vielleicht bildet sich in der Tagesstätte einige Kilometer weiter weg ein ähnlicher Zuseherkreis, mit dem man die Vorhersage der Spielergebnisse austauschen kann.

Dann entschließen sich die Beteiligten, gemeinsam als Gruppe eine „Public-Viewing“-Übertragung in der Stadt zu besuchen. Die Stimmung dort ist so ansteckend, dass man eine weitere Übertragung draußen mitmacht, zu der man vorher auch die ambulant betreuten Klienten aus der Stadt eingeladen hat. Noch während der Weltmeisterschaft entdeckt man, dass einige Gruppenteilnehmer auch am Bundesliga-Fußball interessiert sind. Einige verfolgen die Spiele von Hannover 96 mit großer Sympathie. So entsteht der Plan, nach der Weltmeisterschaft gemeinsam die Spiele dieses Clubs am Fernsehen zu verfolgen. Hierzu muss man jedoch, weil der Fernseher im Wohnheim dies nicht hergibt, zur Übertragung ein bestimmtes Lokal in der Stadt aufsuchen.

Dort trifft man auf einen örtlichen Fan-Club, der die Gruppe mit Freundlichkeit willkommen heißt. Damit überschreitet der Heimbewohner, der eigentlich nur in Ruhe Fußballspiele im Fernsehen mitverfolgen wollte, bereits seinen gewohnten Sozialraum „Behindertenheim“, trifft sich regelmäßig mit nicht behinderten Menschen, mit denen ihn das Fußballinteresse verbindet. Beziehungen entstehen, aus denen sich auch weitere gemeinsame Unternehmungen entwickeln können. Ein Eingliederungs-Prozess hat begonnen, der laufender behutsamer Unterstützung bedarf, damit er nicht bei der ersten Krise abrupt endet.

Wenn es nicht nur um Hilfebedarf geht, sondern auch um Aktivierung, dann ist ein persönlicher Impuls nicht nur Ausdruck von Selbstbestimmung, sondern potentieller Ausgangspunkt eines Prozesses, bei dem der hilfsbedürftige Mensch seine eigenen Teilhabemöglichkeiten entdeckt. Ganz sicher wäre in diesem Beispiel der Betroffene und seine Betreuer im Rahmen des Hilfeplanverfahrens außerstande gewesen, die Fußballbegeisterung als Ausgangspunkt eines Aktivierungsprozesses zu sehen, in den er seine (ihm möglicherweise gar nicht mehr bewussten) Potenziale einbringt, und die ihm im Verlaufe des Prozesses zu einer deutlichen Verbesserung der gesellschaftlichen Teilhabe verhelfen wird. Dies kann das Hilfeplanverfahren nicht leisten.

Die Umschaltung von „Hilfebedarf" auf „Aktivierung" wird eingeleitet durch die Aktivierenden Gespräche. Sie geben Hinweise auf jene Lebensthemen, zu denen die Betroffenen eigene Energien einbringen könnten. Nach diesen Gesprächen wird es möglich sein, einen ersten „Aktivierungsplan" zu erstellen, der mit dem „Hilfeplan" korrespondiert, aber ganz andere Akzente setzt.

Aktivierende Gruppen zu den bei den Gesprächen herausgefundenen Themen bilden den sozialen Rahmen, erste Erfolge in Bezug auf Gruppenziele zu erreichen. Sie öffnen sich schon beim ersten Schritt für Menschen, denen man bisher noch nie begegnet ist. Das hohe Maß an Selbstbestimmung in diesen Gruppen macht jede Gruppenaktivität zu einem Erleben, an dem die Mitwirkenden hohen persönlichen Anteil haben. Persönliche Fortschritte werden mit der positiven Gruppenentwicklung identifiziert. Damit wird der Betreute wieder an sozialen Prozessen interessiert. Er macht die Erfahrung, dass er individuell bedeutsame Ziele erreichen kann, wenn er sich mit anderen Menschen zusammentut.

Solange die Rehabilitation von psychisch kranken Menschen zwischen den Systemen der Krankenkassen (medizinische Rehabilitation), Bundesagentur für Arbeit (berufliche Rehabilitation) und der Sozialhilfe (soziale Rehabilitation) aufgeteilt ist, wird es verständlicherweise lange dauern, bis die praktischen Erfahrungen aus diesem Gruppenprogramm auch die übrigen Partner im Rehabilitationsprozess interessieren wird. Am ehesten werden es die Kranken selbst sein, die es leid sind, sich von Fachleuten behandeln zu lassen, die ganz unterschiedlichen Leitideen und praktischen Konzepten verbunden sind. Es kann erwartet werden, dass es vor allem die Absolventen dieses Gruppenprogramms sein werden, die eine Verbesserung des Behandlungssystems insgesamt erwarten.

Kapitel 11 Danksagung

Es sind in erster Linie die KlientInnen/PatientInnen, die dieses Gruppenprogramm aktiv mitgestaltet haben, denen der Autor zu großem Dank verpflichtet ist. Ohne die ständige Ermutigung, die von ihrem Mitmachen ausging, wäre dieser Ansatz schon in einem frühen Zeitpunkt stecken geblieben.

Dank gebührt allen MitarbeiterInnen, die als Moderatoren eigene Verunsicherung nicht gescheut haben, sondern mit ihrem ganz persönlichen Engagement viele wertvolle Beiträge zur Gestaltung des Programms eingebracht haben. Es ist zu einer wirklichen Teamleistung gekommen, wobei jede KollegIn in der Besonderheit einer Gruppensituation sehr oft ganz allein auf sich gestellt den richtigen und damit aktivierenden Weg finden musste.

Der Dank des Autors gilt der Leitung des Albert-Schweitzer-Familienwerkes in Uslar, dem Geschäftsführer Martin Kupper und der besonders verantwortlichen Einrichtungsleiterin Birgit Breukel-Longheu, die von Bad Gandersheim aus dieses Programm-Schiff lenkte, das immer wieder in völlig unbekannte Gegenden vorzustoßen versuchte. Sie hat mit persönlich hohem Einsatz erreicht, dass dieses Gruppenprogramm nach Auslaufen der Förderung durch das niedersächsische Sozialministerium vom Landkreis Northeim weiter finanziert werden konnte.

Der Dank gilt daher auch den für die Finanzierung der Programmentwicklung Verantwortlichen des Sozialministeriums in Hannover, insbesondere dem leider schon verstorbenen Abteilungsleiter Dr. Schöpfer und seiner Referatsleiterin Astrid Fennen. Der Autor ist dabei auch Herrn Ralf Thalacker vom Sozialamt des Landkreises Northeim zu großem Dank verpflichtet, der maßgebenden Anteil daran hatte, dass dieses

Programm das Ende der Förderung durch das Ministerium überlebt hat.

Literaturliste

Amering, Michaela, Margit Schmolke: Recovery – Das Ende der Unheilbarkeit, Bonn: Psychiatrie-Verlag 2007

Antonovsky, Aaron: Salutogenese – Zur Entmystifizierung der Gesundheit, Tübingen: Deutsche Gesellschaft für Verhaltenstherapie 1997

Beck, Ulrich: Risikogesellschaft. Auf dem Weg in eine andere Moderne, Frankfurt am Main: Edition Suhrkamp 2015

Bellebaum, Alfred: Gemeinschaft und Gesellschaft – eine Analyse ihres theoretischen Gehalts, in Soziologisches Jahrbuch 4.1988-I, Trento: Università degli Studi di Trento, Dipartimento die Teoria, Storia e Ricerca Sociale 1989

Bergmann, Frithjof: Neue Arbeit, neue Kultur, Freiamt: Arbor-Verlag 2004

Bericht über die Lage der Psychiatrie in der Bundesrepublik Deutschland, Bonn: Deutscher Bundestag, Drucksache 7/4200 1975

Bettelheim, Bruno: Der Weg aus dem Labyrinth. Leben lernen als Therapie, München: Deutscher Taschenbuch Verlag 1989

Bowlby, John: Das Glück und die Trauer. Herstellung und Lösung affektiver Bindungen, Stuttgart: Klett-Cotta 2001

Cohn, Ruth C.: Von der Psychoanalyse zur themenzentrierten Interaktion, Stuttgart: Klett-Cotta 1988

Dahlhoff, Günther: Banken in der Krise: Niedergang mit System, Marburg: Tectum-Verlag 2014

Deister A.: Milieutherapie, in: Möller H-J, Laux G, Kapfhammer H-P (Hrsg.): Psychiatrie und Psychotherapie, Berlin, Heidelberg: Springer-Verlag 2003

Deutsche Gesellschaft für Psychiatrie, Psychotherapie und Nervenheilkunde (Hrsg.): S3-Leitlinie Psychosoziale Therapien bei schweren psychischen Erkrankungen, Berlin, Heidelberg: Springer-Verlag 2013

Dietz, Martin, Peter Kupka, Philipp Ramos Lobato: Acht Jahre Grundsicherung für Arbeitssuchende, Strukturen – Prozesse – Wirkungen, Nürnberg: Institut für Arbeitsmarkt- und Berufsforschung 2013

Flusser, Vilém: Kommunikologie, Frankfurt am Main: Fischer Taschenbuch Verlag 1998

Flusser, Vilém: Kommunikologie weiter denken – Die Bochumer Vorlesungen, Frankfurt am Main: S. Fischer 2009

Gadamer, Hans-Georg: Heidegger und die Sprache, in: Peter Kemper (Hg.): Martin Heidegger – Faszination und Erschrecken. Die politische Dimension einer Philosophie, Frankfurt/New York: Campus Verlag 1990

Gadamer; Hans-Georg: Über die Verborgenheit der Gesundheit, Frankfurt am Main: Suhrkamp Verlag 1993

Geyer, Dietrich: Trübsinn und Raserei. Die Anfänge der Psychiatrie in Deutschland, München: Verlag C.H.Beck 2014

Gromann, Petra, Gerhard Kronenberger: Eingliederungshilfe und Wirkungsorientierung, NDV Mai 2011

Grohmann, Petra, Manfred Cramer, Reinhard Peukert: Online-Lehreinheit IBRP, www. ibrp-online.de

Hauser, Richard und Hephzibah: Die kommende Gesellschaft. Handbuch für soziale Gruppenarbeit und Gemeinwesenarbeit, München: Pfeiffer Verlag 1971

Hüther, Gerald: Etwas mehr Hirn, bitte, Göttingen: Vandenhoeck & Ruprecht 2015

Karas, Fritz, Wolfgang Hinte: Studienbuch Gruppen- und Gemeinwesenarbeit. Neuwied/Frankfurt am Main: Luchterhand Verlag 1989

Keysers, Christian: Unser empathisches Gehirn – Warum wir verstehen, was andere fühlen, München: C. Bertelsmann Verlag 2013

Klages, Ludwig: Grundlegung der Wissenschaft vom Ausdruck, Bonn: H. Bouvier u. Co. Verlag 1950

Klein, Naomi: No Logo! - der Kampf der Global Player um Marktmacht – ein Spiel mit vielen Verlierern und wenigen Gewinnern, München: Riemann Verlag 2001

Köhl, Markus: Zehn Thesen zur Krise der Gesundheitssysteme, CoMed 05/2011

Kolb, G.: Die offene psychiatrische Fürsorge, in: O. Bumke, G. Kolb, H. Roemer, E. Kahn: Handwörterbuch der psychischen Hygiene und der psychiatrischen Fürsorge, Berlin/Leipzig: Verlag von Walter de Gruyter 1931

Laucht, Manfred: Vulnerabilität und Resilienz in der Entwicklung von Kindern, Ergebnisse der Mannheimer Längsschnittstudie, in: Karl Heinz Brisch/Theodor Hellbrügge (Hrsg.): Bindung und Trauma, Risiken und Schutzfaktoren für die Entwicklung von Kindern, Stuttgart: Klett-Cotta 2003

Ließem, Hansgeorg: Soziotherapie in Deutschland. Arbeitsbuch für das Jahr 2016, Göttingen: Debux Verlag 2016

Lüttringhaus, Maria, Hille Rickers (Hrsg.):.Handbuch Aktivierende Befragung. Konzepte, Erfahrungen, Tipps für die Praxis, Bonn: Verlag Stiftung Die Mitarbeit 2007

Merguet, Hans: Psychiatrische Anstaltsorganisation. Arbeitstherapie, Milieugestaltung, Gruppentherapie, in: E.K. Cruickshank et al. (eds.): Soziale und angewandte Psychiatrie, Berlin-Heidelberg: Springer-Verlag 1961

Mongardini, Carlo: F. Tönnies und das Unbehagen des modernen Menschen, in: Soziologisches Jahrbuch 4.1988-I, Trento: Università degli Studi di Trento,

Dipartimento die Teoria, Storia e Ricerca Sociale 1989

Müller, Peter: Therapie der Schizophrenie, Stuttgart-New York: Georg Thieme Verlag 1999

Müller-Hohmann, Imke: Das Vulnerabilitäts-Stress-Modell, München 2008,

Münken, Jürgen: Kapitalismus und Wohnen. Ein Beitrag zur Geschichte der Wohnungspolitik im Spiegel kapitalistischer Entwicklungsdynamik und sozialer Kämpfe. Lich: Edition AV 2006

Neisser, C.: Bettbehandlung, in: Handwörterbuch der psychischen Hygiene und der Fürsorge, Berlin/Leipzig: Verlag von Walter de Gruyter 1931

Perls, Fritz: Grundlagen der Gestalt-Therapie. Einführung und Sitzungsprotokolle, München: Verlag J. Pfeiffer, 1982

Route der Migranten: Die Zechensiedlung, unter www.routemigration.angekommen.com/themen/php?then

Schneider, Frank, Peter Falkai, Wolfgang Maier: Psychiatrie 2020 plus. Perspektiven, Chancen und Herausforderungen, Berlin-Heidelberg: Springer Verlag 2011

Schott, Dieter: Europäische Urbanisierung (1000-2000). Eine umwelthistorische Einführung. Köln: UTB 2014

Seippel, Alf: Aktionsuntersuchung, in: Maria

Lüttringhaus, Hille Rickers (Hrsg.): Handbuch Aktivierende Befragung. Konzepte, Erfahrungen, Tipps für die Praxis, Bonn: Verlag Stiftung Die Mitarbeit 2007

Simon, Hermann: Aktivere Krankenbehandlung in der Irrenanstalt, Berlin: Verlag de Gruyter 1929

Simon, H: Beschäftigungsbehandlung, in: Handwörterbuch der psychischen Hygiene und der psychiatrischen Fürsorge, Berlin/Leipzig: Verlag von Walter de Gruyter 1931

Tönnies, Ferdinand: Gemeinschaft und Gesellschaft, Darmstadt: Wissenschaftliche Buchgesellschaft 1979

Wendenburg, F.: Offene psychiatrische Fürsorge vom kommunalen Fürsorgeamt aus, in: Handwörterbuch der psychischen Hygiene und der psychiatrischen Fürsorge, Berlin/Leipzig: Verlag von Walter de Gruyter 1931